中　外　物　理　学　精　品　书　系

本书出版得到“国家出版基金”资助

中 外 物 理 学 精 品 书 系

前 沿 系 列 · 12

异质复合介质的电磁性质

李振亚 高雷 孙华 编著

图书在版编目(CIP)数据

异质复合介质的电磁性质/李振亚,高雷,孙华编著.—北京:北京大学出版社,2012.3

(中外物理学精品书系)

ISBN 978-7-301-20126-8

Ⅰ.①异… Ⅱ.①李… ②高… ③孙… Ⅲ.①复合材料-介质-电磁性质 Ⅳ.①TB33 ②O441.6

中国版本图书馆CIP数据核字(2012)第017036号

书　　　名:异质复合介质的电磁性质

著作责任者:李振亚　高　雷　孙　华　编著

责 任 编 辑:王剑飞

标 准 书 号:ISBN 978-7-301-20126-8/O·0863

出 版 发 行:北京大学出版社

地　　　址:北京市海淀区成府路205号　100871

网　　　址:http://www.pup.cn

电　　　话:邮购部 62752015　发行部 62750672　编辑部 62765014
出版部 62754962

电 子 邮 箱:zpup@pup.pku.edu.cn

印　刷　者:北京中科印刷有限公司

经　销　者:新华书店

730毫米×980毫米　16开本　16印张　彩插2　302千字

2012年3月第1版　2012年3月第1次印刷

定　　　价:45.00元

《中外物理学精品书系》
编 委 会

序　　言

物理学是研究物质、能量以及它们之间相互作用的科学. 她不仅是化学、生命、材料、信息、能源和环境等相关学科的基础,同时还是许多新兴学科和交叉学科的前沿. 在科技发展日新月异和国际竞争日趋激烈的今天,物理学不仅囿于基础科学和技术应用研究的范畴,而且在社会发展与人类进步的历史进程中发挥着越来越关键的作用.

我们欣喜地看到,改革开放三十多年来,随着中国政治、经济、教育、文化等领域各项事业的持续稳定发展,我国物理学取得了跨越式的进步,做出了很多为世界瞩目的研究成果. 今日的中国物理正在经历一个历史上少有的黄金时代.

在我国物理学科快速发展的背景下,近年来物理学相关书籍也呈现百花齐放的良好态势,在知识传承、学术交流、人才培养等方面发挥着无可替代的作用. 从另一方面看,尽管国内各出版社相继推出了一些质量很高的物理教材和图书,但系统总结物理学各门类知识和发展,深入浅出地介绍其与现代科学技术之间的渊源,并针对不同层次的读者提供有价值的教材和研究参考,仍是我国科学传播与出版界面临的一个极富挑战性的课题.

为有力推动我国物理学研究、加快相关学科的建设与发展,特别是展现近年来中国物理学者的研究水平和成果,北京大学出版社在国家出版基金的支持下推出了《中外物理学精品书系》,试图对以上难题进行大胆的尝试和探索. 该书系编委会集结了数十位来自内地和香港顶尖高校及科研院所的知名专家学者. 他们都是目前该领域十分活跃的专家,确保了整套丛书的权威性和前瞻性.

这套书系内容丰富,涵盖面广,可读性强,其中既有对我国传统物理学发展的梳理和总结,也有对正在蓬勃发展的物理学前沿的全面展示;既引进和介绍了世界物理学研究的发展动态,也面向国际主流领域传播中国物理的优秀专著. 可以说,《中外物理学精品书系》力图完整呈现近现代世界和中国物理科学发展的全貌，是一部目前国内为数不多的兼具学术价值和阅读乐趣的经典物理丛书.

《中外物理学精品书系》另一个突出特点是，在把西方物理的精华要义“请进来”的同时，也将我国近现代物理的优秀成果“送出去”. 物理学科在世界范围内的重要性不言而喻，引进和翻译世界物理的经典著作和前沿动态，可以满足当前国内物理教学和科研工作的迫切需求. 另一方面，改革开放几十年来，我国的物理学研究取得了长足发展，一大批具有较高学术价值的著作相继问世. 这套丛书首次将一些中国物理学者的优秀论著以英文版的形式直接推向国际相关研究的主流领域，使世界对中国物理学的过去和现状有更多的深入了解，不仅充分展示出中国物理学研究和积累的“硬实力”，也向世界主动传播我国科技文化领域不断创新的“软实力”，对全面提升中国科学、教育和文化领域的国际形象起到重要的促进作用.

值得一提的是，《中外物理学精品书系》还对中国近现代物理学科的经典著作进行了全面收录. 20 世纪以来，中国物理界诞生了很多经典作品，但当时大都分散出版，如今很多代表性的作品已经淹没在浩瀚的图书海洋中，读者们对这些论著也都是“只闻其声，未见其真”. 该书系的编者们在这方面下了很大工夫，对中国物理学科不同时期、不同分支的经典著作进行了系统的整理和收录. 这项工作具有非常重要的学术意义和社会价值，不仅可以很好地保护和传承我国物理学的经典文献，充分发挥其应有的传世育人的作用，更能使广大物理学人和青年学子切身体会我国物理学研究的发展脉络和优良传统，真正领悟到老一辈科学家严谨求实、追求卓越、博大精深的治学之美.

温家宝总理在 2006 年中国科学技术大会上指出，“加强基础研究是提升国家创新能力、积累智力资本的重要途径，是我国跻身世界科技强国的必要条件”. 中国的发展在于创新，而基础研究正是一切创新的根本和源泉. 我相信，这套《中外物理学精品书系》的出版，不仅可以使所有热爱和研究物理学的人们从中获取思维的启迪、智力的挑战和阅读的乐趣，也将进一步推动其他相关基础科学更好更快地发展，为我国今后的科技创新和社会进步做出应有的贡献.

《中外物理学精品书系》编委会主任
中国科学院院士，北京大学教授
王恩哥
2010 年 5 月于燕园

内 容 简 介

异质复合介质指由多种物理性质不同的部分(或相)复合组成的物质.完全有序、纯净的材料是人们理想的模型材料,实际上并不存在,即使是看似纯净的晶体,在生长过程中也不可避免地存在杂质和缺陷.自然界中天然的和人工的材料实质上都是异质复合的介质,异质性和复合效应是材料的主要特征.本书不拘于对具体材料的物理特性的介绍,而是对异质复合介质的宏观电磁性质与微结构和输运机制的关系做比较普适的阐述和讨论;着重阐明相关的物理概念和物理原理;面向研究前沿,适当地反映相关的研究工作进展.本书按连接和聚集的理念,应用分形和逾渗的概念和理论,阐述微结构的构形和相关的模型;重点讨论线性与非线性介电输运性质(介电常数、电导率、极化率等)和磁输运性质(自旋极化输运、几何磁电阻等)与材料微结构的关系;讨论了自洽有效介质理论、谱表示方法、变分原理、无规网络和复杂网络模型等及其应用,并对双负介质和变换介质做了简单介绍.

本书力求物理概念和原理表述准确、清晰、计算简明易懂,文笔流畅,深入浅出.本书可供物理及相关专业的高年级本科生、研究生和科技工作者阅读参考.

前　言

自然的和人工的材料基本上都是异质复合介质，其宏观物理性质主要取决于复合介质的异质性和复合效应，这也是研究新型功能材料的重要内容. 为了给即将进入凝聚态物质物理性质研究的研究生提供必要的理论基础和入门知识，作者多年来曾就异质复合介质的输运性质的相关问题给凝聚态物理专业的研究生作专题选讲. 选讲以讨论研究非均匀异质结构体系物理特性（主要是电磁特性）和微结构关系的理论方法为主，并介绍相关科研工作动态和新的进展，如异质复合体系的非线性光学和介电特性、磁输运性质、磁电效应等，以及某些新型材料，如半金属磁体、光子晶体、梯度材料、负折射率材料、多铁性材料和变换介质等. 听课的研究生感到对他们研究工作富有启发性和帮助. 在此基础上，为便于研究生的学习，我们编写了一些讲义，进而变成一门选修课. 最近，在夏建白院士的鼓励和北京大学出版社的大力支持下，我们将相关的内容整理成为教材读本，并进一步借鉴和学习国内外相关的著作和期刊，逐渐编写成这样一本著作. 限于篇幅，本书仅对与异质复合介质的电磁性质相关的理论基础进行阐述，着重阐明相关的物理概念、原理、理论方法及其应用. 希望对有兴趣的读者有所帮助. 限于作者的水平，书中的缺点、疏漏和错误在所难免，诚望读者批评指正.

作者十分感谢夏建白院士的鼓励和支持. 感谢我们科研小组成员的贡献和帮助，向曾经选听本课的研究生表示感谢，感谢他们提出的改进意见和建议. 感谢江苏省“研究生培养创新工程”项目的“优秀研究生课程”和苏州大学“研究生优秀教材”项目对本书编写的支持.

目　　录

第一章　绪　　论

§1.1　异质复合介质

异质复合介质是指由两种或多种物理性质不同的部分(组分或组元)复合而成的物质.事实上,异质复合是自然界中各种材料所具有的普遍特征.完全有序、清洁、纯粹的材料是人们理想的材料,实际上并不存在,即便是纯净的晶体在实际生长过程中也避免不了缺陷、杂质及有限边界的存在.可以说,人们生活和工作的世界是一个由各种不同性质的组元复合而成的异质复合材料(heterogeneous materials)的世界.在这个世界中,有大量自然生成的异质复合材料(参见图 1.1-1),如多晶、砂岩、木材、骨骼、肺、血液、细胞聚集体(瘤)和动、植物的组织等;以及多种多样的人工制造和合成的异质复合材料(参见图 1.1-2),如纤维复合体、多孔介质、凝胶、泡沫、混凝土和微乳浊液等.它们的复合结构有的表现为不同材料形成的相区域(或畴)的复合,有的则表现为同类材料处于不同状态的集合(如多晶),它们的物理特征参量(如电导率、介电常数、热导率、弹性模量和磁导率等)在材料内部是空间位置的函数[1~3].

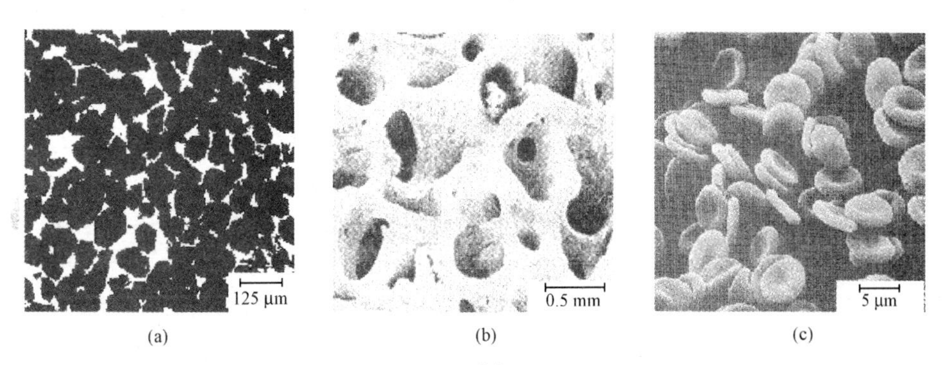

图 1.1-1　自然的异质复合材料[3]　(a) 枫丹白露(法国)砂岩;(b) 松质骨的多孔结构;(c) 红血球细胞

当我们考察此类材料的物理性质时,基于均匀介质理论的简单模型已难以得到对材料性质的合理解释,必须计入异质复合所带来的特殊效应.异质复合的效应不仅表现在可以使整体介质的物理性质和功能,相对于各组分的物理性质和功能有很大的增强,而且在特定的组分和微结构类型下,异质复合效应甚至可以导致整

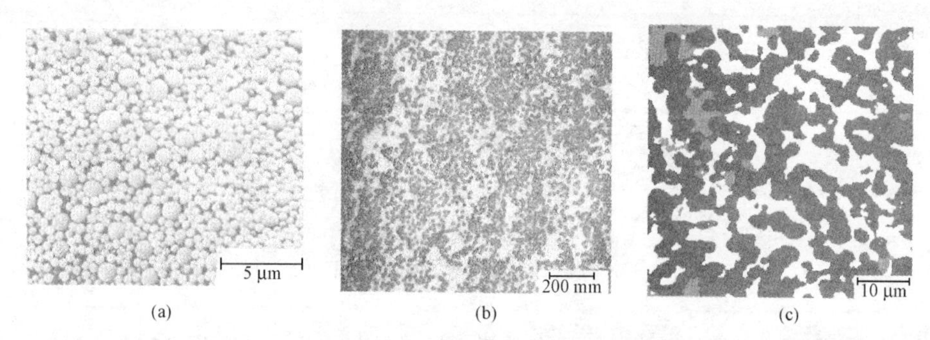

图 1.1-2　人工合成的异质复合材料[3]　(a) 硬球颗粒组成的凝胶系统；(b) 纤维加固的金属陶瓷；(c) 碳化硼、铝和其他陶瓷组成的三相复合体

体介质具有其单个组分所不具备的新的物理性质和功能. 例如，由各向同性的、具有高电导率的金属平板和各向同性的、电绝缘的塑料平板复合而成的层叠材料(laminates)就具有高各向异性：与平板平行的方向是导电的，而与平板垂直的方向则是电绝缘的. 又如光子晶体(photonic crystals)，也称为光子带隙(photonic band gap)材料，它的典型结构是由两种介电常数不同的材料组成的周期复合结构. 在这个复合结构里，介电常数和介电势场作周期性变化，从而导致了光子带隙的出现. 复合效应取决于材料组分的物理性质和复合结构的类型[1~7].

本书主要讨论具有异质复合结构的电磁介质的基本性质和理论模型. 需要特别注意的是，介质中各组分的形状、大小可各不相同，但其尺度(如平均相区域的线度)通常比分子线度大得多，比宏观样品的特征尺度小得多. 这样的异质复合材料在微观尺度上可以看做是均匀的，服从经典物理的规律(或相关的量子效应)；在宏观尺度上是非均匀的，其宏观的(或有效的)物理性质可以用有效(等效)介质来描述. 要理解和预测此类材料的物理性质，必须理解和掌握材料的异质性，除了材料组分的物理性质差异之外，主要是其无序特征在微结构和输运过程中的体现.

材料的无序特征指材料结构形貌(morphology)的无规性[1,3]. 这主要包括三个方面：拓扑(topology)无序，指材料微观或介观组元之间互相连接方式的无序；几何构形的无序，指材料微观或介观组元的大小和形状的无序；以及表面与界面结构的粗糙性和无序. 存在多界面是多相(多组元)异质复合材料微结构的特征之一，而且至少有一个物理参量在界面处会发生不连续的突变. 这三种无序性的存在令异质复合材料的微结构常常呈现出极高的复杂性. 如多(微)孔材料，不仅微孔的大小和形状是无序的，均在一个很宽的范围内变化，而且微孔的表面也是粗糙无序的；同时，不同数目的微孔在空间连接成不同大小的集团，微孔间的连接在空间也是无序的. 即便如光子晶体这种几何构形与连接可以具有高度规则性的异质复合材料，其实际结构中不可避免的表面与界面效应也会对材料的性质及功能产生不可忽视的影响.

除材料结构形貌的无序之外，过程的无规也很重要. 典型的例子是布朗运动，在一定长度的标度内，可以观察到明显的无规动力学过程. 形貌(微结构)无序和过程无规之间存在着相互作用和耦合，例如流体通过无规分布的多孔介质时，孔或孔隙在空间的无规分布和无序构形，以及与流体之间的动力学相互作用，产生了丰富多彩的物理现象[4~7].

§1.2 微结构的构形和模型

异质复合材料微结构构形的重要特征表现在各相(组分)之间的连接和聚集，以及它们之间的关联. 从连接的角度来观察异质复合材料的微结构，一种是各相连接的等价结合，这是一种对称结构，也称团聚结构(aggregate structure)；另一种是陶瓷型结构(ceramic structure)，几何上的不连通的相(称为杂质)散布在几何连通的相(称为基质)中，这是一种反对称的微观结构. 基质是固态的异质复合介质称为颗粒复合介质(granular composites)，基质是流体(气态或液态)的称为悬浮体. 悬浮体也是软凝聚态物质的一个组成部分. 悬浮体也称分散体，被分散的物质称为溶质，几何上连通的相(即基质)称为溶剂. 被分散的物质，按其颗粒大小分为分子(离子)分散体(粒径小于 1 nm)、胶体分散体(粒径在 1～100 nm 之间)和粗分散体(粒径大于 100 nm). 分子(离子)分散体中，溶质和溶剂之间可以没有相界面，悬浮体称为溶液或真溶液；而胶体和粗分散体中，被分散的物质是分子、原子或离子聚集体，它们与基质间存在明显的相界面.

显然，要描述和表征异质复合材料的微结构构形是很困难的. 而且，材料的微结构构形的表征，都是建立在以一定长度标度为基础进行观察和检测的结果之上，标度不同所获得的结果也有差异. 另一方面，微结构构形量化表征的困难，不仅是由于构形的复杂，而且还因为在一定条件下，微结构还会发生从一种构形转变为另一种构形，这种情形不同于我们熟知的热相变，可以不由温度变化所引发. 各种构形之间转变的性质是一个复杂和重要的问题[1~6].

随着实验技术的进展，计算物理的发展和计算能力的提升，对异质复合材料微结构构形的描述和理解也有了很大的进步. 现在人们已经认识到许多材料的复杂微观结构构形和动力学行为可以用分形(fractal)的概念来表征. 分形的概念是我们表征异质复合材料的几何和表面微结构，以及它们之间的关联，特别是长程关联的重要工具. 即使有的材料在某一种长度标度下并不具有分形的性质，但分形几何的概念仍可使我们对该材料的微结构有更深入的理解. 另一个重要的工具是逾渗(percolation)的概念和理论，它可表征异质复合材料的拓扑结构(连接特性)及其对输运性质的作用. 例如由传导相和绝缘相组成的复合材料，可以应用逾渗理论来处理所形成的跨越整个样品的输运电流或热流，从而获得相关实验结果的正确解释.

进一步，我们需要建立相应的物理模型，真实地表述异质复合材料微结构构形的连接、聚集和关联特征，研究材料的输运性质和重要的动力学性质.然而，这样的模型取决于具体材料的类型，并不存在一个普适的模型可以运用.一般地说，建立的模型应该正确地描述材料的微结构构形，正确地表述输运过程的机制，并且应该可以得到材料输运性质或动力学性质与微结构的关系.对于无序的微结构构形而言，一般采用连续模型进行处理，通过求解经典连续性输运方程，可以预测复合材料的有效输运性质，这是已沿用了很长历史的方法.对于最简单的两组元复合体系，例如由两种具有不同电导率(σ_1 和 σ_2)的组分(材料)组成的复合材料，建立模型的目的就是要得到这个复合材料的有效电导率(σ_e)与两组分的体积分数(f_1 和 f_2)和电导率(σ_1 和 σ_2)的函数关系.连续模型是假设一种杂质(可以是球体、圆柱体或椭球体等)无规分布在连续均匀的基质中，杂质和基质分别代表两种不同的组分(或相)，具有不同的物理性质，这是两种异质组元组成的复合体系.其他的连续模型，诸如多种(规则或无规的多面体)组分无规分布在连续均匀的基质之中，也可以是由多种条状或平面状结构的组分无规组成的复合结构.这些模型的提出都是为了尽可能准确地描述实际的材料，这也正是连续模型的优点，即可以通过适当地调节模型的参量以描述不同的实际材料.然而，模型的复杂性，特别是这些组分(相)之间的关联性，给计算异质复合材料宏观输运性质也增加许多工作量和困难.

对于强无序的多相复合材料，特别是在各组分之间物理性质差别很大或多相形成大集团的情形下，连续模型遇到了困难，常常失效.在无序系统的研究中广泛使用的离散模型(discrete models)，对于异质复合材料的研究也是十分有用的，特别是对于多相无序复合材料，其中一相或多相跨越整个的样品，在给定相的逾渗阈值附近有许多丰富多彩的物理现象.例如，粉末聚集体、聚合物复合体、导体/绝缘体复合体系等都可以应用离散模型来处理.离散模型是基于材料结构形状的离散表示，如用格子表示组分或表示组分原子、分子的集合；它可以在不同标度上正确预测强异质性材料的宏观物理特征.离散模型实质上是对连续模型的补充，特别是随着实验技术的进步，在已有可能检测材料的微结构构形和无规输运过程的情况下，人们利用离散模型可以对异质复合材料的物理特征有比较深入的理解.离散模型(包括格子模型和无规网络模型)已被广泛地采用.

然而，对于实际的异质复合材料，有不少的物理参量依然是无序的.为了从微观世界遵从的物理规律推导出材料的宏观物理性质，或者从实验测得的宏观数据推断微观的结构，必须应用统计物理的方法，以计入微结构构形的无序和界面效应.随着各种理论方法的发展和实验技术的更新，人们不仅可以有效地解释实验数据，还可以设计和预测许多异质复合材料的物理特征，以应用于实际的需要.各种有效介质近似方法、逾渗理论、变分原理、格林函数、微扰展开、重整化群和复杂网络模型等都有很大的发展.同时,数值模拟和第一原理计算已使人们有可能在分子尺度上研究异质复合材料的物理特性和微结构的关系,是理论和实验研究不可缺少的重要工具[7].

§1.3 有效物理性质

我们所面对的大多数异质复合材料,其微观组分的尺度都比分子尺度大得多,却又比宏观样品的尺度(或相关的特征长度)小得多.在这样的情形下,异质复合材料作为宏观非均匀的介质,其某些宏观物理性质可近似用一个均匀介质的物理性质来表述,即所谓的有效物理性质,它是相应物理量的空间平均值.例如,由不同材料的相区域(或畴)组成的异质复合材料,相关的微观尺度就是这些相区域组分的平均大小.材料正是在这个微观标度下表现出异质性的.如果展现异质性的这种微观(或介观)尺度远小于宏观样品的尺度(或相关物理过程的特征尺度),则将宏观样品(系统)的有效物理性质(即宏观性质)定义为相应物理量的空间平均值,它与样品的尺度无关.如果材料的微观(或介观)尺度并不比宏观尺度(或相关物理过程的特征尺度)小得很多,材料表现为宏观异质性的,其有效物理性质就与样品的尺度有关,需要更为复杂的理论方法或数值模拟进行处理[7~10].

异质复合材料的许多宏观物理性质受到了人们的广泛关注并且具有一定的实用性,如电导率、热导率、介电常数、磁导率、弹性模量等等.本书偏重于电磁性质的探讨.这是由于近些年来异质复合材料展现出许多丰富多彩且具有实用意义的电磁特征,包括已产生巨大经济效益的巨磁电阻效应,以及负折射率、光子带隙、磁电效应等.限于篇幅,本书重点是从物理基础来理解和探讨异质复合材料的电磁性质,从物理的基本原理理解和讨论异质复合材料的电磁特性与微结构构形及微观输运机制的关系,以及如何通过微结构和微观物理机制的调节来调控异质复合材料的宏观物理特性.因而,本书并不拘于介绍某种具体的异质复合材料的具体性质,而着重于基础的、普适的讨论.鉴于异质复合材料不同于单相材料,它是多相的复合体系,人们可以通过对微观组分、结构构形以及关联(相互作用)的调节,来研究组分所不具有的、新颖的、现代技术所需要的和多功能的新特性,这正是人们对异质复合材料研究的兴趣和目的.我们期望这本书对于涉及和拟进入相关研究领域的研究生和科技工作者会有所帮助.实际上,异质复合材料的研究涉及材料科学、统计物理、化学物理、计算物理、应用数学、生物、工程等方面,是一个多学科交叉的研究领域[1,3,5].

参考文献

[1] Sahimi Muhammad. Heterogeneous Materials Ⅰ: Linear Transport and Optical Properties. New York: Springer-Verlag New York Inc., 2003.

[2] Sahimi Muhammad. Heterogeneous Materials Ⅱ: Nonlinear and Breakdown Properties and Atomistic Modeling. New York: Springer-Verlag New York Inc., 2003.

[3] Torquato Salvatore. Random Heterogeneous Materials: Microstructure and Macroscopic Properties. New York: Springer Science & Business Media Inc., 2002.

[4] Bergman David J and Stroud David. Physical properties of macroscopically inhomogeneous media. Solid State Physics: Advances in Research and Applications, 1992, 46:147.

[5] 南策文. 非均匀材料物理——显微结构-性能关联. 北京：科学出版社，2005.

[6] Nan Ce-Wen. Physics of inhomogeneous inorganic materials. Prog. Mater. Sci., 1993, 37: 1.

[7] Milton G W. The Theory of Composites (Cambridge Monographs on Applied and Computational Mathematics). Cambridge: Cambridge University Press, 2002.

[8] Landauer R. Electrical conductivity in inhomogeneous media. AIP Conf. Proc. ETOPIM, 1978, 40: 2.

[9] Clerc J P, Giraud G, Laugier J M and Luck J M. The electrical conductivity of binary disordered systems, percolation clusters, fractals and related models. Adv. Phys., 1990, 39:191.

[10] Shalaev V M. Electromagnetic properties of small-particle composites. Phys. Rep., 1996, 272:61.

第二章 连接和聚集

异质复合材料的微结构的几何构形取决于微观组分的聚集和相互连接，在大多数情况下是复杂、无序的，对其几何构形进行描述很困难，却又是十分重要的. 分形的概念和应用，为我们提供了一个重要工具.

分形的概念是 1975 年由 Mandelbrot 首先提出来的[1]. 他创造的新词“fractal”来自拉丁词“fractus”，意思与英文 fraction，fracture 相近，意指“不规的、分数的、支离破碎”的物体. 早在 1967 年，他在论文“How long is the coast of Britain? statistical self-similarity and fractal dimension”[2] 中就提出了自相似和分形维数的思想. 1977 年他在其著作“Fractals: Form，Chance and Dimension”[3] 中指出了分形概念的主要因素：形状、机遇和分维. 1982 年他在其专著“The Fractal Geometry of Nature”[4] 中更是系统地阐明了分形的概念，分形的研究由此有了很大的发展，在物理、数学、化学、材料科学，乃至经济学、管理学、美术等广泛的领域都有重要的应用[5~9].

异质复合材料微结构构形的连接和微观组分的聚集，对于材料的宏观(或有效)物理性质有重要的作用和效应. 逾渗(percolation)的概念和理论不仅可以表征材料微结构构形的连接，也可以预测材料的宏观物理性质. 关于逾渗过程的研究，可以追溯到 20 世纪 40 年代小分子聚集成大分子的聚合过程[10,11]. 正式取名为逾渗是在 1957 年由 Broadent S R 和 Hammersley J M 提出[12]，指的是流体通过无规介质的过程. 逾渗与通常流体扩散过程不同：在扩散过程中，流体本身具有无规的随机性，流体的运动可用经典的扩散过程来描述；而在逾渗过程中，却是介质本身具有无规随机性，如矿工使用的防毒面罩中多孔结构、咖啡通过过滤器的过程均是典型的逾渗过程. 逾渗理论可以有效地处理无规异质材料的输运性质的预测和调控.

本章重点介绍分形和逾渗的概念、异质复合介质微结构构形的表述和相关的理论基础.

§2.1 自相似结构和分形

1. 分形和分维

欧氏(Euclid)几何研究规则的几何构形，如由点、直线和平面组成的规则几何结构，或由曲线、曲面组成的圆、椭圆、球、椭球和圆柱体等，它们的维数取决于几何构形的参量数，它与自由度数是一致的. 拓扑维数指的是任何一个图形经过连续变换达到另一个图形，它们的结构是拓扑等价的，具有相同的拓扑维数. 因此，将图形适当地放大或缩小，甚而扭曲，可转换成孤立的点、直线、平面、体空间等的集合；相应的拓扑维数 d_t 就是 0，1，2，3，它不随几何形状的变化而改变，例如任何曲面的拓扑维数都为 2. 对于具有自相似的图形，将其线度放大 λ 倍，可构成 k 个与原几何图形相似的结构. 如果是一条直线段，则 $k=\lambda$；对于一个正方形的平面，则有 $k=\lambda^2$；对于正立方体，$k=\lambda^3$；推广到任意维数 D 的情形，则有 $k=\lambda^D$ 或

$$D \equiv d_f = \ln k/\ln\lambda. \tag{2.1-1}$$

D 称为相似维数或豪斯多夫(Hausdorff)维数，也称为分形维数，以后用 d_f 表示分形维数或豪斯多夫维数. d_f 不限于整数，一般为分数. 这里可理解为将系统的线度增大 $\lambda(\lambda>1)$ 倍后，系统伸胀后的"体积"增大了 k 倍. 系统线度的增大，导致系统的"体积"(图形)随之放大，这种情形与测量单元的标度(标尺)的缩短导致被测系统"体积"数的增大是一致的. 设测量单元的标度缩短为原来的 $\gamma(\gamma<1)$ 倍，即缩短至原来标度的 $1/\gamma$，将原有的系统"体积"(图形)分成 $N(\gamma)$ 个相似的小图形，并有 $N(\gamma)=\gamma^{-d_f}$，则分形维数

$$d_f = \ln N(\gamma)/\ln\frac{1}{\gamma}. \tag{2.1-2}$$

数学上表述自相似或标度不变性，可以用

$$f(\lambda l) = \lambda^{d_f} f(l), \tag{2.1-3}$$

即将标度 l 扩大 λ 倍后，新的函数 $f(\lambda l)$ 增大为原函数 $f(l)$ 的 λ^{d_f} 倍. 这表示标度扩大(缩小)λ 倍后，新函数 $f(\lambda l)$ 与原函数呈正比关系，是原函数 $f(l)$ 的伸胀(收缩)，具有自相似性和标度变换下的不变性. λ^{d_f} 称为标度因子. 不是任何函数都具有这个特征，如指数函数、高斯函数，它们含有一个特征长度，在该长度范围内函数快速衰减. 幂函数却具有这样的性质，而且具有无限的标度不变性，没有一定的特征长度.

Mandelbrot 认为，分形是"以某些方式由与整体相似的部分所组成的形体"(A fractal is a shape made of parts similar the whole in some ways)[3,4]. 这也可作为分形的定义，不过这是对简单疏密的规则图形，如正方形、正方体等而言，它们可按一定比例分成自相似部分，分形维数为整数. 但是，对于大多数规则图形，如球、椭球、圆、椭圆等，不能按比例分成自相似部分. 这个定义强调了局部和整体之间自相似特征，可以是几何图形的自相似，也可以是动力学过程的自相似. 一般地，一个几何图形的一部分放大(或缩小)若干倍，仍和自身图形一样即称为自相似. 许多自相似结构与简单的有特征长度的规则图形不同，具有复杂的精细结构，没有特征尺度，用一般的几何术语难以描述，故也称为病态几何结构，其分形维数不是整数，而是分数. Koch 曲线是一个典型的例子，如图 2.1-1 所示：将一条直线段等分为 3 段，中间一段用夹角为 60°的两根等边折线替代，形成由相等的 4 条子线段组成的

第一代折线,也称为生成元(generator).

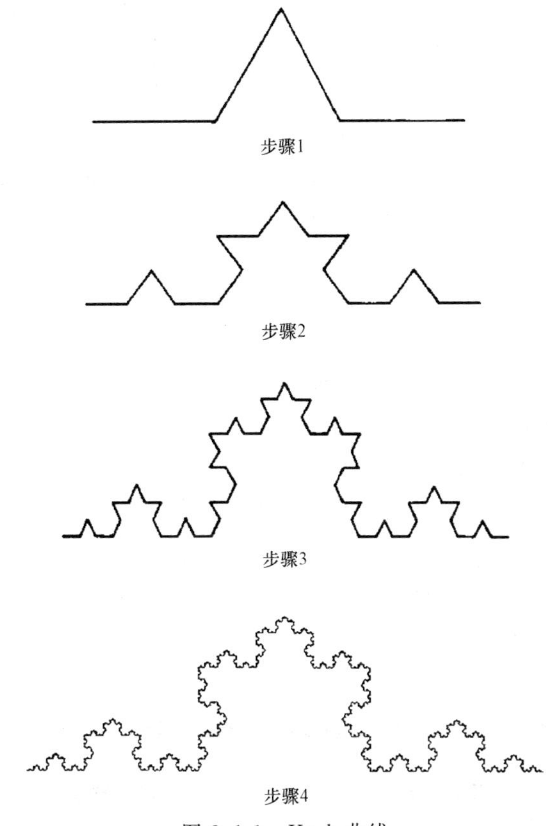

图 2.1-1 Koch 曲线

用同样的迭代操作,将生成元中的每一根线段用 4 条更小的、等长的折线段代替,生成第二代;继续迭代下去,线段变得越来越小. 经无穷次迭代,形成无穷多弯弯曲曲的曲线,每条折线段变得无限短. Koch 曲线是具有无穷嵌套的自相似结构,任何一代的每条线段放大一定比例,就和上一代相同. Koch 曲线的分形维数

$$d_{\mathrm{f}} = \frac{\ln N(\gamma)}{\ln(1/\gamma)} = \frac{\ln 4}{\ln 3} \approx 1.2618.$$

从测度学来看,分数维度也是可以理解的. 我们知道,测量一个几何对象的"体积"(广义的)大小,与测量使用的标尺(度)有关,是标尺(度)的函数. 从标尺的维度来看,用比被测量对象低一维的尺度进行测量,"体积"趋于无穷;用比被测量对象高一维的尺度测量,"体积"等于零. 只有用与被测几何体相同维数的尺度进行测量,"体积"才有确定的有限值,这就是标度的维度性. Koch 曲线无限迭代的结果是曲线的长度越来越长,用一维尺度测量,"体积"趋于无穷;用二维尺度去测量,"体

积”趋于零,故它的维数应介于1和2之间.

Mandelbrot给分形的另一个定义是“如果一个集合在欧氏空间中的Hausdorff维数 d_f,严格大于其拓扑维数 d_t,即 $d_f > d_t$,则该集合为分形集,简称分形”[4].Koch曲线是符合这个定义的.我们可以看出,规则分形结构的主要特征表现为具有无限可分的自相似性,没有特征长度;规则分形结构是具有标度不变性的无序系统,具有无限伸胀和收缩的对称性.同时,生成元重复迭代是分形结构生成的重要方式.生成元或称突变基元,可以是长度、结构、密度、形态甚至功能上的基元.

2. 分形结构

本节列出一些比较典型的分形结构:

(1) 确定性分形(deterministic fractals)

生成元经过逐次迭代或重复使用构造而成.

1) 康托尔(Cantor)集合[3]

如图2.1-2所示,将一个线段三等分,去掉中间的1/3线段,留下[0,1/3]和[2/3,1]两个线段.将这个操作(生成元)不断地进行重复迭代,构造成一个无穷维数的点集,即康托尔集合.康托尔集合具有自相似的结构,其中 $N(\gamma)=2, 1/\gamma=3$,其分形维数 $d_f = \ln N(\gamma)/\ln(1/\gamma) \approx 0.6309$,其拓扑维数 $d_t = 0$,即 $d_f > d_t$,符合分形的定义.

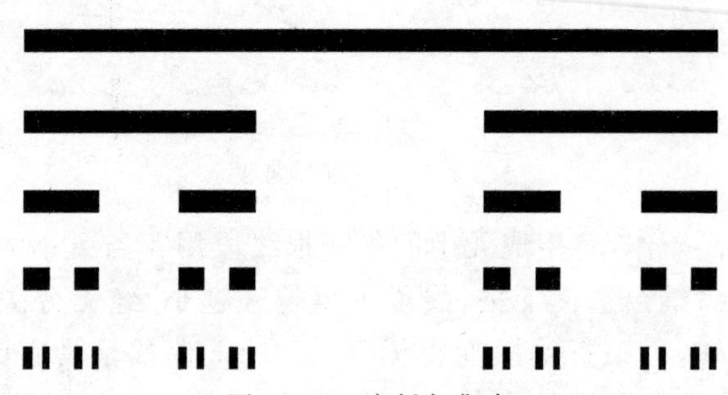

图2.1-2 康托尔集合

2) Koch曲线

前面已介绍了三分(Triadic)Koch曲线(见图2.1-1),折线段长度 δ 是原线段的1/3,即 $\delta = 1/3$,生成元是线段数 $N=4$ 的折线.重复迭代至 n 代时,折线段的长度 $\delta = (1/3)^n$,折线段数 $N = 4^n$,折线总长度 $L(\delta) = (4/3)^n$.随着重复迭代的增加,当 $n \to \infty$ 时,$L(\delta)$ 趋于无穷.经过无限密集的折叠,Koch曲线成为处处连续,又处处不可微的完全粗糙函数,其拓扑维数 $d_t = 1$,分形维数 $d_f = \ln 4/\ln 3 \approx 1.2618$.

3) 谢尔平斯基镂垫(Sierpinski gasket)

以正三角形作为原始代,生成元是连接三边的中点,将原正三角形分成4个小的正三角形,再去掉中间1个,保留下其余的3个.不断重复迭代这样的操作,结果为一个线网(如图2.1-3所示).其线的长度越来越长(拓扑维数 $d_t=1$),线网的面积越来越小,其分形维数 $d_f=\ln3/\ln2\approx1.5850$.

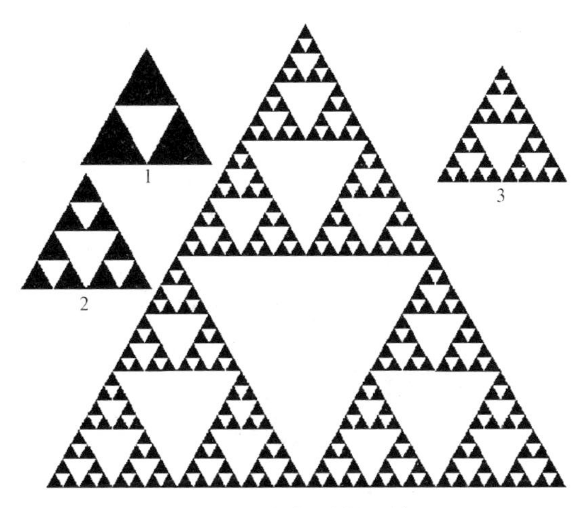

图2.1-3 谢尔平斯基镂垫

4) 谢尔平斯基地毯(Sierpinski carpet)

从一个正方形出发,其生成基元是将每边分成三等份,形成9个小的正方形,去掉中心的小正方形.对其余8个正方形,继续进行类似的操作.经过不断的重复迭代(如图2.1-4所示),图形面积越来越小,线长越来越长直至趋于无穷,其分形维数 $d_f=\ln8/\ln3\approx1.8928$.

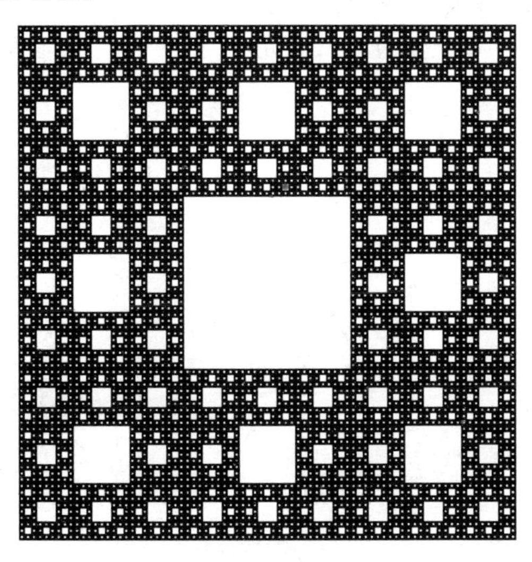

图2.1-4 谢尔平斯基地毯

5）谢尔平斯基海绵(Sierpinski sponge)

将一个三维立方体的6个面分成9个相等面积的小正方形，再从中心正方形钻孔穿透到对面中心的正方形，割去其中的体积. 同样，将其余的小正方形对面穿孔，一直继续到无限小，形成海绵状型，如图2.1-5所示. 这个结构的面积越来越大，其分形维数 $d_f=\ln20/\ln3\approx2.727$.

图2.1-5　谢尔平斯基海绵

6）电的确定性分形

这里提出的电的确定性分形结构，可用来描述金属颗粒嵌入绝缘介质中所形成的复合体系的有效电阻抗. 如图2.1-6所示，表示金属颗粒的电阻 Z_0 作为原始代，生成元是用1个单胞替代原始的电阻. 单胞由上下两部分串联而成，下部包含2个并联的原始电阻 Z_0，上部则是由电阻 Z_0 和绝缘键(如电容) ζ 并联组成，单胞的阻抗表示为 Z_1. 生成元单胞中，包含4个单元，其中有 f 组分的电阻 Z_0(一般 $1/2<f<1$，这里取 $f=3/4$)和组分为 $(1-f)$ 的绝缘(介质)键. 参量 f 也称为填充因子

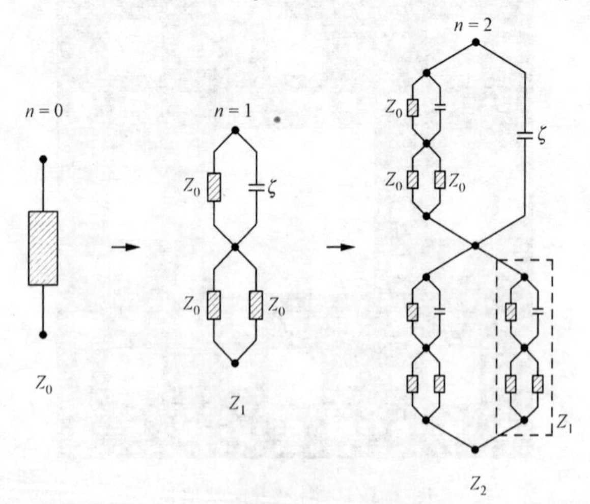

图2.1-6　电的确定性分形的网络结构[9]

(the filing factor). 不断地进行重复迭代，每一次迭代中，所有的电阻均被一个单胞替代，其下半部由 2 个相同的电阻并联，上半部由 $4(1-f)$个绝缘键和$(4f-2)$个相同电阻并联组成；绝缘键保留不变. 重复迭代的结果，形成自相似的传导网络. 迭代到第 n 代，其包含有 $4[(4f)^{n-1}+(1-f)]$个电路元件，其中有$(4f)^n$ 个电阻和 $4(1-f)[1+(4f)^{n-1}]$个绝缘键，整个网络的分形维数 $d_f=\ln 4f/\ln 2$. 这种分形结构可用来解释金属颗粒嵌入绝缘介质的复合体系的远红外吸收现象. [9]

(2) 统计性分形

自然界中，包括异质复合材料的微结构，自相似只能在有限范围内展现，而且并不都是严格的自相似，也不能用严格地无穷迭代(嵌套)生成元的过程来构造. 实际的情形是自相似具有随机性和不规则性，自相似和扩展对称性是在统计意义上所具有的，分形维数也仅具有统计平均的意义，这种自相似只存在于标度不变的区域. 如图 2.1-7 所示，布朗(Brown)运动粒子的轨迹，可看做是用折线替代直线的生成元迭代而成，其拓扑维数 $d_t=1$，而分形维数 $d_f=2$，这表示粒子运动的轨迹会布满整个平面. 折线在空间的分布是各向同性的，折线的长度分布可用高斯随机分布来描述，是具有统计意义的自相似.

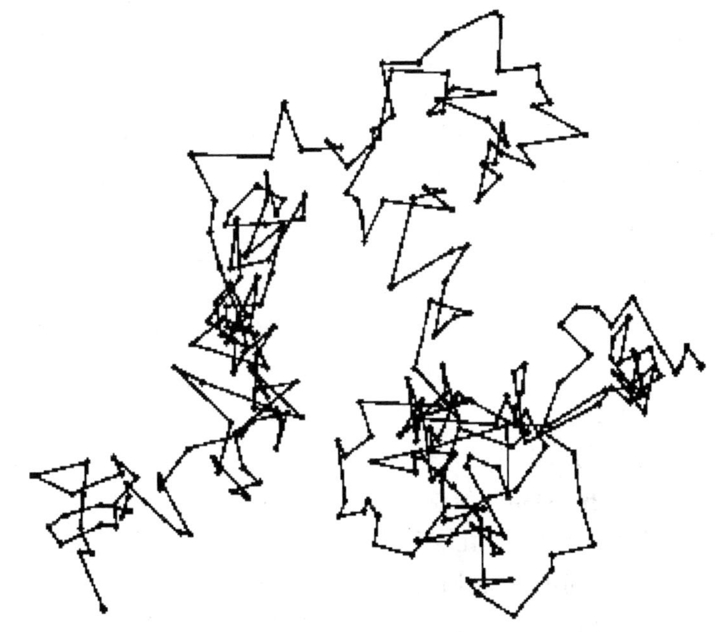

图 2.1-7 布朗运动

设每条线段用位移矢量 $\boldsymbol{r}_i$ 表示，布朗粒子运动的总位移 $\boldsymbol{R}$ 可表示为

$$\boldsymbol{R}=\sum_i \boldsymbol{r}_i, \quad i=1,2,\cdots,N, \tag{2.1-4}$$

其中 N 为粒子随机移动的总步数. 显然,平均位移(或步长)

$$\langle \boldsymbol{R} \rangle = \left\langle \sum_{i=1}^{N} \boldsymbol{r}_i \right\rangle = 0. \tag{2.1-5}$$

位移的方均值

$$R^2 = \langle \boldsymbol{R}^2 \rangle = \sum_{i=1}^{N} \langle \boldsymbol{r}_i \cdot \boldsymbol{r}_i \rangle + \left\langle \sum_{i \neq j} \boldsymbol{r}_i \cdot \boldsymbol{r}_j \right\rangle, \quad (i,j = 1,2,\cdots,N). \tag{2.1-6}$$

由于布朗粒子运动的随机无规性,上式第二项为零. 用 $a^2 = \langle \boldsymbol{r}_i^2 \rangle$ 表示位移的方均值,则

$$R^2 = Na^2 \quad \text{或} \quad N = (R/a)^2. \tag{2.1-7}$$

这里 N 对应于图形所包含的单元(线段)数,R/a 对应于图形尺度放大的倍数,所以布朗运动的分形维数 $d_f = 2$. 这个结果是普适的,对于任何维空间的随机行走的分形维数都是 2,而且表明分形维数也可以不是分数而是整数.

对于一维布朗粒子的运动,其位移分布为高斯分布. 设粒子在 $t=0$ 时刻,处在 $z=0$ 的位置,随着时间 t 的增大或粒子随机移动步数 N 的增加,粒子处于原点($z=0$)的概率最大;偏移原点越远的位置,粒子出现的概率越小. 随着移动步数 N 的增大,一维格点被粒子访问的格点数 N' 也增大,但由于越接近原点的格点,被重复访问的次数多,故 N' 比 N 小得多. 在二维的情形,布朗粒子可以在平面内做随机运动. 当粒子随机运动的步数 N(或时间 t)足够大时,平面内被粒子访问的格点的分布图形的回转半径 $R \sim N^{1/2}$,粒子回到原点的概率比一维的情形小,即粒子访问原点附近格点的概率比一维的情形小. 二维平面内粒子随机运动访问的格点数 N' 比总的移动步数 N 小,$N' \sim \dfrac{N}{\ln N}$,但比一维的情形多. 对于三维或更高维的情形,随机运动的粒子有更多机会向各方向移动,粒子重复访问的概率更小,实际为零. 因而在空间被访问的点数 N' 与随机移动的总步数近乎相等,即 $N' \sim N$. 由此可见,布朗粒子运动的轨迹的分形维数虽然与所在的欧氏空间的维数无关,但粒子访问的格点数 N' 与总步数 N 的关系对不同的欧氏空间是有差异的,表明布朗粒子运动轨迹的几何结构与所在欧氏空间的维数有关.

自回避无规行走模型,指任何位置(格点)不允许被粒子重复访问. 在一维的情形,不能实现自回避无规行走. 在二维和三维的空间,其分形维数可表示为 $d_f = (d+2)/3$,d 为欧氏空间维数. 自回避无规行走的上限维数是 $d=3$,在三维以上的空间,格点被重复访问的概率趋于零,故自回避的限制在四维及以上空间不起作用. 聚合物长分子链,可以用自回避无规行走模型来描述,其分形维数 $d_f = 1.67$(计算机模拟为 1.70).

(3) 自仿射分形(self-affine fractals)[5~8]

前面讨论的自相似和标度不变性的分形结构均为各向同性的,用一个分形维数就可以描述这类结构.然而许多实际的情形并非如此,在标度变换下,收缩或扩展比率与坐标(方向)相关,即具有各向异性.最简单的例子,是沿不同的坐标方向按不同的比率缩放.这种沿不同的坐标方向按不同的比率扩展或收缩的变换,称为自仿射变换;相应的分形结构,称为自仿射分形.

以二维的 Sierpinski 方毯和三维的 Sierpinski 海绵为例:沿 x,y 和 z 轴的尺度标度扩展(或收缩)$\lambda=3$(或 1/3)倍后,与原来的构形相同.我们可以用下面的函数关系来表示,即

$$f(\lambda x,\lambda y)=\lambda^d f(x,y), \tag{2.1-8a}$$

这里标度因子 $\lambda=3$ 或 1/3,欧氏空间维数 $d=2$,$f(x,y)$ 指 Sierpinski 方毯;而用 $f(x,y,z)$ 表示 Sierpinski 海绵,即

$$f(\lambda x,\lambda y,\lambda z)=\lambda^d f(x,y,z), \tag{2.1-8b}$$

这里 $\lambda=3$ 或 1/3,$d=3$.上述情况即为自相似分形.

自仿射分形意味着只有在不同坐标(方向)应用不同的伸缩比率才能与原系统的结构相同,可以一般地表示成

$$f(\lambda_1 x_1,\lambda_2 x_2,\cdots,\lambda_n x_n)=\lambda_1\lambda_2\cdots\lambda_n f(x_1,x_2,\cdots,x_n), \tag{2.1-8c}$$

这里标度因子 $\lambda_i(i=1,2,\cdots,n)$ 一般是各不相同的.在实际情形中,坐标也不一定是几何坐标,可以赋予不同的物理意义.例如一维的布朗运动,可以用坐标 x 和时间 t 的二维空间 (x,t) 描述.一维扩散方程可以写为

$$\frac{\partial P(x,t)}{\partial t}=D\frac{\partial^2 P(x,t)}{\partial x^2}, \tag{2.1-9}$$

$P(x,t)$ 表示在时刻 t 和坐标 x 处发现粒子的概率,D 为扩散系数.在 $(x,t)\to(\lambda^{1/2}x,\lambda t)$ 的标度变换下,x 和 t 坐标有不同的标度因子,以保持扩散方程的不变性.在自然界和人工材料中,很多都具有自仿射性质,如重力的作用所导致岩石结构的各向异性.异质复合材料的表面和断面结构也具有自仿射的特性[8].自仿射分形有重要的应用背景.

1) 规则自仿射分形

图 2.1-8 是应用迭代规则生成的自仿射分形曲线.其生成元是这样形成的:将一个边长为 1 的正方形,沿 t 方向 $b_1(b_1=4)$ 等分,沿垂直的 z 方向 $b_2(b_2=2)$ 等分,形成 $b_1b_2(b_1b_2=8)$ 个小的矩形;在 4 个矩形中,按上下上上(下下上下)的方式连接对角线,形成由 4 个线段组成的折线(上下上上),每条折线沿 t 方向的长度为 b_1^{-1},沿 z 方向的长度为 b_2^{-1},这就是生成元,如图 2.1-8(a)所示.继续沿 t 和 z 方向按 b_1 和 b_2 等分,并按生成元方式迭代,形成第二代[如图 2.1-8(b)所示],第三代……等折线组合;到第 k 代,每个折线沿 t 方向的长度为 b_1^{-k},沿 z 方向的长度为 b_2^{-k}.无限

迭代的结果，形成处处连续，又处处不可微的曲线. 该曲线中的一部分沿 t 方向放大 4 倍，z 方向放大 2 倍，即与整体曲线相似（放大 8 倍），具有非均匀标度不变的性质，故该曲线是自仿射分形曲线. 如果按这种方式不断放大，将会发现：从整体观察自仿射曲线越来越趋向 t 轴，即无限放大的结果是整体维数趋于 1.

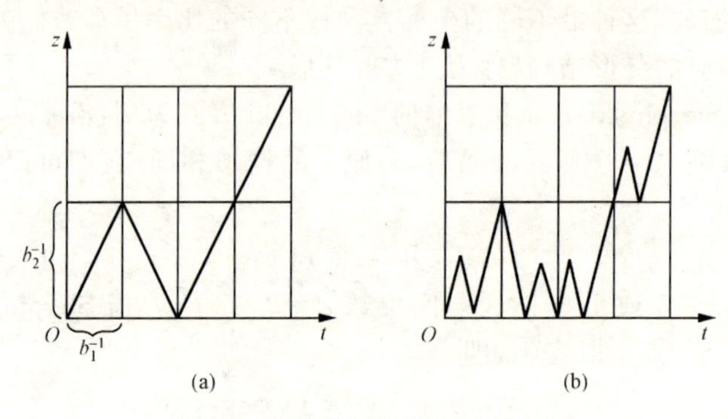

图 2.1-8 一维的规则自仿射分形
(a) 生成元；(b) 第二代

曲线的曲折程度与 Hurst 指数 H 有关，其定义为

$$H=\frac{\ln(b_2^{-k})}{\ln(b_1^{-k})}=\frac{\ln b_2}{\ln b_1}$$

或

$$b_1^H=b_2,$$

当 $b_1=4, b_2=2$ 时，$H=0.5$. 如果沿 t 方向 6 等分（$b_1=6$），沿 z 方向 2 等分（$b_2=2$），则 $H=0.387$，曲线显得更加曲折. 由此可知，H 越小，曲线曲折程度越大. 所有自仿射分形的 H 都小于 1.

我们可以用尺度 $\varepsilon=b^{-k}(k=1,2,\cdots)$ 的正方形来覆盖分形曲线，并得到分形维数 $d_f=\ln N(\varepsilon)/\ln(1/\varepsilon)=\ln 8/\ln 4=3/2$. 由 $H=1/2$，可得 $d_f=2-H$. 这里的 d_f 也称为局域维数.

图 2.1-9 是二维自仿射规则分形的 Sierpinski 方毯. 其生成元是将正方形沿 t 方向进行四等分，z 方向进行三等分，形成 12 个小的矩形，再舍去中间的 2 个矩形. 第二次操作是将剩余的 10 个矩形，分别沿 t 方向和 z 方向进行四等分和三等分，各自形成更小的 12 个矩形，再舍去中间的 2 个矩形. 如此不断地迭代，就得到自仿射 Sierpinski 方毯.

2）无规（随机）的自仿射分形

无规（随机）的自仿射分形，在自然过程中显得更为重要. 这时，标度具有统计意义. 设水平 t 轴坐标的转换因子为 b，竖直坐标 z 轴的转换因子为 b^H，H 为 Hurst 指数（$0<H<1$）. 处处连续，又处处不可导的自仿射分形函数 $F(x)$，满足下面的性质

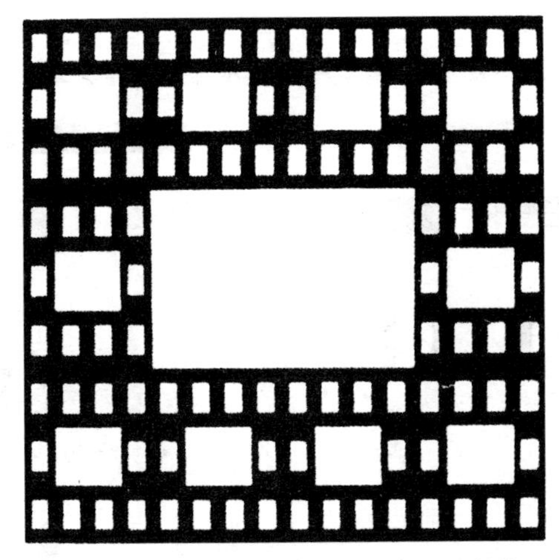

图 2.1-9　自仿射分形的 Sierpinski 方毯

$$F(x) \approx b^{-H}F(bx), \tag{2.1-10}$$

其中近似符号"≈"表示上式在随机统计意义下成立. 对于规则确定的自仿射分形函数 $F(x)=b^{-H}F(bx)$. 一维布朗运动是无规(随机)自仿射分形的一个例子. 设作布朗运动的粒子在一维直线上随机行走,在 t 时刻沿 z 方向的位移为 $B(t)$;并且在 $t=0$ 时刻,运动粒子在原点 $B(0)=0$. 经过时间 t,$B(t)$ 在 z 处出现的概率 $p(z)$ 满足高斯分布(正态分布)函数. $B(t)$ 在原点 $z=0$ 处出现的概率最大;偏离原点越远,出现的概率越小. 经过足够长的时间 t 后,$B(t)$ 的线性平均值为零,但其方均根值 $V(t)\equiv[\langle|B(t)|^2\rangle]^{1/2}\sim t^{1/2}$,这表示随着时间的推移,布朗粒子的位移越大. 对时间坐标 t 的标度进行变换,有

$$b^{1/2}V(t) \approx V(bt)$$

或

$$V(t) \approx b^{-1/2}V(bt),$$

表示时间 t 延长 b 倍,$V(t)$ 增加 $b^{-1/2}$.

(4) 多重分形(multifractal)

有些分形结构,包含了多层次的精细结构. 对这种复杂的分形结构,可以进行分解,分解后的各部分又分别具有分形的特征,形成了一个复合分形的集合,以致用单一的分形维数不足以描述其复杂性,需要用多重分形谱描述. 多重分形也称为多标度分形或复分形[5~8]. 多重分形可以是规则的,也可以是无规的,只能用统计物理的方法才能得到多重分形谱.

前面曾提到一些比较简单的规则分形结构,它们的各组成部分(如线段)都是均匀的、全同的,如果它们的各组成部分的几何或物理性质不同,就需要用多重分形来研究. 例如一维的 Cantor 集的各线段质量是不均匀的,存在一个概率分布,其分形结构如何描述呢？图 2.1-10 表示质量分布不均匀的 Cantor 二分集.

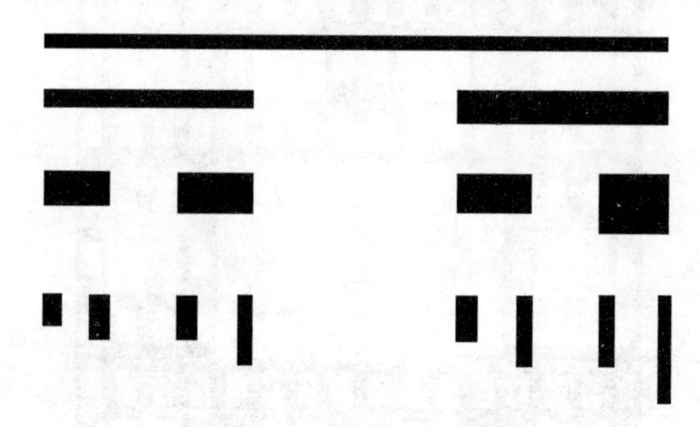

图 2.1-10 质量分布不均匀的 Cantor 二分集

将原始线段三等分，舍去中间线段，余下的左、右二线段的质量分布概率分别为 p_1 和 p_2（$p_2=1-p_1$）. 设原始线段的质量为 $m_0=1$，该生成元的质量分布概率为 $[p_1|0|p_2]$. 按生成元方式不断地操作，Cantor 二分集的质量分布有下面的结果：第一代，线段数 $N=2$，线段长 $\varepsilon=1/3$，质量的分布概率依次（从左到右）为 p_1 和 p_2（$p_2=1-p_1$）；第二代，线段数 $N=2^2=4$，线段长 $\varepsilon=(1/3)^2$，线段的质量分布概率依次为 p_1^2，$(p_1\cdot p_2)$，$(p_2\cdot p_1)$，p_2^2，中间两线段的质量分布概率相同，均为 $p_1\cdot p_2$；第三代，线段数 $N=2^3=8$，线段长 $\varepsilon=(1/3)^3$，线段质量分布概率依次为：p_1^3，$(p_1^2\cdot p_2)$，$(p_2\cdot p_1^2)$，$(p_2^2\cdot p_1)$，$(p_2\cdot p_1^2)$，$(p_2^2\cdot p_1)$，$(p_2^2\cdot p_1)$，p_2^3，其中间有两组（3 个线段为一组）具有相同的概率分布，分别为 $p_1^2\cdot p_2$ 和 $p_2^2\cdot p_1$. 这样操作，到第 k 代时，线段数 $N=2^k$，线段长度 $\varepsilon=(1/3)^k$，线段的质量分布概率为

$$p_i(\varepsilon) = p_1^m\cdot p_2^{k-m}, \tag{2.1-11}$$

$m=k,(k-1),\cdots,0$；i 表示在第 k 代中从左到右中的某一线段，如 $i=1$ 指最左边的一个线段（相应的 $m=k$），$i=2$ 指左边第二个线段（相应的 $m=k-1$），$\cdots$，$i=k+1$ 指最右边的一个线段（相应的 $m=0$）. 其中具有相同质量分布概率的线段数分别为

$$N(p_i) = \frac{k!}{m!(k-m)!}. \tag{2.1-12}$$

这样，各线段长度 $\varepsilon=(1/3)^k$，相应的 $p_i(\varepsilon)$ 和 $N(p_i)$ 形成一个集合（设 $k\to\infty$），这个集合可以按 $P_i(\varepsilon)$ 的大小分成一系列函数的子集. 设

$$P_i(\varepsilon) \sim \varepsilon^{\alpha}, \tag{2.1-13}$$

其中 α 的值与所在子集有关，又称为奇异指数. 显然，如果质量分布是均匀的，即 $p_1=p_2=0.5$，则在第 k 代

$$p_i(\varepsilon) = \left(\frac{1}{2}\right)^k,\quad \varepsilon = \left(\frac{1}{3}\right)^k,$$

而 $\alpha=\ln2/\ln3=0.631$，α 仅为一个单一的值. 如果质量分布不均匀，设 $p_1>p_2$，则 Cantor 二分集存在两个特殊子集：最大概率子集，其中 $P_i(\varepsilon)\sim p_1^k$，相应的 $\alpha_{\max}=\ln p_1/\ln(1/3)$；最小概率子集，其中 $P_i(\varepsilon)\sim p_2^k$，相应的 $\alpha_{\min}=\ln p_2/\ln(1/3)$. 以 $p_1=0.6$，$p_2=0.4$ 为例，则 $\alpha_{\max}=0.465$，$\alpha_{\min}=0.834$，表示最大的 α 值对应最小的概率子集；而最小的 α 值，对应最大的概率子集. 最大概率子集（$p_1^0, p_1, p_1^2, p_1^3, \cdots$），$P_i(\varepsilon)\sim\varepsilon^{\alpha_{\max}}$；最小概率子集（$p_2^0, p_2, p_2^2, p_2^3, \cdots$），$P_i(\varepsilon)\sim\varepsilon^{\alpha_{\min}}$.

每一次操作（或迭代）后，线段的长度 ε 不断地缩小，相应于 ε 的线段数 $N(\varepsilon)$ 不断地增多. $N(\varepsilon)$ 和 ε 的关系可定义为

$$N(\varepsilon)\sim\varepsilon^{f(\alpha)}\quad(\varepsilon\to0),\tag{2.1-14}$$

其中 $f(\alpha)$ 表示 α 子集的分形维数，也称 $f(\alpha)$ 为多重分形谱. 对应于 Cantor 二分集的最大概率子集和最小概率子集，在测度尺寸为 ε 的情形，线段数 $N(\varepsilon)$ 均为 1，所以这两个子集的 $f(\alpha)=0$. 上述情况表明按这种生成元迭代下，按 ε 测度的最大和最小概率子集的单元数最少. $N(\varepsilon)$ 的最大子集即最可几子集，其 $p_i(\varepsilon)$ 对应于（$p_1^0\cdot p_2^0$），（$p_1\cdot p_2$），（$p_1^2\cdot p_2^2$），（$p_1^3\cdot p_2^3$）…相应的 $N(\varepsilon)$ 为 $N(1)=1$，$N((1/3)^2)=2$，$N((1/3)^4)=6$，…，$N(\varepsilon)$ 随着 ε 的减小快速增长，当 ε 趋于无限小时，可得 $f(\alpha)=0.631$. 这就是最可几子集的分形维数.

如何解析地获得多重分形谱 $f(\alpha)$ 呢？我们前面已知在第 k 次迭代后的质量分布概率如式（2.1-11）所示，具有相同质量分布概率的线段（或单元）数如式（2.1-12）所示. 引入变量 ξ，$m\equiv k\xi$，$0\leqslant\xi\leqslant1$，则式（2.1-11）和式（2.1-12）为

$$p_{i\xi}(\varepsilon)=p_1^{k\xi}p_2^{k(1-\xi)},\tag{2.1-15}$$

$$N_{k\xi}(p_i)=\frac{k!}{(k\xi)![k(1-\xi)]!}.\tag{2.1-16}$$

由 $p_i(\varepsilon)=\varepsilon^{\alpha}$ 和 $\varepsilon=(1/3)^k$，得

$$\begin{aligned}\alpha&=\ln p_i(\varepsilon)/\ln\varepsilon\\&=\frac{\ln[p_1^{k\xi}\cdot p_2^{k(1-\xi)}]}{\ln(1/3)^k}\\&=-\frac{\xi\ln p_1+(1-\xi)\ln p_2}{\ln3}.\end{aligned}\tag{2.1-17}$$

又由 $N(p_i)=\varepsilon^{-f(\alpha)}$，有

$$f(\alpha)=-\frac{\ln N(p_i)}{\ln\varepsilon}=-\frac{\xi\ln\xi+(1-\xi)\ln(1-\xi)}{\ln3}.\tag{2.1-18}$$

让 ξ 从 0 变化到 1，求出 α 和相应的 $f(\alpha)$，$f(\alpha)$-α 曲线即为多重分形谱. 显然，当 $\xi=0$ 时 $\alpha=\alpha_{\min}=-\ln p_2/\ln3$，$f(\alpha)=0$；$\xi=1$ 时，$\alpha=\alpha_{\max}=-\ln p_1/\ln3$，$f(\alpha)=0$. 可见在 $\xi=0$ 和 $\xi=1$ 时，$f(\alpha)$ 都等于零，$N_k(\xi)=1$，这是多重分形谱的 2 个端点. 当

$\xi=0.5$ 时，$\alpha_0=-\frac{\ln(p_1p_2)}{2\ln3}$，$f(\alpha)=\frac{\ln2}{\ln3}=0.631$，取最大值 $f_{\max}$，是 $f(\alpha)$的顶点. 可见，Cantor 二分集多重分形谱（$f(\alpha)$-α 曲线）是一个钟状曲线，两个端点对应于 α 最大和最小的值，$f(\alpha)$均为零；谱的顶点，就是质量均匀分布 Cantor 二分集的分形维数.

§2.2　逾渗：基本逾渗过程

异质复合材料，不仅其几何微结构是无序的，而且其中的输运（如热和电的输运等）动力过程也是无序的，两者相互关联和耦合. 异质复合材料微结构组元的连接和聚集对材料宏观物理性质（或有效物理性质）的作用，可以用逾渗理论来处理. 如同流体通过无规介质的过程，逾渗过程中的无序来自介质本身的无规的微结构，这与一般的流体扩散过程不同，那里无序来自于流体本身. 逾渗理论正是研究无序系统组分的连接和聚集所产生的效应. "逾渗"一词是在 1957 年由 Broadbent 和 Hammersley 研究流体通过无规介质时首先提出来的[12,13]. 无规系统中的组元（如颗粒、格点、键等）相互连接形成大小不同的集团，在一定的条件下（如临界点或临界阈值）将首次形成跨越整个系统的集团，实现长程连接. 在热力学极限下，将出现无限大集团. 这个现象称为逾渗转变，系统的性质将发生突变，属于连续相变. 逾渗现象不仅大量发生在异质复合材料中，如无序金属的导体-绝缘体转变、玻璃转变、磁电阻等，而且遍布于疾病的传播、火灾的蔓延，乃至集成电路和宇宙学.

异质复合材料的无规微结构构形，可以用一组相互连接的无规通道所构成的网络（或格子）模型来描述. 这里存在两类基本的逾渗过程：键逾渗（bond percolation）和座逾渗（site percolation）. 如同由许多根水管和接头组成的自来水管道网络：键相当于水管，水管中有阀门；座相当于接头. 在键逾渗过程中，座始终是连通的（如同接头始终是开启的），但键却是以一定的概率连通. 设水管中阀门的开启（连通）概率为 p，则关闭（堵塞）的概率为$(1-p)$. 类似地，也可以键始终是连通的（如同水管中的阀门一直打开的），而座（如同水管的接头）却以一定的概率连通（开启）. 若仍以 p 表示座开启的概率，则其关闭（堵塞）的概率为$(1-p)$，这就是座逾渗的过程. 在这个无规网络中，各键或座被占据（连通）或空缺（堵塞）是彼此独立的事件. 如何确认这个网络中键和座是相互连接的呢？最简单，也最常用的方法是最近邻连接（nearest-neighbour connections）模型. 对于座逾渗过程，如果一个被占据的座（或格点）与另一个被占据的座是最近邻，且共有一条键，则这两个座（或格点）被认为是连接的；一组相互连接的座（其周围都是空缺的键）称为一个座的集团（cluster）. 类似地，共有一个座（或格点）的键是相互连接的；一组相互连接的键（其周围是空缺的，未被占据的座）形成一个键的集团. 显然，

当 p 很小时,仅能聚集成很小的键或座的集团;如果 p 很大,接近于1,除了由于键或座的丢失存在少量的空洞以外,整个网络就通过键或座的逾渗过程完成连通.实际上,无论是键逾渗或座逾渗过程,都存在一个逾渗阈值 p_c(percolation threshold),当 p 达到这个阈值 p_c($p_c<1$)时整个网络(从样品的一端到另一端)就开始实现连通(并不需要 p 接近于1),出现长程连接的集团,它跨越了整个网络(样品),网络的拓扑结构(连接)发生了质的转变.对于键逾渗过程,这个阈值称为键逾渗阈值 p_{cb}:当 $p<p_{cb}$时,存在各种有限大小的键集团,但没有跨越整个样品的键逾渗集团;当 $p\geqslant p_{cb}$,跨越整个样品的键逾渗集团(也称无限集团)形成.类似地,对于座逾渗过程,存在一个逾渗阈值 p_{cs}:当 $p\geqslant p_{cs}$时,跨越整个样品的无限座逾渗集团形成,网络两端连通;当 $p<p_{cs}$,存在许多有限大小的座集团,但整个网络宏观上是不连通的.

1. 逾渗阈值

精确求解逾渗阈值很困难,它与空间维数、网络结构等多种因素有关.目前,仅有少数的格子或网络可以严格求解.Bethe 格子是一个简单的例子[二维的情况如图 2.2-1(d)所示],其逾渗阈值[13]

$$p_{cb}=p_{cs}=\frac{1}{z-1}, \tag{2.2-1}$$

这里 z 是配位数,即连接相同座(格点)的键的数目.

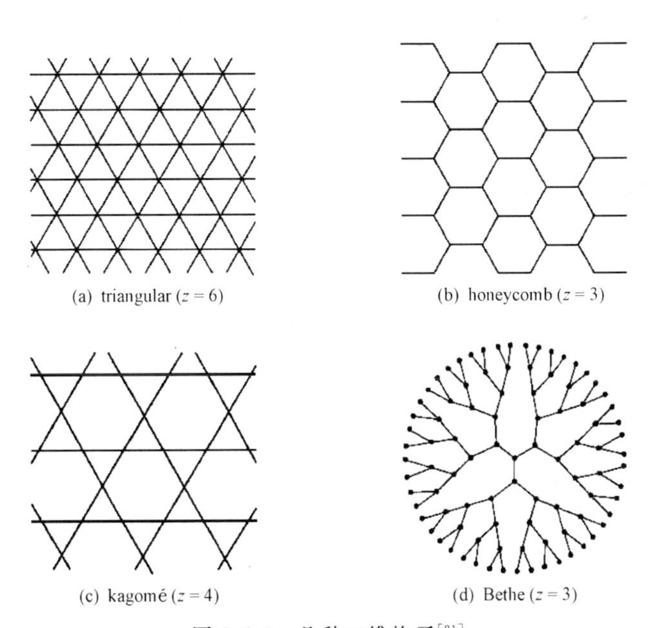

(a) triangular ($z=6$)　(b) honeycomb ($z=3$)　(c) kagomé ($z=4$)　(d) Bethe ($z=3$)

图 2.2-1　几种二维格子[21]

表 2.2-1 给出了一些二维(2D)和三维(3D)网络结构的逾渗阈值,有的是严格解,有的是数值解.[21]

表 2.2-1 某些网络的键逾渗阈值 p_{cb} 和座逾渗阈值 p_{cs}

网络(格子)(lattice)	z	p_{cs}	p_{cb}	B_c *
蜂窝格子(2D)[honeycomb,如图 2.2-1(b)所示]	3	0.6970	$1-2\sin(\pi/18)$ ≈ 0.6527	1.96
平方格子(2D)(square)	4	0.5927	1/2	2.00
笼格子(2D)[kagomé,如图 2.2-1(c)所示]	4	$1-2\sin(\pi/18)$ ≈ 0.6527	0.5244	2.17
三角格子(2D)[triangular,如图 2.2-1(a)所示]	6	1/2	$2\sin(\pi/18)$ ≈ 0.3473	2.08
简立方(3D) (simple cubic)	6	0.3116	0.2488	1.49
金刚石(3D)	4	0.4299	0.3886	1.55
体心结构 bcc (3D)	8	0.2464	0.1803	1.44
面心结构 fcc (3D)	12	0.1980	0.1202	1.43

* $B_c = zp_{cb}$

从表 2.2-1,我们可以看出逾渗阈值的一些特征:① 配位数 z 表征了网络(或格子)的连接性程度.配位数越大,连接性越高,越易于形成无限(或无界)集团,逾渗阈值(p_{cs}和 p_{cb})相应较小. ② 网络的维数越高,连接性越好,逾渗阈值随维数的升高也相应地减小. ③ 对于任何网络格子,一条键的最近邻键的数目,比一个座的最近邻座的数目要多,即键的配位数比座的配位数大,表示键的连接性比座的连接性相对要好,容易聚集成集团.所以,键逾渗阈值一般小于座逾渗阈值,即 $p_{cb} < p_{cs}$. 另外可以看出,键逾渗阈值 p_{cb}与网络的维数(欧氏)d 和配位数 z 的关系可近似表述为

$$p_{cb} \approx \frac{d}{z(d-1)}. \tag{2.2-2}$$

对于逾渗网络,$B_c = zp_{cb}$,近乎是一个仅与维数 d 有关的不变的量,即 $B_c = d/(d-1)$. 这表示对于任何 d 维的网络,如果每个座相连接的平均键数目达到 B_c 时,网络的键逾渗过程发生.

此外,理论上可以证明,座逾渗过程是更基本的,所有的键逾渗过程可以转换为另一个网络格子上的座逾渗过程;反之,则不行.实际上,键和座逾渗过程(机制)也并非完全独立,而是互有关联和影响.[14,15]

2. 逾渗转变

逾渗系统有许多重要的性质.我们以两组元网络格子模型来模拟二组元(或二相)复合材料.考虑一个由磁性原子(用"●"表示)和非磁原子(用"○"表示)占据的二维平方格子,如图 2.2-2 所示.

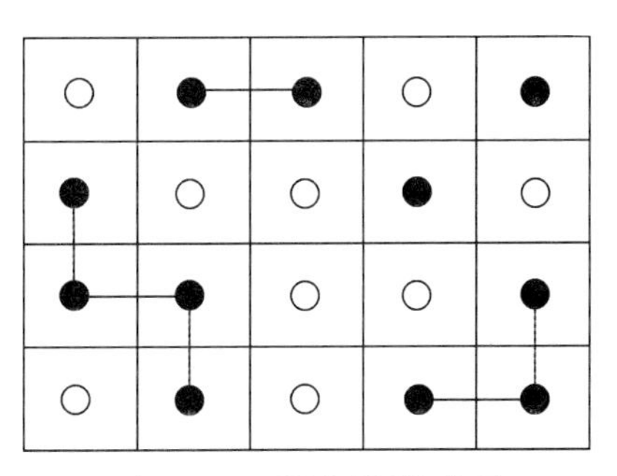

图 2.2-2　磁原子网络格子

设磁性原子占据格点的概率(也就是磁原子浓度)为 p,非磁原子占据的概率为 q. 对于任何一个格点来说,不是被磁性原子占据,就是被非磁原子所占据,即 $p+q=1$. 最近邻磁原子之间存在相互作用形成一条键,用实线表示;如果相邻的格点都被磁原子占据,就形成一个集团. 当 p 很小时,磁原子集团的尺度(即集团包含的座或健的数目)很小,数量也少;随着 p 的增大,磁原子数增多,集团的大小和数目也随之增大. 这些有限集团出现的概率也是各不相同的. 例如单粒子集团,即一个磁性原子周围的近邻都是非磁性原子,其出现的概率 $n_1(p)=pq^4$. 两个最近邻磁原子组成的双粒子集团,其出现的概率为 $n_2(p)=2p^2q^6$. 类似的,三磁原子组成的集团(它们周围的近邻都是非磁原子),其出现的概率为 $n_3(p)=2p^3q^8+4p^3q^7$. 以此类推,s 个磁原子集团(它们周围的近邻都是非磁原子)出现的概率为 $n_s(p)$,它是磁原子占据格点的概率 p 的函数. $n_s(p)$是一个重要的物理量,给出了各种有限集团的分布,s 代表了集团的大小. 我们必须注意到,对于大小为 s 的集团,可以有不同的几何构形. s 集团与其他磁原子集团相隔离的近邻非磁原子数也不尽相同,我们用 t 来表示这些集团边界的格点数,用 g_{st} 表示边界格点数为 t 的 s 集团的不同构形数. 由于这与多细胞生命体类似,也称其为格点动物数(the number of lattice animals). 例如

$$n_1(p): s=1,\ t=4,\ g_{st}=1;$$

$$n_2(p): s=2,\ t=6,\ g_{st}=2;$$

$$n_3(p): s=3,\ t=\begin{cases}7\\8\end{cases},\ g_{st}=\begin{cases}4\\2\end{cases}.$$

因此,可以将 $n_s(p)$写为

$$n_s(p)=\sum_t g_{st}p^sq^t=p^s\sum_t g_{st}\cdot q^t\equiv p^s\cdot D_s(q), \tag{2.2-3}$$

其中 $D_s(q)=\sum_t g_{st}\cdot q^t$,称为边界多项式.

当 $p<p_c$(p_{cb}或 p_{cs})时,无限集团尚不存在,任何一个格点属于某一个有限集团的概率为

$$\sum_s s n_s(p) = p, \quad p < p_c. \tag{2.2-4}$$

任何 s 集团的平均大小,也即集团的平均格点数为

$$s(p) = \frac{\sum_s s^2 n_s(p)}{\sum_s s n_s(p)}, \quad p < p_c. \tag{2.2-5}$$

例如对二维平方格子,收敛半径为 p_c,在 $p=p_c$ 时,

$$s(p) = 1 + 4p + 12p^2 + 24p^3 + 52p^4 + 108p^5 + 224p^6 + 412p^7 + 844p^8 + 1528p^9 + \cdots,$$

即 $s(p) \to \infty$.

关联函数(correlation function)或称为对连接函数(the pair-connectedness function) $P_2(\boldsymbol{r})$ 定义为:两个格点,其中一个在原点,另一个在距离原点 $\boldsymbol{r}$ 的地方,同时被占据且属于相同集团的概率为 $p^2 P_2(\boldsymbol{r})$. 任意 s 集团的大小与对连接函数的关系可以表述为[14]

$$s = 1 + p\sum_r P_2(\boldsymbol{r}). \tag{2.2-6}$$

逾渗概率(percolation probability) $P_\infty(p)$,指任何一个格点属于无限集团的概率. 显然,通常 $P_\infty(p)$ 小丁 p. 当 $p<p_c$,无限集团没有形成,逾渗概率等于零;当 $p \geq p_c$,逾渗概率为非零值,即

$$P_\infty(p)\begin{cases} = 0, & p < p_c, \\ > 0, & p \geq p_c. \end{cases} \tag{2.2-7}$$

平均集团大小 $s(p)$ 和逾渗概率 $P_\infty(p)$ 与格点占据概率 p 的关系如图 2.2-3 所示. 逾渗概率 $P_\infty(p)$ 从逾渗阈值 p_c 开始,随着 p 的增加快速上升. 逾渗转变是一个几何相变,平均集团大小 $s(p)$ 和 $P_\infty(p)$ 在热力学相变中起着序参量的作用,类似于磁性系统的磁化和磁化率.

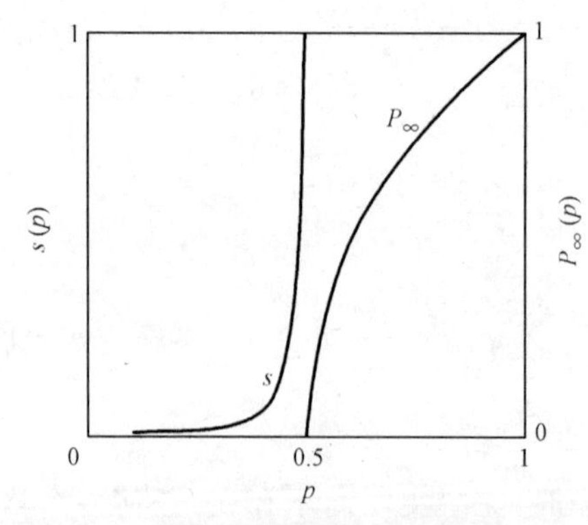

图 2.2-3 平均集团大小 $s(p)$ 和逾渗概率 $P_\infty(p)$ 与格点占据概率 p 的关系

§ 2.3 关联长度和标度性质

1. 关联长度

关联长度是一个重要的物理量[13]. 以一维格子(沿一维直线等间距排列的格点)为例:k 个相邻的座(格点)都被占据的概率为 p^k,两端的座未被占据的概率为 $(1-p)^2$,因而 k 集团出现的概率为

$$n_k(p) = p^k (1-p)^2, \tag{2.3-1}$$

平均集团大小 $s(p)$ 可表示为

$$s(p) = \frac{\sum_{k=1}^{\infty} k^2 n_k}{\sum_{k=1}^{\infty} k n_k} = \frac{1+p}{1-p} \quad (p < p_c). \tag{2.3-2}$$

注意到其中

$$\sum_{k=1}^{\infty} k n_k = \sum_{k=1}^{\infty} k p^k (1-p)^2 = (1-p)^2 \sum_{k=1}^{\infty} p \frac{\mathrm{d}p^k}{\mathrm{d}p} = (1-p)^2 p \frac{\mathrm{d}\sum_{k=1}^{\infty} p^k}{\mathrm{d}p} = p.$$

显然,平均集团的大小 $s(p)$ 在 p 接近逾渗阈值 $p_c=1$ 时是发散的. 对于 $p<p_c=1$ 的情形,逾渗概率 $P_\infty(p)$ 等于零,表示 $s(p)$ 可以很大,但仍是有限的,不形成无限集团. 关联函数或对连接函数在一维的情形应为

$$P_2(r) = p^{r-1}, \quad r = 1,2,3,\cdots, \tag{2.3-3}$$

这是由于如果相距为 r 的两个座(格点)相关,它们之间所有的座(格点)被占据连通. 对于 $p<1$,随着 $r\to\infty$,$P_2(r)$ 将以指数方式衰减至零,即

$$pP_2(r) = p^r = \exp(-r/\xi), \tag{2.3-4}$$

其中参量 ξ 称为关联长度,$\xi=-\dfrac{1}{\ln p}=\dfrac{1}{p_c-p}$,表示关联长度 ξ 按 $(p_c-p)^{-1}$ 的方式发散. 关联长度 ξ 是 p 的函数,可表示为 $\xi(p)$ 或 ξ_p. 平均集团大小 $s(p)$ 可以表示为

$$s(p) = 1 + 2p\sum_{r=1}^{\infty} p^{r-1}, \quad p < p_c, \tag{2.3-5}$$

这里因子 2 来自对 r 的正值和负值的求和.

2. 临界指数

在逾渗阈值 p_c 附近,系统中形成无限集团,发生逾渗转变. 许多逾渗性质展现出指数律的标度行为,表征这些指数律的临界指数(critical exponents)具有普适性,它们仅仅取决于系统的欧氏维数 d[16~19]. 下面给出表征逾渗系统构形的物理量的临界性质($|p_c-p|\ll 1$)

$$P_{\infty}(p) \sim (p-p_c)^{\beta}, \quad p \to p_c^{+},$$
$$s(p) \sim |p_c - p|^{-\gamma}, \quad p \to p_c,$$
$$\xi(p) \sim |p_c - p|^{-\nu}, \quad p \to p_c, \tag{2.3-6}$$

其中临界指数 β,γ 和 ν 是普适的，即它们与格子结构和系统的微结构无关，仅仅取决于系统的维数 d，如表 2.3-1 所示. 这里对于座或键逾渗过程没有区别，它们属于相同的普适类.

表 2.3-1　不同维数系统中的临界指数

	β	γ	ν	η	d_f（无限集团的分形维数）
$d=2$	5/36	43/18	4/3	5/24	91/48
$d=3$	0.41	1.82	0.88	−0.068	2.53
$d\geqslant 6$	1	1	1/2	0	4

表 2.3-1 中指数 η 来自关联函数

$$P_2(r) \sim \begin{cases} r^{2-d_f-\eta}, & p = p_c, \\ \exp(-r/\xi), & p \neq 0, p_c, 1, \end{cases} \tag{2.3-7}$$

其中 $r=|\boldsymbol{r}|$，d_f 代表无限集团的分形维数.

这些临界指数之间并不是完全独立的，它们之间存在一定的关系，如

$$d\nu = 2\beta + \gamma, \tag{2.3-8}$$

这也称为超标度关系（super scaling relations），在系统的维数 d 低于或等于临界维数 d_c（$d_c=6$）时成立.

3. 逾渗集团和 LNB 模型

前面已经提到，在逾渗阈值 p_c 附近，系统才会形成逾渗集团，即跨越整个系统的无限（或无界）集团，整个系统实现连通；当 $p<p_c$ 时，没有这样的无限集团存在；仅当 $p\geqslant p_c$ 才存在这样一个无限集团，并随着 p 的增加，集团将会在系统内继续扩张. 逾渗集团的微结构构形是怎样的呢？它充满了系统的整个空间，但又是高度分叉和稀疏的，存在不少的空洞. 用一张陈旧的、变了形的渔网来形容这样的结构是比较恰当的. 如图 2.3-1(a)所示，逾渗集团是一个统计自相似结构，它不仅包含了多种长度标度（various length scales），而且包含各种不同大小的空洞，也是一个分形结构（fractal structures）. 我们可以用链（links）-节点（nodes）-滴（blobs）模型（LNB 模型）[13,17]来模拟逾渗集团的微结构构形：在这个模型里，链（L）表示逾渗集团网络的一维通道；至少三条链相交的点称为节点（N），节点间的距离（点阵常数）与关联长度有相同的数量级（近似），这些节点和链形成不规则的超格子；滴（B）是两个节点之间相互连接的密集部分. 由链、节点和滴共同组成了逾渗集团的核心部分，称为主干（backbone），与主干相连接的是一些悬挂键（dangling bonds）或称为空端（dead ends）. 主干是电流传输的通道，而空端部分不能传输电流，主干的质量

大部分集中在滴里. 接近逾渗阈值时的逾渗集团,可看做由滴和主干上的两类格点串联而成的珍珠项链,滴犹如项链中的珍珠. 如图 2.3-1(b)所示,主干道上有两类格点:一类用黑色圆点表示,只要其中一个被遗弃,就破坏了系统两端(电极)之间的连通,连通被中断,电流因而中断;另一类格点用空心圆点表示,移去其中任一个,不会破坏系统两端的连通,仅仅影响传输的电流而已. 处于悬挂键空端上的另一类格点,用"×"表示,它的存在与否,对整个系统的电流没有影响.

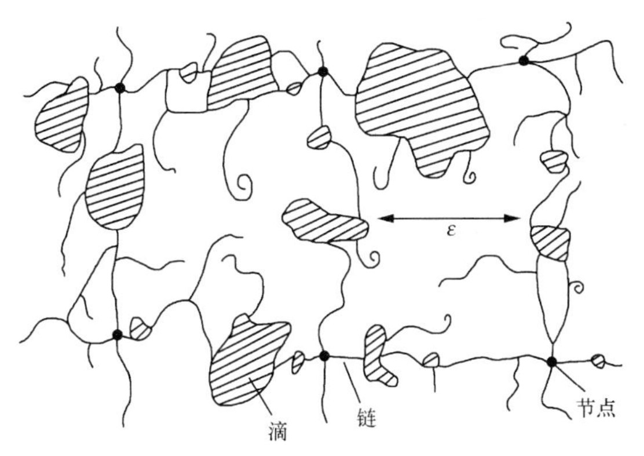

(a) 逾渗集团的 LNB 模型

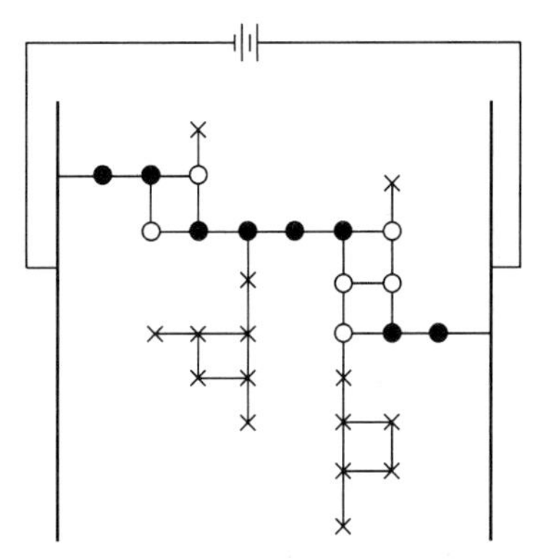

(b) 逾渗集团的主干模型

图 2.3-1 逾渗集团的 LNB 模型和主干模型[17]

逾渗集团的性质与长度标度 L 有关:如果 $L \gg \xi_p$(ξ_p 是相关或关联长度,它代表了逾渗集团的平均长度),逾渗集团是宏观有效均匀的,这时逾渗网络的微结构对于所研究的物理性质而言就显得并不重要;但是,对于 $L \ll \xi_p$ 的情形,系统是非均匀的,其宏观性质取决于长度标度. 这时,跨越整个系统的逾渗集团具有自相似结构,是具有标度不变性的分形结构. 对于 $L \gg \xi_p$ 的情形,系统的质量(即逾渗集团所包含的所有格点和键的数量)$M \sim L^d$(d 为欧氏维数);由于集团的密度是均匀的，我们可以将系统分成线性尺度为 ξ_p，体积为 ξ_p^d，质量为 $\xi_p^{d_f}$，数目为 $\left(\frac{L}{\xi_p}\right)^d$ 的小的部分，这样系统的总质量也可表示为 $M \sim \xi_p^{d_f}(L/\xi_p)^d$. 对于 $L \ll \xi_p$ 的情形，$M \sim L^{d_f}$，d_f 为分形维数. 因此 M 与标度的关系可表示为

$$M \sim \begin{cases} \xi_p^{d_f}(L/\xi_p)^d \sim L^d, & L \gg \xi_p, \\ L^{d_f}, & L \ll \xi_p. \end{cases} \tag{2.3-9}$$

我们可以将上述两种情形用统一形式表述

$$M(L,\xi_p) = L^{d_f} h(L/\xi_p), \tag{2.3-10}$$

其中 $h(x)$ 是标度函数. 对于 $L \gg \xi_p$（即 $x \gg 1$）$M \sim L^d$，则 $h(x) \sim x^{d-d_f}$；对于 $x \ll 1$ 即 $L \ll \xi_p$，$M \sim L^{d_f}$，因而 $h(x) \approx \text{const}$. 分形维数和欧氏维数的渡越发生在 $L \approx \xi_p$. 注意到 $L = \xi_p |p_c - p|^{1/\nu}$ 及 $M \sim \begin{cases} L^d \\ L^{d_f} \end{cases}$，可以得到

$$d_f = d - \beta/\nu, \tag{2.3-11}$$

因而有

$$\begin{aligned} d_f(d=2) &= 91/48 \approx 1.9, \\ d_f(d=3) &\approx 2.53. \end{aligned} \tag{2.3-12}$$

4. 有限尺寸标度

前面，我们是在无限大的系统中来讨论逾渗阈值附近的逾渗行为的. 实际上，我们经常面临的异质复合材料系统虽然较大，但仍是有限尺度的系统. 在这样有限大小的系统中，在逾渗阈值 p_c 的近邻，关联长度 ξ_p 通常都大大超过系统（材料）的线性尺度 L（即 $L \ll \xi_p$）. 如同前面已经讨论的，这时对系统的逾渗行为起主导作用的将是系统的长度标度 L，而不是 ξ_p. 在逾渗阈值近邻，关于有限系统的标度行为的分析称为有限尺寸标度（finite-size scaling）. 有限尺寸标度提供了正确确定逾渗阈值附近临界指数的途径.[13,18~20]

对于有限尺寸系统（$L \ll \xi_p$），系统的密度

$$D(L,\xi_p) \sim L^{d_f}/L^d \sim L^{-\beta/\nu}, \tag{2.3-13}$$

该式具有一般的意义. 对于一个物理量 X，在逾渗阈值 p_c 附近具有 $X(L \gg \xi_p) \sim |p - p_c|^{-x}$ 的标度性质（这里指数 x 是对应物理量 X 的临界指数），这样的标度律可表示为

$$X(L,\xi_p) = \xi^{x/\nu} y(L/\xi_p) \sim \begin{cases} \xi^{x/\nu}, & L \gg \xi_p, \\ L^{x/\nu}, & L \ll \xi_p. \end{cases} \tag{2.3-14}$$

由于系统的尺度是有限的，导致其逾渗阈值 $p_c(L)$ 与无限大系统的逾渗阈值 p_c 的差异[20,21]

$$p_c - p_c(L) \sim L^{1/\nu}, \tag{2.3-15}$$

这里 $p_c(L)$是线度为 L 的有限系统的有效逾渗阈值.

§2.4 连续逾渗

前面所讨论的逾渗过程,用的是离散的格子(点阵)模型.讨论在实际的异质复合材料中所发生的逾渗过程,例如在烧结材料、聚合物的混合体、凝胶、乳浊液等中的输运和弹性行为,连续逾渗(continuum percolation)模型更切合实际.与离散的格子(点阵)逾渗模型不同,在连续逾渗模型中,系统的组成单元不是被限制在规则格子中离散的座(格点)或键的位置.系统组分(相)的体积分数 f,与格子逾渗模型中座或键被占据的概率 p 起着相同的作用.这里也存在一个临界体积分数 f_c,即逾渗阈值,当某组分的体积分数达到这个阈值时,就会形成跨越整个系统(样品)的无限集团.怎样清楚认识连续逾渗模型,以及它与离散的格子逾渗过程的差异呢?[13,21~23] 可以有多种方法来建立连续逾渗模型,但首先要确认粒子是如何连接的,以杂质颗粒(颗粒可以是球形、椭球形、针状等)分散在基质中所形成的复合介质为例,杂质颗粒的体积分数为 f,它们之间可以有互相重叠的部分,或者非重叠地直接点接触.

颗粒之间的连接定义为:任何两个相互重叠或不重叠地直接点接触的颗粒是连接的.这个关于连接的定义是很直观的,适用于任何大小、形状或取向的颗粒.图 2.4-1 表征了这两种连接方式的颗粒集团,包括单粒子、双粒子、三粒子和四粒子集团等.这样地处理,就可将在离散(格子)逾渗模型中关于逾渗集团的讨论,推广到连续逾渗的情形.设 S_k 表示颗粒属于某一个 k 粒子集团的概率,则

$$\sum_{k=1}^{\infty} S_k = 1, \quad f \leqslant f_c, \tag{2.4-1}$$

这里 f_c 是逾渗阈值(体积分数).当杂质的体积分数达到 f_c 时,开始形成跨越整个系统的逾渗集团;当 $f<f_c$ 时,系统内存在许多大小不同的有限集团.设 n_k 是 k 粒子集团形成的概率,即 k 粒子集团大小的分布,则

$$S_k = k \cdot n_k. \tag{2.4-2}$$

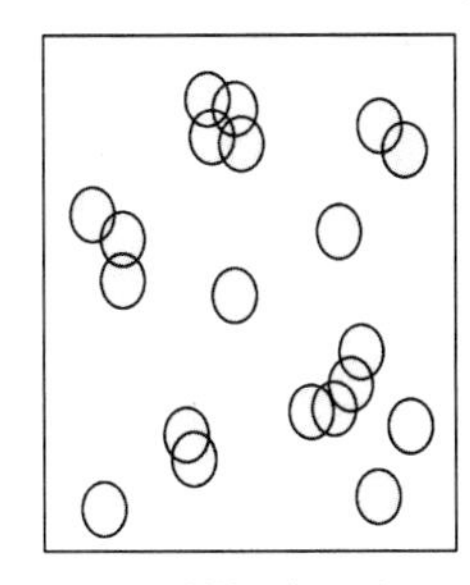

(a) 颗粒互相重叠

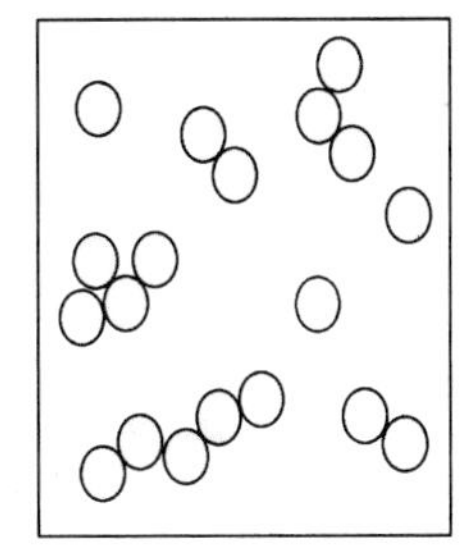

(b) 颗粒不重叠地直接接触

图 2.4-1 颗粒连接成集团的方式[21]

单位体积内 k 粒子集团的平均数

$$\rho_k = n_k \cdot \rho, \tag{2.4-3}$$

其中 ρ 是系统的粒子数密度. 单位体积的平均粒子集团数为 n_a,则

$$n_a = \sum_{k=1}^{\infty} \rho_k. \tag{2.4-4}$$

因此

$$\rho = \sum_{k=1}^{\infty} k \cdot \rho_k, \quad f < f_c. \tag{2.4-5}$$

有限集团内的平均粒子数

$$s = \sum_{k=1}^{\infty} k \cdot S_k = \sum_{k=1}^{\infty} k^2 \cdot n_k, \quad f < f_c. \tag{2.4-6}$$

逾渗概率

$$P_\infty(f) \begin{cases} = 0, & f < f_c, \\ > 0, & f \geqslant f_c. \end{cases} \tag{2.4-7}$$

平均集团大小

$$s = 1 + \rho \int p_2(r) \mathrm{d}r, \tag{2.4-8}$$

这里 $P_2(r)$ 称为对连接函数. $\rho^2 P_2(r)$ 表示粒子中心的间距为 r 的 2 个颗粒属于同一集团的概率密度函数.

颗粒互有重叠(或穿透)部分而连接成集团情形的描述是很复杂和困难的. 这里介绍一个简化的可穿透核-壳模型(penetrable-concentric-shell model),也称为 Cherry-pit 模型,如图 2.4-2 所示. 它引入了一个不可穿透性参量(impenetrability parameters)$\lambda(0 \leqslant \lambda \leqslant 1)$. 在这个模型里,假设直径为 D 的球形颗粒分布在系统中,每个球形颗粒,由直径为 λD 的不可穿透(重叠)的核,和完全可穿透(重叠)的厚度为 $(1-\lambda)D/2$ 的同心壳组成. 调节穿透性参量 λ,可以连续地描述颗粒从完全穿透(重叠)到完全不穿透(不重叠)的情形. 这是一个可应用的模型. 一对颗粒的相互作用势如图 2.4-3 所示,可表示为

$$\phi_2 = \begin{cases} +\infty, & 0 \leqslant r \leqslant \lambda D, \\ 0, & r > \lambda D. \end{cases} \tag{2.4-9}$$

我们考虑一个由规则格子组成的电阻网络,其中键代表的电阻可以有两种类型:未被占据(空缺)的键具有无限大的电阻(零电导),浓度为 $q=(1-p)$;其余被占据的键(浓度为 p)具有相同的单位电导 $g_b=1$ 或单位电阻 $r_b(=1/g_b)$. 这是一种简化了的网络模型,实际的情形是网络中键所代表的电导一般并不会相等,而是存在一个分布 $f(g)$. $f(g)\mathrm{d}g$ 表示电导在 g 和 $g+\mathrm{d}g$ 之间键的浓度(或组分分数),或这类键被占据的概率. 电导分布函数 $f(g)$ 描述了这个电阻网络电输运通道

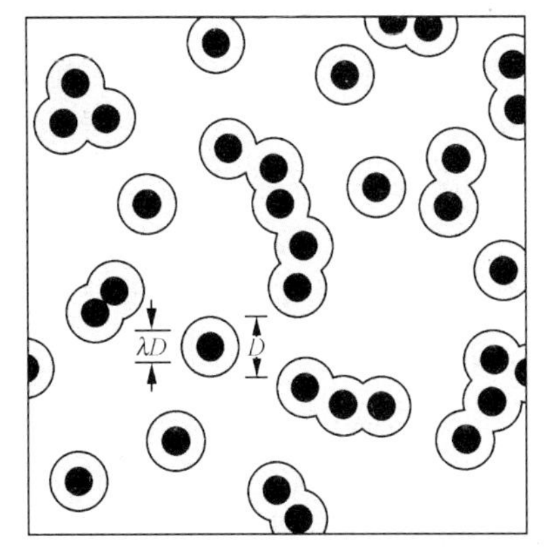

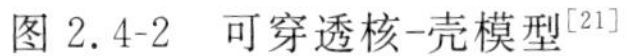
图 2.4-2 可穿透核-壳模型[21]

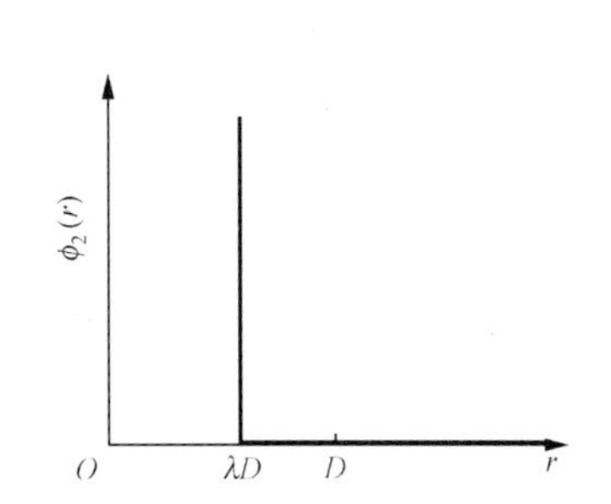

图 2.4-3 不可穿透核-壳模型的对作用势

中电导分布的无序状态. 有趣的是,如果分布函数 $f(g)$很宽,代表电导强无序的情形,则这时整个电阻网络的电输运主要由具有很低电导的“瓶颈”(bottleneck)键起主要的作用. 这种电导的不均匀分布的情形,也可设想为均匀大小的球形孔无规地分布在导电材料中,这些球形孔有的是非重叠连接,有的是重叠性连接,重叠和非重叠的球形孔之间是电输运通道,它们是非均匀分布的. 当孔的体积分数为某一个临界数值时,跨越整个系统的输运通道连通(或断开). 正是由于这个图像类似于瑞士的干酪,这个模型称为瑞士干酪模型(Swiss cheese model),如图 2.4-4 所示.[23]

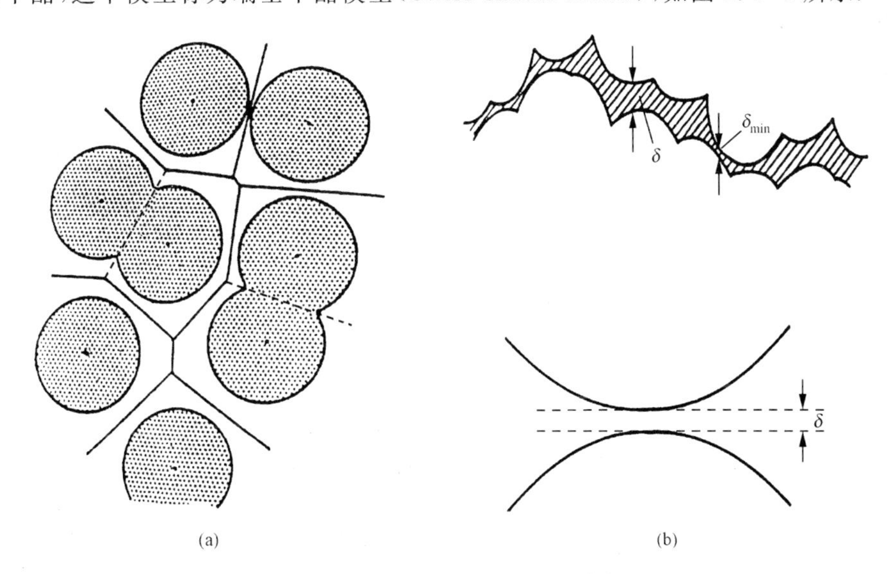

图 2.4-4 二维瑞士干酪模型[23]

(a) 实线表示传导的通道(键),虚线表示被堵塞的通道(键);

(b) 传导通道的形状是狭窄的、不规则的(上图),虚线表示近似的、规则的传导通道(下图)

Swiss-cheese模型可以映射到无规电阻网络(RRN).在这个d维网络格子中,传导键被无规占据的概率为p,然而,所有被占据的键的电导g是不相等的,而是存在一个连续分布的函数$f(g)$来描述.在逾渗阈值附近,这个传导网络是由许多狭窄的瓶颈式的低电导通道键组成,这些键由相互重叠和非重叠孔之间的电导通道所形成.在金属颗粒和绝缘介质组成的复合系统中,由于电子输运时以隧穿或热激活的方式穿过或跳跃经过绝缘垒,绝缘垒的高度和宽度又是无规分布的,导致了电子通过的绝缘垒电导(或电阻)不均匀,存在一个分布[用分布函数$f(g)$描述].绝缘垒的高度和宽度的分布越宽,表示无序程度越高.如何来分析系统中的电导呢?一种方法是,先确定系统中最大的电导(用g_{max}表示),再确定次最大的电导,用g_m表示,依次进行下去,直到一个临界电导g_c,使逾渗阈值满足

$$p_c = \int_{g_c}^{g_{max}} f(g)\mathrm{d}g, \tag{2.4-10}$$

这时跨越整个系统的无限集团形成,系统发生了从绝缘体到金属性的转变.

为具体起见,我们假设键的电导分布取指数形式

$$g = g_0 \mathrm{e}^{-\lambda\gamma}, \tag{2.4-11}$$

其中$0 \leqslant \gamma \leqslant 1$,$\lambda$是分布的宽度.电导取指数分布形式是经常采用的,如电导是来自电子热运动能量越过绝缘势垒U,电导可表示为$g \sim \mathrm{e}^{-U/k_BT}$.显然,电导$g$的值处于$g_0$和$g_0\mathrm{e}^{-\lambda}$之间

$$g_0\mathrm{e}^{-\lambda} \leqslant g \leqslant g_0. \tag{2.4-12}$$

分布函数

$$f(g) = \frac{1}{\lambda g}, \tag{2.4-13}$$

由此可得

$$p_c = \int_{g_c}^{g_0} f(g)\mathrm{d}g = \frac{1}{\lambda}\ln\frac{g_0}{g_c} \tag{2.4-14}$$

或写成

$$g_c = g_0\mathrm{e}^{-\lambda p_c}.$$

对于$p > p_c$,需要加上小于g_c的一部分电导的贡献,如$g_1 < g < g_c$,则有

$$p - p_c = \int_{g_1}^{g_c} f(g)\mathrm{d}g = \frac{1}{\lambda}\ln\frac{g_c}{g_1}, \tag{2.4-15}$$

由此我们可以得到在逾渗阈值附近逾渗转变的临界行为.在逾渗阈值p_c附近,形成无限集团,电导急剧增大,整个系统的电导率Σ可表述为[23]

$$\Sigma \sim (p - p_c)^{\mu}, \tag{2.4-16}$$

μ称为电导率指数.电导率与传导键浓度的关系如图2.4-5所示.Σ和$P_{\infty}(p)$曲线

都终止在阈值 p_c,但不同的是在 p_c 处,Σ 有近乎零的斜率,而 $P_\infty(p)$ 有近乎发散的斜率.

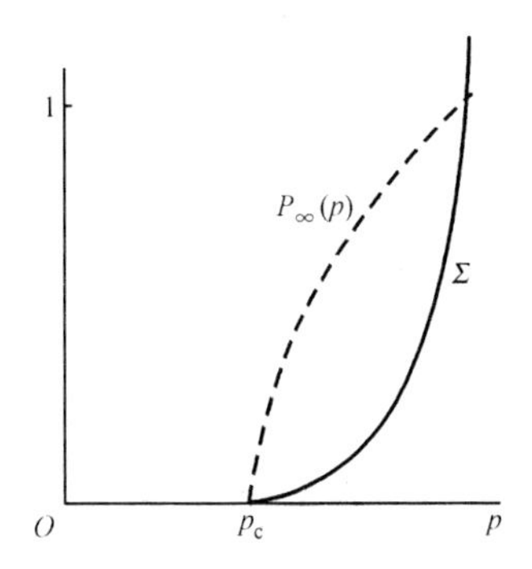

图 2.4-5 电导率与传导键浓度的关系

系统的电导率 Σ,与系统(样品)的尺寸(线度)L 有什么关系呢? 对于尺度很大的样品($L\gg\xi$),Σ 可以描述为

$$\Sigma(L \gg \xi) \sim (p - p_c)^{\mu} \tag{2.4-17}$$

及

$$\Sigma(L \gg \xi) \sim \xi^{-\mu/\gamma}, \tag{2.4-18}$$

与系统的尺度无关.

对于尺度小的样品($L\ll\xi$),则有

$$\Sigma(L \ll \xi) \sim L^{-\mu/\gamma}. \tag{2.4-19}$$

相应系统的电阻 $1/G(L)$ 也是与 L 有关的量,可以表述为

$$\frac{1}{G(L)} \sim L^{\zeta_R}, \tag{2.4-20}$$

其中 $G(L)$ 是系统的电导,ζ_R 称为电阻指数. 这个新的指数与前面提到的临界指数有什么关系呢?

我们注意到,当 $L\gg\xi$,一个 d 维的系统可以看做是均匀体系,其总体积 $\sim L^d$,将系统分成许多体积元 $(L/\xi)^d$. 对 $p>p_c$ 无限集团的分形维数为 d_f,系统的总质量

$$M(L,\xi) \sim \begin{cases} L^{d_f}, & L \ll \xi, \\ \xi^{d_f}\left(\dfrac{L}{\xi}\right)^d, & L \gg \xi. \end{cases} \tag{2.4-21}$$

对于线度为 L 的均匀材料,两端电极间的电阻与间距 L 成正比,与截面积成反比. 因而由许多单元 $(L/\xi)^d$ 组成的系统的电导 $\sim(L/\xi)^{d-2}$,每个单元的电导 $\sim\xi^{-\zeta_R}$,系统的电导

$$G(L) \sim \xi^{-\zeta_R} \left(\frac{L}{\xi}\right)^{d-2}$$
$$\sim L^{d-2} \xi^{-(d-2+\zeta_R)}, \tag{2.4-22}$$

而电导率定义为

$$G(L) = L^{d-2} \Sigma, \tag{2.4-23}$$

因此有

$$\Sigma \sim \xi^{-(d-2+\zeta_R)}, \tag{2.4-24}$$

指数之间存在下面关系

$$\frac{\mu}{\nu} = d - 2 + \zeta_R. \tag{2.4-25}$$

§2.5　微结构构形的描述和模型

我们已经讨论了多相异质复合材料微结构构形表征的两个重要方面:连接和相的聚集,以及它们内在的关联.为了研究异质复合材料的输运性质,我们需要建立表示异质复合材料微结构的连接和聚集的模型.建立这样的模型,取决于具体材料的微结构构形,因此,没有一个普适的模型可以适用于每一种材料.对于不同微结构构形的材料,需要相应地建立不同的模型,将材料微结构构形的信息表述到模型之中.将更多的微结构构形的信息加入到模型之中,就更接近实际的情形.但是,这个过程也不能无限制地进行,因为信息加入得越多,就越增加模型的复杂性;由于理论处理和计算能力的限制,很难处理复杂性很大的微结构构形.为此,在建立模型之前,需要明确所研究的材料的微结构中,哪些因素对材料的宏观物理性质,特别是输运性质起着关键的作用,再将这些因素加入到建立的模型之中.除此之外,还需要正确地描述异质复合材料输运过程的物理机制.只有真实地表述了材料的微结构构形和输运机制,才能正确地给出材料微结构的信息,进而可预测材料的宏观或有效的物理性质与微结构的关系.

为了阐明异质复合材料微结构构形的描述和表征的方法,我们以颗粒杂质分散在基质中所形成的复合体系为例,来介绍杂质颗粒分布函数和关联函数,以及微结构性质的表述等.[21,23]

1. 分布函数(概率密度函数)

$\rho_n(\boldsymbol{r}^n)\mathrm{d}\boldsymbol{r}_1\mathrm{d}\boldsymbol{r}_2\cdots\mathrm{d}\boldsymbol{r}_n$ 表示同时发现一个颗粒在空间体积元 $\boldsymbol{r}_1$ 至 $\boldsymbol{r}_1+\mathrm{d}\boldsymbol{r}_1$ 内,另一颗粒在空间体积元 $\boldsymbol{r}_2$ 至 $\boldsymbol{r}_2+\mathrm{d}\boldsymbol{r}_2$ 内…等的概率.这里 $\boldsymbol{r}^n$ 代表一组空间位置矢量 $\{\boldsymbol{r}_1,\boldsymbol{r}_2,\cdots,\boldsymbol{r}_n\}$.对于统计均匀的介质(如图 2.5-1 所示),概率密度函数 $\rho_n(\boldsymbol{r}^n)$ 仅与颗粒间的相对位置 $\boldsymbol{r}_{12},\boldsymbol{r}_{13},\cdots,\boldsymbol{r}_{1n}$ 有关,这里 $\boldsymbol{r}_{1i}=\boldsymbol{r}_i-\boldsymbol{r}_1$[坐标原点($\boldsymbol{r}_1$)的选择可以是任意的].对于双粒子系统($n=2$),$\rho_2(\boldsymbol{r}_1,\boldsymbol{r}_2)=\rho_2(\boldsymbol{r}_2-\boldsymbol{r}_1)=\rho_2(\boldsymbol{r}_{12})$.显然,

$\rho_1(\boldsymbol{r}_1)=\rho$，即颗粒的密度.

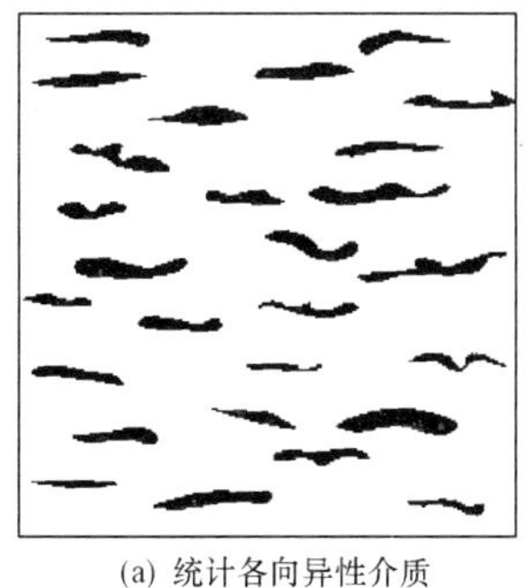

(a) 统计各向异性介质

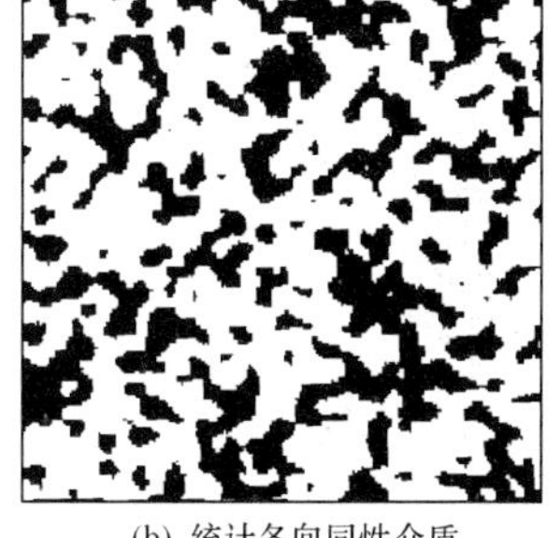

(b) 统计各向同性介质

图 2.5-1 统计均匀介质(黑色和白色两相)[21]

2. 概率分布函数

$S_n^i(\boldsymbol{x}^n)$表示在多相异质复合体系中，同时在 $\boldsymbol{x}_1,\boldsymbol{x}_2,\cdots,\boldsymbol{x}_n$ 点的位置发现 i 相颗粒的概率. $S_n^i(\boldsymbol{x}^n)=S_n^i(\boldsymbol{x}_1,\boldsymbol{x}_2,\cdots,\boldsymbol{x}_n)$，也称为 i 相的 n 点(point)概率分布函数，它与粒子在空间的位置$\{\boldsymbol{x}_1,\boldsymbol{x}_2,\cdots,\boldsymbol{x}_n\}$有关. 对于单点概率函数 $S_1^i(\boldsymbol{x}_1)$，它取决于 i 相的颗粒局域位置 $\boldsymbol{x}_1$，$S_1^i(\boldsymbol{x}_1)$代表 i 相的与位置相关的体积分数 $f_i(\boldsymbol{x})$，是随空间位置而变化的函数. 如果材料是统计均匀的，单点概率函数 S_1^i 是与空间位置无关的常数，也就是 i 相组分的体积分数 $f_i=S_1^i$，并且 $S_2(\boldsymbol{x}_1,\boldsymbol{x}_2)=S_2(\boldsymbol{x}_{12})$. 这样，$n$ 点概率分布函数具有平移不变性，即

$$\begin{aligned}S_n^{(i)}(\boldsymbol{x}^n+\boldsymbol{l})&=S_n^{(i)}(\boldsymbol{x}_1+\boldsymbol{l},\boldsymbol{x}_2+\boldsymbol{l},\cdots,\boldsymbol{x}_n+\boldsymbol{l})\\&=S_n^{(i)}(\boldsymbol{x}_{12},\boldsymbol{x}_{13},\cdots,\boldsymbol{x}_{1n}),\end{aligned}\tag{2.5-1}$$

这里 $\boldsymbol{x}_{jk}=\boldsymbol{x}_k-\boldsymbol{x}_j$，概率分布函数仅与粒子相对坐标有关.

对于统计各向同性的材料，概率分布函数描述的过程具有转动不变性. S_n^i 取决于粒子间相对距离 $x_{jk}=|\boldsymbol{x}_{jk}|(i\leqslant j<k\leqslant n)$. 例如二点和三点概率分布函数可以分别表述为

$$S_2^{(i)}(\boldsymbol{x}_1,\boldsymbol{x}_2)=S_2^{(i)}(\boldsymbol{x}_2-\boldsymbol{x}_1)=S_2^{(i)}(\boldsymbol{x}_{12}),\tag{2.5-2}$$

$$S_3^{(i)}(\boldsymbol{x}_1,\boldsymbol{x}_2,\boldsymbol{x}_3)=S_3^{(i)}(\boldsymbol{x}_{12},\boldsymbol{x}_{13},\boldsymbol{x}_{23}).\tag{2.5-3}$$

对于统计各向异性的介质，S_n^i 不仅与位置矢量 $\boldsymbol{x}_{12},\boldsymbol{x}_{13},\cdots,\boldsymbol{x}_{1n}$的数值有关，也与它们的取向有关.

对于具有相逆对称性(phase-inversion symmetry)的二相异质复合介质(如图 2.5-2 所示)，其体积分数为 f_1 的相 1 的微结构构形与系统内体积分数为 f_2 的相 2 的微结构构形是统计等价的，则

$$S_n^{(1)}(\boldsymbol{x}^n;f_1,f_2)=S_n^{(2)}(\boldsymbol{x}^n;f_2,f_1),$$

这里 $\boldsymbol{x}^n\equiv\{\boldsymbol{x}_1,\boldsymbol{x}_2,\cdots,\boldsymbol{x}_n\}$，$f_2=1-f_1$ $\left(f_1=f_2=\frac{1}{2}\text{是一个特殊的情况}\right)$. 一般地说，$n$

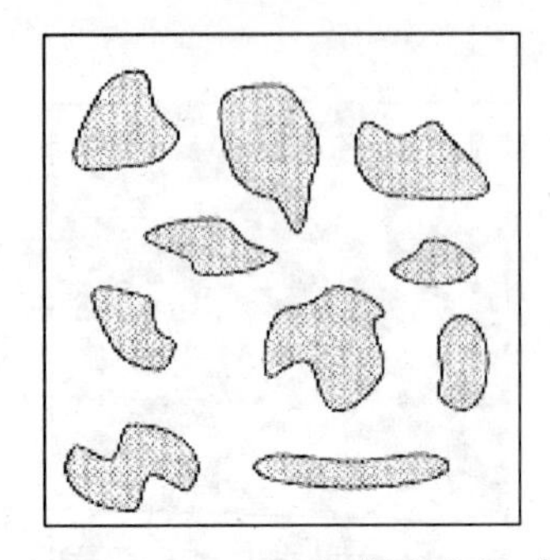
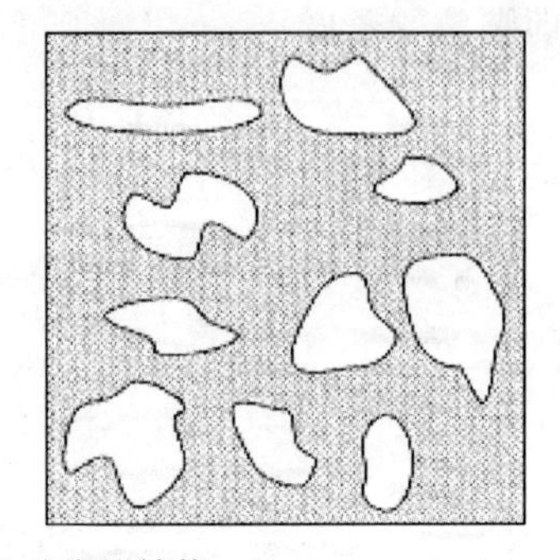

图 2.5-2 相逆对称的结构

点概率函数($n\geqslant 2$)不可能用低阶 $q(q<n)$ 点概率函数来表示.然而对于具有相逆对称性,且 $f_1=f_2=\frac{1}{2}$ 的介质,就可能用低阶概率函数来确定高阶的奇阶概率函数,即 $S_{2m+1}^{(i)}$ 可以用 $S_{2m}^{(i)},S_{2m-1}^{(i)},\cdots,S_1^{(i)}$ 表示.以二相复合介质体系为例,相 2 的 n 点概率函数可以用相 1 的概率函数 $S_1^{(1)},S_2^{(1)},\cdots,S_n^{(1)}$ 表示,即

$$\begin{aligned}S_n^{(2)}&(\boldsymbol{x}_1,\boldsymbol{x}_2,\cdots,\boldsymbol{x}_n)\\&=1-\sum_{j=1}^{n}S_1^{(1)}(\boldsymbol{x}_j)+\sum_{j<k}^{n}S_2^{(1)}(\boldsymbol{x}_j,\boldsymbol{x}_k)\\&\quad-\sum_{j<k<l}S_3^{(1)}(\boldsymbol{x}_j,\boldsymbol{x}_k,\boldsymbol{x}_l)+\cdots+(-1)^nS_n^{(1)}(\boldsymbol{x}_1,\boldsymbol{x}_2,\cdots,\boldsymbol{x}_n).\end{aligned}\quad(2.5\text{-}4)$$

在上式中,第 s 个求和项中包含有$\frac{n!}{(n-s)!\ s!}$项数和因子$(-1)^s$.这样,相 2 的概率函数可以用相 1 的概率函数 $S_1^{(1)},S_2^{(1)},\cdots,S_n^{(1)}$ 来表示.另外,如一个粒子在相 1 的区域 $\boldsymbol{x}_1$ 处,而另一个粒子在相 2 的区域 $\boldsymbol{x}_2$ 处的概率 $S_2^{(1,2)}(\boldsymbol{x}_1,\boldsymbol{x}_2)$也可以表示为

$$S_2^{(1,2)}(\boldsymbol{x}_1,\boldsymbol{x}_2)=S_1^{(1)}(\boldsymbol{x}_1)-S_2^{(1)}(\boldsymbol{x}_1,\boldsymbol{x}_2).\quad(2.5\text{-}5)$$

对于相逆对称性的介质,如二相体积分数 $f_1=f_2=\frac{1}{2}$,n 点概率函数对于每一项都是统计等价的.这样,按式(2.5-4)可以表述为

$$2S_{2m+1}^{(2)}=1-\sum S_1^{(1)}+\sum S_2^{(1)}-\sum S_3^{(1)}+\cdots+(-1)^{2m}\sum S_{2m}^{(1)}.\quad(2.5\text{-}6)$$

这样,奇阶概率函数可以用低阶的概率函数表示.设 $m=1$,则有

$$S_3^{(i)}(\boldsymbol{x}_1,\boldsymbol{x}_2,\boldsymbol{x}_3)=\frac{1}{2}\left[S_2^{(i)}(\boldsymbol{x}_1,\boldsymbol{x}_2)+S_2^{(i)}(\boldsymbol{x}_1,\boldsymbol{x}_3)+S_2^{(i)}(\boldsymbol{x}_2,\boldsymbol{x}_3)-\frac{1}{2}\right],\quad i=1,2.\quad(2.5\text{-}7)$$

然而偶阶概率函数 $S_{2m}^{(i)}$不能全用低阶概率函数表示.

3. 点/q 粒子关联函数

我们依然以二相异质复合体系为研讨的对象:N 个半径为 r_{b} 的球形颗粒(相 2)

无规分布在基质(相1)中组成的异质复合体系. 设用矢量 $\boldsymbol{r}^q \equiv \{\boldsymbol{r}_1, \boldsymbol{r}_2, \cdots, \boldsymbol{r}_q\}$ 表示 q 个球形颗粒中心分布的空间位置, 而 $\mathrm{d}\boldsymbol{r}^q \equiv \mathrm{d}\boldsymbol{r}_1 \mathrm{d}\boldsymbol{r}_2 \cdots \mathrm{d}\boldsymbol{r}_q$. 点/$q$ 粒子关联(或分布)函数 $G_n^i(\boldsymbol{x};\boldsymbol{r}^q)\mathrm{d}\boldsymbol{r}^q$ 定义为在 $\boldsymbol{x}$ 位置处发现相 i 的颗粒, 又在位置 $\boldsymbol{r}_1$ 至 $\boldsymbol{r}_1+\mathrm{d}\boldsymbol{r}_1$ 的体积元内, 在 $\boldsymbol{r}_2$ 至 $\boldsymbol{r}_2+\mathrm{d}\boldsymbol{r}_2$ 内, ……, 以及在 $\boldsymbol{r}_q$ 至 $\boldsymbol{r}_q+\mathrm{d}\boldsymbol{r}_q$ 体积元内发现相 i 粒子的概率, 这里 $n=1+q$. 这个关联函数包括在空间 $\boldsymbol{x}$ 处发现粒子的概率函数和 q 个粒子分散在空间矢量 $\boldsymbol{r}^q(\boldsymbol{r}_1, \boldsymbol{r}_2, \cdots, \boldsymbol{r}_q)$ 附近体积元的联合概率密度函数. 其归一化条件为

$$\int G_n^{(i)}(\boldsymbol{x};\boldsymbol{r}^q)\mathrm{d}\boldsymbol{r}^q = \frac{N!}{(N-q)!} S_1^{(i)}(\boldsymbol{x}), \tag{2.5-8}$$

$S_1^{(i)}$ 是相 i 的单点概率函数. 对于统计均匀的介质, $G_n^{(i)}$ 仅与相对位移 $\boldsymbol{l}_1, \boldsymbol{l}_2, \cdots, \boldsymbol{l}_q$ 有关, 这里 $\boldsymbol{l}_k = \boldsymbol{x} - \boldsymbol{r}_k$. 对于各向同性介质, 仅取决于 n 个粒子在空间分布之间的距离. 点/q 粒子关联函数, 已应用于有效电导率、有效弹性模数等的研究中.

4. 表面关联函数

在异质多相复合介质的微结构中, 两相界面的性质是很重要的因素, 可以用表面关联函数进行表征. 我们可以定义表面-表面关联函数 $F_{\mathrm{ss}}(\boldsymbol{x}_1, \boldsymbol{x}_2)$、表面-基质关联函数 $F_{\mathrm{sm}}(\boldsymbol{x}_1, \boldsymbol{x}_2)$ 和表面-空隙关联函数 $F_{\mathrm{sv}}(\boldsymbol{x}_1, \boldsymbol{x}_2)$, 它们分别表示同时发现一个颗粒在两相的界面, 另一颗粒也在两相的界面, 或在基质中, 或在微空隙中(例如多孔介质材料)的情形.

对于异质复合体系, 例如二相异质复合体系, 设相 1 的区域为 V_1, 相 2 的区域为 V_2, 总体积为 $V_1+V_2=V$. 设相 $i(i=1,2)$ 的无规变量或标示函数 $I^{(i)}(\boldsymbol{x})$ 定义为

$$I^{(i)}(\boldsymbol{x}) = \begin{cases} 1, & \text{若 } \boldsymbol{x} \in V_i, \\ 0, & \text{其他情况}. \end{cases} \tag{2.5-9}$$

显然

$$I^{(1)}(\boldsymbol{x}) + I^{(2)}(\boldsymbol{x}) = 1 \tag{2.5-10}$$

对于两相的界面, 定义界面的标示函数为

$$M(\boldsymbol{x}) = |\nabla I^{(1)}(\boldsymbol{x})| = |\nabla I^{(2)}(\boldsymbol{x})|, \tag{2.5-11}$$

这是广义函数(如 δ 函数), 仅在粒子占据界面(即 $\boldsymbol{x}$ 在界面)的情形, 界面标示函数 $M(\boldsymbol{x})$ 具有非零值. 最简单的表面关联函数即单点关联函数

$$S(\boldsymbol{x}) = \langle M(\boldsymbol{x}) \rangle \tag{2.5-12}$$

代表在 $\boldsymbol{x}$ 处的单位体积的界面面积, 或称之为比表面积. 对于非均匀介质, 比表面积 $S(\boldsymbol{x})$ 是空间位置的函数. 对于均匀介质, $S(\boldsymbol{x})$ 与空间位置无关, 它是一个常数.

两点表面关联函数可表述为表面-表面关联函数 $F_{\mathrm{ss}}(\boldsymbol{x}_1, \boldsymbol{x}_2) = \langle M(\boldsymbol{x}_1) M(\boldsymbol{x}_2) \rangle$、表面-基质关联函数 $F_{\mathrm{sm}}(\boldsymbol{x}_1, \boldsymbol{x}_2) = \langle M(\boldsymbol{x}_1) I_{\mathrm{m}}(\boldsymbol{x}_2) \rangle$ 和表面-孔隙关联函数 $F_{\mathrm{sv}}(\boldsymbol{x}_1, \boldsymbol{x}_2) = \langle M(\boldsymbol{x}_1) I_{\mathrm{v}}(\boldsymbol{x}_2) \rangle$, 这里 $I_{\mathrm{m}}(\boldsymbol{x}_2)$ 和 $I_{\mathrm{v}}(\boldsymbol{x}_2)$ 是基质和空隙的标示函数. 由于对于 F_{sm} 的讨论与 F_{sv} 类似, 下面仅讨论 F_{sv} 的情形. 对于均匀介质, 它们仅取决于相对位移 $\boldsymbol{x}_{12} = \boldsymbol{x}_2 - \boldsymbol{x}_1$; 对于各向同性介质, 它们仅取决于相对距离 $|\boldsymbol{x}_{12}| = |\boldsymbol{x}_2 - \boldsymbol{x}_1|$. 如果

这两点相距很远，没有长程关联，则

$$F_{ss}(\boldsymbol{x}_1,\boldsymbol{x}_2)\to S(\boldsymbol{x}_1)S(\boldsymbol{x}_2),\quad F_{sv}(\boldsymbol{x}_1,\boldsymbol{x}_2)\to S(\boldsymbol{x}_1)S_1(\boldsymbol{x}_2). \tag{2.5-13}$$

对于均匀介质，当$|\boldsymbol{r}|\to\infty$，有

$$F_{ss}(\boldsymbol{x}_1,\boldsymbol{x}_2)=F_{ss}(\boldsymbol{r})\to\langle M(\boldsymbol{x})\rangle^2=S^2 \tag{2.5-14}$$

和

$$F_{sv}(\boldsymbol{x}_1,\boldsymbol{x}_2)=F_{sv}(\boldsymbol{r})\to Sf_1, \tag{2.5-15}$$

这里 f_1 为孔积率或者空隙相的体积分数，指空隙所占的体积与总体积之比.

5. 体积分数和比表面积[21]

为了给出计算各种类型微结构的关联函数的方法，先进一步讨论单点关联或概率函数的意义. 我们仍以球形杂质颗粒分布在基质中组成的二相异质复合体系为例. 以相 1 表示基质项，其标示函数 $I(\boldsymbol{x})$定义为

$$I(\boldsymbol{x})=\begin{cases}1, & \text{如 } \boldsymbol{x} \text{ 处在基质中},\\ 0, & \text{如 } \boldsymbol{x} \text{ 处在杂质球颗粒相中}.\end{cases}$$

单点关联（或概率）函数定义为标示函数的系综平均，$S_1\equiv\langle I(\boldsymbol{x})\rangle$. 它表示与空间位置 $\boldsymbol{x}$ 有关的相 1 的局域体积分数(local volume fraction) $f(\boldsymbol{x})$. 对于统计均匀的介质，$S_1(\boldsymbol{x})$是与空间位置无关的一个常数，即基质的体积分数 f_1.

设杂质是半径同为 R 的 N 个球形颗粒，其在基质中的分布用矢量 $\boldsymbol{r}_N\equiv\{\boldsymbol{r}_1,\boldsymbol{r}_2,\cdots,\boldsymbol{r}_N\}$表示，则基质相的标示函数为 $I(\boldsymbol{x};\boldsymbol{r}^N)$，描述了 N 个球形颗粒分布在空间$(\boldsymbol{r}_1,\boldsymbol{r}_2,\cdots,\boldsymbol{r}_N)$的位置，及基质 $\boldsymbol{x}$ 位置处的微结构构形为

$$I(\boldsymbol{x};\boldsymbol{r}^N)=\prod_{i=1}^{N}[1-m(|\boldsymbol{x}-\boldsymbol{r}_i|;R)], \tag{2.5-16}$$

这里 $m(r;R)$定义为

$$m(r;R)=\theta(R-r)=\begin{cases}1, & r\leqslant R,\\ 0, & r>R,\end{cases} \tag{2.5-17}$$

其中 $\theta(r)$是 Heaviside 阶梯函数. 我们需要注意，空间中的任何一个区域不是被基质相所占据，就是被半径为 R 单个球形颗粒杂质所占据，或被多个重叠的半径为 R 的球形颗粒所占据. $m(r;R)$表明这种随机的情形，也称为排除区域的标示函数(exclusion-region indicator function). $I(\boldsymbol{x};\boldsymbol{r}^N)$可进一步表示为

$$\begin{aligned}I(\boldsymbol{x};\boldsymbol{r}^N)=&1-\sum_{i=1}^{N}m(|\boldsymbol{x}-\boldsymbol{r}_i|;R)+\sum_{i<j}m(|\boldsymbol{x}-\boldsymbol{r}_i|;R)m(|\boldsymbol{x}-\boldsymbol{r}_j|;R)\\&-\sum_{i<j<k}m(|\boldsymbol{x}-\boldsymbol{r}_i|;R)m(|\boldsymbol{x}-\boldsymbol{r}_j|;R)m(|\boldsymbol{x}-\boldsymbol{r}_k|;R)+\cdots,\end{aligned} \tag{2.5-18}$$

这里等号右侧第二项表示 N 个半径为 R 的球形颗粒（没有重叠）占据的空间区域；

第三项表示成对球形颗粒重叠的情形；第四项表示3个球形颗粒可以重叠的情形．注意，对于 k 个球形颗粒重叠的情形，求和项中应包含有 $\frac{N!}{(N-k)!\ k!}$ 项数．

对于统计非均匀介质的单点相关函数

$$
\begin{aligned}
S_1(\boldsymbol{x}) &= \int I(\boldsymbol{x};\boldsymbol{r}^N)\rho_N(\boldsymbol{r}^N)\mathrm{d}\boldsymbol{r}^N \\
&= \int \prod_{i=1}^{N}[1-m(|\boldsymbol{x}-\boldsymbol{r}_i|)]\rho_N(\boldsymbol{r}^N)\mathrm{d}\boldsymbol{r}^N \\
&= 1-\sum_{i=1}^{N}\int m(|\boldsymbol{x}-\boldsymbol{r}_i|)\rho_N(\boldsymbol{r}^N)\mathrm{d}\boldsymbol{r}^N \\
&\quad +\sum_{i<j}^{N}\int m(|\boldsymbol{x}-\boldsymbol{r}_i|)m(|\boldsymbol{x}-\boldsymbol{r}_j|)\rho_N(\boldsymbol{r}^N)\mathrm{d}\boldsymbol{r}^N-\cdots \\
&= 1-N\int m(|\boldsymbol{x}-\boldsymbol{r}_1|)\rho_N(\boldsymbol{r}^N)\mathrm{d}\boldsymbol{r}^N \\
&\quad +\frac{N(N-1)}{2}\int m(|\boldsymbol{x}-\boldsymbol{r}_1|)m(|\boldsymbol{x}-\boldsymbol{r}_2|)\rho_N(\boldsymbol{r}^N)\mathrm{d}\boldsymbol{r}^N-\cdots \\
&= 1+\sum_{k=1}^{\infty}\frac{(-1)^k}{k!}\int \rho_k(\boldsymbol{r}^k)\prod_{j=1}^{k}m(|\boldsymbol{x}-\boldsymbol{r}_j|)\mathrm{d}\boldsymbol{r}_j,
\end{aligned}
\tag{2.5-19}
$$

这里为了简单起见，在 m 的表式中我们没有再注明 m 与 R 的依赖关系，ρ_k 是 n 点 $(n=k)$ 概率密度函数．

比表面积 $S(\boldsymbol{x})$ 即单点关联函数，$S(\boldsymbol{x})=\langle M(\boldsymbol{x})\rangle$，$M(\boldsymbol{x})=|\nabla I(\boldsymbol{x})|$ 是界面标示函数．对于统计均匀介质，$S(\boldsymbol{x})$ 是与 $\boldsymbol{x}$ 无关的常数．对于半径为 R 的球形颗粒体系，$M(\boldsymbol{x};R)$ 可表示为

$$
M(\boldsymbol{x};R)=-\frac{\partial}{\partial R}I(\boldsymbol{x};R). \tag{2.5-20}
$$

结合式(2.5-18)，并应用 $\frac{\partial m(r;R)}{\partial R}=\delta(R-r)$，则有

$$
\begin{aligned}
M(\boldsymbol{x};R) &= \sum_{i=1}^{N}\delta(R-|\boldsymbol{x}-\boldsymbol{r}_i|)-\sum_{i<j}^{N}\delta(R-|\boldsymbol{x}-\boldsymbol{r}_i|)m(|\boldsymbol{x}-\boldsymbol{r}_j|) \\
&\quad -\sum_{i<j}^{N}\delta(R-|\boldsymbol{x}-\boldsymbol{r}_j|)m(|\boldsymbol{x}-\boldsymbol{r}_i|)+\cdots
\end{aligned}
\tag{2.5-21}
$$

$$
\begin{aligned}
S(\boldsymbol{x}) &= \sum_{i=1}^{N}\int\delta(R-|\boldsymbol{x}-\boldsymbol{r}_i|)\rho_N(\boldsymbol{r}^N)\mathrm{d}\boldsymbol{r}^N \\
&\quad -\sum_{i\neq j}^{N}\int\delta(R-|\boldsymbol{x}-\boldsymbol{r}_i|)m(|\boldsymbol{x}-\boldsymbol{r}_j|)\rho_N(\boldsymbol{r}^N)\mathrm{d}\boldsymbol{r}^N \\
&\quad +\sum_{i<j<k}\int\delta(R-|\boldsymbol{x}-\boldsymbol{r}_i|)m(|\boldsymbol{x}-\boldsymbol{r}_j|)m(|\boldsymbol{x}-\boldsymbol{r}_k|)\rho_N(\boldsymbol{r}^N)\mathrm{d}\boldsymbol{r}^N-\cdots \\
&= \int\delta(R-|\boldsymbol{x}-\boldsymbol{r}_1|)\rho_1(\boldsymbol{r}_1)\mathrm{d}\boldsymbol{r}_1
\end{aligned}
$$

$$
\begin{aligned}
&-\int\delta(R-|\boldsymbol{x}-\boldsymbol{r}_1|)m(|\boldsymbol{x}-\boldsymbol{r}_2|)\rho_2(\boldsymbol{r}_1,\boldsymbol{r}_2)\mathrm{d}\boldsymbol{r}_1\mathrm{d}\boldsymbol{r}_2\\
&+\frac{1}{2}\int\delta(R-|\boldsymbol{x}-\boldsymbol{r}_1|)m(|\boldsymbol{x}-\boldsymbol{r}_2|)m(|\boldsymbol{x}-\boldsymbol{r}_3|)\rho_3(\boldsymbol{r}_1,\boldsymbol{r}_2,\boldsymbol{r}_3)\mathrm{d}\boldsymbol{r}_1\mathrm{d}\boldsymbol{r}_2\mathrm{d}\boldsymbol{r}_3\\
=&\sum_{k=1}^{\infty}\frac{(-1)^{k-1}}{(k-1)!}\int\rho_k(\boldsymbol{r}^k)\delta(R-|\boldsymbol{x}-\boldsymbol{x}_1|)\mathrm{d}\boldsymbol{r}_1\prod_{j=2}^{k}m(|\boldsymbol{x}-\boldsymbol{r}_j|)\mathrm{d}\boldsymbol{r}_j. \qquad (2.5\text{-}22)
\end{aligned}
$$

比表面积可表示为

$$
S(\boldsymbol{x})=-\frac{\partial}{\partial R}S_1(\boldsymbol{x};R)=\frac{\partial}{\partial R}S_1^{(2)}(\boldsymbol{x};R), \qquad (2.5\text{-}23)
$$

这里 $S_1^{(2)}$ 是颗粒相 2 的单点概率函数，$S_1^{(2)}=1-S_1$.

6. n 点分布函数[22]

表征异质复合体系微结构的 n 点分布函数 $G_n(\boldsymbol{x}^p;\boldsymbol{r}^q)$，表示发现 p 个颗粒的中心位置在 $\boldsymbol{x}_p=\{\boldsymbol{x}_1,\boldsymbol{x}_2,\cdots,\boldsymbol{x}_p\}$，$q(q=n-p)$ 个颗粒的中心位置在 $\boldsymbol{r}^q=\{\boldsymbol{r}_1,\boldsymbol{r}_2,\cdots,\boldsymbol{r}_p\}$ 的概率. 显然，对于 $q=0$ 有 $G_n(\boldsymbol{x}^p;\phi)=S_n(\boldsymbol{x}^n)$，这里 ϕ 表示空集；在 $p=0$ 的极限情形，$G_n(\phi;\boldsymbol{r}^q)=\rho_n(\boldsymbol{r}^n)$；如果 $p=1$，则 $G_n(\boldsymbol{x}_1;\boldsymbol{r}^q)=G^{(1)}(\boldsymbol{x}_1;\boldsymbol{r}^q)$.

在对异质复合结构材料的微结构构形特征有所了解的基础上，需要建立相应的模型来讨论异质复合结构材料的宏观输运性质. 一维模型是常用的模型之一，它表示一组粒子(原子)排成一条线形成的线性链结构. 如果最近邻原子间距离相等就是所谓有序链晶体结构，这是一种理想的情形，不可能严格成立. 如果原子间的间距是随机的无规变量，这样的线性链也称为一维液体或气体. 除纳米材料(量子点、量子线等)外，其他的一维材料很少，实际上多数都是准一维的材料.

应用于异质复合材料的连续模型，一般地说有三种.[24] 第一种是不同形状(圆、椭圆、球、椭球、圆柱体等)的杂质颗粒分布或嵌入到基质中形成的二相异质复合体系，各相具有不同的物理性质(如电导率、热导率、弹性模量等). 第二种是由不同形状(如规则多边形或多面体)拼砌而成的复合结构. 某些单元代表一种相，另一些代表另一种相，形成多相异质复合的体系. 第三种由特定形状(如一定尺寸比例的棒状或盘状)组分形成无规复合体系，可以表示特定类型的异质复合材料，例如棒状结构的复合体可表示纤维材料. 模型的建立视具体材料的微结构而定. 离散模型也有很多的应用，主要是网络模型. 例如网络的键可代表电阻；也可以一部分键(如电阻)代表一种相，另一部分键(如电容)代表另一种相，形成多相复合体系，每一相有自己的概率密度函数. 这样的模型可以研究有效电导率等输运特性. 网络的键也可以代表材料弹性模量，研究有效弹性模量的输运性质. 结合输运过程的物理机制，无规网络模型也可以用来研究电子自旋输运性质.

§2.6　变分原理

由于异质复合材料微结构的复杂性，其有效物理性质的严格的解析解很难获得.有效物理性质的任何严格表述都是在某种约束条件下进行.变分原理是基于能量极小原理或者功率耗散极小原理,由此可获得异质复合材料的有效物理性质,如有效电导率、有效弹性模量和有效流体渗透率等.这方面的早期研究可追溯到20世纪50～60年代关于多相复合材料的研究[25～32].本节将以异质复合材料的有效电导率为例,简要地介绍变分原理方法的应用.[21]

异质复合材料的有效电导率 σ_e 定义为

$$\langle \boldsymbol{J} \rangle = \sigma_e \langle \boldsymbol{E} \rangle, \tag{2.6-1}$$

这里$\langle \cdots \rangle$表示对空间体积的平均或热力学极限下统计系综的平均.

考虑到局域电流和电场相对于平均值的涨落,可以将局域参量表示为

$$\boldsymbol{J} = \langle \boldsymbol{J} \rangle + \boldsymbol{J}', \tag{2.6-2}$$

$$\boldsymbol{E} = \langle \boldsymbol{E} \rangle + \boldsymbol{E}', \tag{2.6-3}$$

其中 $\boldsymbol{J}'$ 和 $\boldsymbol{E}'$ 分别表示电流密度和电场强度的涨落量,而且其统计系综的平均

$$\langle \boldsymbol{J}' \rangle = \langle \boldsymbol{E}' \rangle = 0. \tag{2.6-4}$$

电势 Φ 也可以相应地分解为两部分

$$\Phi = -\langle \boldsymbol{E} \rangle \cdot \boldsymbol{r} + \Phi', \tag{2.6-5}$$

且

$$\boldsymbol{E}' = -\nabla \Phi'.$$

考虑一个具有很大的空间体积 V 和表面积 S 的体系,除了无限小的边界效应外,整个复合体系仍可看做是统计均匀的.因此,统计系综的平均和空间体积的平均应近似相等.对于场强涨落量的平均可表述为

$$\begin{aligned} \langle \boldsymbol{E}' \rangle &\approx \frac{1}{V}\int_V (-\nabla \Phi')\mathrm{d}V \\ &= \frac{1}{V}\int_S (-\Phi'\boldsymbol{n})\mathrm{d}S, \end{aligned} \tag{2.6-6}$$

$\boldsymbol{n}$ 表示垂直于表面法线方向的单位矢量.这里已应用了发散定理.由于电势跨越多相界面的连续性,与界面相关的表面积分的总和实际为零,因而未考虑界面效应.由式(2.6-4)和(2.6-6),有

$$\lim_{V\to\infty} \frac{1}{V}\int_S (-\Phi'\boldsymbol{n})\mathrm{d}S = 0, \tag{2.6-7}$$

即在 $V\to\infty$ 的极限下,表面积分对体积的比为零.

类似地,对于很大的体积 V 和表面积 S 的体系,电流密度涨落量的平均值

$$\begin{aligned} \langle \boldsymbol{J}' \rangle &\approx \frac{1}{V}\int_V \boldsymbol{J}'\mathrm{d}V \\ &= \frac{1}{V}\int_V \nabla(\boldsymbol{r} \cdot \boldsymbol{J}')\mathrm{d}V \end{aligned}$$

$$= \frac{1}{V}\int_S \boldsymbol{r}(\boldsymbol{J}' \cdot \boldsymbol{n})\mathrm{d}S. \tag{2.6-8}$$

由于跨越多相界面的法向电流是连续的，界面处的表面积积分没有贡献. 结合式(2.6-4)，在无限大体积极限下，有

$$\lim_{V\to\infty}\frac{1}{V}\int_S \boldsymbol{r}(\boldsymbol{J}' \cdot \boldsymbol{n})\mathrm{d}S \to 0. \tag{2.6-9}$$

因此，对于热力学系统，涨落量的边界效应是可以忽略的.

1. 能量表示

为了应用变分原理得到异质复合体系的有效电导率，首先需要知道系统有效电导率的能量表示式. 在均匀的线性导体中，每单位体积耗散的功率与场强和电流密度的点积成正比，是非负的量. 对于无规异质复合材料，在空间位置 $\boldsymbol{r}$ 处，每单位体积耗散的功率可表示为

$$W(\boldsymbol{r}) = \frac{1}{2}\boldsymbol{E}(\boldsymbol{r}) \cdot \boldsymbol{J}(\boldsymbol{r}) \geqslant 0, \tag{2.6-10}$$

$W(\boldsymbol{r})$是 $\boldsymbol{r}$ 处每单位体积所贮存的能量，也称为微观能量(microscopic energy)，它是场强或电流密度的二次型函数，且大于零，可等价地表述为

$$W_E(\boldsymbol{r}) = \frac{1}{2}\boldsymbol{E}(\boldsymbol{r}) \cdot \hat{\boldsymbol{\sigma}}(\boldsymbol{r}) \cdot \boldsymbol{E}(\boldsymbol{r}) \tag{2.6-11}$$

或

$$W_J(\boldsymbol{r}) = \frac{1}{2}\boldsymbol{J}(\boldsymbol{r}) \cdot \hat{\boldsymbol{\sigma}}^{-1}(\boldsymbol{r}) \cdot \boldsymbol{J}(\boldsymbol{r}), \tag{2.6-12}$$

这里 $\hat{\boldsymbol{\sigma}}^{-1}$表示电阻率张量.

对微观能量进行统计系综的平均，则

$$W[\boldsymbol{E}] \equiv \langle W_E(\boldsymbol{r})\rangle = \frac{1}{2}\langle \boldsymbol{E}(\boldsymbol{r}) \cdot \hat{\boldsymbol{\sigma}}(\boldsymbol{r}) \cdot \boldsymbol{E}(\boldsymbol{r})\rangle,$$

$$W[\boldsymbol{J}] \equiv \langle W_J(\boldsymbol{r})\rangle = \frac{1}{2}\langle \boldsymbol{J}(\boldsymbol{r}) \cdot \hat{\boldsymbol{\sigma}}^{-1}(\boldsymbol{r}) \cdot \boldsymbol{J}(\boldsymbol{r})\rangle. \tag{2.6-13}$$

我们也可定义无规异质体系的宏观能量 $\overline{W}$ 为具有均匀场强$\langle \boldsymbol{E}(\boldsymbol{r})\rangle$和均匀电流密度$\langle \boldsymbol{J}(\boldsymbol{r})\rangle$的有效均匀介质的宏观能量，即

$$\begin{aligned}\overline{W} &= \frac{1}{2}\langle \boldsymbol{E}(\boldsymbol{r})\rangle \cdot \langle \boldsymbol{J}(\boldsymbol{r})\rangle \\ &= \frac{1}{2}\langle \boldsymbol{E}(\boldsymbol{r})\rangle \cdot \hat{\boldsymbol{\sigma}}_{\mathrm{e}}\langle \boldsymbol{E}(\boldsymbol{r})\rangle \\ &= \frac{1}{2}\langle \boldsymbol{J}(\boldsymbol{r})\rangle \cdot \hat{\boldsymbol{\sigma}}_{\mathrm{e}}^{-1} \cdot \langle \boldsymbol{J}(\boldsymbol{r})\rangle.\end{aligned} \tag{2.6-14}$$

在一般条件下，宏观能量等于微观能量系综的平均. 这样就提供了确定有效电导率 $\hat{\boldsymbol{\sigma}}_{\mathrm{e}}$ 或有效电阻率的能量表示. 例如对于宏观的各向异性多相复合体系，有效

电导率张量 $\hat{\boldsymbol{\sigma}}_e$ 可以用能量的表示：

$$\frac{1}{2}\langle \boldsymbol{E}\rangle \cdot \hat{\boldsymbol{\sigma}}_e \cdot \langle \boldsymbol{E}\rangle = \frac{1}{2}\langle \boldsymbol{E}\cdot\hat{\boldsymbol{\sigma}}\cdot\boldsymbol{E}\rangle \tag{2.6-15}$$

或等价地

$$\frac{1}{2}\langle \boldsymbol{J}\rangle \cdot \hat{\boldsymbol{\sigma}}_e^{-1} \cdot \langle \boldsymbol{J}\rangle = \frac{1}{2}\langle \boldsymbol{J}\cdot\hat{\boldsymbol{\sigma}}^{-1}\cdot\boldsymbol{J}\rangle, \tag{2.6-16}$$

上面公式的证明是简单的.实际上,式(2.6-15)右边的平均可以写为

$$\begin{aligned}\langle \boldsymbol{E}\cdot\boldsymbol{J}\rangle &= -\langle \nabla\cdot(\Phi\boldsymbol{J})\rangle + \langle \Phi(\nabla\cdot\boldsymbol{J})\rangle \\ &= \lim_{V\to\infty}\left(-\frac{1}{V}\int_S \Phi(\boldsymbol{J}\cdot\boldsymbol{n})\mathrm{d}S\right) \\ &= \langle \boldsymbol{E}\rangle\langle \boldsymbol{J}\rangle - \lim_{V\to\infty}\frac{1}{V}\int_S \Phi'(\boldsymbol{J}'\cdot\boldsymbol{n})\mathrm{d}S \\ &= \langle \boldsymbol{E}\rangle\langle \boldsymbol{J}\rangle.\end{aligned} \tag{2.6-17}$$

需要指出的是,式(2.6-17)的正确性在于乘积$(\boldsymbol{E}'\cdot\boldsymbol{J}')$的系综平均为零,即

$$\langle \boldsymbol{E}'\cdot\boldsymbol{J}'\rangle = 0, \tag{2.6-18}$$

这表示涨落量 $\boldsymbol{E}'$ 和 $\boldsymbol{J}'$ 是相互正交的,因而有

$$\langle \boldsymbol{E}'\cdot\boldsymbol{J}\rangle = \langle \boldsymbol{E}\cdot\boldsymbol{J}'\rangle = 0 \tag{2.6-19}$$

或等价地

$$\langle \boldsymbol{E}'\cdot\hat{\boldsymbol{\sigma}}\cdot\boldsymbol{E}\rangle = \langle \boldsymbol{J}'\cdot\hat{\boldsymbol{\sigma}}^{-1}\cdot\boldsymbol{J}\rangle = 0. \tag{2.6-20}$$

2. 能量极小原理

应用能量极小原理[30~32]计算异质复合材料的有效电导率,可引入无旋的试探场强 $\boldsymbol{E}_t$

$$\nabla\times\boldsymbol{E}_t = 0 \quad 和 \quad \langle \boldsymbol{E}_t\rangle = \langle \boldsymbol{E}\rangle \tag{2.6-21}$$

和试探能量函数

$$W[\boldsymbol{E}_t] = \frac{1}{2}\langle \boldsymbol{E}_t(\boldsymbol{r})\cdot\hat{\boldsymbol{\sigma}}(\boldsymbol{r})\cdot\boldsymbol{E}_t(\boldsymbol{r})\rangle, \tag{2.6-22}$$

其中 $\hat{\boldsymbol{\sigma}}(\boldsymbol{r})$是局域电导率张量,$\boldsymbol{E}$ 是体系的局域场强,$\boldsymbol{E}=-\nabla\Phi$,$\Phi$ 是相应的电势.虽然试探场强是无旋的,但相应的电流密度并不一定需要是无散的.在所有的试探场强变量 $\boldsymbol{E}_t$ 中,存在一个导致无散的电流密度的场强,它使试探能量函数达到极小,即

$$W[\boldsymbol{E}] \leqslant W[\boldsymbol{E}_t] \tag{2.6-23}$$

或等价地

$$\frac{1}{2}\langle \boldsymbol{E}\rangle\cdot\hat{\boldsymbol{\sigma}}_e\cdot\langle \boldsymbol{E}\rangle \leqslant \frac{1}{2}\langle \boldsymbol{E}_t\cdot\hat{\boldsymbol{\sigma}}\cdot\boldsymbol{E}_t\rangle. \tag{2.6-24}$$

证明如下:

设场量 $\boldsymbol{G}$ 定义为场强 $\boldsymbol{E}_t$ 和 $\boldsymbol{E}$ 的差

$$\boldsymbol{G}=\boldsymbol{E}_t-\boldsymbol{E}, \tag{2.6-25}$$

由于试探场强 $\boldsymbol{E}_t$ 是无旋的，$\nabla\times\boldsymbol{E}_t=0$，而且 $\langle\boldsymbol{E}_t\rangle=\langle\boldsymbol{E}\rangle$，因而 $\langle\boldsymbol{G}\rangle=0$. 因为 $\boldsymbol{E}$ 也是无旋的，所以 $\boldsymbol{G}$ 是无旋的，并且可以将 $\boldsymbol{G}$ 表述为电势的梯度

$$\boldsymbol{G}=-\nabla\Phi. \tag{2.6-26}$$

考虑下面的等式

$$\langle\boldsymbol{E}_t\cdot\hat{\boldsymbol{\sigma}}\cdot\boldsymbol{E}_t\rangle=\langle\boldsymbol{E}\cdot\hat{\boldsymbol{\sigma}}\cdot\boldsymbol{E}\rangle+2\langle\boldsymbol{G}\cdot\hat{\boldsymbol{\sigma}}\cdot\boldsymbol{E}\rangle+\langle\boldsymbol{G}\cdot\hat{\boldsymbol{\sigma}}\cdot\boldsymbol{G}\rangle, \tag{2.6-27}$$

应用广义发散公式[见附录式(2.6-52)]，并且设 $A=\Phi,\boldsymbol{B}=\boldsymbol{J}=\hat{\boldsymbol{\sigma}}\boldsymbol{E}$，则上式的右边第二项实际上等于零，即

$$\begin{aligned}\langle\boldsymbol{G}\cdot\hat{\boldsymbol{\sigma}}\cdot\boldsymbol{E}\rangle&=-\langle\nabla\Phi\cdot\boldsymbol{J}\rangle\\&=-\lim_{V\to\infty}\frac{1}{V}\int_S\Phi(\boldsymbol{J}\cdot\boldsymbol{n})\mathrm{d}S+\lim_{V\to\infty}\frac{1}{V}\int_V\Phi(\nabla\cdot\boldsymbol{J})\mathrm{d}V\\&=-\lim_{V\to\infty}\frac{1}{V}\int_S\Phi'(\boldsymbol{J}'\cdot\boldsymbol{n})\mathrm{d}S=0.\end{aligned} \tag{2.6-28}$$

在计算中，已将 Φ 和 $\boldsymbol{J}$ 分别表示为它们的平均值和涨落量两部分，注意到 $\langle\boldsymbol{G}\rangle=0$ 和 $\mathrm{div}\,\boldsymbol{J}=0$. 上式表明涨落场强的平均值为零. 结合式(2.6-15)的表述，我们有 $\langle\boldsymbol{E}_t\cdot\hat{\boldsymbol{\sigma}}\cdot\boldsymbol{E}_t\rangle=\langle\boldsymbol{E}\rangle\cdot\hat{\boldsymbol{\sigma}}_e\cdot\langle\boldsymbol{E}\rangle+\langle\boldsymbol{G}\cdot\hat{\boldsymbol{\sigma}}\cdot\boldsymbol{G}\rangle$. 因为 $\langle\boldsymbol{G}\cdot\hat{\boldsymbol{\sigma}}\cdot\boldsymbol{G}\rangle\geqslant0$，故式(2.6-24)成立. 这个等式仅在 $\boldsymbol{G}=0$ 或 $\boldsymbol{E}_t=\boldsymbol{E}$ 时正确.

能量极小原理表明其真正的宏观能量 $W[\boldsymbol{E}]$ 是试探能量函数的极小值，它给出了有效电导率的上界. 这个原理也可应用于周期结构，由于结构周期性，单纯的边界项趋于零.

能量极小原理表述的另一种形式：设试探电流 $\boldsymbol{J}_t$，它是无散的，即

$$\nabla\cdot\boldsymbol{J}_t=0\quad\text{和}\quad\langle\boldsymbol{J}_t\rangle=\langle\boldsymbol{J}\rangle, \tag{2.6-29}$$

相应的场强并不需要一定是无旋的. 试探能量函数定义为

$$W[\boldsymbol{J}_t]=\frac{1}{2}\langle\boldsymbol{J}_t(\boldsymbol{r})\cdot\hat{\boldsymbol{\sigma}}^{-1}(\boldsymbol{r})\cdot\boldsymbol{J}_t(\boldsymbol{r})\rangle, \tag{2.6-30}$$

其中 $\hat{\boldsymbol{\sigma}}(\boldsymbol{r})$ 为局域电导率张量. 在所有试探电流密度 $\boldsymbol{J}_t(\boldsymbol{r})$ 中，存在一个导致无旋场强的电流密度，使能量函数达到极小

$$W[\boldsymbol{J}]\leqslant W[\boldsymbol{J}_t], \tag{2.6-31}$$

或等价地

$$\frac{1}{2}\langle\boldsymbol{J}\rangle\cdot\hat{\boldsymbol{\sigma}}_e^{-1}\cdot\langle\boldsymbol{J}\rangle\leqslant\frac{1}{2}\langle\boldsymbol{J}_t\cdot\hat{\boldsymbol{\sigma}}^{-1}\cdot\boldsymbol{J}_t\rangle, \tag{2.6-32}$$

这里 $\nabla\cdot\boldsymbol{J}=0$.

这个定理的证明，与前面的讨论类似. 定义电流密度差

$$\boldsymbol{Q}=\boldsymbol{J}_t-\boldsymbol{J}, \tag{2.6-33}$$

以致

$$\nabla \cdot \boldsymbol{J}_{\mathrm{t}} = 0, \quad \text{并且} \quad \langle \boldsymbol{J}_{\mathrm{t}} \rangle = \langle \boldsymbol{J} \rangle,$$

因此$\langle \boldsymbol{Q} \rangle = 0$. 因为 $\boldsymbol{J}$ 和 $\boldsymbol{J}_{\mathrm{t}}$ 都是无散的，$\boldsymbol{Q}$ 也是无散的，即 $\nabla \cdot \boldsymbol{Q} = 0$.

考虑等式

$$\langle \boldsymbol{J}_{\mathrm{t}} \cdot \boldsymbol{\sigma}^{-1} \cdot \boldsymbol{J}_{\mathrm{t}} \rangle = \langle \boldsymbol{J} \cdot \hat{\boldsymbol{\sigma}}^{-1} \cdot \boldsymbol{J} \rangle + 2\langle \boldsymbol{Q} \cdot \hat{\boldsymbol{\sigma}}^{-1} \cdot \boldsymbol{J} \rangle + \langle \boldsymbol{J} \cdot \hat{\boldsymbol{\sigma}}^{-1} \cdot \boldsymbol{J} \rangle, \tag{2.6-34}$$

注意 $\boldsymbol{E} = \hat{\boldsymbol{\sigma}}^{-1} \cdot \boldsymbol{J} = -\nabla \Phi$，上式等号右侧的中间项可写为

$$\begin{aligned} \langle \boldsymbol{Q} \cdot \hat{\boldsymbol{\sigma}}^{-1} \cdot \boldsymbol{J} \rangle &= -\langle Q \cdot \nabla \Phi \rangle \\ &= -\lim_{V \to \infty} \int_S \Phi(\boldsymbol{Q}, \boldsymbol{n}) \mathrm{d}S + \lim_{V \to \infty} \int_V \Phi(\nabla \cdot \boldsymbol{Q}) \mathrm{d}V \\ &= -\lim_{V \to \infty} \int_S \Phi'(\boldsymbol{Q}' \cdot \boldsymbol{n}) \mathrm{d}S = 0. \end{aligned} \tag{2.6-35}$$

这里也应用了广义发散定理[附录中式(2.6-52)]的公式，并设 $A = \Phi, \boldsymbol{B} = \boldsymbol{Q}$. Φ' 和 $\boldsymbol{Q}'$ 是相应量的起伏部分. 结合式(2.6-10)，有

$$\langle \boldsymbol{J}_{\mathrm{t}} \cdot \hat{\boldsymbol{\sigma}}^{-1} \cdot \boldsymbol{J}_{\mathrm{t}} \rangle = \langle \boldsymbol{J} \rangle \cdot \hat{\boldsymbol{\sigma}}_{\mathrm{e}}^{-1} \cdot \langle \boldsymbol{J} \rangle + \langle \boldsymbol{Q} \cdot \hat{\boldsymbol{\sigma}}^{-1} \cdot \boldsymbol{Q} \rangle. \tag{2.6-36}$$

因为等号右边第二项大于或等于零，故不等式(2.6-32)成立，等式仅在 $\boldsymbol{Q} = 0$，即 $\boldsymbol{J}_{\mathrm{t}} = \boldsymbol{J}$ 时正确.

宏观能量 $W[\boldsymbol{J}]$ 来自试探宏观能量 $W[\boldsymbol{J}_{\mathrm{t}}]$ 的极小，因而可以获得有效电阻率张量 $\hat{\boldsymbol{\sigma}}_{\mathrm{e}}^{-1}$ 的上界或有效电导率张量 $\hat{\boldsymbol{\sigma}}_{\mathrm{e}}$ 的下界.

3. Hashin-Shtrikman 变分原理

前面讨论的方法应用了试探场强或电流密度，可依据一个均匀的参考材料给出试探极化强度. 如图 2.6-1 所示，考虑一个有效电导率张量为 $\hat{\boldsymbol{\sigma}}_{\mathrm{e}}$ 的异质复合材料和一个具有相同形状和大小的，有效电导率张量为 $\hat{\boldsymbol{\sigma}}_0$ 均匀的参考材料；参考材料的电场强度是均匀场强 $\boldsymbol{E}_0$，要求异质复合材料的平均场强$\langle \boldsymbol{E} \rangle = \boldsymbol{E}_0$.

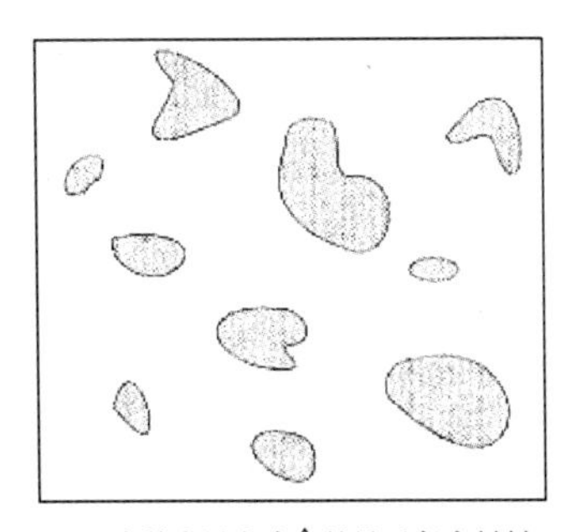
(a) 有效电导率为$\hat{\boldsymbol{\sigma}}_{\mathrm{e}}$的异质复合材料

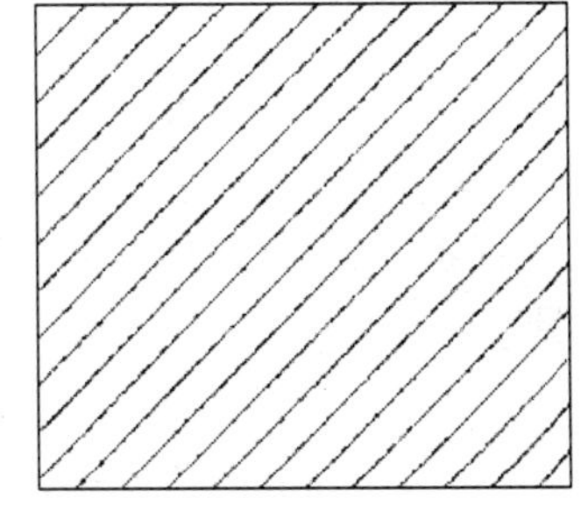
(b) 电导率为$\hat{\boldsymbol{\sigma}}_0$的均匀的参考材料

图 2.6-1 异质复合材料和均匀的参考材料[21]

为简化讨论起见，设异质复合材料是由两个各向同性组分(电导率分别为 $\hat{\boldsymbol{\sigma}}_1$ 和 $\hat{\boldsymbol{\sigma}}_2$，且 $\hat{\boldsymbol{\sigma}}_2 < \hat{\boldsymbol{\sigma}}_1$)组成的宏观各向同性介质，因而只需要考虑标量电导率 σ_0 和 σ_{e}.

设局域电极化 $\boldsymbol{p}$ 定义为

$$\boldsymbol{p} = \boldsymbol{J} - \sigma_0 \boldsymbol{E} = (\sigma - \sigma_0)\boldsymbol{E}, \tag{2.6-37}$$

这里 σ 是局域电导率,$\boldsymbol{E}$ 是局域场强. 设

$$\boldsymbol{G} = \boldsymbol{E} - \boldsymbol{E}_0, \tag{2.6-38}$$

它应是无旋的,即

$$\nabla \times \boldsymbol{G} = 0 \quad 和 \quad \langle \boldsymbol{G} \rangle = 0. \tag{2.6-39}$$

组合式(2.6-37)和 $\nabla \cdot \boldsymbol{J}=0$,$\nabla \cdot \boldsymbol{E}_0=0$,有

$$\sigma_0 \nabla \cdot \boldsymbol{G} + \nabla \cdot \boldsymbol{p} = 0. \tag{2.6-40}$$

应用类似讨论的方法,可以得到 Hashin-Shtrikman 变分原理[27,28]:

设试探极化矢量 $\boldsymbol{p}_t$(相应的试探场强 $\boldsymbol{E}_t$)满足下面条件

$$\left.\begin{aligned} &\sigma_0 \nabla \cdot \boldsymbol{G}_t + \nabla \cdot \boldsymbol{p}_t = 0, \\ &\nabla \times \boldsymbol{G}_t = 0, \\ &\langle \boldsymbol{G}_t \rangle = 0, \end{aligned}\right\} \tag{2.6-41}$$

这里试探场强差 $\boldsymbol{G}_t = \boldsymbol{E}_t - \boldsymbol{E}$,$\sigma_0$ 是一个常数. 这样,有效电导率

$$\sigma_e = \sigma_0 + \left\langle \boldsymbol{p}_t \cdot \boldsymbol{G}_t + 2\boldsymbol{p}_t \cdot \boldsymbol{n}_0 - \frac{\boldsymbol{p}_t \cdot \boldsymbol{p}_t}{\sigma - \sigma_0} \right\rangle, \tag{2.6-42}$$

当 $\sigma_0 \geqslant \sigma_1$(组分 1 的电导率),这是 σ_e 的上界;如果 $\sigma_0 \leqslant \sigma_2$($<\sigma_1$)(组分 2 的电导率),这是 σ_e 的下界. 其中 $\boldsymbol{n}_0$ 为 $\boldsymbol{E}_0$ 单位矢量.

附:广义发散定理[21]

考虑一个体积为 V,表面积为 S 的区域,$\boldsymbol{n}$ 为垂直于表面 S 的沿向外法线方向的单位矢量. 广义发散定理表述为

$$\int_V \nabla * \boldsymbol{A} \mathrm{d}V = \int_S \boldsymbol{A} * \boldsymbol{n} \mathrm{d}S, \tag{2.6-43}$$

其中场变量 $\boldsymbol{A}$ 可以是标量、矢量或张量. $\boldsymbol{A}$ 和 $\boldsymbol{B}$ 的星(*)乘积(star product),包括一般的点积 $\boldsymbol{A} \cdot \boldsymbol{B}$ 或并式($\boldsymbol{AB}$)(有时也写成为 $\boldsymbol{A} \otimes \boldsymbol{B}$).

在直角坐标系,某些特殊情形下,式(2.6-43)可表示为

A=标量 f:

$$\int_V \frac{\partial f}{\partial x_i} \mathrm{d}V = \int_S f n_i \mathrm{d}\boldsymbol{S}; \tag{2.6-44}$$

A=矢量 $\boldsymbol{v}$:

$$\int_V \frac{\partial v_i}{\partial x_i} \mathrm{d}V = \int_S v_i n_i \mathrm{d}\boldsymbol{S}, \tag{2.6-45}$$

$$\int_V \frac{\partial v_j}{\partial x_i} \mathrm{d}V = \int_S v_j n_i \mathrm{d}\boldsymbol{S}; \tag{2.6-46}$$

A=张量 $\hat{\boldsymbol{T}}$:

$$\int_V \frac{\partial T_{ik}}{\partial x_k} \mathrm{d}V = \int_S T_{jk} n_k \mathrm{d}\boldsymbol{S}, \tag{2.6-47}$$

$$\int_V \frac{\partial T_{ij}}{\partial x_k} \mathrm{d}V = \int_S T_{ij} n_k \mathrm{d}\boldsymbol{S}. \tag{2.6-48}$$

下面给出两个公式,以求解上面这些积分.设 $\boldsymbol{B}$ 为另一个场变量,应用下面的等式

$$\nabla \cdot (\boldsymbol{AB}) = \nabla \boldsymbol{A} \cdot \boldsymbol{B} + \boldsymbol{A}(\nabla \cdot \boldsymbol{B}), \tag{2.6-49}$$

这里 $\boldsymbol{AB}$ 表示并矢式.上式进行体积积分,应用式(2.6-43),通过分部积分有

$$\frac{1}{V}\int_S (\boldsymbol{AB}) \cdot \boldsymbol{n} \mathrm{d}S = \frac{1}{V}\int_V \nabla \boldsymbol{A} \cdot \boldsymbol{B} \mathrm{d}V + \frac{1}{V}\int_V \boldsymbol{A}(\nabla \cdot \boldsymbol{B}) \mathrm{d}V, \tag{2.6-50}$$

这里 $\boldsymbol{AB}$ 乘积不含有收缩.应用下面的等式

$$\nabla \cdot (\boldsymbol{A} \cdot \boldsymbol{B}) = \nabla \boldsymbol{A} : \boldsymbol{B} + \boldsymbol{A} \cdot (\nabla \cdot \boldsymbol{B}), \tag{2.6-51}$$

对上式进行体积积分并应用式(2.6-46),可得到第二个公式

$$\frac{1}{V}\int_S (\boldsymbol{A} \cdot \boldsymbol{B}) \cdot \boldsymbol{n} \mathrm{d}S = \frac{1}{V}\int_V \nabla \boldsymbol{A} : \boldsymbol{B} \mathrm{d}V + \frac{1}{V}\int_V \boldsymbol{A} \cdot (\nabla \cdot \boldsymbol{B}) \mathrm{d}V, \tag{2.6-52}$$

这里":"表示二次点积,在 $\boldsymbol{AB}$ 乘积内含有单个收缩.

§2.7 量子逾渗

前面讨论的对异质复合材料微结构构形描述的一些基本方法和模型,是研究这些材料的宏观电磁输运性质的重要基础.然而,这些内容还局限于经典粒子在异质结构材料中的输运,尚未实质涉及量子效应.实际上,随着微纳米结构技术的发展,输运现象中的量子效应日显重要,受到了广泛的关注和应用[33].经典逾渗效应和模型,是指经典粒子通过无规介质的输运,相应的逾渗模型包括离散模型和连续模型.量子逾渗(quantum percolation)研究的是量子粒子通过无规介质的输运,这里安德森(Anderson)局域化[34]的概念起着重要的作用.他指出,宏观无序的量子系统,在零温时,只要无序度充分的强或能量态密度充分的小,所有单粒子波函数都是指数型局域的,不存在扩展态.量子逾渗的中心问题是局域态向扩展态的转变[也称安德森转变(见图 2.7-1)],来自粒子无规散射的量子干涉效应.处于指数型局域态的粒子受限在有限的空间,而处于扩展态的粒子可以迁移而对输运产生贡献.

在经典的逾渗问题中,规则网络中的座(格点)或键是以一定的概率 p 被粒子所占据,相邻被占据的座或键定义为相互连接,而形成集团.存在一个逾渗阈值 p_c,当 $p<p_c$ 时,所有的集团都是有限尺寸的大小;仅当 $p \geqslant p_c$ 时,跨越系统两端的逾渗(无

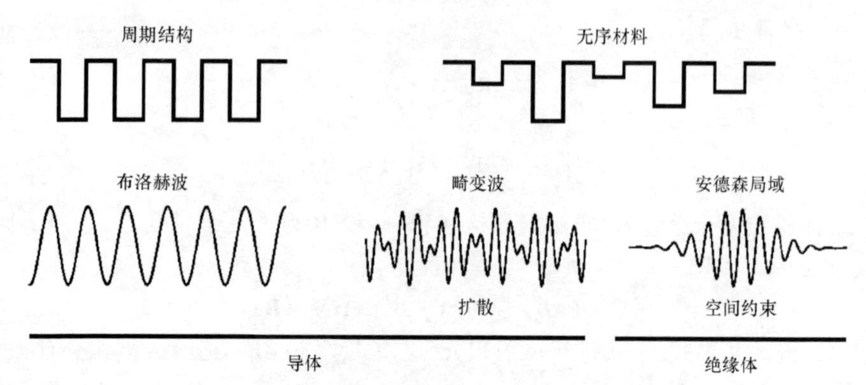

图 2.7-1 无序系统的安德森(Anderson)转变[33]

限)集团形成,产生逾渗现象(效应).对应于量子逾渗问题:当 $p<p_c$ 时,处于经典粒子有限尺寸集团共存的状态,无序的程度仍比较高,有限尺寸集团的不规则边界的多重散射,阻止了波函数的扩展,量子粒子的波函数局域在粒子占据的座附近,不存在扩展态;在 $p\geqslant p_c$ 后,虽然跨越整个系统的经典无限集团已经形成,某些有限尺寸的小集团依然存在,系统仍未处于完全有序的状态,量子波函数处于局域态的概率依然可能存在,仅在 $p=1$ 时形成完全有序结构,所有量子态才是扩展态.然而,随着 p 的继续增大,经典的逾渗集团不断地扩张,系统的有序结构也在不断地增加.可以设想,在大于经典逾渗阈值 p_c 的某一个特定值 $p_q(p_c\leqslant p_q<1)$,某些量子态已处于扩展态,形成扩展波函数,发生从局域态到扩展态的安德森转变,实现量子粒子跨越系统的量子输运,即量子逾渗现象.与经典逾渗模型一样,在量子逾渗问题中,逾渗阈值 p_q 也是一个重要的参量.对于 $p<p_q$ 的情形,系统哈密顿量的所有本征态都是局域的. p_q 是否一定大于 p_c 还有争议.可以认为经典无限逾渗集团的存在,是量子扩展态存在的必要条件;然而量子隧穿和弱局域化(二维)也会降低逾渗阈值.

在无序系统,如无相互作用的电子系统,在量子逾渗问题中,通常采用紧束缚单电子模型哈密顿量

$$H=\sum_{i=1}^{N}\varepsilon_i c_i^{+}c_i-t\sum_{i,j}(c_i^{+}c_j+\mathrm{H.c}),\tag{2.7-1}$$

其中 $c_i^{+}(c_i)$ 是中心在格点 i 处的瓦尼尔(Wannier)局域态电子的产生(湮灭)算符;t 表示最近邻格点间转移积分;ε_i 表示电子在格点 i 处的势能,它取决于粒子占据格点 i 处的概率分布 $p(\varepsilon_i)$.在规则的格子中,一般可假设最近邻格点间的转移积分是相同的,而 ε_i 则是无规地分布.对于两组元无序系统,设 ε_i 满足双峰分布

$$p(\varepsilon_i)=p\delta(\varepsilon_i-\varepsilon_{\mathrm{A}})+(1-p)\delta(\varepsilon_i-\varepsilon_{\mathrm{B}}),\tag{2.7-2}$$

即表示格点 i 不是被 A 原子(电子)以概率 p 占据,就是被 B 原子(电子)以概率 $(1-p)$ 所占据.式(2.7-1)和(2.7-2)组合成为所谓二元合金模型(the binary alloy model) A_pB_{1-p}. 设两能级的差 $\Delta=\varepsilon_B-\varepsilon_A$，在 $\Delta\to\infty$ 的极限情形，A 格点的子能带的波函数趋于零；反之，则 B 格点子能带的波函数趋于零. 这样，非相互作用电子系统中，电子在无规格点中运动，能否跨越整个系统取决于概率 p. 相应的座(或格点)量子逾渗模型的哈密顿可表示为

$$H=-t\sum_{i,j\in A}(c_i^+c_j+\mathrm{H.c}),\tag{2.7-3}$$

这里求和仅对 A 格点的最近邻进行. 不失去一般性，可选择 $\varepsilon_A=0$. 经典逾渗问题主要是寻求 A 格点形成跨越整个系统的无限(逾渗)集团的逾渗阈值，如：三维简立方格子，座逾渗阈值 $p_c=0.311609$；二维平方格子 $p_c=0.592746$. 而就量子逾渗的问题而言，由于不规则集团无规边界的多重散射，抑制了量子波函数的扩展. 这样的无序导致的局域化，即使在经典逾渗通道已经形成的情形，可以依然不发生量子粒子的扩散，量子逾渗还没有产生，导致 $p_q>p_c$. 但是，从另外一方面来看，对于 A 和 B 格点的能级差 Δ 为有限的情形，由于 A 和 B 格点间量子的隧穿效应，即使 A 格点还未形成经典的逾渗通道，A 格点子带的波函数可能已处在扩展态，有量子粒子的输运，发生量子逾渗，产生有限直流电导率. 那么，量子逾渗阈值 p_q 究竟是大于，还是小于经典逾渗阈值呢? 已有的工作表明，对于有限的 Δ 值，当 $\Delta\gg 4td$(d 表示超立方格子的空间维数)，量子隧穿效应对量子逾渗阈值 p_q 才会有微弱影响. 以简立方格子座逾渗为例，虽然各种不同数值计算方法的结果有所不同，一般都还是 $p_q>p_c$[35].

从理论上处理无序系统中的量子逾渗问题，局域态密度 LDOS(local density of states)也是一个重要的，与格点位置相关的物理量，其定义为

$$\rho_i(E)=\sum_{n=1}^{N}|\psi_n(r_i)|^2\delta(E-E_n),\tag{2.7-4}$$

这里 $\psi_n(r_i)$是在格点 r_i 处，能量为 E_n 的系统哈密顿的本征波函数. $\rho_i(E)$给出了格点 r_i 处波函数的局域振幅，包含了局域化特征的信息. 局域态密度是与格点位置相关的量，不同格点的局域态密度可以有很大的差异，其分布函数 $f(\rho_i(E))$称为概率密度(分布). 与平均态密度 $\rho_{me}(E)$不同，局域态密度在局域和退局域的转变中是特别重要的物理量. 对于局域态和扩展态，局域态密度的分布有明显不同的特征. 处于扩展态时，波函数的振幅近乎是均匀的，$f(\rho_i(E))$呈尖峰状，相对于态密度的平均值 $\rho_{me}(E)$是对称的. 处于局域态时，波函数仅遍及少数几个格点，局域态密度(LDOS)在整个系统(格子)中有强烈的起伏，局域态密度的分布函数(概率密度)主要集中在 $\rho_i(E)=0$ 处，非对称并带有长尾. 这样由少数的、值很大的局域态密度所决定的平均态密度 $\rho_{me}(E)$，不能作为局域态密度最可几值(most probable value)的良好近似. 系统不具有自平均性. 平均局域态密度在扩展态和局域态的不同行为似乎可以用来鉴别扩展态到局域态的转变. 然而，对概率密度进行实际的计算是一项艰巨的工作，如对大数量的样品 K_r 和格点 K_s，可采用变矩核多项式方法(variable moment kernel polynominal method)[36] 来计算平均局域态密度 $\rho_{\mathrm{me}}(E)$，但依然不便于讨论能带的局域化性质. 因此，我们采用两个特征量进行比较来检验局域化转变，它们分别为平均(算术平均)态密度

$$\rho_{\mathrm{me}}(E) = \frac{1}{K_{\mathrm{r}} K_{\mathrm{s}}} \sum_{k=1}^{K_{\mathrm{r}}} \sum_{i=1}^{K_{\mathrm{s}}} \rho_i(E) \tag{2.7-5}$$

和典型(几何平均)态密度

$$\rho_{\mathrm{ty}}(E) = \exp\left(\frac{1}{K_{\mathrm{r}} K_{\mathrm{s}}} \sum_{k=1}^{K_{\mathrm{r}}} \sum_{i=1}^{K_{\mathrm{s}}} \ln(\rho_i(E)) \right). \tag{2.7-6}$$

这个计算中，增大了数值较小的 $\rho_i(E)$ 的权重. 通过比较 $\rho_{\mathrm{me}}(E)$ 和 $\rho_{\mathrm{ty}}(E)$，可以检验局域化转变：如某量子态 E，其 $\rho_{\mathrm{me}}(E) \neq 0$ 而 $\rho_{\mathrm{ty}}(E) = 0$，则是局域的；如 $\rho_{\mathrm{me}}(E) \neq 0$ 且 $\rho_{\mathrm{ty}}(E) \neq 0$，则是扩展的. 这个方法已成功地应用于 Anderson 模型，包括关联无序，电子-电子和电子-声子相互作用的情形.

现在我们从态密度来观察二组元无序系统的量子逾渗. 图 2.7-2 表示哈密顿量如式(2.7-5)和(2.7-6)所示的二组元无序量子系统(二元合金模型)的平均态密度 $\rho_{\mathrm{me}}(E)$ 和典型态密度 $\rho_{\mathrm{ty}}(E)$. 如果 ε_{A} 和 ε_{B} 相差不是很大，存在反对称的($p \neq 0.5$)电子能带. 当 $\Delta \approx 4td$，能带分裂成中心分别在 ε_{A} 和 ε_{B} 处的两个子能带，带内有不少离散的尖峰，来自 A 格点或 B 格点离散有限集团的本征态.

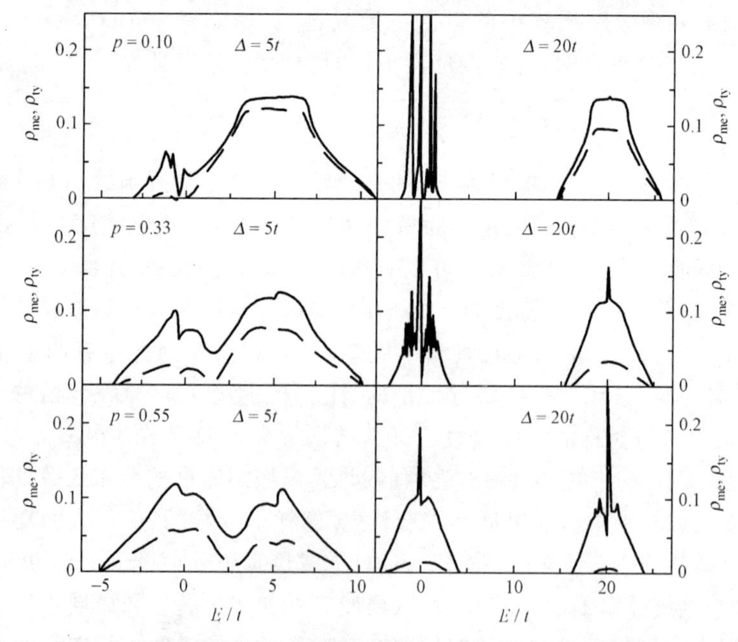

图 2.7-2 二组元无序量子系统的平均态密度 $\rho_{\mathrm{me}}(E)$(实线)和典型态密度 $\rho_{\mathrm{ty}}(E)$(虚线)[33] 格点数取 $N=64^3$，p 为 A 格点的浓度，Δ 为局域势差($\Delta = \varepsilon_{\mathrm{B}} - \varepsilon_{\mathrm{A}}$)

图 2.7-3 所示的是二组元无序系统[哈密顿量见式(2.7-3)]在 $\Delta\to\infty$ 极限情形下的平均态密度 $\rho_{me}(E)$(较高的实线)和典型态密度 $\rho_{ty}(E)$(较低的虚线). 图(a)计入了所有的 A 格点($N=82^3$);其余三个图仅限于 A 格点经典逾渗集团 A_∞. 对应于 A 格点的浓度 $p=0.413, 0.66, 0.86$,格点数分别取为 $N=84^3, 70^3, 64^3$. 从图可比较平均态密度和典型态密度来鉴别扩展态和局域态的过渡[33].

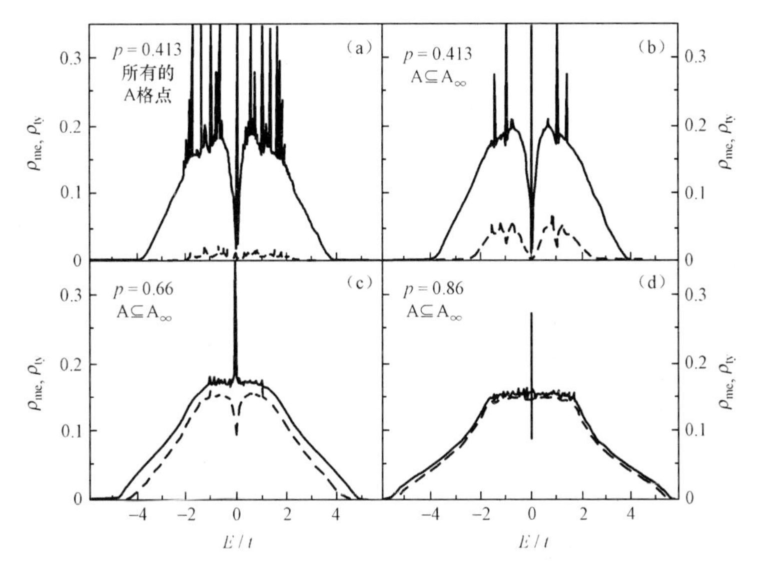

图 2.7-3 二组元无序系统的量子逾渗模型,在 $\Delta\to\infty$ 极限情形下的平均态密度 $\rho_{me}(E)$(实线)和典型态密度 $\rho_{ty}(E)$(虚线)[33]

量子逾渗模型有许多的应用,例如掺杂半导体和颗粒金属薄膜中的输运性质[37]、半导体异质结构的金属-绝缘体转变[38]、二元非均匀介质中波的传播、超导-绝缘体及整数量子霍尔转变都与量子逾渗效应相关. 量子逾渗模型也可应用于钙钛矿锰化物的金属-绝缘体转变和庞磁电阻(CMR)效应[39,40]和单层石墨(graphene)中的电磁输运[41].

§2.8 多孔介质

多孔介质是一类具有特殊微结构的异质复合材料:在一个确定的固态基质中包含有大小和形状各异的、无规分布的孔或孔隙;或在固态颗粒物质无规复合结构中存在许多形状和大小不同的微细空隙. 大多数多孔介质内的孔隙是相互连通的,但也有部分连通或完全不连通的;孔或孔隙多数被另类物质所充满,特别是被流体所充满,有的流体甚至可在其中流动. 自然生成的多孔介质很多,如岩石和土壤(储集石油和天然气的砂岩,其中的孔径大约在 1～500 μm 及生物中的多孔介质(包括植物的根茎、枝、叶以及微细血管,血管的管径可细到 5～15 μm). 由于实际的需要,人工制造的多孔介质也很广泛,诸如陶瓷材料、各种过滤器、活性炭、催化剂等. 许多技术工作都涉及多孔介质,如从岩石中提取石油和天然气、阻止污染通过孔隙向充满流体的土壤扩散、血液通过多孔细胞或细胞膜的输运、电池极板的纳米孔网结构等. 目前,多相微孔和纳米多孔结构材料的输运特性正受到广泛的关注和应用.

多孔介质的基本物理特征表现为:孔或孔隙的尺寸极其微小、分布无规、连接性高、比表面积很大和孔积率高等. 比表面积和孔积率是描述多孔介质的基本物理参量,其中孔积率表示孔隙空间的体积和整体总体积的比值 $\phi=V_s/V$(V_s 为孔隙的体积,V 为材料的总体积),代表孔隙空间相的体积分数;比表面积指表面积与总体积的比值. 自然界中砂岩的比表面积可达到$10^5\,m^2/m^3$,人体中的肾、肺、肝的血管系统的比表面积也可达到$10^4\,m^2/m^3$. 自然生成的多孔材料的孔积率多数不超过 0.6,人工制造的多孔材料孔积率最高可达到 0.99(如金属泡沫).

多孔介质的孔或孔隙,一般分为开孔(open pores)和闭孔(closed pores)两种. 与材料的表面相连的孔称为开孔,它与材料的分离、催化、过滤等功能有关;而闭孔是指局域在材料内部的孔,与材料的声和热的隔离、超轻结构有关. 孔或孔隙有各种形状和构形,可以是球形、圆柱形、细缝等;也可以是直线或曲线形,有很高的扭曲率即有许多转折和扭转. 多孔介质空隙的大小(按 IUPAC)一般分为微孔(孔径小于 2nm)、介孔(孔径在 2～50 nm)和宏孔(孔径大于 50 nm). 纳米多孔介质一般指这样的材料,其具有很大的孔积率(大于 0.4)和很高的比表面积,孔径在 1～100 nm 之间. 它们具有许多体材料不具备的特性,在环保(如在废气和废水中分离和排除污染)、清洁能源、催化(包括光催化)、传感器及生物技术方面都有广泛的应用.

多孔介质这一类异质复合材料研究的基本问题,依然是孔隙空间微结构的表征和描述,以及这种复杂的多孔空间几何结构及其包含的固态或液态物质的物理性质对材料整体宏观物理性质(诸如有效介电常数、电导率、热导率、磁导率等)的作用和影响. 当然,逆问题也有重要的意义,即从多孔介质的宏观物理特性推断其微结构的构形[42].

孔积率虽然是表征多孔介质的基本几何参量,但它仅仅是一个简单的数,难以全面表征复杂的孔隙空间结构. 人们常用孔隙尺寸函数(pore-size function)或孔隙尺寸概率密度函数来表征多孔介质的孔隙空间结构[15]. 考虑一个两相各向同性的多孔介质,相 1 表示孔隙组分,相 2 表示固态骨架基质. 孔隙尺寸概率密度函数 $p(l)\mathrm{d}l$ 定义为,离最近邻孔隙-基质界面某点的距离为 l 到 $l+\mathrm{d}l$,处于孔隙相的概率. 对于所有处于孔隙相内的点,概率密度函数 $p(l)\mathrm{d}l$ 满足归一化条件

$$\int_0^\infty p(l)\mathrm{d}l = 1, \tag{2.8-1}$$

式中 $p(l)$的量纲是长度的倒数.在 $l=0$ 的极限情形,$p(l)$就是节§2.5所讨论的孔隙-界面关联函数,

$$p(0) = s/\phi, \tag{2.8-2}$$

这里 ϕ 是孔积率,s 是界(表)面面积,$p(0)$表示单位孔隙体积的界面面积.另外,

$$p(\infty) = 0. \tag{2.8-3}$$

对于孔径大于某个特定值 l_c 的孔隙体积分数,可用 $F(l_c)$表示,即

$$F(l_c) = \int_{l_c}^\infty p(l)\mathrm{d}l, \tag{2.8-4}$$

显然,

$$F(0) = 1, \quad F(\infty) = 0. \tag{2.8-5}$$

多孔介质作为多相复合的异质材料的一类,其宏观物理性质(如介电常数、电导率、热导率和磁导率等)与微结构的特征(如孔径的大小、孔隙的粗细、孔或孔隙的空间分布及连接性、孔或孔隙的组分物理性质等)有密切的关系.在纳米多孔介质中,由于孔径在纳米尺度,量子效应必须考虑.在系统的特征长度比平均孔径大得很多的情形,类似的有效介质近似已经用来处理多孔介质的宏观物理性质.为描述简单起见,仍考虑一个由孔或孔隙相和基质相组成的两相复合体系:介电常数为 ε_p 的、均匀的球形闭孔孔粒散布在介电常数为 ε_m 的固态基质中.球形孔粒的体积分数用孔积率 ϕ 表示,应用 Maxwell-Garnett 近似,这个多孔介质的有效介电常数可以表示为

$$\varepsilon_e = \varepsilon_m\left[1 - \frac{3\phi(\varepsilon_m - \varepsilon_p)}{2\varepsilon_m + \varepsilon_p + \phi(\varepsilon_m - \varepsilon_p)}\right]. \tag{2.8-6}$$

在三维立方格子模型中,当孔积率达到 $\pi/6=0.52$ 时,球形孔粒就会发生重叠,这个近似的正确性减弱.

对于高孔积率的情形,可应用有效介质近似的表示式

$$1-\phi = \frac{\left(\dfrac{\varepsilon_e}{\varepsilon_m} - \dfrac{\varepsilon_p}{\varepsilon_m}\right)}{\left(\dfrac{\varepsilon_e}{\varepsilon_m}\right)^{\frac{1}{3}}\left(1 - \dfrac{\varepsilon_p}{\varepsilon_m}\right)}. \tag{2.8-7}$$

应用倒易定理,也可用得到有效电导率的表示式[43,44]

$$\sigma_e = \sigma_m \frac{1+\phi\sqrt{\dfrac{\sigma_m}{\sigma_p} - 1}}{1+\phi\sqrt{\dfrac{\sigma_p}{\sigma_m} - 1}}. \tag{2.8-8}$$

对于任意形状的孔粒无规分布在连续介质的二元复合体系,应用体积平均理论

(VAT)到 Maxwell 方程[44]，可得到有效介电常数 ε_e、有效磁导率 μ_e 和有效电导率 σ_e 的表式为

$$\begin{aligned} \varepsilon_e &= (1-\phi)\varepsilon_m + \phi\varepsilon_p, \\ \frac{1}{\mu_e} &= \frac{(1-\phi)}{\mu_m} + \frac{\phi}{\mu_p}, \\ \sigma_e &= (1-\phi)\sigma_m + \phi\sigma_p. \end{aligned} \tag{2.8-9}$$

上面提到的这些唯象模型的正确性和适用范围还值得进一步探讨. 例如，已有工作表明，体积平均理论可用于包含各种形状和大小的开孔和闭孔的多孔纳米薄膜的有效折射率的计算，并在一个较宽的孔积率范围里适用. 然而，人们还是难以有效解释相关的实验数据. 除了理论上往往忽略了近邻孔隙间的相互作用和干涉效应以外，实验测量的高难度和不确定性(如孔积率的很难精确测定)也是重要的原因.

许多自然生成的多孔介质材料，其孔隙的空间分布具有自相似的特征，可以用分形理论进行处理. 一般情况下，它们都不是严格的自相似结构，而是具有统计自相似的特征. 例如，用扫描电镜发现砂岩中的孔隙空间和孔隙界面都具有分形特征，而且具有相同的分形维数[45,46]. 分形维数和多孔介质的孔积率的关系，可表示为

$$d_f = d_E - \frac{\ln\phi}{\ln(l_{min}/l_{max})}. \tag{2.8-10}$$

这里 d_f 是分形维数，d_E 是欧几里得空间维数，l_{min} 和 l_{max} 分别表示多孔介质结构单胞中的孔(隙)径的最小和最大尺度，也是自相似性的下限和上限. 分形维数与孔积率的关系(2.8-10)，既适用于严格自相似的分形结构(如谢尔平斯基地毯、缕垫)，也可用于统计自相似的分形结构. 以谢尔平斯基地毯为例，其分形维数 $d_f=1.8928$，孔积率可按下式得到

$$\phi = 1 - \left(\frac{L^2-b^2}{L^2}\right)^{n+1}, \tag{2.8-11}$$

其中 L 是谢尔平斯基地毯的边长，b 是生成元中去掉的中间部分的线度，n 是生成元($n=0$)和重复迭代操作的迭代数($n\neq0$). 改变 L 和 b，可得到谢尔平斯基地毯的不同维数和孔积率. 选用谢尔平斯基地毯，可模拟多孔介质的微结构和物理特性. 例如，低介电常数薄膜的孔积率在 0.2 左右，两相无规多孔介质的分形维数在 1.95 附近，因此，可用谢尔平斯基地毯结构来进行数值模拟[47].

人工制造的有序多孔介质有很多实际的应用，如低介电常数的多孔薄膜、光子晶体光纤等. 大尺度集成电路需要低介电常数薄膜材料来减小线间电阻和电容，而多孔薄膜材料就可以具有低介电常数；光子晶体光纤，又称多孔光纤，在纤芯周围沿轴向规则排列着微小的气孔，通过这些气孔实现对光传播的引导. 自然的多孔材料(如岩石中的孔或孔隙内充满石油、水或气)，孔积率可以是几个百分点到接近

50%，范围比较宽.从理论上研究这些多孔材料的有效物理性质时，可以通过有序的多孔周期结构来调节孔积率进行模拟.这里，我们考虑一个两相复合模型，均匀的球形颗粒有序地分布在简立方(SC)结构的格子中，形成规则周期结构.球形颗粒的介电常数为 ε_1(作为第一相)，球粒以外的孔隙空间充满传导的流体，其介电常数为 ε_2(作为第二相).当球形颗粒的半径较小时，颗粒间不接触，所有的颗粒是孤立的，图 2.8-1(a)所示的是一个简立方结构的单胞.

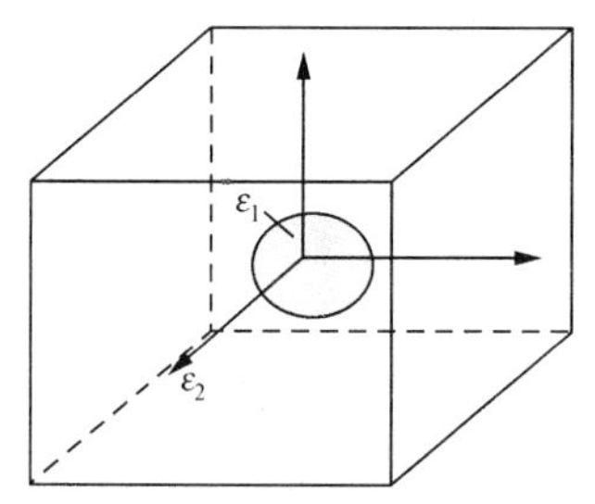

(a) 简立方结构中介电常数为 ε_1 的球形颗粒和介电常数为 ε_2 的空间组成的两组元复合体系

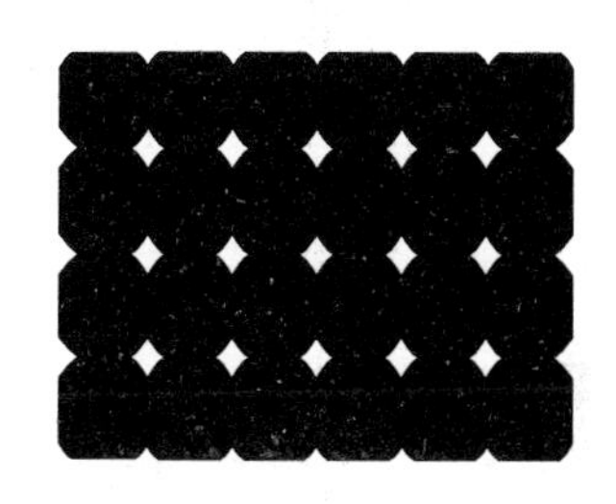

(b) 球粒重叠后所形成的孔隙周期排列结构

图 2.8-1 简立方结构的单胞[49]

当颗粒的粒径等于晶格常数 a 的一半(即 $a/2$)时，颗粒彼此开始接触，相应的孔积率为 0.476；当颗粒粒径大于晶格常数一半时，颗粒间有所重叠；当粒径等于 $(\sqrt{2}/2)a$ 时，相应的孔积率是 0.035(这也是孔隙连通的逾渗阈值)，每个孔隙成为孤立的，并形成周期排列结构[如图 2.8-1(b)所示]，系统的静电导率为零.当颗粒粒径达到 $0.866a$ 时，孔积率为零.这种周期结构的两相复合体系，其有效介电常数及电导率等物理性质，在一定条件下，可用有效介质近似进行处理.对于颗粒形状比较简单的情形，瑞利方法是很有效的方法[48]，或用 Fourier 展开的方法[49].

参考文献

[1] Mandelbrot B B. Les objects fractals: Forme, Hasard et Dimension, Survol du Langage Fractals. Paris: Flammarion, 1999.

[2] Mandelbrot B B. How long is the coast of Britain? statistical self-similarity and fractional dimension. Science, 1967, 155: 636.

[3] Mandelbrot B B. Fractals: Form, Chance and Dimension. San Francisco: W. H. Freeman & Company, 1977.

[4] Mandelbrot B B. The Fractal Geometry of Nature. New York: W. H. Freeman & Company, 1982.

[5] Feder Jens. Fractals. New York: Plenum Press, 1988.

[6] 杨展如. 分形物理. 上海：上海科学技术出版社，1996.
[7] 龙期威. 金属中的分形与复杂性. 上海：上海科学技术教育出版社，2002.
[8] 孙霞，吴自勤，黄昀. 分形原理及其应用. 合肥：中国科技大学出版社，2003.
[9] Brouers F, Rauw D and Clerc J P. Far infrared absorption of conducting fractal aggregator. Physica A, 1994, 207: 249.
[10] Flory P J. Molecular size distribution in three dimensional polymer. I. Gelation. J. Am. Chem. Soc., 1941, 63: 3083.
[11] Stockmayer W H. Theory of molecular size distribution and gel formation in branched-chain polymers. J. Chem. Phys., 1943, 11: 45.
[12] Broadent S R and Hammersley J M. Percolation processes: crystals and mazes. Proc. Camb. Philos. Soc., 1957, 53: 629.
[13] Stallffer D and Aharony A. Introduction to Percolation Theory. London: Taylor & Francis, 1991.
[14] Nakayama T, Yakubo K and Orbach R L. Dynamical properties of fractal networks: scaling, numerical simulations and physical realizations. Rev. Mod. Phys., 1994, 66: 381.
[15] Fisher M E. Critical probabilities for cluster size and percolation problem. J. Math. Phys., 1961, 2: 620.
[16] Essam J W. Percolation and Cluster Size in Phase Transition and Critical Phenomena. New York: Interscience, 1961.
[17] Smilauer Pavel. Thin metal films and percolation theory. Contemporary Physics, 1991, 32: 89.
[18] Fisher M E. The theory of critical singularities in critical phenomena. New York: Academic Press, 1971.
[19] Levinshtein M E, Shur M S and Efros E L. On the relation between critical indices and percolation theory. Sov. Phys. JETP, 1975, 41: 386.
[20] Reynolds P J, Stanley H E and Klein W. Large-cell Monte Carlo renormalization group for percolation. Phys. Rev. B, 1980, 21: 1223.
[21] Torquato Salvatore. Random Heterogeneous Materials: Microstructure and Macroscopic Properties. New York: Springer Science & Business Media Inc., 2002.
[22] Torquato S and Stell G. Microsctucture of two-phase random media I: the n-point probability functions. J. Chem. Phys., 1982, 77: 2201.
[23] Sahimi Muhammad. Heterogeneous Materials I: Linear Transport and Optical Properties. New York: Springer-Verlag New York Inc., 2002.
[24] Halperin B I, Feng S and Sen P N. Differences between lattice and continuum percolation transport exponents. Phys. Rev. Lett., 1985, 54: 2391.
[25] Hill R. The elastic behaviour of a crystalline aggregate. Proc. Phys. Soc. Lond, 1952, A65: 349.
[26] Paul B. Prediction of elastic constant of multiphase materials. Trans. Metall. Soc. AIME,

1962, 218: 36.

[27] Hashin Z, Shtrikman S. A variational approach to the theory of effective magnetic permeability of multiphase materials. J. Appl. Phys., 1962, 333: 3125.

[28] Hashin Z and Shtrikman S. A variational approach to the theory of the elastic behavior of multiphase materials. J. Mech. Phys. Solids, 1963, 11: 127.

[29] Prager S. Viscous flow through porous media. Phys. Fluid, 1961, 4: 1477.

[30] Beran M. Use of the variational approach to determined bounds for the effective permittivity in random media. Nuovo Cimento, 1965, 38: 771.

[31] Duan H L, Kanhalao L, Wang J and Yi X. Effective conductivities of heterogeneous media containing multiple inclusions with various spatial distributions. Phys. Rev. B, 2006, 73: 174203.

[32] Beran M and Molyneus J. Use of classical variational principles to determine bounds for the effective bulk modulus in heterogeneous media. Quart. Appl. Math., 1966, 24: 107.

[33] Schubert G and Fehske H. Quantum percolation in disordered structures. Lect. Notes Phys., 2009, 762: 135.

[34] Anderson P W. Absence of diffusion in certain random lattice. Phys. Rev., 1958, 109: 1492.

[35] Schubert G, Weiße A and Fekske H. Localization effects in quantum percolation. Phys. Rev. B, 2005, 71: 045126.

[36] Weiße A, Wellein G, Alvermann A and Fehske H. The Kernel polynominal method. Rev. Mod. Phys., 2006, 78: 275.

[37] Inui M, Trugman S A and Abrahans E. Unusual properties of midband states in systems with off-diagonal disorder. Phys. Rev. B, 1994, 49: 3190.

[38] Dubi Y, Meir Y and Avishai Y. Quantum hall criticality, superconductor-insulator transition and quantum percolation. Phys. Rev. B, 2005, 71: 125311.

[39] Feigelmann M V, Ioselevich A S and Skvortsov M A. Quantum percolation in granular metals. Phys. Rev. Lett., 2004, 93: 136403.

[40] Sarma Das S, Lilly M P, Hwang E H, et al. Two-dimensional metal-insulator transition as a percolation transition in a high-mobility electron system. Phys. Rev. Lett., 2005, 94: 136401.

[41] Avishai Y and Luck J. Quantum percolation and ballistic conductance on a lattice of wires. Phys. Rev. B, 1992, 45: 1074.

[42] Hifer R. Geometric and dielectric characterization of porous media. Phys. Rev. B, 1991, 44: 60.

[43] Garahan A, Pilon L and Yin J. Effective optical properties of absorbing nanoporous and nanocomposite thin films. J. Appl. Phys., 2007, 101: 014320.

[44] Braun Matthew M and Pilon Lauret. Effective optical properties of non-absorbing nanoporous thin films. Thin Solid Films, 2006, 496: 505.

[45] Katz A J and Thompson A H. Fractal sandstone pores: implications for conductivity and pore formation. Phys. Rev. Lett., 1985, 54: 1325.

[46] Krohn C E and Thompson A H. Fractal sandstone pores: automated measurements using scanning-electron-microscope images. Phys. Rev. B, 1986, 33: 6366.

[47] Tang Y, Yu B, Hu Y, et al. A self-similarity model for dielectric constant of porous ultra low-k dielectrics. J Phys. D: Appl. Phys., 2007, 40: 5377.

[48] Rayleigh L. On the influence of obstacles arranged in rectangular order upon the properties of the medium. Philos. Mag., 1982, 34: 481.

[49] Shen L C, Liu C, Korringa J and Dunn K J. Computation of conductivity and dielectric constant of periodic porous media. J. Appl. Phys., 1990, 67: 7071.

第三章　线性输运性质

异质复合材料具有复杂的微结构构形，如何从微结构构形来确定异质复合材料的输运性质（如电导率，热导率，介电常数和磁导率等）是被普遍关注的问题，已有很长的研究历史.异质复合材料微结构构形的特点是，其组元（组分）的尺度比分子（原子）尺度大，但又比物理特征长度（或材料本身尺度）小得多，因此我们的兴趣不在于分子尺度上的物理现象.无序是相对于有序的偏离.有序规则的材料，其微结构构形的表征和有效输运性质与微结构的关系，是我们研究异质复合材料输运性质的基础.输运过程来自物理量的不均匀性或对于平衡的偏移.例如，粒子的扩散过程来自密度不均匀，热传导来自温度的不均匀，电传导来自电势的不均匀.这些物理量的不均匀形成了密度梯度、温度梯度和电势梯度（电场），它们形成驱动力，导致扩散粒子流密度、热流密度和电流密度.因此，一般地可以将这些输运过程统一表述为

$$\boldsymbol{J}=-\hat{\boldsymbol{k}}\nabla\boldsymbol{G},\tag{3.0-1}$$

其中 $\boldsymbol{J}$ 代表流密度；$\nabla\boldsymbol{G}$ 代表物理量 $\boldsymbol{G}$ 的梯度；而 $\hat{\boldsymbol{k}}$ 表示输运系数，它取决于材料的微结构和性质.如果是标量（如热量或质量）在材料（介质）中输运，$\hat{\boldsymbol{k}}$ 一般为二阶张量；如果 $\nabla\boldsymbol{G}$ 是矢量梯度，$\hat{\boldsymbol{k}}$ 是四阶张量.如果材料是均匀各向同性的，$\hat{\boldsymbol{k}}$ 的形式就极大地简化为一个简单的输运系数.对于非均匀的异质复合材料，$\boldsymbol{J}$，$\boldsymbol{G}$ 和 $\hat{\boldsymbol{k}}$ 都是空间位置的函数，式(3.0-1)仅在局部的范围内成立.如果对于非均匀的宏观异质复合材料，式(3.0-1)依然成立的话，则是在统计平均的意义上成立，以致式(3.0-1)可以表示为

$$\langle\boldsymbol{J}\rangle=-\hat{\boldsymbol{k}}_{\mathrm{e}}\langle\nabla\boldsymbol{G}\rangle,\tag{3.0-2}$$

这里 $\hat{\boldsymbol{k}}_{\mathrm{e}}$ 为有效输运系数，表示材料（介质）的物理性质.平均是指统计系综平均，是对于异质复合材料所有可能的构形进行统计平均.一般说来，它与局域输运系数统计分布的简单平均是有差别的.式(3.0-2)描述的输运过程为线性输运过程，描述了材料的线性输运性质，它不能描述材料的非线性输运过程和非线性输运性质.

对于异质复合材料的线性输运性质，我们可以用共同的理论框架(3.0-2)来进行处理.例如，热导体、电导体、电介质（绝缘体）及铁磁（或顺磁）材料都可以用式(3.0-2)来描述其输运特性，相应的输运系数为热导率、电导率、介电常数和磁导率.另外，对于稳态流动，守恒方程

$$\nabla\cdot\boldsymbol{J}=0,\tag{3.0-3}$$

对各种输运过程同样成立.

本章重点讨论处理异质复合介质的线性输运性质与微结构关系的基本理论模型、方法及数值计算.

§3.1 有效电导率

人们对异质复合介质的有效电导率的研究已有很长的历史.早在1837年,法拉第(Faraday)就研究过金属颗粒分散嵌入绝缘基质中所形成的复合介质的有效电导率问题[1].为简明起见,我们先讨论二组元复合介质在稀释情形下的有效电导率,即低杂质体积分数的情形.

设一个半径为R,电导率为σ_i的球形颗粒,浸入电导率为σ_m的无限基质中,处于恒定外场$\boldsymbol{E}_0$(平行于z轴)的作用下,如图3.1-1所示.这就是所谓单杂质颗粒的情形.

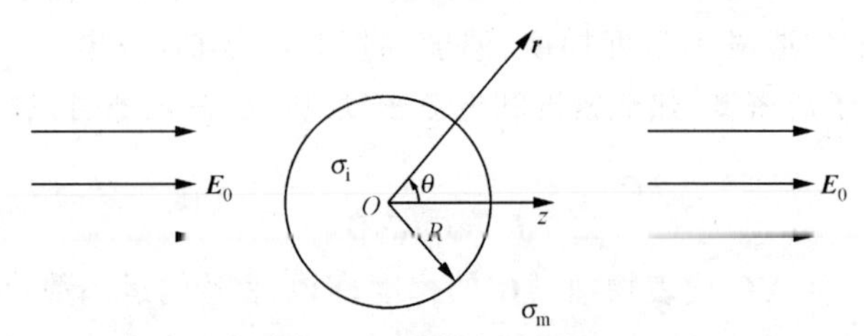

图3.1-1 单球形颗粒杂质

以圆心O为坐标原点,$\boldsymbol{r}$为位置矢量,颗粒球内的静电势ϕ_i和球外的静电势ϕ_m都应满足Laplace方程

$$\nabla^2\phi_\alpha = 0 \quad (\alpha \text{ 取 } i,m), \tag{3.1-1}$$

和边值条件

$$\phi_i|_{r=R} = \phi_m|_{r=R}, \tag{3.1-2}$$

$$\boldsymbol{n}_i \cdot \boldsymbol{J}_i = \boldsymbol{n}_m \cdot \boldsymbol{J}_m. \tag{3.1-3}$$

其中$r=|\boldsymbol{r}|$,$\boldsymbol{n}=\boldsymbol{r}/|\boldsymbol{r}|$为径向单位矢量,$\boldsymbol{J}_\alpha$($\alpha$取i,m)为电流密度.另外,

$$\phi_m = -\boldsymbol{E}_0 \cdot \boldsymbol{r}, \quad r \to \infty. \tag{3.1-4}$$

注意介质的本构方程

$$\boldsymbol{J}_\alpha = \sigma_\alpha \boldsymbol{E} \quad (\alpha \text{ 取 } i,m), \tag{3.1-5}$$

及直流电导的基本方程

$$\nabla \cdot \boldsymbol{J}_\alpha = 0 \quad (\alpha \text{ 取 } i,m), \tag{3.1-6}$$

$$\nabla \times \boldsymbol{E}_\alpha = 0 \quad (\alpha \text{ 取 } i,m), \tag{3.1-7}$$

$$\boldsymbol{E}_\alpha = -\nabla\phi_\alpha \quad (\alpha \text{ 取 } i,m). \tag{3.1-8}$$

应用分离变量法[1],可以求得电势的一般解

$$\begin{cases} \phi_{\mathrm{m}} = -E_0 r\cos\theta + aE_0\cos\theta/r^2, & r \geqslant R, \\ \phi_{\mathrm{i}} = -b\boldsymbol{E}_0 \cdot \boldsymbol{r} = -bE_0 r\cos\theta, & r \leqslant R, \end{cases} \quad \begin{matrix} (3.1\text{-}9) \\ (3.1\text{-}10) \end{matrix}$$

其中 a,b 为任意常数，θ 是矢量 $\boldsymbol{E}_0$ 和 $\boldsymbol{r}$ 之间的夹角，$E_0=|\boldsymbol{E}_0|$. 当 $r\to\infty$，式(3.1-9)的解自动满足边界条件(3.1-4).

应用边界连续性条件，待定系数可以求得为

$$\begin{cases} a = -\dfrac{\sigma_{\mathrm{m}}-\sigma_{\mathrm{i}}}{2\sigma_{\mathrm{m}}+\sigma_{\mathrm{i}}}R^3 = -\dfrac{1-\sigma}{2+\sigma}R^3, \\ b = -\dfrac{3}{2+\sigma}. \end{cases} \tag{3.1-11}$$

其中 $\sigma=\sigma_{\mathrm{i}}/\sigma_{\mathrm{m}}$.

电势分布可以表述为

$$\phi = \begin{cases} -\boldsymbol{E}_0\cdot\boldsymbol{r} + b_{\mathrm{im}}\boldsymbol{E}_0\cdot\boldsymbol{r}\left(\dfrac{R}{r}\right)^3, & r\geqslant R, \\ -\boldsymbol{E}_0\cdot\boldsymbol{r} + b_{\mathrm{im}}\boldsymbol{E}_0\cdot\boldsymbol{r}, & r\leqslant R, \end{cases} \tag{3.1-12}$$

其中

$$b_{\mathrm{im}} = \frac{\sigma_{\mathrm{i}}-\sigma_{\mathrm{m}}}{\sigma_{\mathrm{i}}+2\sigma_{\mathrm{m}}} \tag{3.1-13}$$

称为极化率(polarizability). 我们知道，在原点处一个电极化矢量为 $\boldsymbol{p}$ 的电偶极矩，在基质中 $\boldsymbol{r}$ 处的电势为 $\phi(\boldsymbol{r})=\boldsymbol{p}\cdot\boldsymbol{r}/(r^3\cdot\varepsilon_{\mathrm{m}})$ 或 $p\cdot\cos\theta/(r^2\cdot\varepsilon_{\mathrm{m}})$，$\varepsilon_{\mathrm{m}}$ 为基质的介电常数. 球形颗粒外部的电势来自外作用场和原点偶极矩($\varepsilon_{\mathrm{m}}b_{\mathrm{im}}R^3E_0$)的两部分贡献. b_{im} 反映了颗粒杂质在外场作用下极化的程度，因而称为极化率或偶极因子(dipole factor).

场强 $\boldsymbol{E}=-\nabla\phi$，其表示式为

$$\boldsymbol{E} = \begin{cases} \boldsymbol{E}_0 + b_{\mathrm{im}}R^3\hat{\boldsymbol{t}}(r)\boldsymbol{E}_0, & r>R, \\ \boldsymbol{E}_0 - b_{\mathrm{im}}\boldsymbol{E}_0, & r<R. \end{cases} \tag{3.1-14}$$

其中

$$\hat{\boldsymbol{t}}(r) = \nabla\nabla\left(\frac{1}{r}\right) = \frac{3\boldsymbol{n}\cdot\boldsymbol{n}-I}{r^3} \tag{3.1-15}$$

是偶极矩张量，$\boldsymbol{n}$ 是径向单位矢量.

上面的讨论可以推广到任意 d 维($d\geqslant 2$)的“球形”杂质颗粒的情形，其电势分布为

$$\phi = \begin{cases} -\boldsymbol{E}_0\cdot\boldsymbol{r} + b_{\mathrm{im}}\boldsymbol{E}_0\cdot\boldsymbol{r}\left(\dfrac{R}{r}\right)^d, & r\geqslant R, \\ -\boldsymbol{E}_0\cdot\boldsymbol{r} + b_{\mathrm{im}}\boldsymbol{E}_0\cdot\boldsymbol{r}, & r\leqslant R. \end{cases} \tag{3.1-16}$$

这里 d 维极化率

$$b_{\mathrm{im}} = \frac{\sigma_{\mathrm{i}}-\sigma_{\mathrm{m}}}{\sigma_{\mathrm{i}}+(d-1)\sigma_{\mathrm{m}}}, \tag{3.1-17}$$

相应的场强($d\geqslant 2$)

$$\boldsymbol{E}=\begin{cases}\boldsymbol{E}_0+b_{\mathrm{im}}R^d\hat{\boldsymbol{t}}(r)\boldsymbol{E}_0, & r>R,\\ \boldsymbol{E}_0-b_{\mathrm{im}}\boldsymbol{E}_0, & r<R,\end{cases}\tag{3.1-18}$$

d 维偶极矩

$$\hat{\boldsymbol{t}}(r)=\frac{d\boldsymbol{n}\cdot\boldsymbol{n}-I}{r^d}.\tag{3.1-19}$$

在杂质颗粒内的场强 $\boldsymbol{E}$ 是均匀的,与外作用场强 $\boldsymbol{E}_0$ 呈线性关系

$$\boldsymbol{E}=\hat{\boldsymbol{N}}\cdot\boldsymbol{E}_0,\tag{3.1-20}$$

这里 $\hat{\boldsymbol{N}}$ 是各向同性二阶张量

$$\hat{\boldsymbol{N}}=\frac{d\sigma_{\mathrm{m}}}{\sigma_{\mathrm{i}}+(d-1)\sigma_{\mathrm{m}}}\hat{\boldsymbol{I}}.\tag{3.1-21}$$

杂质颗粒内部的电极化 $\boldsymbol{P}$ 定义为

$$\boldsymbol{P}\equiv(\sigma_{\mathrm{i}}-\sigma_{\mathrm{m}})\boldsymbol{E}\quad(r<R),\tag{3.1-22}$$

其是均匀的

$$\boldsymbol{P}=\hat{\boldsymbol{T}}\cdot\boldsymbol{E}_0,\quad(r<R)\tag{3.1-23}$$

$\hat{\boldsymbol{T}}$ 是各向同性二阶张量

$$\hat{\boldsymbol{T}}=(\sigma_{\mathrm{i}}-\sigma_{\mathrm{m}})\boldsymbol{N}=d\sigma_{\mathrm{m}}b_{\mathrm{im}}\boldsymbol{I},\tag{3.1-24}$$

$\hat{\boldsymbol{N}}$ 和 $\hat{\boldsymbol{T}}$ 的表达式取决于杂质颗粒的形状.这里给出的是球形颗粒的情形.

杂质颗粒嵌入在介质中,通常都存在一个区别于杂质和基质的界面.典型地,可用核-壳模型(如图 3.1-2 所示)来描述.在外电场 $\boldsymbol{E}_0$ 作用下的极化率或偶极因子可以表示为

$$b_{\mathrm{cs}}=\frac{(\varepsilon_{\mathrm{s}}-\varepsilon_{\mathrm{m}})+(\varepsilon_{\mathrm{m}}+2\varepsilon_{\mathrm{s}})\beta\gamma}{(\varepsilon_{\mathrm{s}}+2\varepsilon_{\mathrm{m}})+2(\varepsilon_{\mathrm{s}}-\varepsilon_{\mathrm{m}})\beta\gamma},$$

其中

$$\beta=\frac{\varepsilon_{\mathrm{c}}-\varepsilon_{\mathrm{s}}}{\varepsilon_{\mathrm{c}}+2\varepsilon_{\mathrm{s}}},\quad\gamma=(R_{\mathrm{c}}/R_{\mathrm{s}})^3,\tag{3.1-25}$$

这里 ε_{c},ε_{s} 和 ε_{m} 分别表示核、壳和基质的介电常数,R_{c} 和 R_{s} 表示球颗粒的核和壳的半径.

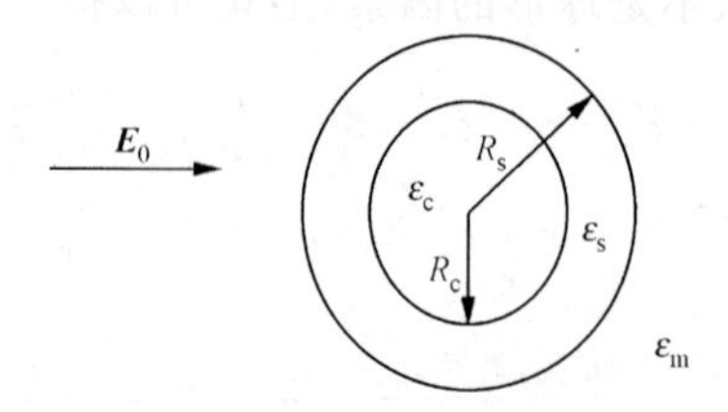

图 3.1-2　球核-壳模型

是否可能存在这样的情形,嵌入基质中的球核-壳颗粒与另一个嵌入相同基质中无界面壳层的实心球颗粒具有等价的介电响应、相同的极化率和偶极因子,该实心球颗粒的介电常数与球核-壳颗粒中核的介电常数相同,且实心球颗粒的半径大于或等于球核-壳颗粒中壳的半径.如果在一定的条件下可以实现这种情形,则带有界面层的三组分颗粒复合介质就可以用等价的无界面层的两组分颗粒复合介质替代,这个条件也称为部分共振条件.在二维的情形,带有界面层的圆柱形颗粒,其颗粒核和界面壳层的介电常数分别为 ε_c,ε_s,半径分别为 r_c 和 r_s,嵌入介电常数为 ε_m 的基质中,在线性响应范围的部分共振条件是:① $\varepsilon_c+\varepsilon_s=0$,等价的均匀的实心颗粒半径为 r_s,表示带壳颗粒的介电特性扩展到界面层.② $\varepsilon_m+\varepsilon_s=0$,等价的实心颗粒半径为 r_s^2/r_c[2,3].虽然这个结果是在偶极矩近似下得到的,但其物理含义是有启发性的,提示了一种材料组合方案.

前面已经讨论了单个杂质(球形)颗粒嵌入基质中电势的分布和在外电场作用下的极化.由此,我们可以进一步得到异质复合介质有效电导率和有效介电常数的表达式.我们先讨论稀释情形下的二组元(杂质电导率为 σ_i,基质电导率为 σ_m)复合介质;杂质的体积分数很小,杂质颗粒之间不发生接触和重叠,没有相互作用.从微观结构来看,这是一种反对称结构,每个杂质颗粒均被基质所包围.

在线性输运的框架内,有效电导率可以用下面的方程来定义

$$\langle \boldsymbol{J} \rangle = \sigma_e \langle \boldsymbol{E} \rangle, \tag{3.1-26}$$

这里平均是对所有可能的微几何构形进行.考虑到

$$\frac{1}{V}\int(\boldsymbol{J}-\sigma_m\boldsymbol{E})\mathrm{d}V = (\sigma_e-\sigma_m)\langle \boldsymbol{E} \rangle, \tag{3.1-27}$$

体积 V 包含了杂质颗粒和基质所占据的整个空间.注意到式(3.1-11),球形杂质颗粒内的电场 $\boldsymbol{E}_i=\frac{3}{2+\sigma}\boldsymbol{E}_0$,我们有

$$\begin{aligned}\sigma_e &= \sigma_m + f_i\,\frac{3\sigma_m(\sigma-1)}{\sigma+2}\\ &= \sigma_m + f_i\,\frac{3\sigma_m(\sigma_i-\sigma_m)}{\sigma_i+2\sigma_m},\end{aligned} \tag{3.1-28}$$

其中 σ_e 是系统的有效电导率,f_i 为杂质颗粒的体积分数.如果不只一类杂质分散在基质中,并考虑颗粒形状不是球形的因素,上式可以推广为

$$\sigma_e = \sigma_m + \sigma_m \sum_{i,g} f_{i,g}\,\frac{\sigma_i-\sigma_m}{g(\sigma_i-\sigma_m)+\sigma_m}, \tag{3.1-29}$$

这里 σ_i 是第 i 类杂质的电导率,$f_{i,g}$ 是第 i 类且形状因子为 g 的杂质体积分数.

假设所有的杂质颗粒具有相同的维数、形状和电导率 σ_i,又嵌入在相同维数 d 的基质中.由于杂质颗粒很小,体积分数 f_i 也很小,它们在远处的电场可以表示为所有杂质的贡献

$$\boldsymbol{E}(\boldsymbol{r}) = \boldsymbol{E}_0 + b_{\mathrm{im}}\left(\frac{R}{r}\right)^d f_{\mathrm{i}} E_0. \tag{3.1-30}$$

可以设想,一个半径为 R_0 的大球,包含了所有的杂质颗粒,可以将其处理为一个电导率为有效电导率 σ_{e} 的均匀球,其极化率为

$$b_{\mathrm{em}} = \frac{\sigma_{\mathrm{e}} - \sigma_{\mathrm{m}}}{\sigma_{\mathrm{e}} + (d-1)\sigma_{\mathrm{m}}}, \tag{3.1-31}$$

它在 $\boldsymbol{r}$ 处的电场为

$$\boldsymbol{E}(\boldsymbol{r}) = \boldsymbol{E}_0 + b_{\mathrm{em}} \frac{R_0^d}{r^d} \boldsymbol{E}_0, \tag{3.1-32}$$

其应等价为杂质颗粒电场的叠加. 所以比较式(3.1-30)和(3.1-32),有

$$b_{\mathrm{em}} = f_{\mathrm{i}} b_{\mathrm{im}}, \tag{3.1-33}$$

即

$$\frac{\sigma_{\mathrm{e}} - \sigma_{\mathrm{m}}}{\sigma_{\mathrm{e}} + (d-1)\sigma_{\mathrm{m}}} = f_{\mathrm{i}} \frac{\sigma_{\mathrm{i}} - \sigma_{\mathrm{m}}}{\sigma_{\mathrm{i}} + (d-1)\sigma_{\mathrm{m}}}. \tag{3.1-34}$$

很明显,这个表达式对于 i 和 m 位置的互换(即 $\sigma_{\mathrm{i}} \to \sigma_{\mathrm{m}}, \sigma_{\mathrm{m}} \to \sigma_{\mathrm{i}}, f_{\mathrm{i}} \to f_{\mathrm{m}}$)是不对称的. 式(3.1-34)称为 Maxwell-Garnett 近似(MGA)[4],在其处理的系统中,组分微结构是不对称的. 对于非稀释杂质的情形,如果这些杂质颗粒仍彼此分隔,没有直接接触,颗粒间没有相互作用,则这个近似仍可以给出有效电导率. 对于稀释极限的情形,即 $f_{\mathrm{i}} \ll 1$,有效电导率可表示为

$$\sigma_{\mathrm{e}} = \sigma_{\mathrm{m}} + f_{\mathrm{i}} d \frac{\sigma_{\mathrm{m}}(\sigma_{\mathrm{i}} - \sigma_{\mathrm{m}})}{\sigma_{\mathrm{i}} + (d-1)\sigma_{\mathrm{m}}} + O(f_{\mathrm{i}}^2). \tag{3.1-35}$$

对于杂质和基质的电导率反差很大的情形,例如杂质是超导体($\sigma_{\mathrm{i}}/\sigma_{\mathrm{m}} \approx \infty$),则有

$$\frac{\sigma_{\mathrm{e}}}{\sigma_{\mathrm{m}}} = \frac{1 + (d-1) f_{\mathrm{i}}}{1 - f_{\mathrm{i}}}; \tag{3.1-36}$$

如果杂质是理想绝缘体($\sigma_{\mathrm{i}}/\sigma_{\mathrm{m}} = 0$),则有

$$\frac{\sigma_{\mathrm{e}}}{\sigma_{\mathrm{m}}} = \frac{(d-1)(1-f_{\mathrm{i}})}{d - f_{\mathrm{i}}}. \tag{3.1-37}$$

式(3.1-34)很容易推广到不同类型杂质组成的异质结构复合体系,它们具有不同的电导率 σ_i 和不同的体积分数 f_i(i 表示不同类型杂质中的第 i 类杂质),Maxwell-Garnett 近似可表述为

$$\frac{\sigma_{\mathrm{e}} - \sigma_{\mathrm{m}}}{\sigma_{\mathrm{e}} + (d-1)\sigma_{\mathrm{m}}} = \sum_i f_i \left[\frac{\sigma_i - \sigma_{\mathrm{m}}}{\sigma_i + (d-1)\sigma_{\mathrm{m}}}\right]. \tag{3.1-38}$$

类似地,我们可以给出二相 d 维异质结构复合介质(其中球形杂质颗粒的介电常数为 ε_1,基质介电常数为 ε_2)的有效介电常数 ε_{e},可表述为

$$\frac{\varepsilon_{\mathrm{e}} - \varepsilon_2}{\varepsilon_{\mathrm{e}} + (d-1)\varepsilon_2} = f \frac{\varepsilon_1 - \varepsilon_2}{\varepsilon_1 + (d-1)\varepsilon_2}, \tag{3.1-39}$$

这里 f 为杂质的体积分数. 在稀释极限的情形 $f\ll1$,可以简化为

$$\varepsilon_e=\varepsilon_2+d\varepsilon_2 f\frac{\varepsilon_1-\varepsilon_2}{\varepsilon_1+(d-1)\varepsilon_2}+O(f^2). \tag{3.1-40}$$

上述 MGA 表示式是以杂质颗粒都是均匀的球形,并且杂质的体积分数很小的情形为前提的;而实际的情形往往是杂质颗粒的形状和大小都不均匀,存在一定的分布,故这个近似需要改进.

§3.2 有效电导率的某些严格结果

由于异质复合材料微结构的复杂性,其有效物理性质很难严格求解,一般需要应用统计物理求平均值的方法近似得到. 然而,少数具有理想微结构的异质复合材料的有效物理性质可以严格求解. 这些少量的严格结果,对于读者检验理论与计算模拟的基准,以及洞察物理机制很有参考价值. 为获得少数异质复合材料有效物理性质的严格解,首先需要用某种形式将微结构理想化. 一般地,假设异质复合材料是由简单元胞重复形成的周期结构,或将各向异性的微结构简化为各向同性的结构. 本节将列出某些类型异质复合材料的有效电导率的严格求解的结果,它们也可推广到对异质复合材料的有效磁导率和有效弹性模量等的讨论中[5~10].

1. 核-壳球颗粒复合结构

这类二相异质复合体系是由核-壳复合球形颗粒组成. 如图 3.2-1(a)所示,球颗粒的核的半径为 a,电导率为 σ_2,被同球心的壳层包裹,其外半径为 b,壳层电导率为 σ_1. 复合球形颗粒的粒径大小各异,充满了体系的整个空间;核和壳的半径的比的立方 $(a/b)^3$ 是固定的,它等于球颗粒中核组分的体积分数 f_2. 这类二相复合体系模型是 1962 年由 Hashin 和 Shtrikman 提出,称为 Hashin-Shtrikman(H-S)模型[5,6]. 如图 3.2-1(b)所示,这个模型在二维的情形下是由一些粒径大小各异的同心复合圆形组成,也称为核-壳复合圆柱体模型.

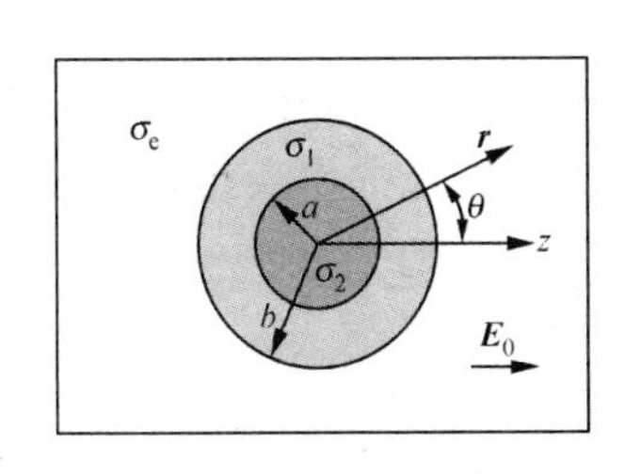

(a) 单个核-壳球形颗粒

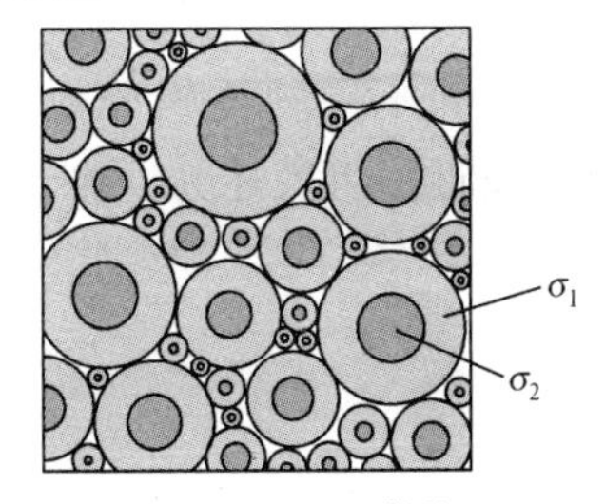

(b) Hashin-Shtrikman模型

图 3.2-1 核-壳球颗粒复合结构[10]

设电导率为 σ_e 的均匀无限介质中,嵌入一个 d 维核-壳复合球颗粒,$\boldsymbol{r}$ 是源自球心(原点)的径向矢量.在均匀电场 $\boldsymbol{E}_0$(沿 z 轴方向)作用下,其电势分布应满足 Laplace 方程

$$\nabla^2\phi(\boldsymbol{r}) = 0, \tag{3.2-1}$$

电势 $\phi(\boldsymbol{r})$ 在界面 $r=a$ 和 $r=b$ 处满足连续性条件.方程(3.2-1)的解的一般形式为

$$\phi = \begin{cases} -E_0 r\cos\theta, & r \geqslant b, \\ AE_0 r\cos\theta + BE_0\cos\theta/r^{d-1}, & a \leqslant r \leqslant b, \\ CE_0 r\cos\theta, & r \leqslant a. \end{cases} \tag{3.2-2}$$

这里 $E_0=|\boldsymbol{E}_0|$;$\boldsymbol{E}_0$ 与 $\boldsymbol{r}$ 方向的夹角为 θ;$\cos\theta=\boldsymbol{E}_0\cdot\boldsymbol{r}/(E_0\cdot r)$ 及 $r=|\boldsymbol{r}|$;A,B 和 C 为待定系数.

电场强度 $\boldsymbol{E}$ 为

$$\boldsymbol{E} = -\nabla\phi = \begin{cases} \boldsymbol{E}_0, & r > b, \\ -A\boldsymbol{E}_0 + B\boldsymbol{E}_0\left(\dfrac{d-1}{r^d}\right), & a < r < b, \\ -C\boldsymbol{E}_0, & r < a. \end{cases} \tag{3.2-3}$$

应用电势在颗粒界面 $r=a$ 和 $r=b$ 处和电流径向分量($-\sigma\nabla\phi\cdot\boldsymbol{n}$,$\boldsymbol{n}=\boldsymbol{r}/r$ 为径向单位矢量)在 $r=a$ 处的连续性条件,可以求得 3 个待定系数为

$$A = \frac{(1-d)\sigma_1 - \sigma_2}{\sigma_2 + (d-1)\sigma_1 - f_2(\sigma_2 - \sigma_1)}, \tag{3.2-4}$$

$$B = \frac{a^d(\sigma_2 - \sigma_1)}{\sigma_2 + (d-1)\sigma_1 - f_2(\sigma_2 - \sigma_1)}, \tag{3.2-5}$$

$$C = \frac{-d\sigma_1}{\sigma_2 + (d-1)\sigma_1 - f_2(\sigma_2 - \sigma_1)}, \tag{3.2-6}$$

其中

$$f_2 = (a/b)^d \tag{3.2-7}$$

为复合球颗粒中核组分的体积分数.

由于电流法向分量在界面 $r=b$ 处的连续性,有

$$\sigma_e = \frac{B\sigma_1(d-1)}{b^d} - A\sigma_1. \tag{3.2-8}$$

将参数 A 和 B 的值代入,可以得到有效均匀介质的电导率表达式

$$\sigma_e = \langle\sigma\rangle - \frac{(\sigma_2 - \sigma_1)^2 f_1 f_2}{\langle\tilde{\sigma}\rangle + (d-1)\sigma_1}, \tag{3.2-9}$$

其中

$$\langle\sigma\rangle \equiv \sigma_1 f_1 + \sigma_2 f_2, \quad \langle\tilde{\sigma}\rangle \equiv \sigma_1 f_2 + \sigma_2 f_1, \tag{3.2-10}$$

这里 f_1 是复合球颗粒中壳组分的体积分数,$\langle\sigma\rangle$ 是二相复合体系电导率的算术平均值.如果我们在这个介质中,加入另一个半径为 r 的 d 维核-壳复合球颗粒,在前

面计算单核-壳复合球颗粒杂质情形有效电导率的基础上进行类似的计算，就可得到新的有效均匀介质的电导率. 如果我们连续不断地进行这样的过程直至原始材料全部被各种粒径大小(直至无限小)的复合球颗粒所充满，这样就可以构成宏观各向同性的、均匀的材料，其有效电导率由式(3.2-9)严格给出. 我们可以看出，对于复合球颗粒的核组分相(称为相 2)，由于同心壳的存在，通常是不相互连通的，此相不会发生逾渗现象. 如果电导率 $\sigma_2 \geqslant \sigma_1$(壳组分相称为相 1)，式(3.2-9)给出的就是熟知的 H-S 模型的有效电导率的下界；如果 $\sigma_2 \leqslant \sigma_1$，式(3.2-9)给出的是 H-S 模型有效电导率的上界. 显然，H-S 模型也可推广到多壳层的核-壳球颗粒复合结构的情形.

2. 层状复合结构

最简单的层状复合结构是由两种具有不同厚度的各向同性的均匀平板层状材料(相)交替排列而成，如图 3.2-2 所示. 设两相的电导率分别为 σ_1 和 σ_2，相应的体积分数分别为 f_1 和 f_2；层状复合结构沿 x 轴方向排列，x 轴与各层平面垂直. 假设这个复合结构充满整个空间，因而边缘效应可不予考虑.[9,10]

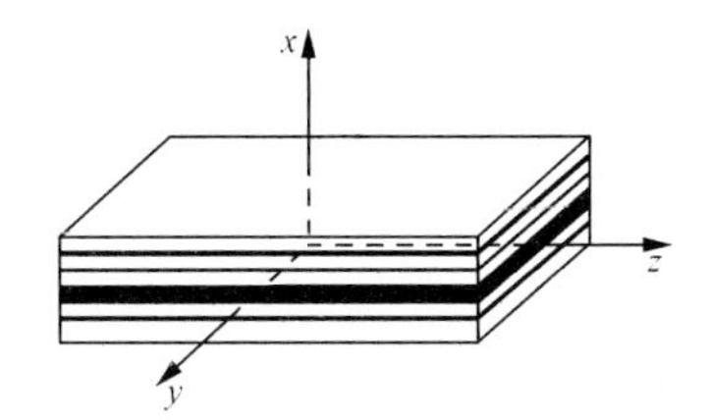

图 3.2-2 两相层状复合结构，各相的层厚沿 x 轴无规分布

为了得到这个宏观各向异性层状复合体系的有效电导率，先将体系约化为一维传导问题. 沿 x 轴方向，各层的厚度分布如图 3.2-3 所示. 设均匀外电场 $\boldsymbol{E}_0$ 也沿 x 轴方向，则本构方程为

$$\boldsymbol{J}(x) = \sigma(x)\boldsymbol{E}(x), \tag{3.2-11}$$

$$\langle \boldsymbol{J}(x) \rangle = (\hat{\boldsymbol{\sigma}}_{\mathrm{e}})_{xx} \langle \boldsymbol{E}(x) \rangle. \tag{3.2-12}$$

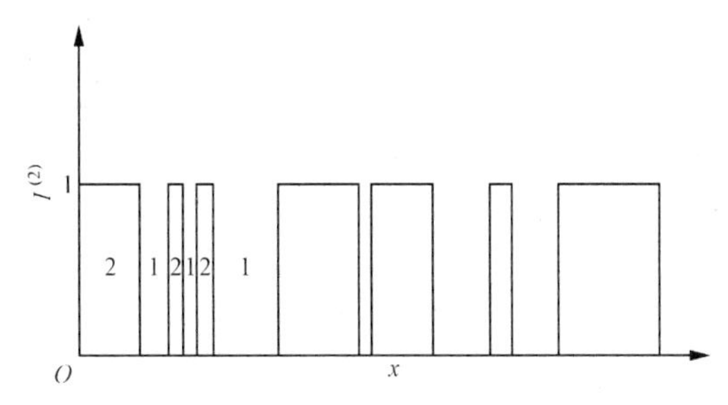

图 3.2-3 相 2 的层状分布，$I^{(2)}$ 为相 2 厚度的标示函数

稳态的情形有

$$\frac{\partial}{\partial x}[\sigma(x)\boldsymbol{E}(x)]=0, \tag{3.2-13}$$

表示局域电流密度是恒定的常数 $\boldsymbol{J}(x)=\langle\boldsymbol{J}(x)\rangle$. 由局域本构关系可知,各相局域电场强度也是一个常数

$$\boldsymbol{E}(x)=\langle\boldsymbol{J}(x)\rangle/\sigma(x). \tag{3.2-14}$$

对上式取平均,并与平均本构关系比较,则有

$$(\hat{\boldsymbol{\sigma}}_{\mathrm{e}})_{xx}=\langle\sigma(x)^{-1}\rangle^{-1}, \tag{3.2-15}$$

这里 $\langle\sigma^{-1}\rangle^{-1}$ 是相电导率的简谐平均(harmonic average),等价于电阻率(逆电导率)串联的逆算术平均值

$$\langle\sigma^{-1}\rangle^{-1}=\left(\frac{f_1}{\sigma_1}+\frac{f_2}{\sigma_2}\right)^{-1}=\frac{\sigma_1\sigma_2}{\sigma_1 f_2+\sigma_2 f_1}. \tag{3.2-16}$$

现在研究外电场沿 y 轴方向的情形. 各相沿 y 轴方向的局域电场强度 $\boldsymbol{E}(y)$ 都是相同的,局域的本征方程为

$$\boldsymbol{J}(y)=\sigma(y)\boldsymbol{E}(y), \tag{3.2-17}$$

对上式取平均,并与平均本构关系比较

$$\langle\boldsymbol{J}\rangle=(\hat{\boldsymbol{\sigma}}_{\mathrm{e}})_{yy}\langle\boldsymbol{E}\rangle, \tag{3.2-18}$$

有

$$(\hat{\boldsymbol{\sigma}}_{\mathrm{e}})_{yy}=\langle\sigma\rangle=\sigma_1 f_1+\sigma_2 f_2. \tag{3.2-19}$$

这里平均电导率 $\langle\sigma\rangle$ 是电导率的算术平均,等价于电阻并联的情形. 类似的讨论适用于外电场沿 z 轴方向的情形,而且

$$(\hat{\boldsymbol{\sigma}}_{\mathrm{e}})_{zz}=\langle\sigma\rangle. \tag{3.2-20}$$

因此,这种各向异性层状结构的有效电导率可表述为张量形式

$$\hat{\boldsymbol{\sigma}}_{\mathrm{e}}=\begin{bmatrix}\langle\sigma^{-1}\rangle^{-1} & 0 & 0\\ 0 & \langle\sigma\rangle & 0\\ 0 & 0 & \langle\sigma\rangle\end{bmatrix}, \tag{3.2-21}$$

也可以用下面的形式表述:

$$(\hat{\boldsymbol{\sigma}}_{\mathrm{e}}-\hat{\boldsymbol{\sigma}}_1)^{-1}=\frac{1}{f_2}(\hat{\boldsymbol{\sigma}}_2-\hat{\boldsymbol{\sigma}}_1)^{-1}+\frac{f_1}{f_2}\frac{1}{\sigma_1}\hat{\mathbf{A}}, \tag{3.2-22}$$

这里 $\hat{\boldsymbol{\sigma}}_i=\sigma_i\hat{\boldsymbol{I}}\,(i=1,2)$,$\hat{\mathbf{A}}$ 是 3×3 矩阵

$$\hat{\mathbf{A}}=\begin{bmatrix}1 & 0 & 0\\ 0 & 0 & 0\\ 0 & 0 & 0\end{bmatrix}. \tag{3.2-23}$$

值得注意的是,有效电导率计算的简单混合法则(3.2-16)和(3.2-19)不能轻易地应用到宏观各向同性复合介质. 一般地说,电导率的算术平均公式(3.2-19)往往会

过高地估计各向同性复合介质的有效电导率,特别是各相电导率有很大反差比的情形,这是因为这个公式仅对应于平板 y-z 平面的电导.沿着平板 y-z 平面的方向,系统(样品)的各相是整体连通的(从样品的一端到另一端),因此即使某相中有的组元是很差的导体,沿着 y-z 平面的电流(或热流)也将近乎无阻碍的流过系统.这样,电导率的算术平均就是各向同性复合介质有效电导率的上限.另一方面,电导率的简谐平均值通常都低估了各向同性复合体的有效电导率,特别是当各相电导率有比较大的反差的情形,这其中的原因,可以理解为式(3.2-16)对应于垂直于平板(y-z 平面)的方向(x 轴方向)的电导,电流(或热流)在 x 轴方向流动会受到阻碍,甚至完全地被阻挡(如果某一相是比较理想的绝缘体).因此,简谐平均的电导率将是各向同性复合体有效电阻率的下限.

对于由多相(n 相)组成的层状复合体的有效电导率张量,其中算术和简谐平均值应表述为

$$\langle\sigma\rangle = \sum_{i=1}^{n}\sigma_i f_i, \tag{3.2-24}$$

$$\langle\sigma^{-1}\rangle^{-1} = \left(\sum_{i=1}^{n}\frac{f_i}{\sigma_i}\right)^{-1}. \tag{3.2-25}$$

3. 高阶层叠结构

前面讨论了两种组分(或相)平板交替排列组成的最简单的多层结构,每个组分(或相)的几何厚度是无规的,法向矢量 $\boldsymbol{n}^{(1)}$ 垂直于平板,称为一阶层叠结构,其有效物理性质(如有效电导率)可以严格求解.其实,这包含了一大类两组元的多长度标度的层叠结构,如在一阶多层复合结构中的一种组元(相)(如相 2 材料)中,沿任意方向形成厚度均匀的多层结构,用 $\boldsymbol{n}^{(2)}$ 表示这个层次的法线方向,如图 3.2-4 所示.

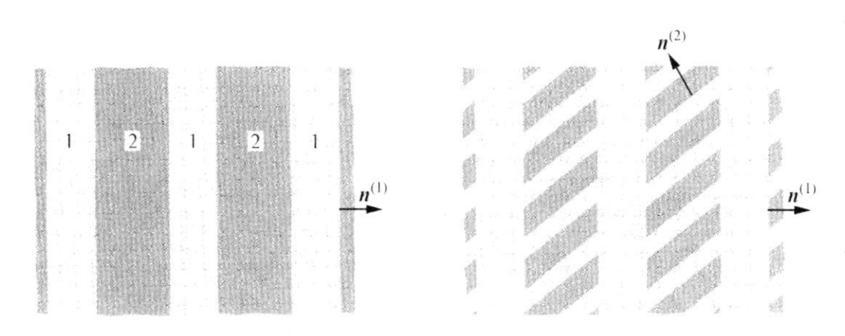

图 3.2-4　一阶和二阶层叠结构[10]

新的复合多层结构的长度标度要比原来平板长度标度小得多.在这个二阶层叠结构中,相 1 组元是连通的基质相,相 2(组元 2)是不连通的杂质相.按照这种方式进行操作,可以形成三阶、四阶……等高阶的层叠结构,其中相 1 材料始终是连续的基质相,另一相是不连通的杂质相.从拓扑结构上看,与球核-壳模型类似.可

以看出，一阶层叠结构的有效电导率可严格求得，是由于在均匀电场作用下局域场是分段恒定的缘故. 高阶层叠结构的有效物理性质如有效电导率也是可以解析求得，只要不同结构层次之间的长度标度相差很大，局域场依然是分段恒定的，不断重复应用一阶多层结构的有效电导率的结果，就可得到整个层叠结构的有效电导率.[10]

图 3.2-5 是一个二维二阶叠层结构的例子，其中两个法向矢量 $\boldsymbol{n}^{(1)}$ 和 $\boldsymbol{n}^{(2)}$ 是互相垂直的，即 $\boldsymbol{n}^{(1)}\cdot\boldsymbol{n}^{(2)}=0$；两个结构层次的长度标度分别为 D_1, D_2，而且在极限情形 $D_1/D_2\to\infty$. 单就第二阶层叠结构来看，是又一个一阶平板多层结构，可以应用一阶多层结构的计算结果，其有效电导率 $\hat{\boldsymbol{\sigma}}_{\mathrm{e}}^{(2)}$ 也是对角化的，其中

$$
\begin{aligned}
(\hat{\boldsymbol{\sigma}}_{\mathrm{e}}^{(2)})_{11} &= \left(\frac{f_1^{(2)}}{\sigma_1}+\frac{f_2^{(2)}}{\sigma_2}\right)^{-1},\\
(\hat{\boldsymbol{\sigma}}_{\mathrm{e}}^{(2)})_{22} &= \sigma_1 f_1^{(2)}+\sigma_2 f_2^{(2)}.
\end{aligned}
\tag{3.2-26}
$$

这里 $f_1^{(2)}$ 和 $f_2^{(2)}$ 分别表示在第二层叠结构中相 1 和相 2 的体积分数.

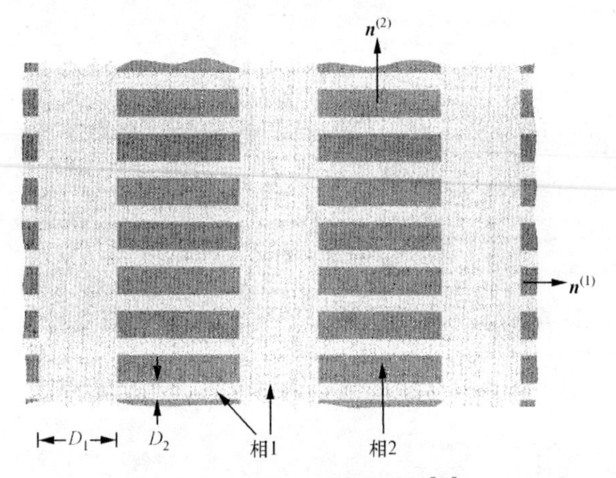

图 3.2-5 二维二阶层叠结构[10]

整个二阶层叠结构的有效电导率可表示为

$$
\hat{\boldsymbol{\sigma}}_{\mathrm{e}} = \begin{bmatrix} (\hat{\boldsymbol{\sigma}}_{\mathrm{e}})_{11} & 0 \\ 0 & (\hat{\boldsymbol{\sigma}}_{\mathrm{e}})_{22} \end{bmatrix}.
\tag{3.2-27}
$$

这里

$$
\begin{aligned}
(\hat{\boldsymbol{\sigma}}_{\mathrm{e}})_{11} &= \left[\frac{f_1^{(1)}}{\sigma_1}+\frac{f_2^{(1)}}{(\hat{\boldsymbol{\sigma}}_{\mathrm{e}}^{(2)})_{11}}\right]^{-1},\\
(\hat{\boldsymbol{\sigma}}_{\mathrm{e}})_{22} &= \sigma_1 f_1^{(1)}+(\hat{\boldsymbol{\sigma}}_{\mathrm{e}}^{(2)})_{22} f_2^{(1)}.
\end{aligned}
\tag{3.2-28}
$$

其中 $f_1^{(1)}$ 和 $f_2^{(1)}$ 分别表示在第一层叠结构中相 1 和相 2 的体积分数. 如果相体积分数满足 $f_2^{(1)}=f_2^{(2)}/f_1^{(2)}$，则$(\hat{\boldsymbol{\sigma}}_{\mathrm{e}})_{11}=(\hat{\boldsymbol{\sigma}}_{\mathrm{e}})_{22}$，整体有效电导率是各向同性的，可以表

述如下

$$\sigma_e = \langle\sigma\rangle - \frac{(\sigma_2 - \sigma_1)^2 f_1 f_2}{\sigma_1 + \langle\tilde{\sigma}\rangle}, \tag{3.2-29}$$

其中$\langle\sigma\rangle$和$\langle\tilde{\sigma}\rangle$如式(3.2-10)所定义.实际上这个结果对于无规变量的 D_1 和 D_2 也是适合的,只要长度标度相差足够的大.这种计算的方法也可推广到任意高价层叠结构.

§3.3 有效介质近似

1. 自洽有效介质近似

前面讨论的是有多种杂质分散在基质中的异质复合介质的有效电导率,其微结构是反对称的构形.现在我们考虑由具有不同体积分数 $f_1, f_2, \cdots, f_M$ 和电导率 $\sigma_1, \sigma_2, \cdots, \sigma_M$ 的颗粒无规聚集而成的异质复合介质的有效电导率 σ_e. 可以这样认为,在这种复合介质中任何一个颗粒受到其他颗粒的作用可等效于该颗粒嵌入在一个电导率为 σ_e 的均匀基质(即有效介质)中.这种计算有效电导率的概念和算法来自 Bruggeman[11] 和 Laudauer 的发展[12],称为自洽有效介质近似(self-consistent effective medium approximation,简称 SCEMA).这个近似方法的物理图像清晰,数学相对简单,是一个平均场理论的近似,一个很实用的方法.

任何一个杂质颗粒处在均匀的有效介质中会产生电极化扰动,我们要求所有杂质颗粒对均匀介质的扰动平均效果为零,以获得颗粒复合介质的有效电导率.这里依然先假设杂质颗粒为球形的颗粒,其中任何一个(设为 j)颗粒在有效介质中产生了电偶极矩,其极化率为

$$p_j = \frac{\sigma_j - \sigma_e}{\sigma_j + 2\sigma_e}. \tag{3.3-1}$$

自洽的条件要求所有试探的杂质颗粒对有效介质的扰动的平均效果为零.对于由 M 类颗粒组成的复合体系,自洽的条件表述为

$$\sum_{j=1}^{M} f_j \cdot p_j = \sum_{j=1}^{M} f_j \cdot \frac{\sigma_j - \sigma_e}{\sigma_j + 2\sigma_e} = 0, \tag{3.3-2}$$

其中 f_j 为第 j 类颗粒的体积分数.这就是有效电导率的自洽(SC)有效介质近似的表示式.扩展到 d 维球形颗粒的情形,有

$$\sum_{j=1}^{M} f_j \frac{\sigma_j - \sigma_e}{\sigma_j + (d-1)\sigma_e} = 0. \tag{3.3-3}$$

对于二组元的复合介质,有

$$f_1 \frac{\sigma_1 - \sigma_e}{\sigma_1 + (d-1)\sigma_e} + f_2 \frac{\sigma_2 - \sigma_e}{\sigma_2 + (d-1)\sigma_e} = 0. \tag{3.3-4}$$

可以看出,这个表达式是对称的,即 σ_1 和 σ_2, f_1 和 f_2 相互交换后,它是不变的,这

源于系统微结构的对称性. 可以求出有效电导率

$$\sigma_e = \frac{\alpha + \sqrt{\alpha^2 + 4(d-1)\sigma_1\sigma_2}}{2(d-1)}, \tag{3.3-5}$$

其中 $\alpha=\sigma_1(df_1-1)+\sigma_2(df_2-1)$，$\sigma_1$ 和 σ_2 应是实的正值.

有效介质近似也可推广到各组元颗粒不是球形的复合体系，其表达式为

$$\sum_j f_j \frac{\sigma_j - \sigma_e}{\sigma_e + L_j(\sigma_j - \sigma_e)} = 0, \tag{3.3-6}$$

其中 L_j 表示第 j 类颗粒的几何形状因子或退极化因子.

组分间电导率的配比对有效电导率有相当大的影响. 仍以二组元复合介质为例，颗粒形状为球形，逾渗阈值 p_c 为 1/3. 当一种组分的体积分数达到逾渗阈值时，该组分形成连通的逾渗集团. 此时，有效电导率 σ_e 可表示为

$$\begin{aligned}\sigma_e = \frac{3}{4}\Bigg\{\sigma_1\left(f_1-\frac{1}{3}\right)+\sigma_2\left(f_2-\frac{1}{3}\right)+\Bigg[\sigma_1^2\left(f_1-\frac{1}{3}\right)^2 \\ +\sigma_2^2\left(f_2-\frac{1}{3}\right)^2+2\sigma_1\sigma_2\left(\frac{2}{9}+f_1f_2\right)\Bigg]^{1/2}\Bigg\}.\end{aligned} \tag{3.3-7}$$

对于 $\sigma_2/\sigma_1\to 0$，即 $\sigma_2\ll 1$，有

$$\sigma_e = \begin{cases} \dfrac{2}{3}\sigma_1\left(f_1-\dfrac{1}{3}\right) \text{ 或 } \dfrac{2}{3}\sigma_1(f_1-p_c), & f_1 > p_c, \\ 0, & f_2 < p_c. \end{cases} \tag{3.3-8}$$

对于 $\sigma_2/\sigma_1\to\infty$，即 $\sigma_2\gg\sigma_1$（包括 $\sigma_2\to\infty$ 且 σ_1 为有限及 σ_2 为有限，$\sigma_1\to 0$ 的两种情形），

$$\sigma_e = \begin{cases} \dfrac{\sigma_1}{3}(p_c-f_2)^{-1}, & \sigma_2\to\infty, \\ \dfrac{3}{2}\sigma_2(f_2-p_c), & \sigma_1\to 0. \end{cases} \tag{3.3-9}$$

有效电导率 σ_e 与组分电导率配比的关系如图 3.3-1 所示. 实际的情形，有效电导率不仅与组分的电导率的配比有关，还取决于微结构的构形.

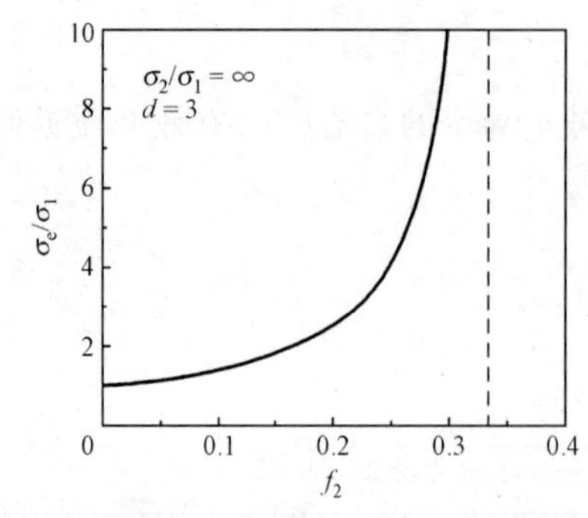

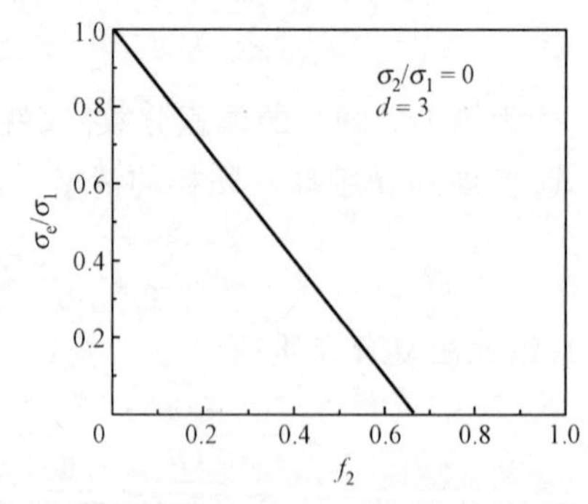

图 3.3-1　有效电导率与组分体积分数 f_2 及电导率配比 σ_2/σ_1 的关系[10]

有效场近似是自洽近似.前面我们应用了各组分颗粒对极化的贡献,对于有效介质的统计平均为零,这就是自洽条件:$\langle \boldsymbol{p} \rangle = 0$.

我们知道,在颗粒复合介质中,第 j 类颗粒内的电场 $\boldsymbol{E}_j$ 可以表示为

$$\boldsymbol{E}_j = \frac{1}{1 - \Gamma \delta\sigma_j} \boldsymbol{E}_0, \tag{3.3-10}$$

这里

$$\delta\sigma_j = \sigma_j - \sigma_e;$$

对于球形颗粒而言

$$\Gamma = -\frac{1}{3\sigma_e}. \tag{3.3-11}$$

平均值$\langle \boldsymbol{J} \rangle$和$\langle \boldsymbol{E} \rangle$可写为

$$\langle \boldsymbol{E} \rangle = \sum_j f_j \boldsymbol{E}_j,$$

$$\langle \boldsymbol{J} \rangle = \sum_j f_j \boldsymbol{J}_j. \tag{3.3-12}$$

其中 f_j 为第 j 类颗粒的体积分数.由于

$$\langle \boldsymbol{J} \rangle = \sigma_e \langle \boldsymbol{E} \rangle,$$

有

$$\sum_i f_j \sigma_j \boldsymbol{E}_j = \sigma_e \sum_j f_j \frac{\boldsymbol{E}_0}{1 - \Gamma \delta\sigma_j},$$

即

$$\sum_j f_j \frac{\delta\sigma_j}{1 - \Gamma \delta\sigma_j} = 0. \tag{3.3-13}$$

得到和式(3.3-2)一样的结果.在这个推导中,实际上的自洽条件是

$$\langle \boldsymbol{E} \rangle = \frac{1}{V} \int \boldsymbol{E} \mathrm{d}V = \boldsymbol{E}_0.$$

对于组元均为球形颗粒的复合介质,这两个自洽条件的应用是一致的.但是需要注意的是,对于形状为非球形或各向异性的组元,应用不同的自洽条件会导致不同的结果[11].

自洽的有效介质近似已被广泛地采用.相对于 MGA 近似,它可以处理组分浓度较高的异质复合材料.然而它也有不足之处,其所预计的有效物理性质与实际情形比较仍有不少差距,主要的问题不在自洽近似本身,而是缺少微结构构形的信息,包括杂质组分在空间的分布和相互之间的关联,因而不适用于非对称微结构的体系.由于颗粒间不可避免地存在着间隙,在试探杂质颗粒周围存在有效介质的假设常常是不严格成立的;另外,逾渗阈值与组分电导率(或介电常数)的配比及几何形状有关,并不能简单地用几何维数和形状因子来表述.

2. 微分有效介质近似

对于稀释杂质嵌入在基质中的复合体系,其有效电导率的计算也可采用另一种近似方法进行处理,称为微分有效介质近似(differential effective medium approximation, DEMA)[12~17]. DEMA 与自洽的有效介质近似,虽然都是基于一种逐步均匀化(incremental homogenization)的思想,但前者处理的对象是非对称微观结构的稀释复合系统. 我们仍以二组元复合体系为例,设杂质的电导率为 σ_2,基质的电导率为 σ_1,当杂质的体积分数为 f_2 时[此时,基质的体积分数为 $(1-f_2)$],整个系统的有效电导率为 $\sigma_e(f_2)$,是杂质组分体积分数 f_2 的函数. 如果杂质的体积分数发生很小的变化 $\Delta f_2(f_2\to f_2+\Delta f_2)$,此时整个复合体系的有效电导率 $\sigma_e(f_2+\Delta f_2)$,可看做为体积分数为 $\frac{\Delta f_2}{1-f_2}$ 的杂质浸在 $\sigma_e(f_2)$ 的基质中的复合体系的有效电导率. 因此,有

$$\sigma_e(f_2+\Delta f_2)-\sigma_e(f_2) = \sigma_e(f_2)\left[\frac{\sigma_2-\sigma_e(f_2)}{\sigma_2+(d-1)\sigma_e(f_2)}\right]\frac{\Delta f_2}{1-f_2}d; \tag{3.3-14}$$

在 $\Delta f_2\to 0$ 的极限情形,上面的表达式可以用微分方程表示

$$(1-f_2)\frac{\mathrm{d}\sigma_e}{\mathrm{d}f_2}=\sigma_e\left[\frac{\sigma_2-\sigma_e}{\sigma_2+(d-1)\sigma_e}\right]\cdot d. \tag{3.3-15}$$

初始条件为 $\sigma_e(f_2=0)=\sigma_1$,积分上式可得

$$\left(\frac{\sigma_2-\sigma_e}{\sigma_2-\sigma_1}\right)\left(\frac{\sigma_1}{\sigma_e}\right)^{1/d}=1-f_2. \tag{3.3-16}$$

对于杂质相为绝缘体 $\left(\sigma_2\ll\sigma_1, 即\frac{\sigma_2}{\sigma_1}\to 0\right)$ 的情形,有

$$\frac{\sigma_e}{\sigma_1}=f_1^{\frac{d}{d-1}}; \tag{3.3-17}$$

进而,对于三维 $(d=3)$ 的结构,有

$$\frac{\sigma_e}{\sigma_1}=f_1^{\frac{3}{2}}. \tag{3.3-18}$$

这个结果与 Maxwell-Garnett 近似(MGA)和自洽的有效介质近似(SCEMA)的结果比较,是不相同的,后两者分别是 $\frac{\sigma_e}{\sigma_1}=\frac{2f_1}{(3-f_1)}$ 及 $\frac{\sigma_e}{\sigma_1}=\frac{1}{2}(3f_1-1)$.

微分有效介质近似(DEMA)的结果更接近经验的 Archie 定律,该定律讨论包含传导流体的多孔沉积岩石的有效电导率. 岩石被认为是理想的绝缘体(电导率为零),因而 $\frac{\sigma_e}{\sigma_1}=f_1^m$,其中 $m=1.5\sim 4$,f_1 为孔积率.

对于杂质相为超导体 $\left(\sigma_2\gg\sigma_1, 即\frac{\sigma_2}{\sigma_1}\to\infty\right)$ 的情形,由式(3.3-16)有

$$\frac{\sigma_e}{\sigma_1}=\frac{1}{(1-f_2)^d}. \tag{3.3-19}$$

图 3.3-2 展示了二维两相无规复合体系,杂质相为绝缘体,在 $\sigma_2/\sigma_1=0$ 的极限

情况下，σ_e/σ_1 和 f_2 的关系曲线.

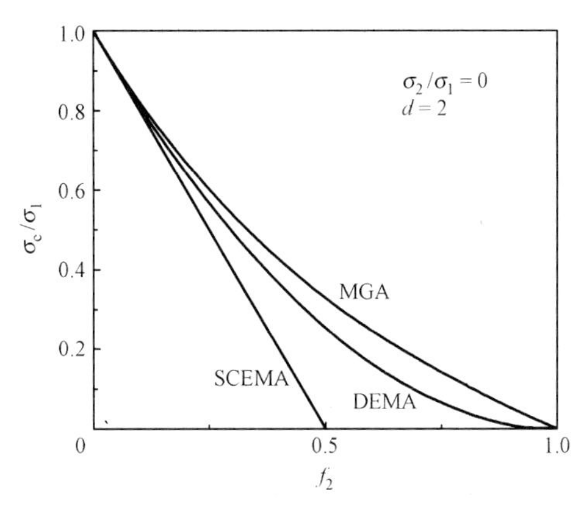

图 3.3-2 二维两相无规复合体系，在三种近似下的 σ_e/σ_1 和 f_2 的关系曲线($\sigma_2/\sigma_1=0$)[10]

可以看出，自洽有效介质近似给出了二维的逾渗阈值，而在 MGA 和 DEMA 中，基质几乎一直是保持连通的. 因此，后两种近似方法不适用于杂质浓度高的情形.

DEMA 也可应用于分形结构的复合介质. 设一半径为 R 的集团，其中金属导体的体积分数为 $f(R)$，绝缘体的体积分数为 $1-f(R)$. 这仍是一个二组元的异质复合体系，有效介电常数为 $\varepsilon_e(R)$. 现在增加金属和绝缘体的组分，使集团的半径由 R 变为 $R+\delta R$，在这样增大的集团内，金属和绝缘体组分的体积和质量都有所增加. 金属组分的体积分数的变化可表示为

$$f'(R)\delta R=\frac{\mathrm{d}f(R)}{\mathrm{d}R}\delta R; \tag{3.3-20a}$$

绝缘部分增加的体积分数可表示为

$$\eta=-\frac{f'(R)}{f(R)}\delta R. \tag{3.3-20b}$$

集团半径增加 δR 后，整个系统的有效介电常数变为

$$\varepsilon_e(R+\delta R)=\varepsilon_e(R)+3\eta\varepsilon_e(R)\frac{\varepsilon_i-\varepsilon_e(R)}{\varepsilon_i+2\varepsilon_e(R)}, \tag{3.3-21}$$

这里 ε_i 是绝缘体的介电常数. 上式也可写成微分方程形式

$$\frac{\mathrm{d}\varepsilon_e(R)}{\mathrm{d}R}=-3\frac{f'(R)}{f(R)}\varepsilon_e(R)\frac{\varepsilon_i-\varepsilon_e(R)}{\varepsilon_i+2\varepsilon_e(R)}, \tag{3.3-22}$$

积分后得到

$$\frac{\varepsilon_e(R)}{\varepsilon_e(a)}\left[\frac{\varepsilon_i-\varepsilon(a)}{\varepsilon_i-\varepsilon_e(R)}\right]^3=\frac{1}{[f(R)]^3}, \tag{3.3-23}$$

这里 a 是形成集团的金属颗粒半径，$\varepsilon(a)$ 为金属颗粒的介电常数.

由于集团的半径从 R 增大至 $R+\delta R$,增加的绝缘体组分的体积分数为 η,应用有效介质近似可以得到增大后的有效电导率(到 η 数量级)

$$\sigma_e(R+\delta R)=\sigma_e(R)\left(1-\frac{3}{2}\eta\right), \tag{3.3-24}$$

写成微分方程表示

$$\frac{d\sigma_e(R)}{dR}=\frac{3}{2}\sigma_e(R)\frac{f'(R)}{f(R)}, \tag{3.3-25}$$

因而

$$\sigma_e(R)=\sigma_e(a)[f(R)]^{3/2}. \tag{3.3-26}$$

此即为半径为 R 的金属绝缘体复合体系的有效电导率,$\sigma_e(a)$ 为形成集团的金属颗粒的有效(平均)电导率.

现在讨论金属颗粒分布在三维空间的情形. 半径为 R 的分形集团的结构,其体积为 V,质量为 M,分形维数为 d_f,则 $V=AR^3$, $M=BR^{d_f}$ (A,B 均为常数),金属组分的体积分数 $f(R)=(R/a)^{d_f-3}$. 由式(3.3-23),可得

$$\frac{\varepsilon_e(R)}{\varepsilon_e(a)}\left[\frac{\varepsilon_i-\varepsilon(a)}{\varepsilon_i-\varepsilon_e(R)}\right]^3=\left(\frac{R}{a}\right)^{3(3-d_f)}; \tag{3.3-27}$$

由式(3.3-26),有

$$\sigma_e(R)=\sigma_e(a)\left(\frac{R}{a}\right)^{-\frac{3}{2}(3-d_f)}, \tag{3.3-28}$$

表示集团的有效电导率随半径 R 的增加而减小. 在低频极限下,每单位体积的吸收系数与频率 ω^2 成正比,与电导率成反比. 因此,每单位金属质量的吸收系数 α 表示为

$$\begin{aligned}\alpha &\sim \frac{\omega^2}{\sigma_e(a)}\left(\frac{R}{a}\right)^{\frac{3}{2}(3-d_f)}\cdot\left(\frac{R}{a}\right)^{3-d_f}\\ &=\frac{\omega^2}{\sigma_e(a)}\left(\frac{R}{a}\right)^{\frac{5}{2}(3-d_f)},\end{aligned} \tag{3.3-29}$$

这表示当金属颗粒在复合介质中形成分形集团时,吸收系数随因子 $(R/a)^{\frac{5}{2}(3-d_f)}$ 的增大而增大;在二维的情况下,则是随因子 $(R/a)^{3(2-d_f)}$ 增大而增大. 对于大的分形集团,增大的因子可以很大. 这样可以清楚地解释远红外吸收增强是金属颗粒聚集成分形集团所致.[14,15]

§3.4 形状因子和颗粒形状分布效应

自 Bruggeman 提出有效介质近似的理论方法以来,已广泛应用于各种异质结构的复合介质的输运问题,包括各种有效输运系数,如电导率、热导率、电容率、磁导率、扩散率和弹性模量等. 这是由于有效介质近似的物理图像清楚和简便易用,

然而在将此近似应用于异质复合介质输运系数的简明表达式时，为简单起见，通常将异质复合材料的组分看做有相同的微结构，且组分的形状都视为是相同的球形.其实宏观非均匀复合材料的微结构的实际情形并非如此简单，颗粒的形状和体积一般都不是相同的，而是存在一定的分布，它们对异质复合材料的输运性质都有着重要的作用.本节将重点讨论颗粒形状分布对颗粒复合体系有效物理性质的影响和作用[18~22].

杂质颗粒嵌入在基质中，在外电场 $\boldsymbol{E}_0$ 作用下，其局域场 $\boldsymbol{E}_l=\boldsymbol{E}_0+\boldsymbol{E}_d$，$\boldsymbol{E}_d$ 为退极化场.对于球形颗粒

$$\boldsymbol{E}_d=-\boldsymbol{P}/3\varepsilon_0, \tag{3.4-1}$$

其中 $\boldsymbol{P}$ 为颗粒的电极化矢量.退极化场对外场起着削弱的作用，它一般地可以表示为

$$\boldsymbol{E}_d=-L\boldsymbol{P}/\varepsilon_0, \tag{3.4-2}$$

L 称为退极化因子，也称为形状几何因子或形状因子，对于球形颗粒 $L=1/3$.设球形杂质颗粒的介电常数为 ε_i，基质的介电常数为 ε_m，则在外场 $\boldsymbol{E}_0$ 作用下，球形杂质颗粒的局域场

$$\boldsymbol{E}_{loc}=\frac{3\varepsilon_m}{\varepsilon_i+2\varepsilon_m}\boldsymbol{E}_0. \tag{3.4-3}$$

对于椭球形杂质颗粒，由于各向异性的几何结构，极化矢量在 3 个主轴都有分量，相应的退极化场分量可表述为

$$E_{dx}=-L_xP_x/\varepsilon_0,\quad E_{dy}=-L_yP_y/\varepsilon_0,\quad E_{dz}=-L_zP_z/\varepsilon_0,$$

其中 L_x，L_y 和 L_z 为退极化因子的 3 个分量，它们满足求和律

$$L_x+L_y+L_z=1\qquad(\text{SI 制}), \tag{3.4-4a}$$

或

$$L_x+L_y+L_z=4\pi\qquad(\text{CGS 制}); \tag{3.4-4b}$$

相应的局域场为

$$\boldsymbol{E}_{loc}=\frac{1}{3}\sum_{j=1}^{3}\frac{\varepsilon_m}{L_j\varepsilon_i+(1-L_j)\varepsilon_m}\boldsymbol{E}_0. \tag{3.4-5}$$

对于旋转椭球形颗粒，其长半主轴为 a 轴，其他两个半轴 $b=c$.退极化因子

$$\begin{aligned}L_x&=L_y\equiv L_{xy},\\ L_z&=1-2L_{xy},\end{aligned} \tag{3.4-6}$$

或

$$L_x=L_y=(1-L_z)/2;$$

旋转椭球形颗粒的局域场为

$$\boldsymbol{E}_{loc}=\frac{1}{3}\left[\frac{\varepsilon_m}{L_z\varepsilon_i+(1-L_z)\varepsilon_m}+\frac{2\varepsilon_m}{L_{xy}\varepsilon_i+(1-L_{xy})\varepsilon_m}\right]\boldsymbol{E}_0. \tag{3.4-7}$$

对于 $m\equiv c/a>1$ 的情形，

$$L_z=\frac{1}{1-m^2}+\frac{m}{\sqrt{(m^2-1)^3}}\ln(m+\sqrt{m^2+1}); \tag{3.4-8}$$

对于 $m\equiv c/a<1$ 的情形,则有

$$L_z=\frac{1}{1-m^2}-\frac{m}{(1-m^2)^{3/2}}.\tag{3.4-9}$$

对于形状为椭球形的杂质颗粒复合体系,其有效介电常数可表示为

$$\varepsilon_e=\langle\varepsilon\rangle=\frac{\langle \boldsymbol{D}\rangle}{\langle \boldsymbol{E}\rangle}$$

$$=\frac{f_i\varepsilon_i\langle \boldsymbol{E}_i\rangle+f_m\varepsilon_m\langle \boldsymbol{E}_m\rangle}{f_i\langle \boldsymbol{E}_i\rangle+f_m\langle \boldsymbol{E}_m\rangle},\tag{3.4-10}$$

这里 ε_i 和 ε_m 分别为杂质椭球颗粒和基质的介电常数,$\boldsymbol{E}_i$ 和 $\boldsymbol{E}_m$ 分别表示杂质颗粒内和基质内的局域电场,$\langle\cdots\rangle$ 代表对空间体积的统计平均,f_i 和 f_m 分别为杂质和基质的体积分数. 注意到式(3.4-5),对于给定的相同椭球颗粒复合体系,式(3.4-10)可以写为

$$\varepsilon_e=\frac{f_i\varepsilon_i\eta+f_m\varepsilon_m}{(1-f_i)+\eta f_i},\tag{3.4-11}$$

其中 η 称为场因子

$$\eta=\frac{1}{3}\sum_{j=x,y,z}\frac{\varepsilon_m}{\varepsilon_m+L_j(\varepsilon_i-\varepsilon_m)},\tag{3.3-12}$$

且对于任何椭球颗粒 $\sum_j L_j=1$.

对于旋转椭球颗粒复合体系

$$\varepsilon_e=\varepsilon_m\frac{3+f[Q_z(1-L_z)+2Q_{xy}(1-L_{xy})]}{3-f(Q_zL_z+2Q_{xy}L_{xy})},\tag{3.4-13}$$

其中

$$Q_j=\frac{\varepsilon_i-\varepsilon_m}{\varepsilon_m+L_j(\varepsilon_i-\varepsilon_m)},\quad j=x,y,z.\tag{3.4-14}$$

在稀释极限情形,ε_e 可表示为

$$\varepsilon_e=\varepsilon_m\left\{1+\frac{f_i}{3}\left[\frac{\varepsilon_i-\varepsilon_m}{\varepsilon_m+L_z(\varepsilon_i-\varepsilon_m)}\frac{2(\varepsilon_i-\varepsilon_m)}{\varepsilon_m+L_{xy}(\varepsilon_i-\varepsilon_m)}\right]\right\}.\tag{3.4-15}$$

假设椭球颗粒的形状并不相同,而是存在一个分布,颗粒的取向是等概率且独立的,即形状、取向和体积之间没有关联,则有效介电常数为

$$\varepsilon_e=\frac{f_i\varepsilon_i\langle\eta\rangle+f_m\varepsilon_m}{(1-f_i)+\langle\eta\rangle},\tag{3.4-16}$$

这里 $\langle\eta\rangle$ 就是对退极化因子的平均. 设 $P(L_1,L_2)$ 为椭球退极化因子的分布函数(这里 L_1,L_2 表示 L_x,L_y 和 L_z 中的任意两个量),其应满足归一化条件

$$\iint P(L_1,L_2)\,\mathrm{d}L_1\,\mathrm{d}L_2=1,\tag{3.4-17}$$

则

$$\langle\eta\rangle=\frac{1}{3}\iint P(L_1,L_2)\sum_j\frac{\varepsilon_m}{\varepsilon_m+L_j(\varepsilon_i-\varepsilon_m)}\mathrm{d}L_1\,\mathrm{d}L_2.\tag{3.4-18}$$

式(3.4-11)和(3.4-16)就是椭球形颗粒复合体系的 Maxwell-Garnett 近似表达式.

前面关于球形颗粒复合体系有效电导率的有效介质近似,很容易推广到椭球颗粒的复合体系.设复合体系内的椭球形颗粒,是具有相同的固定形状的各向同性颗粒,主轴与外场方向一致沿着 z 轴方向.嵌入在有效介质中的颗粒偶极矩极化率 β_{i} 为

$$\beta_{\mathrm{i}} = \frac{1}{3}\frac{\sigma_{\mathrm{i}} - \sigma_{\mathrm{e}}}{\sigma_{\mathrm{e}} + (\sigma_{\mathrm{i}} - \sigma_{\mathrm{e}})L_z}, \tag{3.4-19}$$

L_z 是沿外场(z 轴)的退极化因子.如果椭球颗粒是无规取向的,则有

$$\beta_{\mathrm{i}} = \frac{1}{3}\sum_{j=1}^{3}\frac{\sigma_{\mathrm{i}} - \sigma_{\mathrm{e}}}{\sigma_{\mathrm{e}} + (\sigma_{\mathrm{i}} - \sigma_{\mathrm{e}})L_j}, \tag{3.4-20}$$

这里 $L_j(j=1,2,3)$ 是退极化因子的 3 个分量,σ_{i} 和 σ_{e} 分别为颗粒的电导率和整个体系的有效介质电导率.

对于多组分(相)复合体系,其有效介质近似可表述为

$$\sum_k f_k\beta_k = 0, \tag{3.4-21}$$

其中 f_k 为组分 k 的体积分数.引入

$$S_k = \frac{\sigma_{\mathrm{e}}}{\sigma_k - \sigma_{\mathrm{e}}}, \tag{3.4-22}$$

则对于杂质颗粒固定取向的情形,有效介质近似可表示为

$$\sum_k f_k(S_k + L_z)^{-1} = 0; \tag{3.4-23}$$

对于杂质颗粒无规取向的复合体系,有

$$\sum_k f_k\sum_{j=1}^{3}(S_k + L_j)^{-1} = 0; \tag{3.4-24}$$

若颗粒形状存在一个分布的情形,式(3.4-23)应取为

$$\sum_k f_k\int P(L)\,\frac{\mathrm{d}L}{S_k + L} = 0, \tag{3.4-25}$$

其中 $P(L)$ 为形状分布函数,且 $\int_0^1 P(L)\mathrm{d}L = 1$. 对于无规取向分布的椭球颗粒复合体系,仅两个退极化因子是独立的

$$\sum_k f_k\sum_{j=1}^{2}\int P(L_1,L_2)\,\frac{\mathrm{d}L_1\mathrm{d}L_2}{S_k + L_j} = 0, \tag{3.4-26}$$

式中 $P(L_1,L_2)$ 为形状分布函数,$P(L_1,L_2)\mathrm{d}L_1\mathrm{d}L_2$ 表示颗粒的形状因子 L_1 和 L_2 分别处于$(L_1,L_1+\mathrm{d}L_1)$和$(L_2,L_2+\mathrm{d}L_2)$之间的概率(注意 L_3 可由条件 $L_3+L_1+L_2=1$ 获得).归一化条件为

$$\iint P(L_1,L_2)\mathrm{d}L_1\mathrm{d}L_2 = 1.$$

形状几何因子之间关系如图 3.4-1 所示.

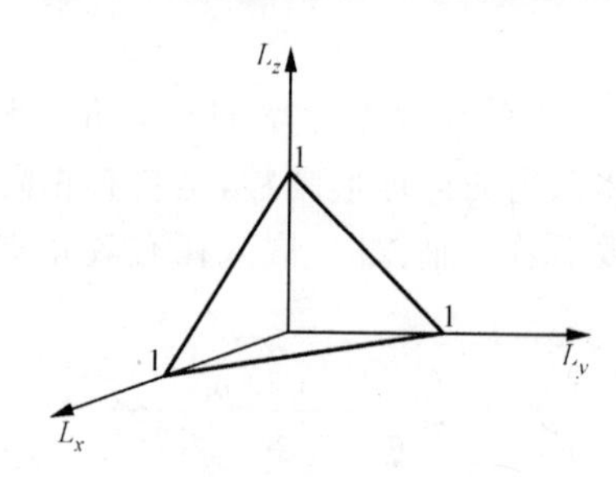

图 3.4-1 椭球颗粒的形状几何因子

如果颗粒的形状分布是均匀的，即 $P(L_1, L_2, L_3) = \text{const}$，由归一化条件可得 $P(L_1, L_2, L_3) = 2/\sqrt{3}$，相应地场因子

$$\eta = \frac{2}{(1-\varepsilon_1/\varepsilon_2)^2}\left(1-\frac{\varepsilon_1}{\varepsilon_2}+\frac{\varepsilon_1}{\varepsilon_2}\ln\frac{\varepsilon_1}{\varepsilon_2}\right). \tag{3.4-27}$$

§3.5 谱 表 示

1. 谱表示方法

前面关于异质复合材料有效电导率(或有效介电常数)的讨论中，最重要的就是建立它们与微结构几何构形及组分物理性质之间的关系，以达到准确地确定有效物理性质的目的. 谱表示(spectral representation)方法是将表征微几何结构的函数和表征组分物理性质的函数分离，以正确求解异质复合材料的有效物理性质. 为简明起见，我们仍以二组元复合材料(介电常数分别为 ε_1 和 ε_2)为对象，用谱表示方法来确定有效介电常数，所得的结果对于多相异质复合体系也是适用和正确的.[23~25]

由介电常数为 ε_1 和 ε_2 的两种介质层混合构成的平板电容器是一个非均匀体系，其介电常数 $\varepsilon(\boldsymbol{r})$、电场强度 $\boldsymbol{E}(\boldsymbol{r})$ 和电位移矢量 $\boldsymbol{D}(\boldsymbol{r})$ 都是空间位置 $\boldsymbol{r}$ 的函数. 设想电容器被一种介电常数为 ε_e 的均匀介质所填满，产生相同的等效电容，则电位移矢量和电场强度的关系为

$$\boldsymbol{D}_0 = \varepsilon_e \boldsymbol{E}_0 = 4\pi Q/A, \tag{3.5-1}$$

这里 Q 为电容器的贮存电荷，A 为极板的面积，$\boldsymbol{E}_0$ 和 $\boldsymbol{D}_0$ 为有效均匀介质的电场强度和电位移矢量. 另一方面，$\boldsymbol{E}_0$ 等效于非均匀介质中电场的空间平均值

$$\boldsymbol{E}_0 = \langle \boldsymbol{E}(\boldsymbol{r}) \rangle = \frac{1}{V}\int \boldsymbol{E}(\boldsymbol{r})\mathrm{d}V, \tag{3.5-2}$$

这里 V 是整个体系的体积，且

$$\frac{1}{A}\int D_z \mathrm{d}A = 4\pi Q/A, \tag{3.5-3}$$

其中 D_z 是电位移矢量沿垂直于极板方向的分量. 因此我们有

$$\varepsilon_e \boldsymbol{E}_0 = \frac{1}{A}\int D_z \mathrm{d}A, \tag{3.5-4}$$

或

$$\varepsilon_e \boldsymbol{E}_0^2 = \frac{1}{A}\int \varepsilon(\boldsymbol{r})\boldsymbol{E}(\boldsymbol{r}) \cdot \boldsymbol{E}_0 \mathrm{d}A. \tag{3.5-5}$$

应用边值条件:在边界,电场和电势(一般情形为复数)的共轭量都是实数,即 $\boldsymbol{E}=\boldsymbol{E}^*=\boldsymbol{E}_0$ 和 $\phi=\phi^*=\phi_0$,以及 $\boldsymbol{E}_0=-\nabla\phi_0=\nabla(\boldsymbol{E}_0 z)$ 和 $\nabla\cdot\boldsymbol{D}=0$. 上面二式可表述为

$$\varepsilon_e \boldsymbol{E}_0 = \frac{1}{V}\int D_z \mathrm{d}V \tag{3.5-6}$$

及

$$\begin{aligned}
\varepsilon_e \boldsymbol{E}_0^2 &= \frac{1}{V}\int \boldsymbol{D} \cdot \boldsymbol{E}_0 \mathrm{d}V \\
&= -\frac{1}{V}\int (\boldsymbol{D} \cdot \nabla\phi_0) \mathrm{d}V \\
&= -\frac{1}{V}\int \nabla(\boldsymbol{D}\phi_0) \mathrm{d}V + \frac{1}{V}\int \phi_0 \nabla \boldsymbol{D} \mathrm{d}V \\
&= -\frac{1}{V}\int (\boldsymbol{D}\phi_0) \mathrm{d}A \\
&= -\frac{1}{V}\int (\boldsymbol{D}\, \nabla\phi) \mathrm{d}V \\
&= -\frac{1}{V}\int (\boldsymbol{D} \cdot \boldsymbol{E}) \mathrm{d}V \\
&= -\frac{1}{V}\int (\boldsymbol{D} \cdot \boldsymbol{E}^*) \mathrm{d}V,
\end{aligned} \tag{3.5-7}$$

或

$$\varepsilon_e = \frac{1}{V}\int \varepsilon(\boldsymbol{r}) \left[\frac{\boldsymbol{E}(\boldsymbol{r})}{\boldsymbol{E}_0}\right]^2 \mathrm{d}V. \tag{3.5-8}$$

现在面临的问题是如何求解二组元异质复合体系的有效介电常数. 定义

$$s \equiv \frac{\varepsilon_1}{\varepsilon_2 - \varepsilon_1}, \tag{3.5-9}$$

或

$$t \equiv 1 - s = \frac{\varepsilon_1}{\varepsilon_1 - \varepsilon_2}, \tag{3.5-10}$$

它们是仅与材料组分的介电性质相关的参量.

介电常数可表述为

$$\varepsilon(\boldsymbol{r}) = \varepsilon_1 \theta(\boldsymbol{r}) + \varepsilon_2 [1 - \theta(\boldsymbol{r})], \tag{3.5-11}$$

其中 $\theta(\boldsymbol{r})$是对组分 1 的标示函数，

$$\theta(\boldsymbol{r}) = \begin{cases} 1, & \text{如果 } \boldsymbol{r} \text{ 在介质 1 内}, \\ 0, & \text{其他情形}. \end{cases} \tag{3.5-12}$$

式(3.5-11)可改写为

$$\varepsilon(\boldsymbol{r}) = \varepsilon_2 \left[1 - \frac{1}{s} \theta(\boldsymbol{r}) \right], \tag{3.5-13}$$

而且

$$\nabla^2 \phi = \frac{1}{s} \nabla (\theta(\boldsymbol{r}) \nabla \phi). \tag{3.5-14}$$

引入格林函数

$$G(\boldsymbol{r}, \boldsymbol{r}') = \frac{1}{4\pi \mid \boldsymbol{r} - \boldsymbol{r}' \mid}, \tag{3.5-15}$$

且

$$\nabla'^2 G(\boldsymbol{r}, \boldsymbol{r}') = - \delta(\boldsymbol{r} - \boldsymbol{r}'); \tag{3.5-16a}$$

$$G(\boldsymbol{r}, \boldsymbol{r}') = 0 (\text{在边界}). \tag{3.5-16b}$$

应用格林公式，电势 ϕ 可表示为

$$\phi + E_0 z = \frac{1}{s} \int \theta(\boldsymbol{r}') \nabla' G(\boldsymbol{r}, \boldsymbol{r}') \nabla' \phi(\boldsymbol{r}') \mathrm{d}V', \tag{3.5-17}$$

这里 ∇'表示对 $\boldsymbol{r}'$进行梯度计算，并且电势的零点取在 $z=0$ 处.

引入线性积分算符 $\hat{\Gamma}$，其定义为

$$\hat{\Gamma} \phi \equiv \int \theta(\boldsymbol{r}') \nabla' G(\boldsymbol{r}, \boldsymbol{r}') \nabla' \phi(\boldsymbol{r}') \mathrm{d}V', \tag{3.5-18}$$

及两个函数的标量积定义为

$$\langle \phi \mid \psi \rangle \equiv \int \theta(\boldsymbol{r}') \nabla \phi^* (\boldsymbol{r}) \nabla \psi(\boldsymbol{r}') \mathrm{d}V, \tag{3.5-19}$$

$\hat{\Gamma}$ 是厄米算符. 电势 $\phi(\boldsymbol{r})$可表述为

$$\phi(\boldsymbol{r}) = - E_0 z + \frac{1}{s} \hat{\Gamma} \phi(\boldsymbol{r}), \tag{3.5-20}$$

这里 $\boldsymbol{E}_0$ 就是外电场. 假设其沿着 z 方向，并取其为 -1，则有

$$\phi(\boldsymbol{r}) = z + \frac{1}{s} \hat{\Gamma} \phi(\boldsymbol{r}). \tag{3.5-21}$$

$\hat{\Gamma}$ 算符有一组完备的本征函数 ϕ_n 和本征值 s_n

$$\hat{\Gamma} \phi_n = s_n \phi_n. \tag{3.5-22}$$

在组分 1 的介质内，电势 $\phi(\boldsymbol{r})$可用 $\hat{\Gamma}$ 算符的本征函数展开

$$\phi(\boldsymbol{r}) = \sum_n \langle n \mid \phi \rangle \phi_n(\boldsymbol{r}), \tag{3.5-23}$$

结合式(3.5-21),有

$$\langle n \mid \phi \rangle = \frac{s\langle n \mid z \rangle}{s - s_n}. \tag{3.5-24}$$

在组分 1 的介质内

$$\phi(\boldsymbol{r}) = \sum_n \frac{s\langle n \mid z \rangle}{s - s_n}\phi_n(\boldsymbol{r}), \tag{3.5-25}$$

在组分 2 的介质内

$$\phi(\boldsymbol{r}) = z + \sum_n \frac{s_n\langle n \mid z \rangle}{s - s_n}\phi_n(\boldsymbol{r}). \tag{3.5-26}$$

结合式(3.5-13)及(3.5-26),系统的有效介电常数式(3.5-6)可写为

$$\begin{aligned} \varepsilon_e &= -\frac{1}{V}\int D_z \mathrm{d}V \\ &= \varepsilon_2\left(1 - \frac{1}{V}\sum_n \frac{|\langle n \mid z \rangle|^2}{s - s_n}\right). \end{aligned} \tag{3.5-27}$$

引入谱表示 $F(s)$,其定义为

$$\begin{aligned} F(s) &\equiv \frac{1}{sV}\langle z \mid \phi \rangle \\ &= \frac{1}{V}\sum_n \frac{|\langle n \mid z \rangle|^2}{s - s_n} \\ &= \sum_n \frac{F_n}{s - s_n}, \end{aligned} \tag{3.5-28}$$

其中 $F_n \equiv \frac{1}{V}|\langle n|z\rangle|^2$. 有效介电常数

$$\varepsilon_e = \varepsilon_2[1 - F(s)], \tag{3.5-29}$$

这里 s 参量代表了异质复合材料组分的介电性质,而 s_n,ϕ_n 参量反映了微几何结构的信息. s_n 的值处于(0,1)的开区间内,很容易证实两个求和律

$$\sum_n F_n = \sum_n \frac{1}{V}|\langle n \mid z \rangle|^2 = f_1, \tag{3.5-30}$$

式中 f_1 为组分介质 1 的体积分数,及

$$\sum_n s_n F_n = f_1 f_2 / d, \tag{3.5-31}$$

其中 $f_2 = 1 - f_1$ 是组分介质 2 的体积分数,d 为系统的空间维数.

谱表示 $F(s)$ 可以用谱密度 $\mu(x)$ 表示为

$$F(s) = \int_0^1 \frac{\mu(x)}{s - x}\mathrm{d}x. \tag{3.5-32}$$

如果 s 表示为 $s + \mathrm{i}0^+$,则上式的右边变成为

$$F(s) = P\int \frac{\mu(x)}{s - x}\mathrm{d}x - \mathrm{i}\pi\mu(x),$$

这里 P 表示主值积分,另外

$$\mu(x) = -\frac{1}{\pi}\mathrm{Im}F(x+\mathrm{i}0^{+}). \tag{3.5-33}$$

原则上,一旦给定了异质复合材料的微结构构形和相应的谱密度函数,材料的有效介电常数和光学性质就能够由材料组分的参量确定.

2. 几种微结构的谱表示

(1) 反对称的微结构(Maxwell-Garnett 近似)

低浓度杂质分散在基质中所形成的异质复合材料,由于杂质组分的体积分数低,不会形成无限集团,杂质颗粒都被基质组分所包围,是一种反对称的微结构.如果杂质组分为球形颗粒,体积分数为 f,介电常数为 ε_1;基质的介电常数为 ε_2,体积分数为 $(1-f)$.其有效介电常数 ε_e 由 MGA 方程确定

$$\frac{\varepsilon_e-\varepsilon_2}{\varepsilon_e+2\varepsilon_2} = f\,\frac{\varepsilon_1-\varepsilon_2}{\varepsilon_1+2\varepsilon_2}, \tag{3.5-34}$$

谱函数为

$$F(s) = \frac{f}{s-(1-f)/3}, \tag{3.5-35}$$

谱密度可用 δ 函数表示为

$$\mu(x) = f\delta[x-(1-f)/3]. \tag{3.5-36}$$

(2) 对称微结构(自洽有效介质近似)

两种组分的球形颗粒无规混合组成的异质复合材料具有对称的微结构,其有效介电常数 ε_e 由自洽有效介质近似(SCEMA)来确定

$$f\,\frac{\varepsilon_1-\varepsilon_e}{\varepsilon_1+2\varepsilon_e}+(1-f)\,\frac{\varepsilon_2-\varepsilon_e}{\varepsilon_2+2\varepsilon_e} = 0. \tag{3.5-37}$$

相应的谱函数为

$$F(s) = \frac{1}{4s}\{-1+3f+3s-3[(s-x_1)(s-x_2)]^{1/2}\}, \tag{3.5-38}$$

方程

$$(1-3f)^2+6(1+f)x+9x^2 = 0 \tag{3.5-39}$$

的解为 x_1 和 x_2,

$$\begin{aligned} x_1 &= \frac{1}{3}\{1+f-2[2f(1-f)]^{1/2}\}, \\ x_2 &= \frac{1}{3}\{1+f+2[2f(1-f)]^{1/2}\}. \end{aligned} \tag{3.5-40}$$

谱密度

$$\mu(x) = \frac{3f-1}{2}\theta(3f-1)\delta(x) + \begin{cases} \dfrac{3}{4\pi x}[(x-x_1)(x_2-x)^{1/2}], & x_1<x<x_2, \\ 0, & \text{其他情形}. \end{cases} \tag{3.5-41}$$

(3) 层次微结构(微分有效介质近似)

如同上节所讨论的,一种组分的颗粒悬浮在基质中的复合体系,应用逐步均匀化的过程来得到有效介电常数(或有效电导率). 应用 DEMA,可得下面的方程式[参见式(3.3-16)]

$$\frac{\varepsilon_e-\varepsilon_1}{\varepsilon_2-\varepsilon_1}\left(\frac{\varepsilon_1}{\varepsilon_e}\right)^{1/3}=1-f, \tag{3.5-42}$$

其中 $1-f$ 为基质的体积分数.

谱密度为

$$\mu(x)=\begin{cases}\dfrac{\sqrt{3}(1-f)(1-x)1/3}{(2x)^{4/3}\pi}\left[(1+B)^{1/3}-(1-B)^{1/3}\right], & x_1<x<x_2,\\ 0, & \text{其他情形},\end{cases} \tag{3.5-43}$$

式中 $B=\left[1-\dfrac{4(1-f)^3}{27(1-x)^2x}\right]^{1/2}$,$x_1$ 和 x_2 由 B 为实数的条件来确定

$$x_1=\frac{2}{3}\left[1-\cos\left(\frac{\pi-\phi}{3}\right)\right],$$

$$x_2=\frac{2}{3}\left[1-\cos\left(\frac{\pi+\phi}{3}\right)\right],$$

其中 $\phi=\arccos[2(1-p)^3-1]$,$0\leqslant\phi\leqslant\pi$.

§3.6 有效介质近似的自洽条件

前面已经提到,在推导异质复合材料,其有效电导率的有效介质近似方程时,用到了两个不同的自洽条件:一个是在长波极限下异质复合材料内的电极化平均值 $\langle \boldsymbol{P}\rangle=0$,相应的有效介质近似表示为 EMA Ⅰ;另一个是异质复合材料,其有效电场等于局域电场 $\boldsymbol{E}(\boldsymbol{r})$ 的空间平均值,即

$$\boldsymbol{E}_e=\frac{1}{V}\int \boldsymbol{E}(\boldsymbol{r})\,\mathrm{d}\boldsymbol{r},$$

表示为 EMA Ⅱ. 对于球形颗粒无规混合而成的复合体系,两种自洽条件得到的有效介质近似给出相同的有效电导率和有效介电常数. 但是,对于非球形颗粒,如椭球颗粒复合体系,两种自洽条件的有效介质近似产生不同的有效电导率. 因此,自洽条件的选用对有效介质近似方法的应用是重要的. 已有不少作者注意到这个问题并进行了研讨[26~37]. 本节将就此作简明的一般性讨论.

1. EMA Ⅰ($\langle \boldsymbol{P}\rangle=0$)

考虑一个多组分颗粒复合体系,局域电场为 $\boldsymbol{E}(\boldsymbol{r})$,外作用电场为 $\boldsymbol{E}_0(\boldsymbol{r})$;局域电导率张量 $\hat{\boldsymbol{\sigma}}$ 与有效电导率张量 $\hat{\boldsymbol{\sigma}}_e$ 的偏差为 $\delta\hat{\boldsymbol{\sigma}}=\hat{\boldsymbol{\sigma}}(\boldsymbol{r})-\hat{\boldsymbol{\sigma}}_e$. 应用静电学方程,局

域电流密度

$$\boldsymbol{J}(\boldsymbol{r}) = \hat{\boldsymbol{\sigma}}(\boldsymbol{r}) \cdot \boldsymbol{E}(\boldsymbol{r});$$

本构方程 $\nabla \cdot \boldsymbol{J}=0, \nabla \times \boldsymbol{E}=0$ 及 $\boldsymbol{E}=-\nabla\phi(\boldsymbol{r})$；以及边界条件，电势(在系统的表面)

$$\phi(\boldsymbol{r}) = \phi_0 = -\boldsymbol{E}_0 \cdot \boldsymbol{r}, \tag{3.6-1}$$

由 $\nabla \cdot \boldsymbol{J}=0$，有(在系统体积 V 内)

$$\nabla \cdot [\hat{\boldsymbol{\sigma}}(\boldsymbol{r}) \nabla\phi(\boldsymbol{r})] = -\nabla \cdot \delta\hat{\boldsymbol{\sigma}}(\boldsymbol{r}) \nabla\phi(\boldsymbol{r}). \tag{3.6-2}$$

引入格林函数 $G(\boldsymbol{r},\boldsymbol{r}')$，定义为

$$\nabla \cdot \hat{\boldsymbol{\sigma}}_e \nabla G(\boldsymbol{r},\boldsymbol{r}') = -\delta(\boldsymbol{r}-\boldsymbol{r}') \quad (\text{在系统体积 } V \text{ 内}), \tag{3.6-3a}$$

$$G(\boldsymbol{r},\boldsymbol{r}') = 0 \quad (\boldsymbol{r}' \text{ 在系统的表面}). \tag{3.6-3b}$$

电势有下面的形式解

$$\phi(\boldsymbol{r}) = \phi_0(\boldsymbol{r}) + \int_V G(\boldsymbol{r},\boldsymbol{r}') \nabla' \cdot \delta\hat{\boldsymbol{\sigma}}(\boldsymbol{r}) \nabla'\phi(\boldsymbol{r}') \mathrm{d}\boldsymbol{r}' \tag{3.6-4}$$

且，场强

$$\boldsymbol{E}(\boldsymbol{r}) = \boldsymbol{E}_0 - \int_V (\delta\hat{\boldsymbol{\sigma}}(\boldsymbol{r}') \cdot \boldsymbol{E}(\boldsymbol{r}')) \nabla' \cdot \nabla G(\boldsymbol{r},\boldsymbol{r}') \mathrm{d}\boldsymbol{r}'. \tag{3.6-5}$$

分部积分后，有

$$\boldsymbol{E}(\boldsymbol{r}) = \boldsymbol{E}_0 + \int_V \nabla' \cdot \nabla G(\boldsymbol{r},\boldsymbol{r}') \delta\hat{\boldsymbol{\sigma}}(\boldsymbol{r}') \boldsymbol{E}(\boldsymbol{r}') \mathrm{d}\boldsymbol{r}', \tag{3.6-6}$$

且

$$\delta\hat{\boldsymbol{\sigma}}(\boldsymbol{r})\boldsymbol{E}(\boldsymbol{r}) = \delta\hat{\boldsymbol{\sigma}}(\boldsymbol{r})\boldsymbol{E}_0 + \delta\hat{\boldsymbol{\sigma}}(\boldsymbol{r})\int_V \nabla' \cdot \nabla G(\boldsymbol{r},\boldsymbol{r}') \delta\hat{\boldsymbol{\sigma}}(\boldsymbol{r}) \boldsymbol{E}(\boldsymbol{r}') \mathrm{d}\boldsymbol{r}'. \tag{3.6-7}$$

由 $\quad \boldsymbol{J} = \hat{\boldsymbol{\sigma}}(\boldsymbol{r})\boldsymbol{E}(\boldsymbol{r}) = [\hat{\boldsymbol{\sigma}}_e + \delta\hat{\boldsymbol{\sigma}}(\boldsymbol{r})]\boldsymbol{E}(\boldsymbol{r}) \quad$ 和 $\quad \langle \boldsymbol{J} \rangle \equiv \hat{\boldsymbol{\sigma}}_e \langle \boldsymbol{E} \rangle$，

则自洽条件为

$$\langle \delta\hat{\boldsymbol{\sigma}}(\boldsymbol{r}) \cdot \boldsymbol{E}(\boldsymbol{r}) \rangle = 0. \tag{3.6-8}$$

通过退耦处理[27]，自洽方程可表述为熟知的形式

$$\langle (\hat{\boldsymbol{I}} - \delta\hat{\boldsymbol{\sigma}} \cdot \hat{\boldsymbol{\Gamma}})^{-1} \cdot \delta\hat{\boldsymbol{\sigma}} \rangle = 0, \tag{3.6-9}$$

这里$\langle \cdots \rangle$表示对空间体积平均，$\hat{\boldsymbol{\Gamma}}$ 的分量可用表面积分表示为

$$\Gamma^{\alpha\beta} = -\oint_S \frac{\partial}{\partial r^\alpha} G(\boldsymbol{r}-\boldsymbol{r}')(\boldsymbol{n}')_\beta \mathrm{d}S', \tag{3.6-10}$$

$\boldsymbol{n}'$是沿着 $\boldsymbol{r}'$的单位矢量. 自洽条件(3.6-8)，原则上可以适用于任意形状、大小和对称性的颗粒复合体系，但是求解是困难的，特别是含有复杂的表面积分.

为简化起见，这里以 N 类椭球颗粒无规混合组成的异质复合体系为例进行讨论. 每类颗粒的电导率张量和退极化因子分别用 $\hat{\boldsymbol{\sigma}}_i$ 和 $\hat{\boldsymbol{L}}_i$ 表示($i=1,2,\cdots,N$)，并且假设 $\hat{\boldsymbol{\sigma}}_i$ 和 $\hat{\boldsymbol{L}}_i$ 张量可以同时对角化，本征值分别为$(\sigma_i^1,\sigma_i^2,\sigma_i^3)$和$(L_i^1,L_i^2,L_i^3)$，主轴方向用 α 表示($\alpha=1,2,3$).

注意到有效电导率应是均匀和各向同性的，即 $\hat{\boldsymbol{\sigma}}_e \equiv \sigma_e \hat{\boldsymbol{I}}$，自由空间格林函数应为

$$G(\boldsymbol{r}-\boldsymbol{r}') = \frac{1}{4\pi\sigma_e}\frac{1}{|\boldsymbol{r}-\boldsymbol{r}'|}. \qquad (3.6\text{-}11)$$

在均匀外电场作用下的椭球颗粒,其体内的电极化 $\boldsymbol{P}$ 是均匀的,相应的退极化场强

$$\boldsymbol{E}_d = -4\pi\hat{\boldsymbol{L}}\boldsymbol{P}, \qquad (3.6\text{-}12)$$

$\hat{\boldsymbol{L}}$ 是椭球颗粒退极化因子张量. 由于极化导致的电势为

$$\phi(\boldsymbol{r}) = \int \boldsymbol{P}\cdot\nabla\left(\frac{1}{|\boldsymbol{r}-\boldsymbol{r}'|}\right)\mathrm{d}V', \qquad (3.6\text{-}13)$$

则有

$$\boldsymbol{E}_d = -\nabla\phi = -\nabla\left(\boldsymbol{P}\cdot\int_S \frac{1}{|\boldsymbol{r}-\boldsymbol{r}'|}\boldsymbol{n}'\cdot\mathrm{d}\boldsymbol{S}'\right). \qquad (3.6\text{-}14)$$

与式(3.6-12)比较,有

$$L^{\alpha\beta} = \frac{1}{4\pi}\frac{\partial}{\partial r^{\alpha}}\oint_S (\boldsymbol{n}')_{\beta}\frac{1}{|\boldsymbol{r}-\boldsymbol{r}'|}\mathrm{d}S'. \qquad (3.6\text{-}15)$$

结合式(3.6-10)和(3.6-11),张量 $\hat{\boldsymbol{\Gamma}}$ 与退极化因子 $\hat{\boldsymbol{L}}$ 的关系为

$$\hat{\boldsymbol{\Gamma}} = -\frac{1}{\sigma_e}\hat{\boldsymbol{L}}. \qquad (3.6\text{-}16)$$

这样,自洽方程可表示为

$$\sum_{i=1}^{N} f_i\langle[\hat{\boldsymbol{I}}-(\hat{\boldsymbol{\sigma}}_i-\hat{\boldsymbol{\sigma}}_e)]\cdot\hat{\boldsymbol{\Gamma}}_i\cdot\boldsymbol{J}^{-1}\cdot(\hat{\boldsymbol{\sigma}}_i-\hat{\boldsymbol{\sigma}}_e)\rangle_{\alpha} = 0, \qquad (3.6\text{-}17)$$

这里 f_i 是 i 组分的体积分数,$\langle\cdots\rangle_{\alpha}$ 表示对 i 组分所有可能取向进行平均. 上式可写成

$$\sum_{i=1}^{N} f_i\sum_{\alpha=1}^{3} Q_i^{\alpha} = 0, \qquad (3.6\text{-}18)$$

式中

$$Q_i^{\alpha} = \frac{\sigma_e(\sigma_i^{\alpha}-\sigma_e)}{\sigma_e+L_i^{\alpha}(\sigma_i^{\alpha}-\sigma_e)}, \qquad (3.6\text{-}19)$$

其中 $L_i^1+L_i^2+L_i^3=1$. 自洽方程(3.6-18)可写为

$$\sum_{i=1}^{N}\sum_{\alpha=1}^{3} f_i\frac{(\sigma_e-\sigma_i^{\alpha})}{(1-L_i^{\alpha})\sigma_e+L_i^{\alpha}\sigma_i^{\alpha}} = 0, \qquad (3.6\text{-}20)$$

这就是推广到具有各向异性电导率的椭球颗粒复合体系的 EMAI 表示式.

对于具有各向同性电导率的球形颗粒组成的复合体系,由于 $L_i^{\alpha}=1/3$ 和电导率张量 $\hat{\boldsymbol{\sigma}}_i=\sigma_i\hat{\boldsymbol{I}}$,则自洽方程约化为已知的结果

$$\sum_i f_i\frac{\sigma_i-\sigma_e}{\sigma_i+2\sigma_e} = 0. \qquad (3.6\text{-}21)$$

对于由取向无规分布的、相同的旋转椭球颗粒(对称轴沿 c 方向)组成的体系,由于 $\sigma_i^1=\sigma_i^2=\sigma_{ab}$, $\sigma_i^3=\sigma_c$ 和 $L_i^1=L_i^2=(1-L_c)/2$, $L_i^3=L_c$,有[34]

$$\frac{(\sigma_e-\sigma_i)}{(1-L_i)\sigma_e+L_i\sigma_i}+\frac{2(\sigma_c-\sigma_{ab})}{\frac{1+L_c}{2}\sigma_e+\frac{1-L_c}{2}\sigma_{ab}}=0. \tag{3.6-22}$$

2. EMA Ⅱ $\left(\boldsymbol{E}_e=\frac{1}{V}\int\boldsymbol{E}(\boldsymbol{r})\mathrm{d}\boldsymbol{r}\right)$

自洽条件是有效电场强度等于平均电场强度的有效介质近似方程.

在均匀有效电场 $\boldsymbol{E}_e$ 的作用下,第 i 类组分颗粒内的场强

$$\boldsymbol{E}_i=\frac{\hat{\boldsymbol{\sigma}}_e\boldsymbol{E}_e}{(1-\hat{\boldsymbol{L}}_i)\hat{\boldsymbol{\sigma}}_e+\hat{\boldsymbol{\sigma}}_i\hat{\boldsymbol{L}}_i}, \tag{3.6-23}$$

而复合介质的有效场强是颗粒内场强的代数平均,即

$$\begin{aligned}\boldsymbol{E}_e&=\sum_{i=1}^{N}\sum_{\alpha=1}^{3}f_i\boldsymbol{E}_i\\&=\sum_{i=1}^{N}f_i\sum_{\alpha=1}^{3}\frac{\sigma_e}{(1-L_i^\alpha)\sigma_e+L_i^\alpha\sigma_i^\alpha}\boldsymbol{E}_e.\end{aligned} \tag{3.6-24}$$

则自洽方程(EMA Ⅱ)为

$$\sum_{i=1}^{N}\sum_{\alpha=1}^{3}f_i\frac{L_i^\alpha(\sigma_e-\sigma_i^\alpha)}{(1-L_i^\alpha)\sigma_e+L_i^\alpha\sigma_i^\alpha}=0. \tag{3.6-25}$$

对于具有相同形状而电导率不同($\hat{\boldsymbol{\sigma}}_1$ 和 $\hat{\boldsymbol{\sigma}}_2$)的两类椭球颗粒组成的复合体系,由于对所有颗粒主轴 $L_1^\alpha=L_2^\alpha=L_\alpha$(即两类椭球颗粒有相同的退极化因子)和 $f_1=f$,则 EMA Ⅱ 的表达式为[36]

$$f\sum_{\alpha=1}^{3}\frac{L_\alpha(\sigma_1^\alpha-\sigma_e)}{L_\alpha\sigma_1^\alpha+(1-L_\alpha)\sigma_e}+(1-f)\sum_{\alpha=1}^{3}\frac{L_\alpha(\sigma_2^\alpha-\sigma_e)}{L_\alpha\sigma_2^\alpha+(1-L_\alpha)\sigma_e}=0. \tag{3.6-26}$$

如果两组元复合介质是由单轴和各向同性颗粒组成,且 $\hat{\boldsymbol{\sigma}}_2=\sigma_2\hat{\boldsymbol{I}}$,$L_2^\alpha=1/3$,则 EMA Ⅱ 的表达式为

$$f\sum_{\alpha=1}^{3}\frac{L_\alpha(\sigma_1^\alpha-\sigma_e)}{L_\alpha\sigma_1^\alpha+(1-L_\alpha)\sigma_e}+(1-f)\frac{3(\sigma_2-\sigma_e)}{\sigma_2+2\sigma_e}=0, \tag{3.6-27}$$

这个方程曾用于讨论多晶高温超导体[37].

从式(3.6-20)和(3.6-25)可以看出,EMA Ⅰ 和 EMA Ⅱ 自洽方程的差别仅在于 L_i^α. 因此对于所有组分颗粒为球形的情形,二者是一致的. 但是,对于非球形颗粒的体系这个差异是不能忽视的. 对于这个问题,有兴趣的读者,可以进一步阅读相关的参考文献.

§ 3.7 对 偶 性

1. 对偶性

二维两相异质复合材料的有效物理性质,与相交换后仍保持相同微结构的两

相异质复合材料的有效物理性质之间存在确定的关系.这种特殊的对称微结构和相交换关系(phase-interchange relations)称为对偶性(duality)[38~41],它对于确定异质复合材料的有效物理性质有广泛的应用.例如,由圆柱体颗粒组成的三维复合体系,其所有圆柱体的界面平行于一个固定的方向;又如超薄的导电薄膜,其厚度与其微结构尺度相比较很小而可以忽略,电场和电流都在薄膜的平面内,这些都可作为二维系统来处理.

Keller[38]首先研究了由相同的平行圆柱体浸在基质中所组成的矩形格子,每个圆柱体的对称轴为 x 轴和 y 轴,圆柱体的界面平行于 z 轴.这是一个二组元的异质复合体系,可作为二维系统处理.他证明了沿 x 方向的有效电导率 $\sigma_e^x(\sigma_1,\sigma_2)$[如图 3.7-1(a)所示]和相交换后的两相复合体系沿 y 方向的有效电导率 $\sigma_e^y(\sigma_2,\sigma_1)$)[如图 3.7-1(b)所示]之间存在以下关系

$$\sigma_e^x(\sigma_1,\sigma_2)\sigma_e^y(\sigma_2,\sigma_1) = \sigma_1\sigma_2, \tag{3.7-1}$$

这里 σ_1 和 σ_2 分别为杂质(圆柱体)颗粒和基质的电导率.这个倒易关系也可以推广到圆柱体(相)无规分布的情形.实际上,这个倒易关系还可以应用到 x 和 y 轴为有效电导率张量的轴的任何二维两相复合体系(有序或无序).

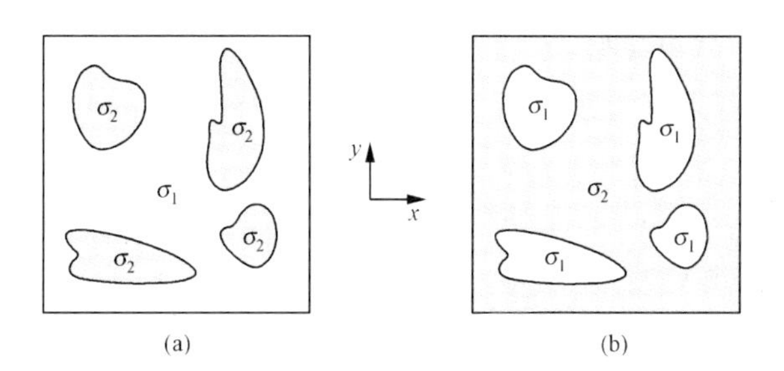

图 3.7-1 二维两相复合体系和相应的两相交换复合体系
(a) 沿 x 方向,有效电导率为 $\sigma_e^x(\sigma_1,\sigma_2)$;(b) 沿 y 方向,有效电导率为 $\sigma_e^y(\sigma_2,\sigma_1)$

对偶性原理是基于二维无旋场矢量转动 90°后产生一个无散度场矢量,反之也成立.设电场 $\boldsymbol{E}(\boldsymbol{r})$,电流密度 $\boldsymbol{J}(\boldsymbol{r})$分别为二维矢量,转动 90°的操作用张量 $\hat{\boldsymbol{R}}$ 表示为

$$\hat{\boldsymbol{R}} = \begin{bmatrix} 0 & 1 \\ -1 & 0 \end{bmatrix}, \tag{3.7-2}$$

则

$$\nabla\cdot(\hat{\boldsymbol{R}}\cdot\boldsymbol{E}) = 0, \quad \nabla\times(\hat{\boldsymbol{R}}\cdot\boldsymbol{J}) = 0. \tag{3.7-3}$$

考虑一个二维两相异质复合结构,其本构关系方程为

$$\boldsymbol{J}(\boldsymbol{r}) = \hat{\boldsymbol{\sigma}}(\boldsymbol{r})\cdot\boldsymbol{E}(\boldsymbol{r}), \tag{3.7-4}$$

$$\nabla\cdot\boldsymbol{J}(\boldsymbol{r}) = 0, \tag{3.7-5}$$

$$\nabla\times\boldsymbol{E}(\boldsymbol{r}) = 0, \tag{3.7-6}$$

其中 $\sigma(\boldsymbol{r})$为局域电导率.相应的相交换两相复合体系,有新的矢量

$$\boldsymbol{J}'(\boldsymbol{r}) = \sigma_0 \hat{\boldsymbol{R}} \cdot \boldsymbol{E}(\boldsymbol{r}), \tag{3.7-7}$$

$$\boldsymbol{E}'(\boldsymbol{r}) = \sigma_0^{-1} \hat{\boldsymbol{R}} \cdot \boldsymbol{J}(\boldsymbol{r}), \tag{3.7-8}$$

σ_0 为标量电导率. 将式(3.7-4),(3.7-7)代入式(3.7-8),有

$$\begin{aligned} \boldsymbol{E}'(\boldsymbol{r}) &= \sigma_0^{-1} \hat{\boldsymbol{R}} \cdot \hat{\boldsymbol{\sigma}}(\boldsymbol{r}) \cdot \boldsymbol{E}(\boldsymbol{r}) \\ &= \sigma_0^{-2} \hat{\boldsymbol{R}} \cdot \hat{\boldsymbol{\sigma}}(\boldsymbol{r}) \cdot \hat{\boldsymbol{R}}^{\mathrm{T}} \cdot \boldsymbol{J}'(\boldsymbol{r}), \end{aligned} \tag{3.7-9}$$

$\hat{\boldsymbol{R}}^{\mathrm{T}}$ 为转置矩阵.

对于相交换的复合体系

$$\boldsymbol{J}'(\boldsymbol{r}) = \hat{\boldsymbol{\sigma}}'(\boldsymbol{r}) \boldsymbol{E}'(\boldsymbol{r}), \tag{3.7-10}$$

这里 $\hat{\boldsymbol{\sigma}}'(\boldsymbol{r})$是相交换后新体系的局域电导率.

$$\nabla \cdot \boldsymbol{J}'(\boldsymbol{r}) = 0, \quad \nabla \times \boldsymbol{E}'(\boldsymbol{r}) = 0, \tag{3.7-11}$$

$$\begin{aligned} \hat{\boldsymbol{\sigma}}'(\boldsymbol{r}) &= \sigma_0^2 [\hat{\boldsymbol{R}} \cdot \hat{\boldsymbol{\sigma}}(\boldsymbol{r}) \cdot \hat{\boldsymbol{R}}^{\mathrm{T}}]^{-1} \\ &= \sigma_0^2 [\hat{\boldsymbol{R}} \cdot \hat{\boldsymbol{\sigma}}(\boldsymbol{r})^{-1} \cdot \hat{\boldsymbol{R}}^{\mathrm{T}}]. \end{aligned} \tag{3.7-12}$$

有效电导率定义为

$$\langle \boldsymbol{J} \rangle \equiv \hat{\boldsymbol{\sigma}}_{\mathrm{e}} \langle \boldsymbol{E} \rangle, \tag{3.7-13}$$

$$\langle \boldsymbol{J}' \rangle \equiv \hat{\boldsymbol{\sigma}}'_{\mathrm{e}} \langle \boldsymbol{E}' \rangle, \tag{3.7-14}$$

$\hat{\boldsymbol{\sigma}}_{\mathrm{e}}$ 是原始材料的有效电导率,$\hat{\boldsymbol{\sigma}}'_{\mathrm{e}}$ 是相变换后新材料的有效电导率,对于各向同性的对称微结构,它们具有相同的形式. 对式(3.7-7)和式(3.7-8)进行平均,有

$$\begin{aligned} \langle \boldsymbol{J}' \rangle &= \sigma_0 \hat{\boldsymbol{R}} \cdot \langle \boldsymbol{E} \rangle, \\ \langle \boldsymbol{E}' \rangle &= \sigma_0^{-1} \hat{\boldsymbol{R}} \cdot \langle \boldsymbol{J} \rangle. \end{aligned} \tag{3.7-15}$$

再组合式(3.7-13)和(3.7-14),则

$$\langle \boldsymbol{E}' \rangle = \sigma_0^{-2} \hat{\boldsymbol{R}} \hat{\boldsymbol{\sigma}}_{\mathrm{e}} \hat{\boldsymbol{R}}^{\mathrm{T}} \langle \boldsymbol{J}' \rangle, \tag{3.7-16}$$

从而得到

$$\begin{aligned} \hat{\boldsymbol{\sigma}}'_{\mathrm{e}} &= \sigma_0^2 [\hat{\boldsymbol{R}} \cdot \hat{\boldsymbol{\sigma}}_{\mathrm{e}} \hat{\boldsymbol{R}}^{\mathrm{T}}]^{-1} \\ &= \sigma_0^2 [\hat{\boldsymbol{R}} \cdot \hat{\boldsymbol{\sigma}}_{\mathrm{e}}^{-1} \hat{\boldsymbol{R}}^{\mathrm{T}}]. \end{aligned} \tag{3.7-17}$$

上式表示相交换后的新材料(局域电导率为 $\hat{\boldsymbol{\sigma}}'$)的有效电导率 $\hat{\boldsymbol{\sigma}}'_{\mathrm{e}}(\hat{\boldsymbol{\sigma}}')$,可以用原始材料(局域电导率为 $\hat{\boldsymbol{\sigma}}$)的有效电导率 $\hat{\boldsymbol{\sigma}}_{\mathrm{e}}(\hat{\boldsymbol{\sigma}})$表示. 上式也可以表示为

$$\hat{\boldsymbol{R}} \cdot \hat{\boldsymbol{\sigma}}_{\mathrm{e}}(\hat{\boldsymbol{\sigma}}) \cdot \hat{\boldsymbol{R}}^{\mathrm{T}} \cdot \hat{\boldsymbol{\sigma}}'_{\mathrm{e}}(\hat{\boldsymbol{\sigma}}') = \sigma_0^2 \hat{\boldsymbol{I}}, \tag{3.7-18}$$

这就是对偶性关系.

对于电导率为标量 σ_1 和 σ_2 各向同性组分(相)组成的两相异质复合体系,各组分局域电导率张量可表示为

$$\begin{aligned} \hat{\boldsymbol{\sigma}}(\boldsymbol{r}) &= \sigma(\boldsymbol{r}) \hat{\boldsymbol{I}} = [\sigma_1 \theta_1(\boldsymbol{r}) + \sigma_2 \theta_2(\boldsymbol{r})] \hat{\boldsymbol{I}}, \\ \hat{\boldsymbol{\sigma}}'(\boldsymbol{r}) &= \sigma'(\boldsymbol{r}) \hat{\boldsymbol{I}} = \frac{\sigma_1 \cdot \sigma_2}{\sigma(\boldsymbol{r})} \hat{\boldsymbol{I}} = [\sigma_2 \theta_1(\boldsymbol{r}) + \sigma_1 \theta_2(\boldsymbol{r})] \hat{\boldsymbol{I}}, \end{aligned} \tag{3.7-19}$$

这里 $\theta_i(\boldsymbol{r})$($i=1,2$)是组元(相)i 的指示函数,$\sigma(\boldsymbol{r})$和 $\sigma'(\boldsymbol{r})$分别为原始材料和相交

换后的新材料的局域标量电导率,式(3.7-18)中的 σ_0 取为 $\sigma_0=\sqrt{\sigma_1\sigma_2}$. 这样,对偶性关系为

$$\hat{\boldsymbol{R}}\cdot\hat{\boldsymbol{\sigma}}_e(\sigma_1,\sigma_2)\cdot\hat{\boldsymbol{R}}^{\mathrm{T}}\cdot\hat{\boldsymbol{\sigma}}_e(\sigma_2,\sigma_1)=\sigma_1\sigma_2\hat{\boldsymbol{I}},\tag{3.7-20}$$

$\hat{\boldsymbol{\sigma}}_e(\sigma_1,\sigma_2)$和 $\hat{\boldsymbol{\sigma}}_e(\sigma_2,\sigma_1)$分别为原始材料和相交换材料的有效电导率. 由更广义的对偶关系(3.7-20),很容易得到式(3.7-1)(假定坐标系取为主轴方向).

如果两相异质复合材料是宏观各向同性的,即有效电导率具有转动不变性,则式(3.7-20)可简化为

$$\sigma_e(\sigma_1,\sigma_2)\sigma_e(\sigma_2,\sigma_1)=\sigma_1\sigma_2.\tag{3.7-21}$$

如这两种不同材料具有统计等价的微结构,则 $\sigma_e(\sigma_1,\sigma_2)=\sigma_e(\sigma_2,\sigma_1)=\sigma_e$,即有效电导率与组元(相)的电导率的关系为

$$\sigma_e=\sqrt{\sigma_1\sigma_2}.\tag{3.7-22}$$

这种情形发生二组元体积分数 $f_1=f_2$ 的复合体系,具有相反转(phase-inversion)对称的微结构. 周期棋盘式(checkerboard arrangement)结构(两相的体积分数均为 1/2)是一个明显的相反转对称结构例子,如图 3.7-2 所示.

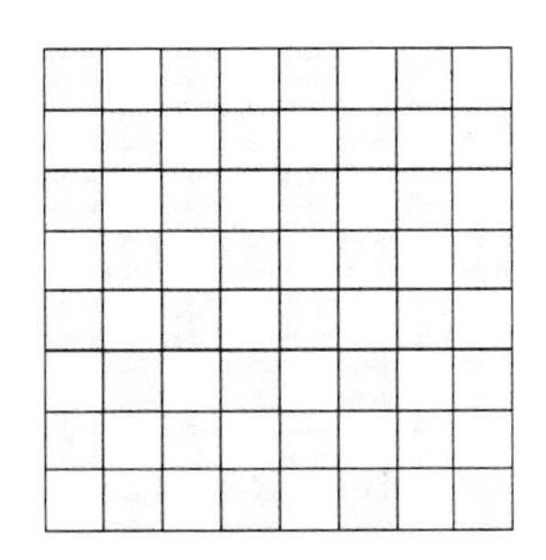

图 3.7-2 相反转对称结构周期棋盘式的二相复合体系

2. 多晶复合介质

对偶性关系可以应用来确定二维多晶复合体的有效电导率[42]. 设由单晶组成的多晶结构如图 3.7-3 所示,箭头表示多晶颗粒的取向. 设局域电导率张量的主电导

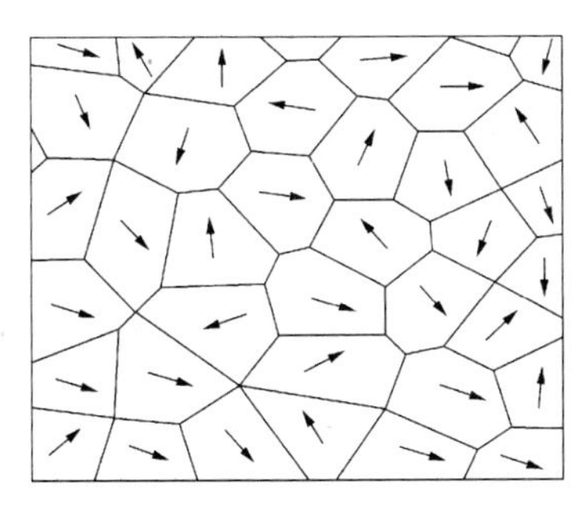

图 3.7-3 二维多晶体微结构

率为 σ_a 和 σ_b.

这个多晶材料的局域电导率可表述为

$$\hat{\boldsymbol{\sigma}}(\boldsymbol{r}) = \hat{\boldsymbol{R}}(\boldsymbol{r})\begin{bmatrix}\sigma_a & 0 \\ 0 & \sigma_b\end{bmatrix}\hat{\boldsymbol{R}}^{\mathrm{T}}(\boldsymbol{r}), \tag{3.7-23}$$

这里 $\hat{\boldsymbol{R}}(\boldsymbol{r})$是二维转动矩阵.很容易得到

$$[\hat{\boldsymbol{R}}\cdot\hat{\boldsymbol{\sigma}}(\boldsymbol{r})\cdot\hat{\boldsymbol{R}}^{\mathrm{T}}]^{-1} = \frac{\hat{\boldsymbol{\sigma}}(\boldsymbol{r})}{\hat{\boldsymbol{\sigma}}_a\hat{\boldsymbol{\sigma}}_b}. \tag{3.7-24}$$

由式(3.7-12)取 $\sigma_0=\sqrt{\sigma_a\sigma_b}$,可以看出 $\hat{\boldsymbol{\sigma}}'(\boldsymbol{r})=\hat{\boldsymbol{\sigma}}(\boldsymbol{r})$,即相交换后的新材料的局域电导率与原始材料的局域电导率有相同的形式,因此有效电导率也相同,即 $\sigma_{\mathrm{e}}=\sigma_{\mathrm{e}}'$. 由对偶性关系,有

$$\det\hat{\boldsymbol{\sigma}}_{\mathrm{e}} = \sigma_a\sigma_b. \tag{3.7-25}$$

如果 σ_{e} 具有转动不变性,即各向同性,则有

$$\sigma_{\mathrm{e}} = \sqrt{\sigma_a\sigma_b},$$

即 σ_{e} 与材料的微结构的细节无关,仅取决于电导率张量的主电导率.

对于三维多晶复合介质,没有相应的等式成立,但可以写出有效电导率的上界和下界. 对于宏观各向同性多晶结构,可以用下面不等式表述[42]

$$\frac{1}{3}[\sigma_a^{-1}+\sigma_b^{-1}+\sigma_c^{-1}]^{-1} \leqslant \sigma_{\mathrm{e}} \leqslant \frac{1}{3}(\sigma_a+\sigma_b+\sigma_c), \tag{3.7-26}$$

这里 σ_a,σ_b 和 σ_c 为三维电导率张量的主电导率. 对于三维宏观各向同性的两相(电导率分别为 σ_1 和 σ_2)复合介质,二维的对偶关系式是不正确的. 这是因为对于三维体系,无旋场矢量转动 90°,一般不能导致无散度矢量场,反之也是如此. 式(3.7-26)通常被下面的不等式所替代

$$\frac{f_1f_2}{f_1\sigma_1+f_2\sigma_2-\sigma_{\mathrm{e}}} + \frac{f_1f_2}{f_1\sigma_2+f_2\sigma_1-\tilde{\sigma}_{\mathrm{e}}} \leqslant \frac{3(\sigma_1+\sigma_2)}{(\sigma_1-\sigma_2)^2}, \tag{3.7-27}$$

及

$$\frac{\sigma_{\mathrm{e}}\tilde{\sigma}_{\mathrm{e}}}{\sigma_1\sigma_2} + \frac{\sigma_{\mathrm{e}}+\tilde{\sigma}_{\mathrm{e}}}{\sigma_1+\sigma_2} \geqslant 2, \tag{3.7-28}$$

这里 $\tilde{\sigma}_{\mathrm{e}}=\sigma_{\mathrm{e}}(\sigma_2,\sigma_1)$是相交换介质的有效电导率,$f_i(i=1,2)$是 i 相的体积分数.

§ 3.8　集团展开方法

前面曾经讨论了杂质颗粒(如球形、圆柱形、椭球形颗粒等)无规地分布在基质中形成的异质复合体系,其有效电磁输运性质在稀释极限下,可以应用 MGA 进行预测和处理. 在这个近似方法中,由于假设体积分数很小,杂质颗粒之间没有相互作用,其正确性限制到杂质颗粒的一阶体积分数小量. 这是一种理想的极

限情况.事实上,即使在很低的杂质浓度的情形,颗粒间的相互作用也是不可避免的,颗粒之间的相互作用对于输运性质也有影响.为了改进在低杂质浓度情形下的MGA,沿用统计物理的思想,设法计入对(双)粒子集团、三粒子集团……等内部相互作用,以改进MGA的不足,这种方法称为集团展开(cluster expansions)技术[43~46].虽然,我们不可能通过所有粒子集团的相互作用(或所有杂质颗粒的高阶体积分数)严格计算无规异质复合材料的有效物理性质,但是在低杂质浓度下利用集团展开方法所获得的结果,为检验理论和实验验证提供了一个可予以比较的基准.

1. 集团展开

设一个异质复合体系,是由半径为R、电导率为σ_2的相同的N个球形颗粒杂质无规地嵌入在电导率为σ_1的基质中形成的,如图3.8-1所示.

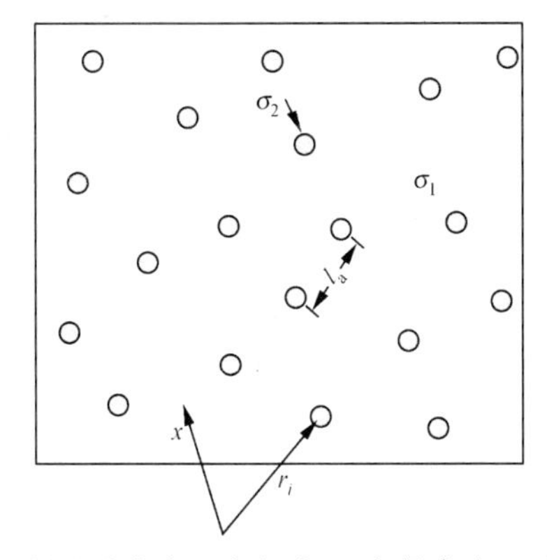

图3.8-1 电导率为σ_1的基质中嵌入半径为R、电导率为σ_2的相同的球形颗粒杂质

最近邻颗粒间的平均距离为l_a,第i个颗粒的位置矢量为$\boldsymbol{r}_i$,而$\boldsymbol{x}$是这个复合体系中任意一个空间位置的位置矢量.在稀释的低杂质浓度的情形,$l_a \gg R$,杂质的体积分数$f_2 \ll 1$.局域电导率$\sigma(\boldsymbol{x})$可表示为

$$\sigma(\boldsymbol{x}) = \sigma_1 + (\sigma_2 - \sigma_1) I^{(2)}(\boldsymbol{x}), \tag{3.8-1}$$

这里标示函数

$$I^{(2)}(\boldsymbol{x}) = \begin{cases} 1, & \boldsymbol{x}\text{ 在杂质相}, \\ 0, & \boldsymbol{x}\text{ 在基质相} \end{cases} \tag{3.8-2}$$

和可能互有重叠的杂质相颗粒的标示函数$I(\boldsymbol{x};\boldsymbol{r}^N)$如式(2.5-18)所示.局域电流密度$\boldsymbol{J}(\boldsymbol{x})$与局域电场强度$\boldsymbol{E}(\boldsymbol{x})$的关系为

$$\boldsymbol{J}(\boldsymbol{x}) = \sigma_1 \boldsymbol{E}(\boldsymbol{x}) + \boldsymbol{p}(\boldsymbol{x}), \tag{3.8-3}$$

其中局域电极化$\boldsymbol{p}(\boldsymbol{x})$定义为

$$\boldsymbol{p}(\boldsymbol{x}) = (\sigma_2 - \sigma_1) I^{(2)}(\boldsymbol{x}) \boldsymbol{E}(\boldsymbol{x}), \tag{3.8-4}$$

是杂质颗粒内感应的极化.杂质不存在时,基质的极化为零.整个系统的有效电导

率 σ_e 也可从下面的公式得到

$$\langle \boldsymbol{p} \rangle = (\sigma_e - \sigma_1)\langle \boldsymbol{E} \rangle. \tag{3.8-5}$$

事实上，在 $\boldsymbol{x}$ 处的局域场强 $\boldsymbol{E}(\boldsymbol{x})$ 与 N 个杂质颗粒空间分布的位置 $\boldsymbol{r}^N$ 有关，表示为 $\boldsymbol{E}(\boldsymbol{x};\boldsymbol{r}^N)$. 设想先由外电场 $\boldsymbol{E}_0$ 作用在没有杂质的基质上，然后逐渐地加入杂质颗粒于基质中，研究它们对局域场强的贡献. 显然，基质中无杂质时，局域场强就等于外界作用场强即

$$\boldsymbol{E}(\boldsymbol{x}) = \boldsymbol{E}_0 \tag{3.8-6}$$

在 $\boldsymbol{r}_1$ 处加入单个杂质颗粒，局域场强发生改变，

$$\boldsymbol{E}(\boldsymbol{x};\boldsymbol{r}_1) = \boldsymbol{E}_0 + \hat{\boldsymbol{K}}_1(\boldsymbol{r}) \cdot \boldsymbol{E}_0, \tag{3.8-7}$$

其中 $\hat{\boldsymbol{K}}_1(\boldsymbol{r}) = \hat{\boldsymbol{K}}_1(\boldsymbol{x};\boldsymbol{r}_1)$ 表示单颗粒杂质作用的算符，$\boldsymbol{r}=\boldsymbol{x}-\boldsymbol{r}_1$，计入了除外场 $\boldsymbol{E}_0$ 之外，单杂质颗粒对局域场强的贡献. 对于单球形杂质颗粒嵌入基质中的情形是熟知的，即

$$\hat{\boldsymbol{K}}_1(\boldsymbol{r}) = \begin{cases} -b_{21}\hat{\boldsymbol{I}}, & |\boldsymbol{r}| \leqslant R, \\ b_{21}\left(\dfrac{\boldsymbol{R}}{\boldsymbol{r}}\right)^d (d\boldsymbol{r} \cdot \boldsymbol{r} - \hat{\boldsymbol{I}}), & |\boldsymbol{r}| > R, \end{cases} \tag{3.8-8}$$

其中

$$b_{21} = \frac{\sigma_2 - \sigma_1}{\sigma_2 + (d-1)\sigma_1} \tag{3.8-9}$$

是 d 维球形杂质颗粒的极化率.

如果在 $\boldsymbol{r}_2$ 处再加入第二个杂质颗粒到基质中，局域场强改变为[46]

$$\boldsymbol{E}(\boldsymbol{x};\boldsymbol{r}_1,\boldsymbol{r}_2) = \boldsymbol{E}_0 + \hat{\boldsymbol{K}}_1(\boldsymbol{x};\boldsymbol{r}_1)\boldsymbol{E}_0 + \hat{\boldsymbol{K}}_2(\boldsymbol{x};\boldsymbol{r}_1,\boldsymbol{r}_2)\boldsymbol{E}_0, \tag{3.8.10}$$

其中 $\hat{\boldsymbol{K}}_2(\boldsymbol{x};\boldsymbol{r}_1,\boldsymbol{r}_2)$ 是两杂质颗粒体相互作用算符，计入了除外场 $\boldsymbol{E}_0$ 和单体颗粒作用外的双颗粒间的相互作用. 如果连续不断地将杂质颗粒加入到基质中，直到 N 个颗粒为止，则局域场强可以表述为

$$\begin{aligned} \boldsymbol{E}(\boldsymbol{x};\boldsymbol{r}^N) = & \boldsymbol{E}_0 + \sum_{i=1}^{N}\hat{\boldsymbol{K}}_1(\boldsymbol{x};\boldsymbol{r}_i)\boldsymbol{E}_0 + \sum_{i<j}^{N}\hat{\boldsymbol{K}}_2(\boldsymbol{x};\boldsymbol{r}_i,\boldsymbol{r}_j)\boldsymbol{E}_0 \\ & + \sum_{i,j<k}^{N}\hat{\boldsymbol{K}}_3(\boldsymbol{x};\boldsymbol{r}_i,\boldsymbol{r}_j,\boldsymbol{r}_k)\boldsymbol{E}_0 + \cdots\cdots, \end{aligned} \tag{3.8-11}$$

这里 $\hat{\boldsymbol{K}}_n(\boldsymbol{x};r^n)(n=1,2,3,\cdots,N)$ 是计入了 n 体相互作用的二阶张量算符. 式(3.8-11)就是多体函数 $\boldsymbol{E}(\boldsymbol{x};\boldsymbol{r}^N)$ 的集团展开表示式，包括零杂质项、单粒子项、双粒子项、三粒子项等等. 第 n 项是对所有 n 粒子集团求和，包含了 $\dfrac{N!}{(N-n)!n!}$ 项.

对式(3.8-11)进行统计系综平均，有

$$\langle \boldsymbol{E} \rangle = \int \boldsymbol{E}(\boldsymbol{r}^N)\rho_N(\boldsymbol{r}^N)\mathrm{d}\boldsymbol{r}^N, \tag{3.8-12}$$

即

$$\langle \boldsymbol{E}\rangle = \boldsymbol{E}_0 + \left\langle \sum_{i=1}^{N} \hat{\boldsymbol{K}}_1 \cdot \boldsymbol{E}_0 \right\rangle + \left\langle \sum_{i\neq j}^{N} \hat{\boldsymbol{K}}_2 \cdot \boldsymbol{E}_0 \right\rangle + \cdots, \tag{3.8-13}$$

式中概率密度函数 $\rho_N(\boldsymbol{r}^N)$ 表示同时发现杂质颗粒在空间体积元 $\boldsymbol{r}^N \sim \boldsymbol{r}^N + \mathrm{d}\boldsymbol{r}^N (\mathrm{d}\boldsymbol{r}^N \equiv \mathrm{d}\boldsymbol{r}_1 \cdots \mathrm{d}\boldsymbol{r}_N)$ 之间的概率. 式(3.8-13)右边各项的平均值取决于杂质颗粒的空间分布,不一定为零. 一般地说,$\langle \boldsymbol{E}\rangle \neq \boldsymbol{E}_0$.

对于稀释极限的情形,颗粒间距离很大($|\boldsymbol{x}-\boldsymbol{r}_i| \to \infty$),$n$ 粒子集团的贡献 K_n 随 $|\boldsymbol{x}-\boldsymbol{r}_i|^{-d}$ 趋于零而收敛.

2. 稀释极限

现在讨论杂质浓度稀释极限下的有效电导率[47]. 将式(3.8-11)代入式(3.8-4),局域极化的平均值

$$\langle \boldsymbol{p}\rangle = (\sigma_2 - \sigma_1)\left[f_2 \hat{\boldsymbol{I}} + \left\langle I^{(2)}(x) \sum_{i=1}^{N} \hat{\boldsymbol{K}}_1 \right\rangle + \left\langle I^{(2)}(x) \sum_{i<j}^{N} \hat{\boldsymbol{K}}_2 \right\rangle + \cdots \right] \boldsymbol{E}_0. \tag{3.8-14}$$

在杂质稀释极限的情形,即杂质的体积分数 $f_2 \ll 1$,不考虑杂质颗粒重叠的情形,则(参见节§2.5)

$$I^{(2)}(\boldsymbol{x};\boldsymbol{r}^N) = \sum_{i=1}^{N} m(|\boldsymbol{x}-\boldsymbol{r}_i|). \tag{3.8-15}$$

这里 $m(|\boldsymbol{x}-\boldsymbol{r}_i|)$ 就是式(2.5-17)所定义的排除区域的标示函数. 在式(3.8-14)中的系综平均项可以写为

$$\begin{aligned}
\left\langle I^{(2)}(\boldsymbol{x}) \sum_{i=1}^{N} \hat{\boldsymbol{K}}_1 \right\rangle &= \int \sum_{i=1}^{N} \sum_{j=1}^{N} m(|\boldsymbol{x}-\boldsymbol{r}_i|) \hat{\boldsymbol{K}}_1(\boldsymbol{x}-\boldsymbol{r}_j) \rho_N(\boldsymbol{r}^N) \mathrm{d}\boldsymbol{r}^N \\
&= \int \sum_{i=1}^{N} m(|\boldsymbol{x}-\boldsymbol{r}_i|) \hat{\boldsymbol{K}}_1(\boldsymbol{x}-\boldsymbol{r}_j) \rho_N(\boldsymbol{r}^N) \mathrm{d}\boldsymbol{r}^N \\
&\quad + \int \sum_{i\neq j}^{N} m(|\boldsymbol{x}-\boldsymbol{r}_i|) \hat{\boldsymbol{K}}_1(\boldsymbol{x}-\boldsymbol{r}_j) \rho_N(\boldsymbol{r}^N) \mathrm{d}\boldsymbol{r}^N \\
&= \int m(|\boldsymbol{x}-\boldsymbol{r}_1|) \hat{\boldsymbol{K}}_1(\boldsymbol{x}-\boldsymbol{r}_1) \rho_1(\boldsymbol{r}_1) \mathrm{d}\boldsymbol{r}_1 \\
&\quad + \int m(|\boldsymbol{x}-\boldsymbol{r}_1|) \hat{\boldsymbol{K}}_1(\boldsymbol{x}-\boldsymbol{r}_1) \rho_2(\boldsymbol{r}_1,\boldsymbol{r}_2) \mathrm{d}\boldsymbol{r}_2.
\end{aligned} \tag{3.8-16}$$

对于统计均匀的体系,$\rho_1(\boldsymbol{r}_1)$ 就是粒子数密度 $\rho = N/V$[在热力学极限下($N\to\infty$ 和 $V\to\infty$)是确定的数]. 这里 $\rho_2(\boldsymbol{r}_1,\boldsymbol{r}_2)$ 是 $o(\rho^2)$ 的数量级,有

$$\left\langle I^{(2)}(\boldsymbol{x}) \sum_{i=1}^{N} \hat{\boldsymbol{K}}_1 \right\rangle = \rho \int m(z) \hat{\boldsymbol{K}}_1(\boldsymbol{z}) \mathrm{d}\boldsymbol{z}, \tag{3.8-17}$$

这里 $\boldsymbol{z} = \boldsymbol{x} - \boldsymbol{r}_1$,$z = |\boldsymbol{z}|$.

回到式(3.8-12),保留到最低阶小项,则

$$\boldsymbol{E}_0 = \langle \boldsymbol{E} \rangle - \rho \int \hat{\boldsymbol{K}}_1(\boldsymbol{z}) \langle \boldsymbol{E} \rangle \mathrm{d}\boldsymbol{z} + o(\rho^2). \tag{3.8-18}$$

结合式(3.8-14),平均极化可写为

$$\langle \boldsymbol{p} \rangle = (\sigma_2 - \sigma_1) \left[f_2 \hat{\boldsymbol{I}} + \rho \int m(z) \hat{\boldsymbol{K}}_1(\boldsymbol{z}) \mathrm{d}z \right] \cdot \langle E \rangle + o(f_2). \tag{3.8-19}$$

在上式的积分中,有阶跃函数 $m(z)$,仅需考虑 $z<R$ 的 $K_1(z)$. 因而

$$\hat{\boldsymbol{K}}_1(\boldsymbol{z}) = \hat{\boldsymbol{N}} - \hat{\boldsymbol{I}} = - b_{21} \hat{\boldsymbol{I}} \quad (z < R), \tag{3.8-20}$$

这里 $\hat{\boldsymbol{N}}$ 在节 § 3.1 已有定义,参见式(3.1-21). 我们得到

$$\langle \boldsymbol{p} \rangle = \hat{\boldsymbol{T}} \cdot \langle \boldsymbol{E} \rangle \cdot f_2 + o(f_2^2), \tag{3.8-21}$$

其中 $\hat{\boldsymbol{T}}=(\sigma_2-\sigma_1)\hat{\boldsymbol{N}}$ 是一个恒定的、各向同性的二阶极化(浓度)张量,称为极化(浓度)系数[polarization (concentration) coefficient]

$$\hat{\boldsymbol{T}} = d\sigma_1 b_{21} \hat{\boldsymbol{I}}. \tag{3.8-22}$$

将上面二式与式(3.8-5)比较,有效电导率 σ_e 是各向同性的,而且

$$\sigma_e = \sigma_1 + d\sigma_1 b_{21} f_2 + o(f_2^2), \tag{3.8-23}$$

这就是 d 维系统在稀释极限下的有效电导率的表示式. 对于 $d=3$ 的情形,就是 MGA 的表示式(近似到一阶体积分数 f_2 小量). 对于理想的绝缘杂质相,$\sigma_2=0$,上式约化为

$$\frac{\sigma_e}{\sigma_1} = 1 - \frac{d}{d-1} f_2 + o(f_2^2), \tag{3.8-24}$$

对于超导性杂质球形颗粒,$\frac{\sigma_2}{\sigma_1}=\infty$,则有

$$\frac{\sigma_e}{\sigma_1} = 1 + d f_2 + o(f_2^2). \tag{3.8-25}$$

3. 非稀释杂质浓度

设有电导率为 σ_2,具有任意程度不重叠性(impenetrability)的球形颗粒杂质,无规分布在电导率为 σ_1 的基质中. 在热力学极限下,整个系统的有效电导率 σ_e 可表示为[48,49]

$$\sigma_e = \sigma_1 + \sum_{n=1}^{\infty} \frac{1}{n!} \int W_n(\boldsymbol{r}^n) \mathrm{d}\boldsymbol{r}^n, \tag{3.8-26}$$

这里 $W_n(\boldsymbol{r}^n)$是 n 体集团算符 $\hat{\boldsymbol{K}}_n$ 和概率密度函数 $\rho_1,\rho_2,\cdots,\rho_n$ 的函数. 显然,W_n 取决于杂质球形颗粒的密度 ρ 或体积分数 f_2,它可以写成密度或体积分数的展开式

$$\frac{\sigma_e}{\sigma_1} = 1 + \sum_{n=1}^{\infty} B_n f_2^n, \tag{3.8-27}$$

系数 B_n 是 $\hat{\boldsymbol{K}}_1,\hat{\boldsymbol{K}}_2,\cdots,\hat{\boldsymbol{K}}_n$ 的多维积分;权重为 $\rho_1,\rho_2,\cdots,\rho_n$.

对于 d 维空间,杂质球形颗粒可能存在重叠的情形,有

$$\frac{\sigma_e}{\sigma_1} = 1 + B_1 f_2 + B_2 f_2^2, \tag{3.8-28}$$

其中

$$B_1 = d \cdot b_{21},$$
$$B_2 = d \cdot b_{21}^2 + \int f[\hat{\boldsymbol{K}}_1, \hat{\boldsymbol{K}}_2] g_2^{(0)}(\boldsymbol{r}) \mathrm{d}\boldsymbol{r}, \tag{3.8-29}$$

$g_2^{(0)}(\boldsymbol{r})$是零密度极限下的径向分布函数，$f[\hat{\boldsymbol{K}}_1, \hat{\boldsymbol{K}}_2]$为$\hat{\boldsymbol{K}}_1$和$\hat{\boldsymbol{K}}_2$的标量函数.积分区域分为两部分：一个是$|\boldsymbol{r}|>2R$，表示不重叠颗粒对$B_2$的贡献；另一个是$|\boldsymbol{r}|\leqslant 2R$的区域，给出了重叠颗粒集团效应对$B_2$的贡献，即

$$B_2 = B_2' + B_2'',$$
$$B_2' = \int f[\hat{\boldsymbol{K}}_1, \hat{\boldsymbol{K}}_2] B_2^{(0)}(\boldsymbol{r}) \mathrm{d}\boldsymbol{r},$$
$$B_2'' = \int f[\hat{\boldsymbol{K}}_1, \hat{\boldsymbol{K}}_2] P_2^{(0)}(\boldsymbol{r}) \mathrm{d}\boldsymbol{r}, \tag{3.8-30}$$

其中

$$g_2^{(0)}(\boldsymbol{r}) = B_2^{(0)}(\boldsymbol{r}) + P_2^{(0)}(\boldsymbol{r}), \tag{3.8-31}$$

这里，$B_2^{(0)}(\boldsymbol{r})$和$P_2^{(0)}(\boldsymbol{r})$分别是零密度极限下的对阻塞(pair-bloking)和对连接(pair-connectedness)函数，分别表示两颗粒不重叠或重叠(连接)的概率(详细讨论参见文献[10,44]).

没有重叠的杂质球形颗粒体系，即杂质颗粒间没有对连接的集团，对连接函数$P_2^{(0)}(\boldsymbol{r})=0$，$B_2=B_2'(B_2''=0)$，因而

$$g_2^{(0)}(\boldsymbol{r}) = B_2^{(0)}(\boldsymbol{r}) = \begin{cases} 0, & |\boldsymbol{r}| \leqslant 2R, \\ 1, & |\boldsymbol{r}| > 2R. \end{cases} \tag{3.8-32}$$

这对应于稀释球形颗粒最无规的分布.在杂质和基质的电导率反差很大的情形[46]

$$B_2(\sigma_2/\sigma_1 = 0) \approx 0.588,$$
$$B_2(\sigma_2/\sigma_1 = \infty) \approx 4.51. \tag{3.8-33}$$

因此，对于理想绝缘的杂质相($\sigma_2/\sigma_1=0$)

$$\frac{\sigma_e}{\sigma_1} = 1 - \frac{3}{2} f_2 + 0.588 f_2 + o(f_2^3). \tag{3.8-34}$$

对于杂质颗粒间没有重叠、间隔适当的d维体系，径向分布函数可以表示为

$$g_2^{(0)}(\boldsymbol{r}) = B_2^{(0)}(\boldsymbol{r}) = \begin{cases} 0, & |\boldsymbol{r}| \leqslant R \cdot f_2^{-1/d}, \\ 1, & |\boldsymbol{r}| > R \cdot f_2^{-1/d}, \end{cases} \tag{3.8-35}$$

这样，在式(3.8-31)中的积分将趋于零.以$d=3$为例，有

$$\frac{\sigma_e}{\sigma_1} = 1 - \frac{3}{2} f_2 + \frac{3}{4} f_2^2 + o(f_2^3). \tag{3.8-36}$$

这个结果也可以从MGA公式或Hashin-Shtrikman上界公式按杂质体积分数展

开到二阶小量得到. 对这个结果的理解也是很直观的,因为 Hashin-Shtrikman 模型也是核-壳颗粒组成的反对称的微结构.

对于超导性杂质相的颗粒体系($\sigma_2/\sigma_1=\infty$),则

$$\frac{\sigma_e}{\sigma_1}=1+3f_2+4.51f_2^2+o(f_2^3), \tag{3.8-37}$$

而从式(3.8-36)计算,结果是

$$\frac{\sigma_e}{\sigma_1}=1+3f_2+3f_2^2+o(f_2^3). \tag{3.8-38}$$

类似地,二维不相互重叠的超导性圆盘杂质体系,按式(3.8-32),其有效电导率

$$\frac{\sigma_e}{\sigma_1}=1+2f_2+2.74f_2^2+o(f_2^3), \tag{3.8-39}$$

而按式(3.8-35)计算,结果为

$$\frac{\sigma_e}{\sigma_1}=1+2f_2+2f_2^2+o(f_2^3). \tag{3.8-40}$$

上面的讨论可以表明,杂质颗粒相互越接近,系统的有效电导率越大[46].

下面讨论完全可重叠(穿透)的球形颗粒,即不可重叠(穿透)性参数 $\lambda=0$ 的情形. 如果杂质是理想的绝缘体颗粒,应用式(3.8-32)和

$$p_2^{(0)}(\boldsymbol{r})=\begin{cases}1, & |\boldsymbol{r}|\leqslant 2R,\\ 0, & |\boldsymbol{r}|>2R,\end{cases} \tag{3.8-41}$$

则有

$$B_2(\sigma_2/\sigma_1=0)\approx 0.345,\quad B_2''(\sigma_2/\sigma_1=0)\approx -0.243. \tag{3.8-42}$$

对于超导性杂质相,有

$$B_2(\sigma_2/\sigma_1=\infty)\approx 7.56,\quad B_2''(\sigma_2/\sigma_1=0)\approx 3.05. \tag{3.8-43}$$

对于 $\sigma_2/\sigma_1=0$ 和 $\lambda=0$,有

$$\frac{\sigma_e}{\sigma_1}\approx 1-\frac{3}{2}f_2+0.345f_2^2+o(f_2^3), \tag{3.8-44}$$

这与式(3.8-36)的结果有较大的反差.

对于 $\sigma_2/\sigma_1\approx\infty$ 和 $\lambda=0$,有

$$\frac{\sigma_e}{\sigma_1}\approx 1+3f_2+7.56f_2^2+o(f_2^3), \tag{3.8-45}$$

这个结果与 $\sigma_2/\sigma_1=\infty$,$\lambda=1$ 的超导性杂质颗粒的结果比较如图 3.8-2 所示.

上面的讨论表明,用集团展开方法,可准确到杂质体积分数的二阶小量. 在给定杂质体积分数的情形,对于超导性杂质相的系统,集团效应导致系统的有效电导率增大;对于杂质是理想的绝缘体,集团效应将减小系统的有效电导率.

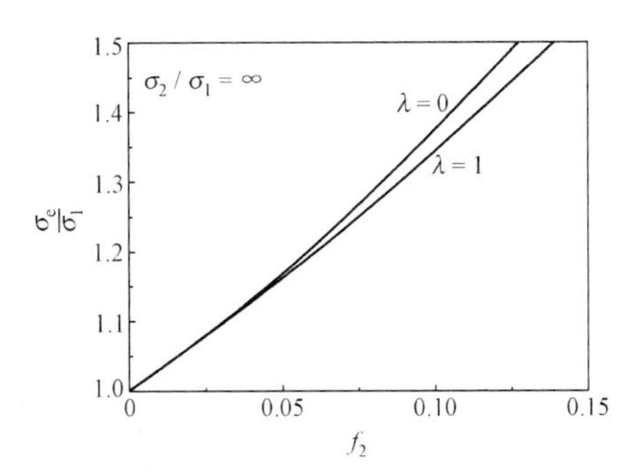

图 3.8-2 有效电导率与不可重叠性参数及体积分数的关系

§3.9 AC电导率

现在我们讨论在有限频率 ω 下异质复合材料的有效电导率[50~56]. 为表述清楚起见,依然以两相异质复合体系为例. 假设相 1 和相 2 的体积分数分别为 f_1 和 $f_2=(1-f_1)$,各相的实介电常数是空间均匀的函数,分别为 $\varepsilon_1(\boldsymbol{r},\omega)=\varepsilon_1(\omega)$ 和 $\varepsilon_2(\boldsymbol{r},\omega)=\varepsilon_2(\omega)$,实电导率为 $\sigma_1(\boldsymbol{r},\omega)=\sigma_1(\omega)$ 和 $\sigma_2(\boldsymbol{r},\omega)=\sigma_2(\omega)$. 为简单起见,暂且将两个组分的磁导率设定为 1.

电磁波通过这个两相复合体系的传播,可以用 Maxwell 方程来描述. 设电场 $\boldsymbol{E}(\boldsymbol{r},t)=\boldsymbol{E}(\boldsymbol{r})\exp(-\mathrm{i}\omega t)$,物理场为复量的实部,则 Maxwell 方程可表述为

$$\begin{aligned}
&\nabla\cdot(\varepsilon_j\boldsymbol{E})=4\pi\rho,\\
&\nabla\cdot\boldsymbol{B}=0,\\
&\nabla\times\boldsymbol{E}=\frac{\mathrm{i}\omega}{c}\boldsymbol{B},\\
&\nabla\times\boldsymbol{B}=\frac{4\pi}{c}\sigma_j\boldsymbol{E}-\frac{\mathrm{i}\omega}{c}\varepsilon_j\boldsymbol{E},
\end{aligned}\tag{3.9-1}$$

及连续性方程

$$\nabla(\boldsymbol{J}_j)-\mathrm{i}\omega\rho=\nabla\cdot(\sigma_j\boldsymbol{E})-\mathrm{i}\omega\rho=0,\tag{3.9-2}$$

这里 j 取 1 或 2.

将式(3.9-2)代入式(3.9-1),得到电位移矢量

$$\boldsymbol{D}=\left(\varepsilon_j+\mathrm{i}\,\frac{4\pi\sigma_j}{\omega}\right)\boldsymbol{E},\tag{3.9-3}$$

这里,自由电流密度和极化电流密度已组合到有效电位移场的表示里.

引入复介电常数

$$\varepsilon(\boldsymbol{r},\omega)=\varepsilon_j(\boldsymbol{r},\omega)+\mathrm{i}\,\frac{4\pi}{\omega}\sigma_j(\boldsymbol{r},\omega),\tag{3.9-4}$$

Maxwell 方程为

$$
\begin{aligned}
&\nabla \cdot (\varepsilon \boldsymbol{E}) = 0, \\
&\nabla \cdot \boldsymbol{B} = 0, \\
&\nabla \times \boldsymbol{E} = \mathrm{i}\,\frac{\omega \boldsymbol{B}}{c}, \\
&\nabla \times \boldsymbol{B} = -\frac{\mathrm{i}\omega}{c}\varepsilon \boldsymbol{E}.
\end{aligned}
\tag{3.9-5}
$$

复介电常数 $\varepsilon(\boldsymbol{r},\omega)$ 中包括了自由电荷和束缚电荷的贡献. 如果频率很低，在式(3.9-5)中，法拉第定律的感应项($\mathrm{i}\omega\boldsymbol{B}/c$)可以被忽略，则电场 $\boldsymbol{E}$ 和电位移矢量 $\boldsymbol{D}$ 满足下面的方程

$$
\begin{aligned}
&\nabla \cdot \boldsymbol{D} = 0, \\
&\nabla \times \boldsymbol{E} = 0, \\
&\boldsymbol{D}(\boldsymbol{r},\omega) = \varepsilon(\boldsymbol{r},\omega)\boldsymbol{E}(\boldsymbol{r},\omega).
\end{aligned}
\tag{3.9-6}
$$

这些方程在形式上与静态极限的情形相同，称为准静近似(quasi-static approximation, QSA). 一般地，如果复合介质中颗粒的线度比电磁波的波长或在组分内的穿透深度小得多，那么准静近似的方法是适用的. 如果颗粒的线度是几百个埃(Å)[①]，在可见光或紫外的频率下，QSA 都是恰当的近似方法. 在长波极限的情形，所有静态极限(直流)的结果都可以用来研究电磁波在异质复合介质中的传播行为，可以用有效介电常数 ε_e 来描述. 复介电常数 ε_e 是组分的复介电常数 ε_1 和 ε_2，以及它们的体积分数和微结构构形的函数. 同样地，MGA 和 EMA 方法，也可以扩展应用到有限频率异质复合体系电磁性质的讨论.

设由金属和绝缘体组分组成的二组元复合介质，金属组分(相 1)的体积分数为 f，具有 Drude 介电常数形式

$$
\varepsilon_1(\omega) = 1 - \frac{(\omega_p/\omega)^2}{1 + \mathrm{i}/\omega\tau}, \tag{3.9-7}
$$

绝缘组分(相 2)的体积分数为$(1-f)$，介电常数 $\varepsilon_2(\omega)=1$. 这里 ω_p 为等离子体振荡频率，$\tau=1/\omega$ 为特征弛豫时间. 典型的体自由电子金属，例如铝(Al)，$\omega_p \sim 10^{15}\ \mathrm{s}^{-1}$ 和 $\omega_p\tau \sim 100$. 对于这类体金属的小颗粒，$\omega_p\tau$ 的值将由于表面散射而减小. 当 $f \ll 1$，金属颗粒为球形，应用 MGA 可以正确地给出复合介质的有效介电常数

$$
\frac{\varepsilon_e}{\varepsilon_2} = 1 + 3f\,\frac{\varepsilon_1 - \varepsilon_2}{\varepsilon_1 + (d-1)\varepsilon_2} + o(f^2). \tag{3.9-8}
$$

从上式可以看出，对于 $d=3$，当 $\varepsilon_1 + 2\varepsilon_2 \approx 0$ 时，有效介电常数的实部的绝对值 $|\mathrm{Re}(\varepsilon_e)|$ 将变得很大，这就是所谓表面等离激元共振现象. 对于金属/绝缘体 $[\varepsilon_2(\omega)=1]$ 二组元复合介质，这个共振现象发生在 $\omega=\omega_p/\sqrt{3}$ 的频率附近. 对于非球

① $1\ \text{Å} = 10^{-10}\ \mathrm{m} = 10^{-1}\ \mathrm{nm}$.

形金属颗粒,这个共振分裂成在其他频率发生的几个共振峰.表面等离激元共振特别地表现为很强的吸收,如当很小的金属颗粒稀释地悬浮在透明的基质(如玻璃)中时,这种吸收展现出美丽的红宝石色彩.吸收系数 α 指每单位长度材料所吸收能量的分数,可表述为 $\alpha=2\dfrac{\omega}{c}\mathrm{Im}\sqrt{\varepsilon_e}$,当 $f\ll 1$ 和 $\varepsilon_2=1$ 时,有

$$\alpha\approx 3f\frac{\omega}{c}\mathrm{Im}\left(\frac{\varepsilon_1-1}{\varepsilon_1+2}\right). \tag{3.9-9}$$

可以看出,在准静态近似下的结果与球形颗粒的粒径无关,但颗粒的形状依然起着重要的影响.

体积分数为 0.01 的 Drude 金属($\omega_p\tau=100$)颗粒,嵌入介电常数为 1 的基质中,所组成的复合介质按准静态近似(稀释极限)计算的吸收系数与频率的关系如图 3.9-1 所示.在频率 $\omega=\omega_p/\sqrt{3}$附近,确实展现表面等离激元共振的强烈吸收.

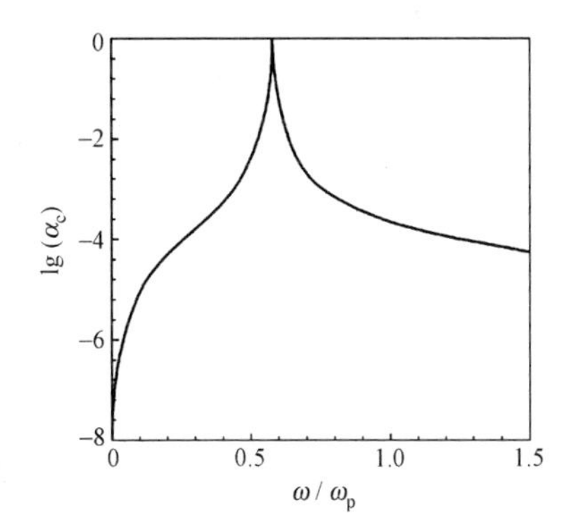

图 3.9-1 吸收系数 α_e 与频率 ω 的关系曲线[50]

对于 $\omega\tau\ll 1$ 的情形(对于大多数金属这是在远红外频段),稀释球形颗粒复合介质,由方程(3.9-7)和(3.9-9)可以得到吸收系数

$$\alpha=\frac{9\omega^2 f}{4\pi\sigma_0 c}\equiv c_e\omega^2 f, \tag{3.9-10}$$

其中 c_e 为一个系数,$\sigma_0=\omega_p^2\tau/4\pi$ 是静电导率.实验数据显示吸收系数近乎与金属组分的体积分数呈线性变化关系,如同式(3.9-10)所预计的,即为

$$\alpha_{\mathrm{expt}}=c_{\mathrm{expt}}\omega^2 f, \tag{3.9-11}$$

但实验得到的数值比准静态近似预计的要大得多,偏差达到10^5 或更大[51,52].

对于具有较高金属组分体积分数的金属/绝缘体复合介质,其光学性质是金属组分体积分数的函数,表现出许多显著特性.这些特性用 MGA 难以解释,而需要通过 EMA 进行处理[50].然而,这些现象是与逾渗过程相关的普适的性质,并非限于 EMA 的预计.

图 3.9-2 表示对于几种不同的金属组分的体积分数 f,EMA 所预计的

$\mathrm{Re}[\sigma_e(\omega)]=(\omega/4\pi)\mathrm{Im}[\varepsilon_e(\omega)]$与频率的关系. 对于 $f<f_c$(f_c 为逾渗阈值,按 EMA, $f_c=1/3$)的情形,$\mathrm{Re}(\sigma_e)$在 $0<\omega<\omega_p$ 频段,展现一个平坦的宽峰. 这是表面等离激元共振带,通过颗粒之间的电磁相互作用,由低体积分数极限的尖锐单峰扩展形成.

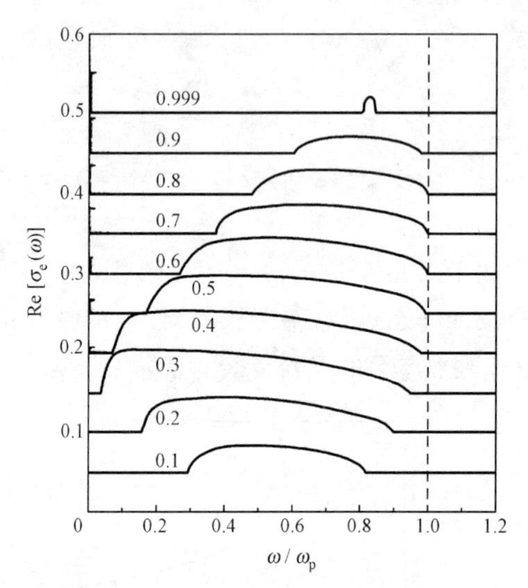

图 3.9-2 AC 有效电导率实部与频率的关系[52]

对于 $f>f_c$,除表面等离激元带外,Drude 峰集中在 $\omega=0$ 处的垂直轴,由于太狭窄而无法在图的标度内显现. 在金属/绝缘体复合介质的逾渗阈值之上,复合介质成为导体,具有非零的直流电导率. 随着体积分数 f 的进一步增加,Drude 峰的强度增长,这与直流电导率的增加是一致的. 表面等离激元峰收缩和变窄到一个中心在 $\omega=\omega_p\sqrt{2/3}$的窄带,这对应于空位共振,表示在均匀金属中球形空位近邻的电荷振荡. 虚线($\omega/\omega_p=1.0$)表示等离激元振荡频率.[53]

能量损耗函数(energy loss function),$-\mathrm{Im}[1/\varepsilon_e(\omega)]$,展现出与$\mathrm{Re}(\sigma_e)$类似的行为,它表示与复合介质各组元(分量)间连接相关的特征结构. 在均匀金属中,$-\mathrm{Im}[1/\varepsilon]$在等离激元共振频率处[$\mathrm{Re}(\varepsilon)\approx 0$]有峰值. 对于具有 Drude 介电常数形式的金属,峰值发生在 $\omega=\omega_p$ 处. 这个峰一直保留到复合介质中 $f>f_c^*$ 的金属组分体积分数范围,f_c^* 是一个临界体积分数. 对于 $f>f_c^*$ 的范围,绝缘组分不再可能在复合体中连接成无限集团,例如按 EMA,$f_c^*=2/3$. 除尖锐的等离激元峰外,$-\mathrm{Im}(1/\varepsilon_e)$也存在起于局域表面等离激元的宽带. 当金属组分的体积分数 $f<f_c^*$ 时,体峰消失的现象可以用逾渗理论来理解. 近等离子体振荡频率,$\mathrm{Re}(\varepsilon_1)\approx 0$,而 $\varepsilon_2=1$. 这样,金属组分的作用如同绝缘体一样,具有零电导率或位移电流;而绝缘体却和金属一样,两种组分(相)的作用正好反转. 在 $\omega=\omega_p$,绝缘相仅在有限集团存在,当 $f>f_c^*$ 时,则 $\varepsilon_e\approx 0$ 一直保持.

图3.9-2所示的Re[$\sigma_e(\omega)$]与ω/ω_p的关系，已在一系列材料的实验中观察到，如三维的Ag/KCl复合体，其有双连续区域和逾渗阈. 在金属组分体积分数$f>f_c$，Drude峰清晰看见. 因为Ag不是Drude金属，除表面等离激元峰之外，在高频段存在一个振子强度很大的区域，对应于保留在复合体中Ag能带间的过渡.

§3.10 网络模型

对异质结构复合材料的微结构构形的描述，离散模型和连续模型可交替地使用. 对于多相共存的异质结构复合材料(其中有一相或多相跨越整个系统)的情形，人们对该材料在逾渗阈值附近的行为特别有兴趣并予以广泛地关注.

用网络模型(network model)来描述和模拟异质结构复合材料微结构的无序特征是很自然的，例如多微孔材料内流体流动的通(渠)道纵横交错、互相连接犹如网络一般. 用网络结构的键(bonds)来表示流体的通道，网络的节点表示流体通道(渠道)的汇聚处. 我们可以赋予网络的每一根键的流阻(或流导)按一定的概率分布，以此来表征多孔材料微结构的无序特征. 对于网络结构的无序，可以用每个节点(格点，或座)所连接的键的数目，即配位数$Z(\boldsymbol{r})$来描述. 一般地，$Z(\boldsymbol{r})$是随空间位置而变化的函数，或配位数在坐标空间存在一个概率分布函数. 用网络模型来模拟多(微)孔材料的结构是直观和清楚的，已应用了很长的时间[57~62].

在研究异质复合结构材料的电磁输运问题时，更多地采用无规电阻(电导)网络模型，其中每一个键代表一个传导的电阻，每个键的电阻值并不一定相同，而是在网络空间存在一定的概率分布函数. 广义地说，无规电阻网络中的键所代表的是电阻(或电导)，也可以是阻抗(电阻、容抗或电感). 假设无规电阻网络中一部分键(体积分数为f_1)属于相1，一部分键属于相2(体积分数为f_2)……等等，各相的电阻(或电导)值都满足一定的概率分布函数. 这样，就建立了一个多相复合材料微结构的离散模型，可以依此来研究异质结构复合材料的有效电导率等电磁输运性质.

1. 网络模型的有效介质近似

设一个配位数为Z的电阻网络，例如简立方结构，其配位数$Z=6$是固定的. 网络中键的电阻(或电导)值是无规的，存在一定的概率分布. 构建一个有效介质电阻网络，其中所有的键(除一条试探键的电导为g外)的电导g_e都是均匀的，即除浸入在有效介质电阻网络中的一根电导为g的键之外，其余键的电导均为g_e，如图3.10-1所示.[57,58]

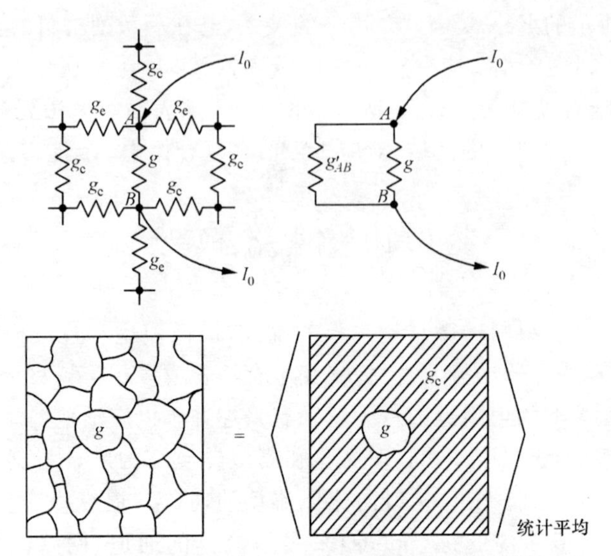

图 3.10-1 有效介质近似的电阻网路模型[57]

外加电场作用于这个有效介质网络,沿外电场方向的键的两端产生均匀电压 V_e.用原有的异质复合材料的电阻网络中的,电导为 g 的键替代有效介质电阻网络中的某一根电导为 g_e 的键,如图 3.10-1 中左上所示的 A,B 格点间的键.这样,在 A,B 间的键中会产生额外的电流 $I_0=V_e(g_e-g)$,相应的电压偏差 $V_0=\dfrac{I_0}{g+g'_{AB}}$,$g'_{AB}$ 是除电导为 g 的键之外,作用于 A,B 格点两端的电导.如果异质复合材料电阻网络模型中,电导 g 的概率分布函数为 $p(g)$,这个电压起伏的平均值应等于零,即

$$\int_0^{\infty} V_0 p(g)\mathrm{d}g = 0, \tag{3.10-1}$$

由此可以确定有效电导 g_e.注意,在 A,B 两节点间有效介质网络的电导为 g_{AB},其 $g_{AB}=g'_{AB}+g_e$.计算 V_0,需要计算 g'_{AB},实际上就是要计算 g_{AB}.如何确定 g_{AB} 呢?有效均匀介质网络中 $g=g_e$ 电流分布可看做为两部分电流之和:一部分是从 A 点注入,分散流向无穷远处;另一部分是相同的电流从无穷远处注入流向 B 点.在这两种情形中,注入网络中某格点的电流,将通过最近邻 Z 个等价的键分散流出,每条键的电流均为 I_0/Z,这样通过 A,B 两格点的总电流为 $2I_0/Z$.因此 $g_{AB}=Zg_e/2$ 及 $g'_{AB}=(Z/2-1)g_e$,且

$$V_0 = V_e\frac{g_e-g}{g+(Z/2-1)g_e}. \tag{3.10-2}$$

将上式代回到式(3.10-1),电阻网络模型的有效介质近似表述为[56]

$$\int_0^{\infty}\frac{g-g_e}{g+(Z/2-1)g_e}p(g)\mathrm{d}g = 0. \tag{3.10-3}$$

对于二组元的导体-绝缘体复合体系，无规电阻网络中键的电导分布概率函数可表示为

$$p(g)=(1-p)\delta(0)+ph(g), \tag{3.10-4}$$

这里 $h(g)$ 是归一化分布概率函数. 代入式(3.10-3)，有

$$\frac{1-p}{1-Z/2}+p\int_0^{\infty}\frac{g-g_e}{g+(Z/2-1)g_e}h(g)\mathrm{d}g=0, \tag{3.10-5}$$

这个有效介质近似方程可以预测键逾渗阈值的存在. 假设在 $p=p_c$ 时，$g_e=0$ 即在键逾渗阈值 p_c 处发生逾渗转变，有效电导率等于零. 应用概率分布函数满足

$$\int_0^{\infty}h(g)\mathrm{d}g=1,$$

我们有

$$p_c=2/Z, \tag{3.10-6}$$

这是有效介质近似对于配位数 Z 固定的规则网络结构所得到键逾渗阈值. 注意，$\langle Z\rangle=p_cZ$，表示电阻网络在逾渗阈值处的平均配位数，从式(3.10-6)可知，对于传导网络，$\langle Z\rangle\geqslant 2$. 在第二章已讨论过，在逾渗阈值处，$d$ 维网络的平均配位数 $\langle Z\rangle\approx\frac{d}{d-1}$[参见式(2.2-2)]. 有效介质近似(EMA)的结果 $\langle Z\rangle\geqslant 2$，对于二维网络是正确的；对于三维网络，则高估了键的逾渗阈值.

2. 多配位数电阻网络模型

为简单起见，用电阻网络模型研讨有效电导率等输运性质时，常采用单一的、固定的配位数 Z 来表征规则网络结构. 实际的情形，往往需要用两个或多个确定的配位数来表征网络的结构. 例如 kagomé 格子，它需要两个配位数 $Z_1=6$ 和 $Z_2=4$ 来表征其结构. 对于某些拓扑无序的网络结构，配位数是随空间位置变化的函数 $Z(\boldsymbol{r})$，例如分形网络结构等更复杂的情况.

这里，我们研究具有两种固体配位数 Z_1 和 Z_2 的电阻网络结构，并且设定每根键的两端格点的配位数是确定的 Z_1(或 Z_2)，或存在一个联合概率分布函数 $p(Z_1,Z_2)$. 对于配位数 Z_1 和 Z_2 是固定的网络，键之间的夹角也是固定的. 如果键之间夹角的分布式是均匀的，在配位数为 Z_1 的键的一端(格点)注入电流 I_0，电流将以 I_0/Z_1 分散地流入与此格点相连接的键中. 同样地，在配位数为 Z_2 的另一端格点注入电流 I_0，将以 I_0/Z_2 分散地流入与其相连接的键中. 按照前面已经讨论的 Kirkpatrick[58] 的方法，通过 AB 键的总电流为 $I_0/Z_1+I_0/Z_2$. 类似于式(3.10-2)，我们有

$$V_0=V_e\frac{g_e-g}{g+[Z_1Z_2/(Z_1+Z_2)-1]g_e}. \tag{3.10-7}$$

代回式(3.10-1)，得到拓扑无序的单键电阻网络模型的有效介质近似表达式

$$\iiint \frac{g_e - g}{g + [xy/(x+y) - 1]g_e} p(g)p(x,y)\mathrm{d}g\mathrm{d}x\mathrm{d}y = 0, \tag{3.10-8}$$

需要对 $p(g)$和 $p(Z_1,Z_2)$进行平均.对于网络中 Z_1 和 Z_2 是固定的情形,即

$$p(x,y) = \delta(x - Z_1)\delta(y - Z_2), \tag{3.10-9}$$

则式(3.10-8)简化为

$$\int_0^\infty \frac{g_e - g}{g + [z_1 z_2/(z_1 + z_2) - 1]g_e} p(g)\mathrm{d}g = 0. \tag{3.10-10}$$

3. 数值计算

前面讨论了应用无规电阻网络模型,用有效介质近似解析地计算系统的有效电导率.实际上,许多情形用解析的方法计算是很困难的,需要应用数值计算和模拟的方法来求得有效电导率和其他输运性质.

数值计算方法最主要的就是应用无规电阻网络模型直接进行计算模拟.设通过电阻网络中格点 i 和 j 之间的电流 $I_{ij} = g_{ij}(V_i - V_j)$,这里 g_{ij} 是键的电导,V_i 和 V_j 分别是格点 i 和 j 处的电压.按基尔霍夫定律,任何一个格点处的电流应等于零,即

$$\sum_j I_{ij} = \sum_j g_{ij}(V_i - V_j) = 0. \tag{3.10-11}$$

这里求和是对所有与格点 i 相连接的键的另一端格点 j 进行的.对于电阻网络中每一个格点写下方程(3.10-11),得到一个格点电压的联立方程组,由此联立方程组求解电压分布,进而得到有效电导率.联立方程将视网络的大小而定.边界条件通常选择为确定的电流从网络中某一个格点注入,又在另一个格点流出;或者给定网络某一个方向的电压差,其他方向应用周期性边界条件.网络中键的电导选取一定的概率分布函数来描述异质复合材料内的电导分布.

求解方程(3.10-11)是一项繁重的任务.为了使网络模型正确地描述真实的异质复合材料的微结构,电阻网络往往取得比较大,相应的联立方程组也很大,求解是困难的,要耗费很长的计算时间.采用有效的算法是必要的,常用的方法有迭代方法(iterative methods)或超松弛法(over relaxation method)[59,61].在逾渗阈值附近需要更大数目的迭代,来保证收敛和克服临界慢化(critical slowing down)现象.更为有效的方法是共轭梯度法(conjugate-gradient method)[62],它能保证收敛而获得真正的解.电阻网络中键的电导分布越宽(即无序度越高),计算越复杂,为保证模型的准确性,需要进一步改进计算法.

(1) 转移矩阵法

另一种计算电阻网络的方法是转移矩阵法[63~65].以一个 d 维电阻网络为例,它是通过沿一定的方向(例如沿 z 轴方向)连续不断地加$(d-1)$维层面建造而成.如沿 z 轴方向相继地加二维平面层,最后形成三维网络结构.在最表面的一层的每

个格点上加以电压 V_j 作用，流入与其相关格点 i 的电流 I_i 与电压呈线性关系

$$I_i = \sum_j A_{ij} V_j, \tag{3.10-12}$$

这里 A_{ij} 是非负的、对称的阻抗矩阵. 现在我们在原网络的表面增加新的键，目的是加上一个新的表面层. 新的表面层形成后，前一个表面层格点变成了内部层的格点. 新的键一个一个地加在原来网络的表面上，阻抗矩阵 A_{ij} 也随之改变，最后转换为 A'_{ij}.

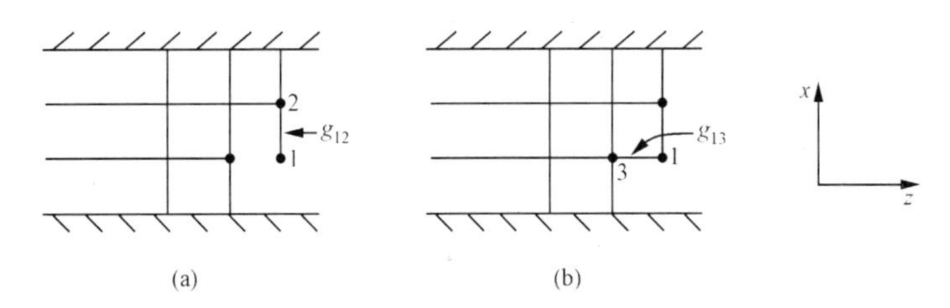

图 3.10-2 转移矩阵法应用于二维平方网络[50]

如图 3.10-2(a)所示，如果从新的格点 1 加上一根电导为 g_{12} 的垂直键，同时在格点 1 加以电压 V_1，电流通过此键流入其他格点. 因而，新的阻抗矩阵 A'_{ij} 有一个附加的与 1 连接的行和列. 这个转换为

$$A'_{11} = g_{12}, \quad A'_{12} = -g_{12}, \quad A'_{22} = A_{22} + g_{12},$$
$$A'_{ij} = A_{ij} \quad (\text{对所有其他的 } i \text{ 和 } j). \tag{3.10-16}$$

如图 3.10-2(b)所示，如果从格点 1 加上一根水平键 g_{13}，格点 3 变成了内部格点，这个新的阻抗矩阵与 A_{ij} 有相同的行和列. 这个转换为

$$A''_{ij} = A'_{ij} - \frac{A'_{i3}A'_{3j}}{A'_{33} + g_{13}}, \quad i,j \neq 1,$$
$$A''_{i1} = A'_{i1} - \frac{A'_{i3}(A_{31} - g_{13})}{A_{33} + g_{13}}. \tag{3.10-14}$$

当网络完成，我们通常将其放在两个 $(d-1)$ 维等势超平面（垂直于 x 轴）之间，在其他边界没有电流流过. 因此，网络一边的格点通常连接在一起可以作为单格点处理，而相反的一边取 $V=0$，在 A 矩阵中不出现. 在原始和最后一层的格点属于零电流边界，这样开始计算时取 $A_{ij} \equiv 0$，在最后一层放置后加一个额外零传导层. 这个方法的优点是没有弛豫过程和没有大矩阵反转，误差较小；矩阵 A 的格点数由单层格点数确定，计算中保持固定，便于计算.

(2) 网络约化方法[66]

计算二维无规电阻网络有效电导率的另一种有效方法，是应用一系列键的转换：将电阻网络最后约化为一条单键，它具有与整个网络相同的电导，即网络约化(network reduction). 这里基本的步骤就是熟知的 Y-∇转换.

电路理论里熟知的 Y-∇转换如图 3.10-3 所示. Y 和 ∇的 3 个端点是完全等价的. G_1, G_2, G_3 和 G_A, G_B, G_C 为所对应键的电导.

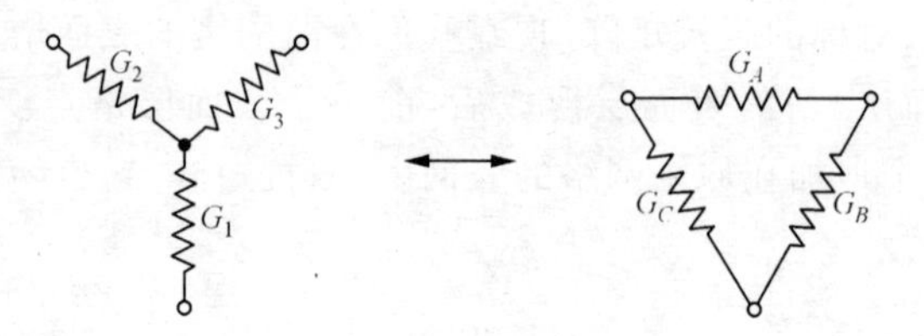

图 3.10-3 Y-∇变换

对于 Y→∇转换,有

$$\begin{aligned} G_A &= G_2G_3/G, \\ G_B &= G_3G_1/G, \\ G_C &= G_1G_2/G, \\ G &= G_1 + G_2 + G_3. \end{aligned} \tag{3.10-15}$$

而对于∇→Y 转换,有

$$\begin{aligned} G_1 &= G_BG_C/G', \\ G_2 &= G_CG_A/G', \\ G_3 &= G_AG_B/G', \\ G'^{-1} &= G_A^{-1} + G_B^{-1} + G_C^{-1}. \end{aligned} \tag{3.10-16}$$

显然,G 和 G'对应于 3 个电阻的并联和串联.

先进行∇→Y 转换,然后重新定义格点,再进行 Y→∇转换,就可以导致网络格子中的对角键通过网络转移. 如图 3.10-4 所示:

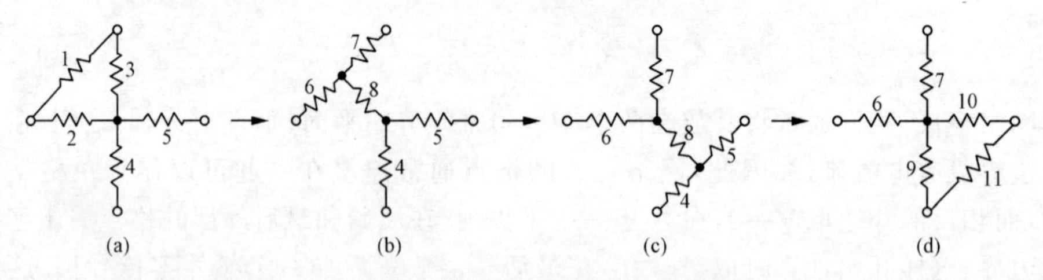

图 3.10-4 对角键通过网络格子的转移[66]

如果网络中存在不传导的绝缘键,传导键的转移变得简单化,可以导致对角传导键的消失. 图 3.10-5 的(a)~(d)表示的一个例子,那里原有的网络中有一根绝缘键存在.

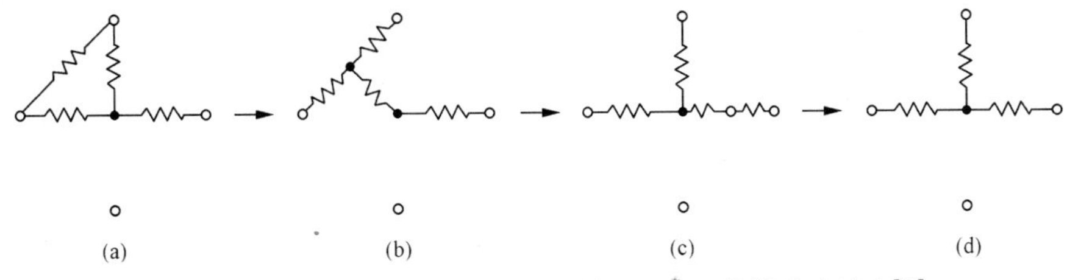

图 3.10-5 绝缘键的存在导致对角传导键在网络转移中消失[66]

图 3.10-6(a)～(i)表示从二维平方网络中的一部分 2×3 原胞连续地转换化为一条线性电阻链.

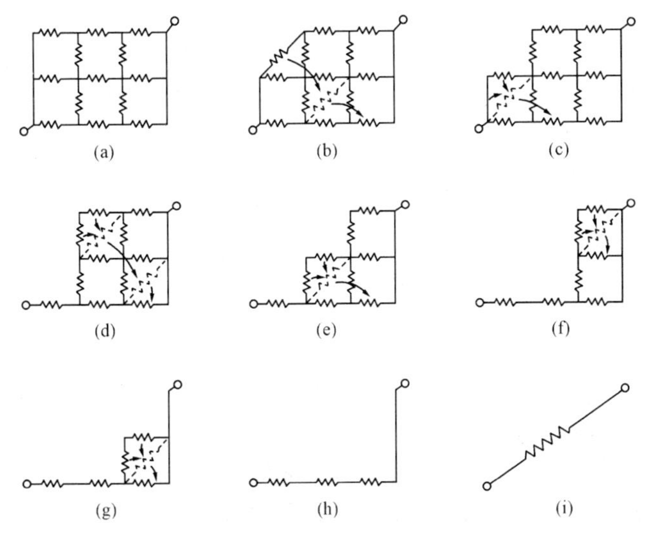

图 3.10-6 二维的 2×3 的平面网络,通过连续地转换化为单一的线性电阻链[66]

参 考 文 献

[1] Jackson J D. Classical Electrodynamics, 3rd Ed. New York: John Wiley & Sons, 1998.

[2] Nicorovici N A, Mcphedran R C and Milton G W. Optical and dielectric properties of partially resonant composites. Phys. Rev. B, 1984, 49: 8479.

[3] Liu X Y and Li Z Y. Nonlinear dielectric response of partially resonant composites. Phys. Lett. A, 1996, 223: 475.

[4] Maxwell-Garnett J C. Colours in metal glasses, in metallic films and in metallic solutions-Ⅱ. Philos. Trans. R. Soc. London A, 1906, 205: 237.

[5] Hashin Z and Shtrikman S. A variational approach to the theory of the effective magnetic

permeability of multiphase materials. J. Appl. Phys., 1962, 33: 3125.

[6] Hashin Z. Theory of Composite Materials in Mechanics of Composite Materials. New York: Pergamon Press, 1970.

[7] Schulgasser K. Relationship between single-crystal and polycrystal electrical conductivity. J. Appl. Phys., 1976, 47: 1880.

[8] Milton G W. Bounds on the complex permittivity of a two-component composite material. J. Appl. Phys., 1981, 52: 5286.

[9] Lurie K A and Cherkaev A V. Exact estimates of the conductivity of composites formed by two isotropically conducting media taken in prescribed proportion. Proc. R. Soc. Edinburgh, 1984, 99A: 71.

[10] Torquato Salvatore. Random Heterogeneous Materials: Microstructure and Macroscopic Properties. New York: Springer Science & Busines Media, Inc., 2002.

[11] Bruggeman D. Berechnung verschiedener physikalischer konatanten von heterogenen substanzen. Ann. Pluysik (Leipzig), 1935, 24: 636.

[12] Landauer R. Electrical transport and optical properties of inhomogeneous media. AIP conference proceeding ETOPIM, 1978, 40: 2.

[13] Landauer R. The electrical resistance of binary metallic mixtures. J. Appl. Phys., 1952, 23: 779.

[14] Hui P M and Stroud D. Complex dielectric response of metal-particle clusters. Phys. Rev. B, 1986, 33: 2163.

[15] Sulewski P E, Noh T W, Mcwhirter J T and Sievers A J. Far-infrared composite-medium study of sintered La_2NiO_4 and $La_{1.82}Sr_{0.15}CuO_{4-y}$. Phys. Rev. B, 1987, 36: 5735.

[16] Zabel I H H and Stroud D. Metal cluster and model rocks: electromagnetic properties of conducting fractal aggregates. Phys. Rev. B, 1992, 46: 8132.

[17] Stroud D. The effective medium approximations: some recent developments. Superlattice and microstructure, 1998, 23: 567.

[18] Goncharenko A V. Generalizations of the Bruggeman equation and a concept of shape-distributed particle composites. Phys. Rev. E, 2003, 68: 041108.

[19] Goncharenko A V, Lozovski V Z and Venger E F. Effective dielectric response of a shape-distributed particle system. J. Phys. condens. matter, 2001, 13: 8217.

[20] Goncharenko A V. Optical properties of core-shell particle composites. I-Linear response. Chem. Phys. Lett., 2004, 386: 25.

[21] Duan H L, Karihaloo B L, Wang J and Yi X. Effective conductivities of heterogeneous media containing multiple inclusions with various spatial distribution. Phys. Rev. B, 2006, 73: 174203.

[22] Del Rio J A, Zimmerman R W and Dawe R A. Formula for the conductivity of a two-component material based on the reciprocity theorem. Solid State Commun., 1998, 106: 183.

[23] Ma Hongru, Xiao Rongfu and Sheng Ping. Third-order optical nonlinearity enhancement

through composite microstruetures. J. Opt. Soc. Am. B, 1998, 15: 1033.

[24] Sahimi Muhammad. Heterogeneous Materials I: Linear Transport and Optical Properties. New York: Springer-Verlag New York Inc., 2003.

[25] Milton G W. Classical Hall effect in two-dimensional composites: a characterization of the set of realizable effective conductivity tensors. Phys. Rev. B, 1988, 38: 11296.

[26] Noh T W, Song P H and Sievers A J. Self-consistency conditions for the effective-medium approximation in composite materials. Phys. Rev. B, 1991, 44: 5459.

[27] Stroud D. Generalized effective-medium approach to the conductivity of an inhomogeneous materials. Phys. Rev. B, 1975, 12: 3368.

[28] Bergman D J. The self-consistent effective-medium approximation (SEMA): new trick from an old dog. Physica B: condensed matter, 2007, 394: 344.

[29] Ruppin R. Evaluation of extended Maxwell-Garnett theories. Opt. Commum., 2000, 182: 273.

[30] Skipetrov S E. Effective dielectric function of a random medium. Phys. Rev. B, 1999, 60: 12705.

[31] Pellegrini Yves-Patrick and Barthelemy Marc. Self-consistent effective-medium approximations with path integrals. Phys. Rev. E, 2000, 61: 3547.

[32] Spanoudaki Anna and Pelster Rolf. Effective dielectric properties of composite materials: the dependence on the particle size distribution. Phys. Rev. B, 2001, 64: 064205.

[33] Torquato S and Hyun S. Effective-medium approximation for composite media: realizable single-scale dispersions. J. Appl. Phys., 2001, 89: 1725.

[34] Sheng Ping. Effective dielectric function of composite media. Lect. Notes in Physics, 1982, 154: 239.

[35] Tao Ruibao, Chen Zhe and Sheng Ping. First-principle Fourier approach for the calculation of the effective dielectric constant of periodic composites. Phys. Rev. B, 1990, 41: 2417.

[36] Carr G L, Perkowitz S and Tanner D B. Infrared and Millimeter Waves. New York: Academic, 1985.

[37] Walker D and Scharnberg K. Electromagnetic response of high-T_C superconductors. Phys. Rev. B, 1990, 42: 2211.

[38] Keller J B. A theorem on the conductivity of a composite medium. J. Math. Phys., 1964, 5: 548.

[39] Mendelson K S. Effective conductivity of two-phase material with cylindrical phase boundaries. J. Appl. Phys., 1975, 46: 917.

Mendelson K S. A theorem on the effective conductivity of a two-dimensional heterogeneous medium. J. Appl. Phys., 1975, 46: 4740.

[40] Dykhne A M. Conductivity of a two-dimensional two-phase system. Sov. Phys. JETP, 1971, 32: 63.

[41] Bergman D J. The dielectric constant of a composite material: a problem in classical phys-

ics. Phys. Rep., 1978, 43: 377.

[42] Molyneux J E. Effective permittivity of a polycrystalline dielectric. J. Math. Phys., 1970, 11: 1172.

[43] Felderhof B U, Ford G W and Cohen E G D. Cluster expansion for the dielectric constant of a polarizable suspension. J. Stat. Phys., 1982, 28: 135.

[44] Torquato S. Bulk properties of two-phase disordered media. I-Cluster expansion for the effective dielectric constant of dispersions of penetrable spheres. J. Chem. Phys., 1984, 81: 5079.

[45] Jeffrey D J. Conduction through a random suspension of spheres. Proc. R. Soc. Lond. A, 1973, 335: 355.

[46] Peterson J M and Hermans J J. The dielectric constants of nonconducting suspensions. J. Composite Mater, 1969, 3: 338.

[47] Torquato S. Bulk properties of two phase disordered media. II-Effective conductivity of a dilute dispersion of penetrable spheres. J. Chem. Phys., 1985, 83: 4776.

[48] Cichocki B and Felderhof B U. Dielectric constant of polarizable, nonpolar fluids and suspensions. J. Stat. Phys., 1988, 53: 499.

[49] Buryachenko V A. Multiparticle effective field and related methods in micromechanics of composite materials. Appl. Mech. Rev., 2000, 54: 1.

[50] Bergman D J and Stroud D. Physical properties of macroscopically inhomogeneous media, in: Ehrenreich and Tumbul D. Solid State Physics: Advances in Reasearch and Applications, 1992, 46: 147.

[51] Devaty R P and Sievers A J. Far infrared absorption by small silver particles in gelatin. Phys. Rev. B, 1990, 41: 7421.

[52] Shalaev Vladimir M. Electromagnetic properties of small-particle composites. Phys. Rep., 1996, 272: 61.

[53] Dyre J C and Schroder T B. Universality of AC conduction in disordered solids. Rev. Mod. Phys., 2000, 72: 873.

[54] Stroud D. Percolation effects and sum rules in the optical properties of composites. Phys. Rev. B, 1978, 19: 1783.

[55] Sahimi M. Flow phenomena in rocks: from continuum models to fractals, percolation, cellular automata and simulated annealing. Rev. Mod. Phys., 1993, 65: 1395.

[56] Gu Guo-Qing, Hui P M and Yu Kin-Wan. A theory of nonlinear AC response in nonlinear composites. Physica B: condensed matter, 2000, 279: 62.

[57] Sahimi M. Heterogeneous Materials I: Linear Transport and Optical Properties. New York: Springer-Verlag New York Inc., 2003.

[58] Kirkpatrick S. Percolation and conduction. Rev. Mod. Phys., 1973, 45: 547.

[59] Webman I, Jortner J and Cohen M H. Numerical simulation of electrical conductivity in microscopically inhomogeneous materials. Phys. Rev. B, 1975, 11: 2885.

[60] Batrouni G G, Hausen A and Nelkin M. Fourier acceleration of relaxation processes in disordered systems. Phys. Rev. Lett., 1986, 57: 1336.

[61] Batrouni G G and Hausen A. Fourier acceleration of iterative processes in disordered systems. J. Stat. Phys., 1988, 52: 747.

[62] Sahimi M. Heterogenous Metarials Ⅱ: Nonlinear and Breakdown Properties and Atomistic Modeling. New York: Springer-Verlag New York Inc., 2003.

[63] Derrida B, Zabolitzky J G, Vannimenus J and Stauffer D. A transfer matrix program to calculate the coductivity of random resistor networks. J. Stat. Phys., 1984, 36: 31.

[64] Derrida B and Vannimenus J. A transfer-matrix approach to random networks. J. Phys. A, 1982, 15: L557.

[65] Derrida B, Stauffer D, Herrmann H and Vannimenus J. Transfer matrix calculation of conductivity in three-dimensional random resistor networks at percolation threshold. J. Phys. Lett., 1983, 44: L701.

[66] Frank D J and Lobb C J. Highly efficient algorithm for percolative transport studies in two dimensions. Phys. Rev. B, 1988, 37: 302.

第四章　非线性介电和光学性质

前一章，我们讨论了异质复合介质的线性输运性质. 在线性介质中，局域的电位移矢量 $\boldsymbol{D}$ 与电场强度 $\boldsymbol{E}$ 成正比，比例系数即介电常数 ε. 在有限的频率下，ε 应是与空间位置和电场频率相关的复量. 实际上，许多介质中的电位移矢量 $\boldsymbol{D}$ 与电场强度 $\boldsymbol{E}$ 呈现复杂的非线性关系，这也恰是非线性光学研究的基础. 本章将重点讨论异质复合介质的有效非线性介电响应和光学性质. 首先考虑异质复合体系的三阶弱非线性响应. 在这类体系中，局域的 $\boldsymbol{D}$ 和 $\boldsymbol{E}$ 满足 $\boldsymbol{D}(\boldsymbol{r})=\varepsilon(\boldsymbol{r})\boldsymbol{E}(\boldsymbol{r})+\chi(\boldsymbol{r})|\boldsymbol{E}(\boldsymbol{r})|^2\boldsymbol{E}(\boldsymbol{r})$，这里 $\varepsilon(\boldsymbol{r})$ 称为线性介电常数，而 $\chi(\boldsymbol{r})$ 称为三阶非线性极化率[1]. 弱非线性要求非线性项(上式等号右侧第二项)对 $\boldsymbol{D}(\boldsymbol{r})$ 的贡献远小于线性项 $\varepsilon(\boldsymbol{r})\boldsymbol{E}(\boldsymbol{r})$ 的贡献，从而线性项起主导作用. 对于弱非线性异质复合介质，可应用非线性退耦近似[2]、谱表示方法[3]和微扰展开方法[4,5]分析体系的有效三阶非线性极化率. 其次，当外加电场强度很大，以至于线性项和非线性项可以相互比拟时，异质复合介质往往会呈现光学双稳性质[6]. 光学双稳性是指非线性异质复合介质在给定的输入光强下，存在着两种可能的输出光强. 最后，随着外加电场强度的进一步增强，线性项同非线性项相比，可以被忽略. 此时组分的 $\boldsymbol{D}$ 和 $\boldsymbol{E}$ 的本构关系则表现出强非线性响应特征，即 $\boldsymbol{D}(\boldsymbol{r})=\chi(\boldsymbol{r})|\boldsymbol{E}(\boldsymbol{r})|^2\boldsymbol{E}(\boldsymbol{r})$，$\chi(\boldsymbol{r})$ 称做三阶强非线性系数[7]. 对于强非线性的异质复合介质，可采用变分方法[8]和自洽平均场理论[9,10]来研讨复合体系的有效强非线性响应.

§4.1　弱三阶非线性响应

1. 有效三阶非线性极化率

考虑一个具有弱非线性介电响应的异质复合介质，其局域的 $\boldsymbol{D}$-$\boldsymbol{E}$ 本构关系为

$$\boldsymbol{D}(\boldsymbol{r})=[\varepsilon(\boldsymbol{r})+\chi(\boldsymbol{r})\mid\boldsymbol{E}(\boldsymbol{r})\mid^2]\boldsymbol{E}(\boldsymbol{r}), \tag{4.1-1}$$

其中 $\varepsilon(\boldsymbol{r})$ 为线性介电常数，$\chi(\boldsymbol{r})$ 为三阶非线性极化率，它们都是与空间位置 $\boldsymbol{r}$ 相关的量. 而且，$\boldsymbol{D}$ 和 $\boldsymbol{E}$ 都是与空间位置和频率相关的复量，实际的物理场为相应复量的实部，即 $\mathrm{Re}(\boldsymbol{D}\mathrm{e}^{-\mathrm{i}\omega t})$ 和 $\mathrm{Re}(\boldsymbol{E}\mathrm{e}^{-\mathrm{i}\omega t})$. 式(4.1-1)中表征的三阶非线性介电响应是具有空间反演对称性的材料中所出现的最低阶非线性；对于无空间反演对称性的材料，还会出现二阶非线性介电响应.

在准静态近似下，对于入射的电磁波，异质复合介质可被看做有效的均匀介质，其有效的介电常数 ε_e 和有效三阶非线性极化率 χ_e 可以定义为[1,3,11]

$$\langle \boldsymbol{D}\rangle \equiv \frac{1}{V}\int \boldsymbol{D}\mathrm{d}V = \frac{1}{V}\int [\varepsilon(\boldsymbol{r})\boldsymbol{E}(\boldsymbol{r}) + \chi(\boldsymbol{r}) \mid \boldsymbol{E}(\boldsymbol{r}) \mid^2 \cdot \boldsymbol{E}(\boldsymbol{r})]\mathrm{d}V$$
$$= \varepsilon_e \boldsymbol{E}_0 + \chi_e \mid \boldsymbol{E}_0 \mid^2 \boldsymbol{E}_0, \tag{4.1-2}$$

其中 $\boldsymbol{E}_0 = \langle \boldsymbol{E}\rangle = \frac{1}{V}\int \boldsymbol{E}\mathrm{d}V$ 是外加电场强度. 为方便起见,在表述中我们忽略因子 $\mathrm{e}^{-\mathrm{i}\omega t}$.

在准静态近似下,有

$$\nabla \cdot \boldsymbol{D} = 0, \quad \nabla \times \boldsymbol{E} = 0. \tag{4.1-3}$$

对于相应的线性异质复合介质(即 $\chi=0$),我们有

$$\nabla \cdot \boldsymbol{D}_{\mathrm{lin}} = 0, \quad \nabla \times \boldsymbol{E}_{\mathrm{lin}} = 0, \tag{4.1-4}$$

其中 $\boldsymbol{D}_{\mathrm{lin}} = \varepsilon(\boldsymbol{r})\boldsymbol{E}_{\mathrm{lin}}$,且

$$\boldsymbol{E} = -\nabla\phi, \quad \boldsymbol{E}_{\mathrm{lin}} = -\nabla\phi_{\mathrm{lin}}. \tag{4.1-5}$$

对于弱非线性复合材料体系,其空间局域场 $\boldsymbol{E}$ 和势函数 ϕ 可以看做是相对于线性(下标 lin)局域场和势函数的偏离,即 $\boldsymbol{E}=\boldsymbol{E}_{\mathrm{lin}}+\delta\boldsymbol{E}$,$\phi=\phi_{\mathrm{lin}}+\delta\phi$,其中 $\delta\boldsymbol{E}=-\nabla\delta\phi$. 不失一般性,假设在弱非线性和线性的异质复合介质的边界上外加相同的电势,即 $\delta\phi|_{边界}=0$. 考虑到外加电场 $\boldsymbol{E}_0$(平行于 z 轴)可以表示为 $\boldsymbol{E}_0 = -\nabla\phi_0 = -\nabla(E_0 z)$,以及在边界上 $\phi=\phi_0$. 将式(4.1-2)两边点乘 $\boldsymbol{E}_0$,有[参见式(3.5-7)]

$$\frac{1}{V}\int \boldsymbol{D}\cdot\boldsymbol{E}_0\mathrm{d}V = -\frac{1}{V}\int \boldsymbol{D}\cdot\nabla\phi_0\mathrm{d}V = \frac{1}{V}\int \boldsymbol{D}\cdot\boldsymbol{E}\mathrm{d}V. \tag{4.1-6}$$

因此,可证

$$\frac{1}{V}\int \boldsymbol{D}\cdot\boldsymbol{E}\mathrm{d}V = \varepsilon_e \boldsymbol{E}_0^2 + \chi_e \mid \boldsymbol{E}_0 \mid^2 \boldsymbol{E}_0^2, \tag{4.1-7}$$

同理,可证

$$\frac{1}{V}\int \boldsymbol{D}\cdot\boldsymbol{E}^*\mathrm{d}V = \frac{1}{V}\int \boldsymbol{D}\cdot\boldsymbol{E}\mathrm{d}V, \tag{4.1-8}$$

其中 $\boldsymbol{E}^*$ 为 $\boldsymbol{E}$ 的复共轭. 当组元具有非线性 $\boldsymbol{D}$-$\boldsymbol{E}$ 的本构关系时[参见式(4.1-1)],通常需要求解非线性微分方程. 原则上很难解析地推导出异质复合体系的有效三阶非线性极化率. 然而当组元具有弱非线性响应时,可以应用微扰的方法来处理. 精确到非线性极化率的一次幂,式(4.1-7)可表述为

$$\frac{1}{V}\int \varepsilon(\boldsymbol{r})\boldsymbol{E}_{\mathrm{lin}}^2\mathrm{d}V + 2\,\frac{1}{V}\int \varepsilon(\boldsymbol{r})\boldsymbol{E}_{\mathrm{lin}}\cdot\delta\boldsymbol{E}\mathrm{d}V + \frac{1}{V}\int \chi(\boldsymbol{r}) \mid \boldsymbol{E}_{\mathrm{lin}} \mid^2 \boldsymbol{E}_{\mathrm{lin}}^2\mathrm{d}V$$
$$= \varepsilon_e \boldsymbol{E}_0^2 + \chi_e \mid \boldsymbol{E}_0 \mid^2 \boldsymbol{E}_0^2. \tag{4.1-9}$$

由于式(4.1-9)等号左边第二项为 0,因此有

$$\frac{1}{V}\int \varepsilon(\boldsymbol{r})\boldsymbol{E}_{\mathrm{lin}}^2\mathrm{d}V + \frac{1}{V}\int \chi(\boldsymbol{r}) \mid \boldsymbol{E}_{\mathrm{lin}} \mid^2 \boldsymbol{E}_{\mathrm{lin}}^2\mathrm{d}V = \varepsilon_e \boldsymbol{E}_0^2 + \chi_e \mid \boldsymbol{E}_0 \mid^2 \boldsymbol{E}_0^2, \tag{4.1-10}$$

这里

$$\varepsilon_e \boldsymbol{E}_0^2 = \frac{1}{V}\int \varepsilon(\boldsymbol{r}) \boldsymbol{E}_{\text{lin}}^2 \text{d}V, \tag{4.1-11}$$

$$\chi_e \mid \boldsymbol{E}_0 \mid^2 \boldsymbol{E}_0^2 = \frac{1}{V}\int \chi(\boldsymbol{r}) \mid \boldsymbol{E}_{\text{lin}} \mid^2 \boldsymbol{E}_{\text{lin}}^2 \text{d}V, \tag{4.1-12}$$

式(4.1-11)从能量角度定义了体系的有效线性介电常数；而式(4.1-12)则表明异质复合材料体系的有效三阶非线性极化率 χ_e 与复合材料中组元的三阶非线性极化率 $\chi(\boldsymbol{r})$ 及线性局域电场强度 $\boldsymbol{E}_{\text{lin}}$（相应线性复合介质中的局域电场强度）四次幂的空间平均有关. 显然，空间局域电场的增强有助于提高异质复合材料的有效三阶非线性极化率. 下面以三种具有简单微几何结构的两组元复合体系为例，求解其有效线性介电常数和有效三阶非线性极化率.

(1) 平行圆柱体

这种微结构是由互相沿 z 轴平行排列的圆柱体组成，如图 4.1-1(a)所示. 对于这种两组元异质复合体系，设组元 1 的圆柱体具有体积分数 f、线性介电常数 ε_1 和三阶非线性极化率 χ_1；组元 2 的圆柱体具有体积分数 $1-f$、线性介电常数 ε_2 和非线性极化率 χ_2. 设外加电场 $\boldsymbol{E}_0$ 沿 z 轴方向，则复合体系的线性局域场处处均匀且为 $\boldsymbol{E}_0$. 根据式(4.1-11)和(4.1-12)，复合材料的有效介电常数 ε_e 和有效三阶非线性极化率 χ_e 分别为

$$\varepsilon_e = f\varepsilon_1 + (1-f)\varepsilon_2, \tag{4.1-13}$$

$$\chi_e = f\chi_1 + (1-f)\chi_2. \tag{4.1-14}$$

可以看出，体系的有效三阶非线性极化率 χ_e 恰是组元非线性极化率(χ_1，χ_2)的简单几何(算术)平均.

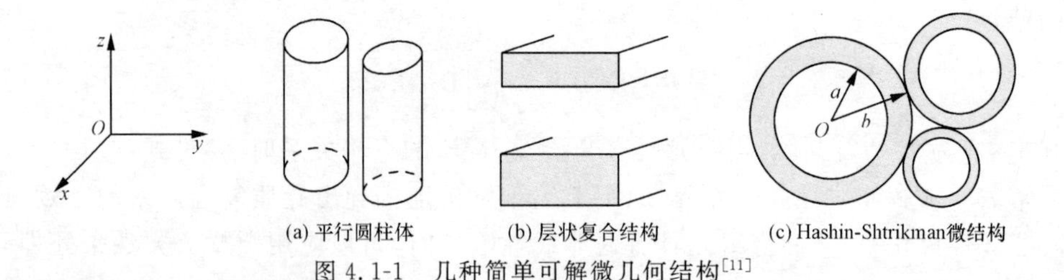

(a) 平行圆柱体　　(b) 层状复合结构　　(c) Hashin-Shtrikman微结构

图 4.1-1　几种简单可解微几何结构[11]

(2) 层状复合结构

如图 4.1-1(b)所示，这种微结构由沿 Oxy 平面各个任意厚度的组元 1(ε_1，χ_1)和组元 2(ε_2，χ_2)的平板层叠而成. 对于这类异质复合结构体系，当外加电场 $\boldsymbol{E}_0$ 垂直于平板方向(z 轴方向)，组元内的局域电场 $\boldsymbol{E}$ 和电位移矢量 $\boldsymbol{D}$ 都是均匀的. 因此，整个复合材料有效介电常数 ε_e 和有效三阶非线性极化率 χ_e 分别为

$$\frac{1}{\varepsilon_e} = \frac{f}{\varepsilon_1} + \frac{1-f}{\varepsilon_2}, \tag{4.1-15}$$

$$\chi_e = \left[\frac{\chi_1 f}{\varepsilon_1^2 |\varepsilon_1|^2} + \frac{\chi_2(1-f)}{\varepsilon_2^2 |\varepsilon_2|^2}\right]\left[\frac{f}{\varepsilon_1} + \frac{(1-f)}{\varepsilon_2}\right]^{-2} \left|\frac{f}{\varepsilon_1} + \frac{(1-f)}{\varepsilon_2}\right|^{-2}. \quad (4.1\text{-}16)$$

(3) Hashin-Shtrikman(H-S)微结构

如前章所述(参见§3.2),具有 H-S 微结构的二相异质复合体系是由粒径大小各异的核-壳复合球形颗粒组成. 设球形颗粒核的半径为 a,其线性介电常数和三阶非线性极化率分别为 ε_1, χ_1;同心壳层外半径为 b,线性介电常数为 ε_2,三阶非线性极化率为 χ_2. 令核组分的体积分数为 $f=a^3/b^3$. 通过求解核-壳层的线性局域电场,可以得到

$$\frac{\varepsilon_e}{\varepsilon_2} = \frac{\varepsilon_1(1+2f) + 2\varepsilon_2(1-f)}{\varepsilon_1(1-f) + \varepsilon_2(2+f)}, \quad (4.1\text{-}17)$$

$$\begin{aligned}
\chi_e = & [(1-f)\varepsilon_1 + (2+f)\varepsilon_2]^{-2} \,|(1-f)\varepsilon_1 + (2+f)\varepsilon_2|^{-2} \\
& \times \Big\{ f\chi_1 (3\varepsilon_2)^2 |3\varepsilon_2|^2 + (1-f)\chi_2 \Big[(\varepsilon_1 + 2\varepsilon_2)^2 |\varepsilon_1 + 2\varepsilon_2|^2 \\
& + 2f(\varepsilon_1 - \varepsilon_2)^2 |\varepsilon_1 + 2\varepsilon_2|^2 + 2f|\varepsilon_1 - \varepsilon_2|^2 (\varepsilon_1 + 2\varepsilon_2)^2 \\
& + \frac{16}{5} f(\varepsilon_1 + 2\varepsilon_2)|\varepsilon_1 + 2\varepsilon_2|^2 (\varepsilon_1 - \varepsilon_2) \mathrm{Re}\left(\frac{\varepsilon_1 - \varepsilon_2}{\varepsilon_1 + 2\varepsilon_2}\right) \\
& + \frac{4}{5} f(1+f)(\varepsilon_1 + 2\varepsilon_2)(\varepsilon_1 - \varepsilon_2)|\varepsilon_1 - \varepsilon_2|^2 \\
& + \frac{4}{5} f(1+f)(\varepsilon_1 - \varepsilon_2)^2 |\varepsilon_1 + 2\varepsilon_2|^2 \mathrm{Re}\left(\frac{\varepsilon_1 - \varepsilon_2}{\varepsilon_1 + 2\varepsilon_2}\right) \\
& + \frac{8}{5} f(1+f+f^2)(\varepsilon_1 - \varepsilon_2)^2 |\varepsilon_1 - \varepsilon_2|^2 \Big] \Big\}. \quad (4.1\text{-}18)
\end{aligned}$$

可以看出,在准静态共振条件下,即式(4.1-16)和式(4.1-18)中的分母接近于 0,异质复合材料会展现出有效三阶非线性极化率的巨大增强. 如对于层状结构,其共振条件为 $(1-f)\varepsilon_1 + f\varepsilon_2 \approx 0$;而对于 H-S 微结构,条件则为 $(1-f)\varepsilon_1 + (2+f)\varepsilon_2 \approx 0$.

2. 退耦近似

应用式(4.1-12),两组元复合体系的有效非线性极化率可以表示为

$$\begin{aligned}
\chi_e |\boldsymbol{E}_0|^2 \boldsymbol{E}_0^2 &= \frac{1}{V}\int \chi(\boldsymbol{r}) |\boldsymbol{E}_{\text{lin}}|^2 \boldsymbol{E}_{\text{lin}}^2 \mathrm{d}V \\
&= \chi_1 \frac{1}{V}\int_1 |\boldsymbol{E}_{\text{lin}}|^2 \boldsymbol{E}_{\text{lin}}^2 \mathrm{d}V + \chi_2 \frac{1}{V}\int_2 |\boldsymbol{E}_{\text{lin}}|^2 \boldsymbol{E}_{\text{lin}}^2 \mathrm{d}V \\
&\equiv f\chi_1 \langle |\boldsymbol{E}_{\text{lin}}|^2 \boldsymbol{E}_{\text{lin}}^2 \rangle_1 + (1-f)\chi_2 \langle |\boldsymbol{E}_{\text{lin}}|^2 \boldsymbol{E}_{\text{lin}}^2 \rangle_2 \\
&\equiv (\beta_1 \chi_1 + \beta_2 \chi_2) |\boldsymbol{E}_0|^2 \boldsymbol{E}_0^2, \quad (4.1\text{-}19)
\end{aligned}$$

这里 $\langle\cdots\rangle_i$ 表示对组元 $i(i=1,2)$ 的体平均,f 为组元 1 的体积分数;β_i 为组元 i 的电场增强因子.

事实上,对于异质复合材料,一般说来,即使组元具有线性的 $\boldsymbol{D}$-$\boldsymbol{E}$ 本构关系,也是很难精确求解局域场的空间分布. 因此,需要采取一些近似. 退耦近似是常用

的方法之一[2]. 式(4.1-19)中的平均可以近似为

$$\langle |\boldsymbol{E}_{\text{lin}}|^2\boldsymbol{E}_{\text{lin}}^2\rangle_i \approx \langle |\boldsymbol{E}_{\text{lin}}|^2\rangle_i\langle \boldsymbol{E}_{\text{lin}}^2\rangle_i \approx |\langle \boldsymbol{E}_{\text{lin}}^2\rangle_i|\langle \boldsymbol{E}_{\text{lin}}^2\rangle_i, \tag{4.1-20}$$

则有效三阶非线性极化率表述为

$$\chi_{\text{e}} = \sum_{i=1}^{2}\beta_i\chi_i = \sum_{i=1}^{2}\chi_i f_i \frac{|\langle \boldsymbol{E}_{\text{lin}}^2\rangle_i|\langle \boldsymbol{E}_{\text{lin}}^2\rangle_i}{|\boldsymbol{E}_0|^2\boldsymbol{E}_0^2}, \tag{4.1-21}$$

其中 $f_1=f, f_2=1-f$，而

$$\beta_i \approx f_i \frac{|\langle \boldsymbol{E}_{\text{lin}}^2\rangle_i|\langle \boldsymbol{E}_{\text{lin}}^2\rangle_i}{|\boldsymbol{E}_0|^2\boldsymbol{E}_0^2}.$$

在式(4.1-20)中，第一步采用退耦近似. 当组元 i 中的局域电场为匀强电场时，退耦近似完全正确；而当组元的局域电场空间涨落很大时，该近似产生的误差也较大. 第二步采用 $\langle|\boldsymbol{E}_{\text{lin}}|^2\rangle_i \approx |\langle\boldsymbol{E}_{\text{lin}}^2\rangle_i|$. 当组元的介电常数为实数时，这个近似完全正确. 通常情况下，$|\langle\boldsymbol{E}_{\text{lin}}^2\rangle_i|$ 是 $\langle|\boldsymbol{E}_{\text{lin}}|^2\rangle_i$ 的低边界，即 $|\langle\boldsymbol{E}_{\text{lin}}^2\rangle_i| \leqslant \langle|\boldsymbol{E}_{\text{lin}}|^2\rangle_i$.

根据式(4.1-11)，我们可以建立组元 i 中的线性局域场平方的平均 $\langle\boldsymbol{E}_{\text{lin}}^2\rangle_i$ 和有效线性介电常数 ε_{e} 的关系，即

$$\langle\boldsymbol{E}_{\text{lin}}^2\rangle_i = \frac{1}{f_i}\frac{\partial\varepsilon_{\text{e}}}{\partial\varepsilon_i}\boldsymbol{E}_0^2. \tag{4.1-22}$$

将式(4.1-22)代入式(4.1-21)，有

$$\chi_{\text{e}} \cong \frac{\chi_1}{f}\frac{\partial\varepsilon_{\text{e}}}{\partial\varepsilon_1}\left|\frac{\partial\varepsilon_{\text{e}}}{\partial\varepsilon_1}\right| + \frac{\chi_2}{1-f}\frac{\partial\varepsilon_{\text{e}}}{\partial\varepsilon_2}\left|\frac{\partial\varepsilon_{\text{e}}}{\partial\varepsilon_2}\right|. \tag{4.1-23}$$

因此，只要知道体系的有效线性介电常数 ε_{e} 对组元介电常数 ε_i 的依赖关系，就可以利用式(4.1-23)来近似估算体系的有效非线性极化率. 下面以两种微几何结构为例，分析异质复合介质有效三阶非线性极化率如何得到增强的效应[2].

(1) 对称微结构

具有对称微结构的异质复合体系是指组元 1 和组元 2 以对称形式构成的复合介质，当把二组元互换且同时互换各自体积分数 f 和 $1-f$ 时，复合介质的物理性质并不改变. 应用自洽的有效介质近似(EMA)，可得到有效线性介电常数为

$$f\frac{\varepsilon_1-\varepsilon_{\text{e}}}{\varepsilon_1+2\varepsilon_{\text{e}}} + (1-f)\frac{\varepsilon_2-\varepsilon_{\text{e}}}{\varepsilon_2+2\varepsilon_{\text{e}}} = 0. \tag{4.1-24}$$

注意到上述方程一般有两个解，物理解要求 ε_{e} 是连续的，且 ε_{e} 的虚部 $\text{Im}(\varepsilon_{\text{e}})\geqslant 0$. 根据式(4.1-24)，有

$$\frac{\partial\varepsilon_{\text{e}}}{\partial\varepsilon_1} = \frac{f\varepsilon_{\text{e}}}{(\varepsilon_1+2\varepsilon_{\text{e}})^2 D}, \quad \frac{\partial\varepsilon_{\text{e}}}{\partial\varepsilon_2} = \frac{(1-f)\varepsilon_{\text{e}}}{(\varepsilon_2+2\varepsilon_{\text{e}})^2 D}, \tag{4.1-25}$$

式中 $D=\dfrac{f\varepsilon_1}{(\varepsilon_1+2\varepsilon_{\text{e}})^2}+\dfrac{(1-f)\varepsilon_2}{(\varepsilon_2+2\varepsilon_{\text{e}})^2}$[2]. 将式(4.1-25)代入式(4.1-23)，就可求得这类异质复合体系的有效三阶非线性极化率.

以金属-绝缘颗粒异质复合材料为例，设组元 1 为具有弱三阶非线性的金属颗粒，组元 2 为线性的绝缘颗粒（即 $\chi_2=0$）. 忽略颗粒的尺寸效应，则金属颗粒的线性介电常数可由 Drude 模型给出，即

$$\varepsilon_1 = 1 - \frac{\omega_p^2}{\omega(\omega + i/\tau)}, \tag{4.1-26}$$

这里 ω 是入射光频率，ω_p 是等离子体振荡频率，τ 是特征弛豫时间. 为了强调异质材料的复合效应，我们假定 χ_1 与频率无关，且不失一般性地设 $\chi_1=1$.

从图 4.1-2 可以观察到有效线性介电常数虚部 $\mathrm{Im}(\varepsilon_e)$ 随归一化频率 ω/ω_p 的变化特征. 当球形金属颗粒体积分数 $f<1/3$ 时（金属组元的逾渗阈值 $f_c=1/3$），金属组元不能形成无限逾渗集团，整个异质复合体系在零频下仍是绝缘体. 因此，在图 4.1-2(a)中，零频附近不会出现 Drude 吸收峰；而当 $f>1/3$[如图 4.1-2(b)和(c)所示]，在零频附近出现了 Drude 吸收峰. 此外，在整个频谱 $0<\omega<\omega_p$ 的大部分区域存在着表面等离激元共振带. 当 f 较小且趋于 0 时，该表面等离激元共振带变窄且其中心接近 $\omega=\omega_p/\sqrt{3}$.

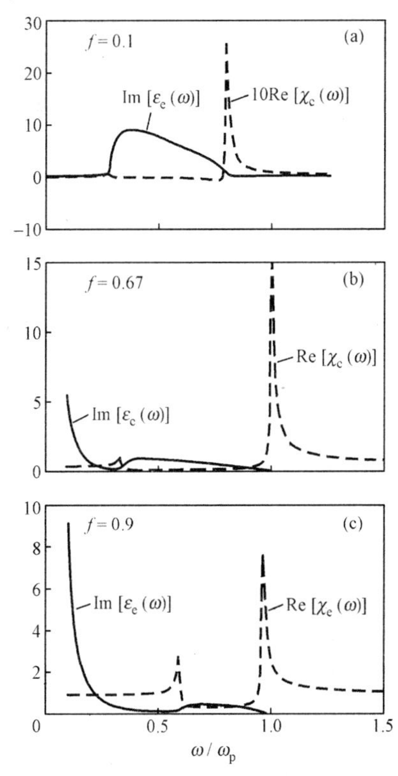

图 4.1-2 具有对称微结构的异质复合体系的 $\mathrm{Im}[\varepsilon_e(\omega)]$（实线）和 $\mathrm{Re}[\chi_e(\omega)]$（虚线）随 ω/ω_p 的变化关系（其中 $\omega_p\tau=100$）[2]

从图 4.1-2 还可以观测 $\mathrm{Re}(\chi_e)$ 随 ω/ω_p 的变化特征. 在表面等离激元共振带的带边，尤其是上带边，异质复合材料的有效三阶非线性极化率有尖锐的增强. 这些尖锐峰的出现，可以定性地理解为：在有效介质近似下，ε_e 在带边具有平方根的形式，即

$$\varepsilon_e \approx \alpha\sqrt{(c+\varepsilon_1/\varepsilon_2)}+c', \tag{4.1-27}$$

这里 α, c 和 c' 均是与体积分数 f 有关的常数. 在带边附近，对于有限的弛豫时间 τ，虽然 ε_e 的虚部很小，但是它具有强烈的色散特性，即 $\mathrm{Re}(\varepsilon_e)$ 随 ε_1（或 ω）急剧变化. 这种色散特性导致

$$\frac{\partial\varepsilon_e}{\partial\varepsilon_1}\sim\sqrt{\frac{1}{|\omega-\omega_c|}}, \tag{4.1-28}$$

其中 ω_c 为带边频率. 因此，在带边附近，有效三阶非线性极化率展现出显著的增强效应[2].

（2）反对称微结构

这类异质复合体系是由具有体积分数为 f 的球状金属颗粒（组元 1）散布于体积分数为 $1-f$ 的绝缘基质（组元 2）中组成. 由于金属颗粒间总有绝缘基质相隔，因此金属组元无法形成连通结构. 对于该类异质复合体系，其有效线性介电常数可由 MGA 给出，即式(4.1-17). 这说明 MGA 在 Hashin-Shtrikman 微几何结构下是适用的. 如果仅考虑到金属颗粒的非线性介电响应，结合 MGA 和退耦近似，我们有

$$\frac{\chi_e}{\chi_1}=81f\left|\frac{\varepsilon_2}{\varepsilon_1(1-f)+\varepsilon_2(2+f)}\right|^2\frac{\varepsilon_2^2}{[\varepsilon_1(1-f)+\varepsilon_2(2+f)]^2}. \tag{4.1-29}$$

在相同的模型参数下，利用式(4.1-17)和(4.1-29)分别计算出的有效线性介电常数和有效三阶非线性极化率如图 4.1-3 所示. 从图 4.1-3 可以看出，图 4.1-2

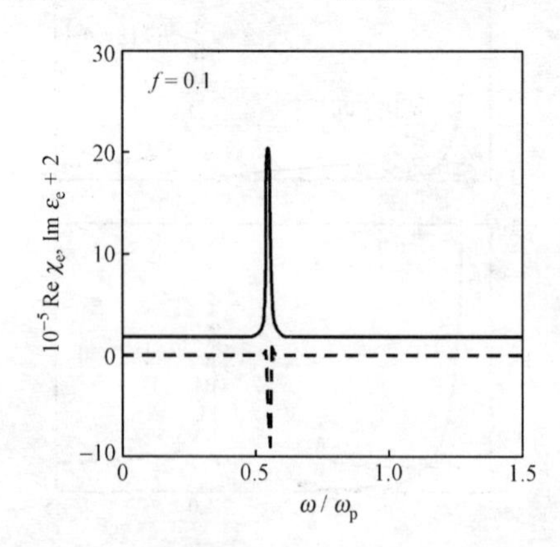

图 4.1-3　反对称微结构的异质复合体系的 $\mathrm{Im}(\varepsilon_e)$（实线）和 $\mathrm{Re}(\chi_e)$（虚线）随归一化频率 ω/ω_p 的变化（$f=0.1$）[2]

所展现的表面等离激元共振带被表面等离激元共振峰所取代.在表面等离激元共振频率(由 $\mathrm{Re}[\varepsilon_1(1-f)+\varepsilon_2(2+f)]\approx 0$ 来确定)附近,复合材料的有效三阶非线性极化率出现巨大增强.

在室温条件下,利用简并的四波混合方法,Tanahashi 等[12]研究了稀释极限下($f=0.031$)Au-SiO_2 异质颗粒复合薄膜的线性吸收率 α 和三阶光学非线性极化率 χ_e(参见图 4.1-4).实验结果表明:在金属颗粒表面等离激元共振波长 $\lambda_p\approx 530$ nm 附近,由于金属颗粒内局域电场的增强,复合薄膜表现出很大的线性光吸收率 α 和很强的三阶非线性极化率 χ_e;而且体系的品质因子(定义为 χ_e/α)随颗粒的平均尺寸的增加先显著增加,然后趋于饱和.

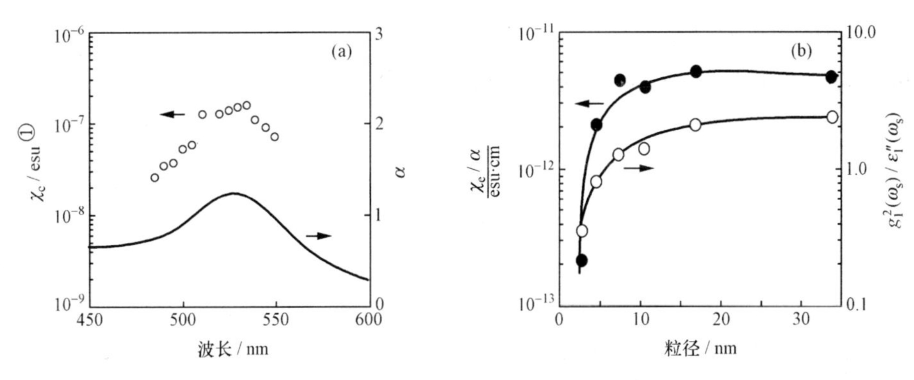

图 4.1-4 (a) Au-SiO_2 异质颗粒复合薄膜 α 和 χ_e 随入射波波长 λ 变化的实验结果以及 (b) 在等离激元共振波长下,χ_e/α 随 Au 纳米颗粒粒径变化的实验结果(实心圆)和理论结果(空心圆)[12]

事实上,在稀释极限下 $f\to 0$,式(4.1-29)可以简化为 $\chi_e=f|g_1(\omega)|^2 g_1(\omega)^2\chi_1$,其中 $g_1(\omega)=3\varepsilon_2/(\varepsilon_1+2\varepsilon_2)$.在表面等离激元共振频率 ω_s 下,$\varepsilon_1'(\omega_s)+2\varepsilon_2=0$,其中 ε_1' 为金属介电常数的实部.经过简单推导,我们得到

$$g_1(\omega_s)=3\varepsilon_2/\varepsilon_1''(\omega_s),\quad \alpha=f\left(\frac{\omega_s}{nc}\right)|g_1(\omega_s)|^2\varepsilon_1''(\omega_s),$$

这里 ε_1'',n 和 c 分别为金属介电常数的虚部、SiO_2 的折射率和光速.因此品质因子可以表示为 $\chi_e/\alpha\sim g_1(\omega_s)^2/\varepsilon_1''(\omega_s)$.图 4.1-4(b)中空心圆显示是 $g_1(\omega_s)^2/\varepsilon_1''(\omega_s)$ 随金属粒径的变化理论计算结果.可见其变化行为与实验得到的品质因子的变化特征非常一致.

3. 谱表示方法

如前所述,在求解异质颗粒复合材料有效非线性极化率时,除了采用退耦近似

---

① CGSE 制单位,对三阶非线性极化率而言,1 esu=$(3\times10^4)^2/(4\pi)$(m/V)^2.

外,还采用了近似$\langle|\boldsymbol{E}_{\text{lin}}|^2\rangle_i \approx |\langle \boldsymbol{E}_{\text{lin}}^2\rangle_i| = |\partial\varepsilon_{\text{e}}/\partial\varepsilon_i|$.事实上应用谱表示方法[3,13],可以直接将$\langle|\boldsymbol{E}_{\text{lin}}|^2\rangle_i$和$\langle \boldsymbol{E}_{\text{lin}}^2\rangle_i$分别用谱密度函数解析地表示出来.相应的公式为[3]

$$f\langle|\boldsymbol{E}_{\text{lin}}|^2\rangle_1 = \frac{1}{V}\int_1 |\boldsymbol{E}_{\text{lin}}|^2 \mathrm{d}V = \int \frac{|s|^2\mu(x)}{|s-x|^2}|\boldsymbol{E}_0|^2 \mathrm{d}x,$$

$$(1-f)\langle|\boldsymbol{E}_{\text{lin}}|^2\rangle_2 = \left[1-\int\frac{(|s|^2-x)\mu(x)}{|s-x|^2}\right]|\boldsymbol{E}_0|^2\mathrm{d}x,$$

$$f\langle \boldsymbol{E}_{\text{lin}}^2\rangle_1 = \frac{\partial\varepsilon_{\text{e}}}{\partial\varepsilon_1}\boldsymbol{E}_0^2 = \int\frac{s^2\mu(x)}{(s-x)^2}\boldsymbol{E}_0^2\mathrm{d}x,$$

$$(1-f)\langle \boldsymbol{E}_{\text{lin}}^2\rangle_2 = \frac{\partial\varepsilon_{\text{e}}}{\partial\varepsilon_2}\boldsymbol{E}_0^2 = \left[1-\int\frac{(s^2-x)\mu(x)}{(s-x)^2}\mathrm{d}x\right]\boldsymbol{E}_0^2. \tag{4.1-30}$$

这里$\mu(x)$即为谱密度函数,而$s\equiv\varepsilon_2/(\varepsilon_2-\varepsilon_1)$.组元$i$的非线性极化率增强因子$\beta_i$和体系的有效非线性极化率$\chi_{\text{e}}$可直接写成

$$\beta_1 = f\frac{\langle|\boldsymbol{E}_{\text{lin}}|^2\rangle_1\langle \boldsymbol{E}_{\text{lin}}^2\rangle_1}{|\boldsymbol{E}_0|^2\boldsymbol{E}_0^2},\quad \beta_2 = (1-f)\frac{\langle|\boldsymbol{E}_{\text{lin}}|^2\rangle_2\langle \boldsymbol{E}_{\text{lin}}^2\rangle_2}{|\boldsymbol{E}_0|^2\boldsymbol{E}_0^2}, \tag{4.1-31}$$

而

$$\chi_{\text{e}} = \beta_1\chi_1 + \beta_2\chi_2. \tag{4.1-32}$$

对于给定的微几何结构,总可以解析或数值求解出反映微几何结构的谱密度$\mu(x)$.因此,根据式(4.1-30)求出异质复合材料相关局域场的空间平均,就可以获得复合体系的有效三阶非线性极化率[参见式(4.1-32)].

在第三章中,我们已经给出了几种微结构,包括对称微结构、反对称微结构和层次微结构的谱密度函数.为了比较各种不同微结构下异质复合体系的有效三阶非线性增强效应,我们还考虑一种散粒金属微几何结构[14].这种微结构是为描述散粒金属的电学和光学性质而设计的一种理论模型,它包含着两种球形核-壳颗粒单元:一种颗粒由组元1的核和组元2的壳所组成,而另一种颗粒由组元2的核和组元1的壳所组成.这两种大小不同的核-壳颗粒单元任意无规混合.这种微结构异质复合材料的有效线性介电常数ε_{e}为下列方程的解(详细讨论见参考文献[14])

$$qD_1 + (1-q)D_2 = 0, \tag{4.1-33}$$

这里

$$D_1 = \frac{(\varepsilon_{\text{e}}-\varepsilon_2)(\varepsilon_1+2\varepsilon_2)+(\varepsilon_2-\varepsilon_1)(\varepsilon_{\text{e}}+2\varepsilon_2)f}{(2\varepsilon_{\text{e}}+\varepsilon_2)(\varepsilon_1+2\varepsilon_2)+2(\varepsilon_{\text{e}}-\varepsilon_2)(\varepsilon_2-\varepsilon_1)f},$$

$$D_2 = \frac{(\varepsilon_{\text{e}}-\varepsilon_1)(2\varepsilon_1+\varepsilon_2)+(\varepsilon_{\text{e}}+2\varepsilon_1)(\varepsilon_1-\varepsilon_2)(1-f)}{(2\varepsilon_{\text{e}}+\varepsilon_1)(2\varepsilon_1+\varepsilon_2)+2(\varepsilon_{\text{e}}-\varepsilon_1)(\varepsilon_1-\varepsilon_2)(1-f)},$$

$$q = \frac{(1-f^{1/3})^3}{[1-(1-f)^{1/3}]^3+(1-f^{1/3})^3}, \tag{4.1-34}$$

其中 f 为组元 1 的体积分数. 其相应谱密度函数为

$$\mu(x)=\frac{(2-3q)f}{3-f}\theta(2-3q)\delta(x)+\frac{(3q-1)f}{2}\theta(3q-1)\delta\left(x-\frac{1-f}{3}\right)$$
$$+\frac{(2-3q)(1-f)f}{2(3-f)}\theta(2-3q)\delta\left[x-\left(1-\frac{f}{3}\right)\right]$$
$$+\frac{27}{2\mid a(x)\mid \pi}\prod_{i=1}^{3}[(x-x_{i-})(x_{i+}-x)]^{\frac{1}{2}}$$
$$\cdot[\theta(x-x_{1-})-\theta(x-x_{1+})+\theta(x-x_{2-})-\theta(x-x_{2+})$$
$$+\theta(x-x_{3-})-\theta(x-x_{3+})], \tag{4.1-35}$$

其中 $\theta(x)$, $\delta(x)$ 分别为阶跃函数和 δ 函数, $a(x)=2s(3s-3+f)(3s-1+f)$; 而 $x_{1\pm}$, $x_{2\pm}$, $x_{3\pm}$ 是六阶多项式方程

$$s^6+C_5s^5+C_4s^4+C_3s^3+C_2s^2+C_1s+C_0=0 \tag{4.1-36}$$

的解, 这里

$$C_5=-\frac{8}{3}-\frac{2f}{3},$$
$$C_4=\frac{22}{9}+2f-\frac{f^2}{3},$$
$$C_3=-\frac{8}{9}+\frac{2(2q-27)f}{27}+\frac{2(7-2q)f^2}{27}+\frac{4f^3}{27},$$
$$C_2=\frac{1}{9}+\frac{2(31-8q)f}{81}+\frac{(12q-11)f^2}{81}+\frac{4(q-7)f^3}{81}+\frac{4f^4}{81},$$
$$C_1=\frac{4(q-2)(1-f)(3-f)f(1+2f)}{243},$$
$$C_0=\frac{4(3q-2)^2(1-f)^2f^2}{729}. \tag{4.1-37}$$

图 4.1-5 显示不同微几何结构下 Au-SiO_2 异质颗粒复合材料在入射波波长 $\lambda=620$ nm 时非线性极化率的增强因子. 此时 Au 的介电常数取为 $\varepsilon_1=-9.97+0.822i$, 而 SiO_2 的介电常数为 $\varepsilon_2=2.25$.

从图 4.1-5 可以看出, 对于有效介质近似(EMA)和微分有效介质近似(DEMA)所描述的两种微结构体系中, 非线性增强因子很小; 而对于反对称性的微结构(由 MGA 所描述)和散粒金属微结构(由 SHENG 近似所描述), 它们的增强因子在合适的体积分数下, 可达到 10^4 左右数量级. 例如: 当 $f\approx0.5$, 体系中的颗粒会发生局域表面等离激元共振, 相应的增强因子具有很大的数值.

利用简并的四波混合手段可测量 Au-SiO_2 颗粒复合薄膜的三阶非线性极化率[15]. 在测量时, 泵浦光束和探测光束的脉冲持续时间均为 70 ps, 最大峰值率为 6.0 MW/cm^2. 图 4.1-6 为实验测量的结果.

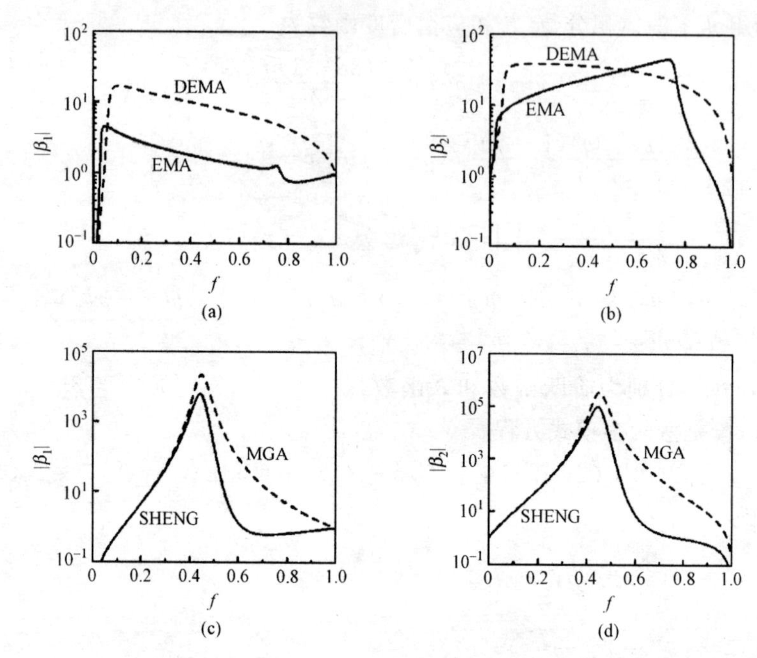

图 4.1-5 非线性极化率的增强因子随体积分数 f 的变化(EMA,MGA,DEMA 和 SHENG 分别对应对称微结构,反对称微结构,层次微结构和散粒微结构)[3]

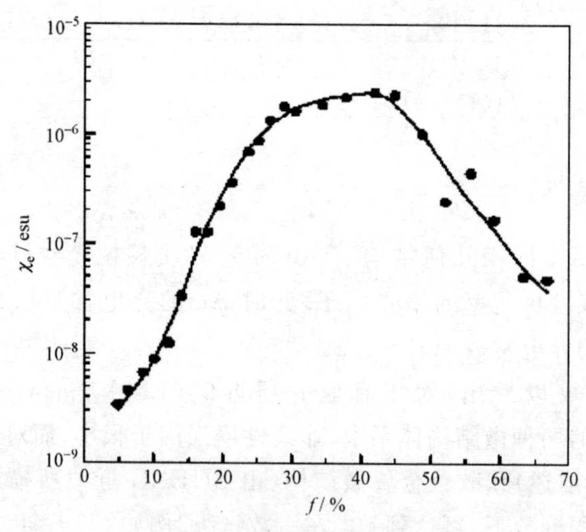

图 4.1-6 热退火后的 Au-SiO_2 异质复合薄膜体系中 χ_e 随 f 变化的实验结果($\lambda=532$ nm)[15]

图 4.1-6 表明,随着 Au 颗粒体积分数的增加,复合薄膜体系的三阶非线性极化率快速增加;当 $f\approx40\%$时,χ_e 取极大值为 2×10^{-6} esu. 该数值比稀释极限下的复合薄膜材料 χ_e 的数值大 3 个数量级(如当 $f=5\%$时,χ_e 为 3.5×10^{-9} esu).

随着体积分数的进一步增加，$Au\text{-}SiO_2$ 复合薄膜材料的非线性极化率反而逐渐变小. 这是因为，当体积分数很小时，复合材料的三阶非线性的增强主要来源于金属颗粒的共振效应所导致的孤立金属集团局域电场的增强. 随着体积分数的增加，金属集团的局域电场逐渐增强. 但是，当体积分数进一步增加，这些孤立金属集团会逐渐连成一片，局域电场的平均效果变弱，从而导致有效三阶非线性极化率的降低.

图 4.1-7 给出：散粒金属微结构下的异质复合体系中的有效三阶非线性极化率理论和上述的实验数据. 在理论计算中，Au 和 SiO_2 的三阶非线性极化率分别取 $\chi_1=8\times10^{-8}$ esu 和 $\chi_2=2\times10^{-12}$ esu. 通过对比发现：当 $\lambda=620$ nm 时，理论预测的结果与实验数值定性一致，但理论预测的有效三阶非线性极化率 $|\chi_e|$ 可达到 10^{-3} esu，远大于实验结果；而当选取 $\lambda=530$ nm 时，理论预测的非线性增强幅度与实验给出的增强幅度较为一致，但峰值所在的位置并不相同. 由于在散粒微结构模型中，所假设的复合颗粒均为球形；而对于退火的 $Au\text{-}SiO_2$ 异质复合材料，实际的颗粒并不一定具有球形. 这可能是导致理论结果同实验结果有所差异的主要原因.

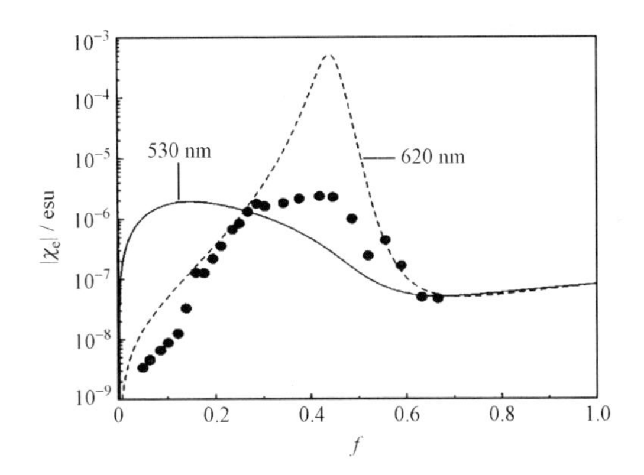

图 4.1-7 具有散粒金属微结构的 $Au\text{-}SiO_2$ 异质复合材料的 χ_e 随 f 的变化[3]
(黑点代表实验结果，虚线和实线分别代表 $\lambda=620$ nm 和 $\lambda=530$ nm 的理论计算结果)

4. 无规电阻(阻抗)网络模拟

对于异质颗粒复合材料的非线性光学(或介电)性质，除了应用退耦近似和谱表示方法进行解析求解外，还可以应用无规电阻(对于零频或直流情况)和阻抗(对于有限频率或交流情况)的网络模拟来数值求解.

为简单起见，考虑一个二维的包含 $L_x\times L_y$ 格点的正方格子，其中格点与格点之间的连接键分别被体积分数为 f 的非线性导体和体积分数为 $1-f$ 的线性导体所占据. 非线性导体 B 满足电流(i)-电压(v)关系为

$$i=g_B v+\chi_B\,|\,v\,|^2 v, \tag{4.1-38}$$

这里 g_B 是线性电导率，χ_B 是非线性极化率，v 是加在导体键两端的电压；线性导体 A 的电导率为 g_A. 对于弱非线性情形，有 $\chi_B|v|^2/g_B \ll 1$. 无规网络的有效线性电导率和非线性极化率可以如下定义：即将无规网络的有效响应等价于一个均匀的二维网络，其中每个键上均具有如下的电流-电压关系

$$i = g_e v_0 + \chi_e \mid v_0 \mid^2 v_0, \tag{4.1-39}$$

其中 g_e 和 χ_e 分别定义为整个网络的有效线性电导率和有效非线性极化率. 为了进行数值模拟，在 $y=0$ 和 $y=L_y$ 处，分别假设电势为 0 和 V_0，则 $v_0=V_0/L_y$；而在 $x=0$ 和 $x=L_x$ 处，通常采用自由边界条件或周期性边界条件.

对于给定的体积分数 f，需要对大量不同的分布构形作平均. 而对于每一个构形，应用 Kirchoff 定律建立相应的方程联立求解第 υ 个格点上的电势 v_υ，即

$$\sum_{\mu=1}^{4} g_\mu (v_\mu - v_\upsilon) = 0, \tag{4.1-40}$$

其中 g_μ 是第 μ 个键上的线性电导（$=g_A$ 或 g_B），v_μ 为连接第 υ 个格点 4 个键另一端格点的电势. 利用方程(4.1-40)，可以求出每个格点的电势. 一旦获得每个格点的电势，无规网络的有效电导率则可以表示为

$$g_e = \frac{1}{v_0} \sum_\alpha g_\alpha \delta v_\alpha, \tag{4.1-41}$$

这里对所有键求和，δv_α 为第 α 键上电势差. 另外，根据式(4.1-12)，有效三阶非线性极化率只与线性电压(场)有关，因此有

$$\chi_e = \frac{\sum_\alpha \chi_\alpha \mid \delta v_\alpha \mid^2 \delta v_\alpha^2}{\mid v_0 \mid^2 v_0^2}. \tag{4.1-42}$$

可以看出，式(4.1-42)恰是式(4.1-12)的离散形式.

另一方面，也可以通过建立一个非线性无规电阻网络，并利用非线性 Kirchoff 方程求解网络中每个格点的电势，从而推算出网络的有效非线性极化率 χ_e[16]. 非线性的 Kirchoff 方程可以表述为

$$\sum_{\mu=1}^{4} (g_\mu + \chi_\mu \mid v'_\mu - v'_\upsilon \mid^2)(v'_\mu - v'_\upsilon) = 0, \tag{4.1-43}$$

则非线性网络的有效电导率为

$$g'_e = \frac{1}{v_0} \sum_\alpha (g_\alpha + \chi_\alpha \mid \delta v'_\alpha \mid^2) \delta v'_\alpha, \tag{4.1-44}$$

这里 $\delta v'_\alpha$ 为非线性网络中第 α 个键上的电压. 由于 $g'_e = g_e + \chi_e |v_0|^2$，有

$$\chi_e = \frac{g'_e - g_e}{\mid v_0 \mid^2}. \tag{4.1-45}$$

利用式(4.1-42)或(4.1-45),并对不同构形求平均,就可以获得体系的有效三阶非线性极化率.值得说明的是,鉴于式(4.1-42)只是利用了线性网络中的电势分布,它与式(4.1-45)相比较,其模拟的计算量相对会小一些.

为了和数值模拟结果[16]相比较,这里也简单给出二维无规电阻网络非线性极化率的理论计算方法.在有效介质近似下,有效电导率由下列方程来确定,即

$$f\frac{g_B-g_e}{g_B+g_e}+(1-f)\frac{g_A-g_e}{g_A+g_e}=0. \tag{4.1-46}$$

根据退耦近似,有效非线性极化率可以表示为

$$\chi_e=\frac{\chi_B}{f}\left|\frac{\partial g_e}{\partial g_B}\right|\frac{\partial g_e}{\partial g_B}+\frac{\chi_A}{1-f}\left|\frac{\partial g_e}{\partial g_A}\right|\frac{\partial g_e}{\partial g_A}. \tag{4.1-47}$$

假设 $\chi_A=0$,且 g_A,g_B 均为实数,则有

$$\chi_e=\frac{\chi_B}{f}\left(\frac{\partial g_e}{\partial g_B}\right)^2. \tag{4.1-48}$$

图 4.1-8 给出了由具有良导电性的非线性组元和导电性差的线性组元所组成的异质复合体系的有效非线性响应.因为组元的线性电导相差不大,所以理论计算结果同数值模拟结果符合得非常好.此外,由于非线性导体 B 的线性电导大于导体 A 的线性电导,非线性导体中的局域电压总是小于外加电压,因此无规网络的有效非线性极化率总是小于组元的非线性极化率.而对于含有非线性的不良导体和线性的良导体的异质复合材料,其有效非线性极化率随体积分数呈现非单调变化(如图 4.1-9 所示).尤其是在适当的体积分数下,有效非线性极化率出现一个增强峰.

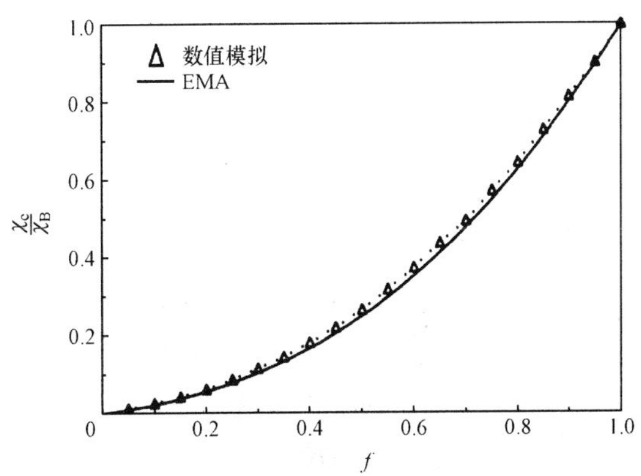

图 4.1-8 有效非线性响应$\frac{\chi_e}{\chi_B}$随体积分数 f 的变化关系[16]

(其中 $g_A=10\,\Omega^{-1}$,$g_B=20\,\Omega^{-1}$,$\chi_B=0.1\,\Omega^{-1}\cdot V^{-2}$)

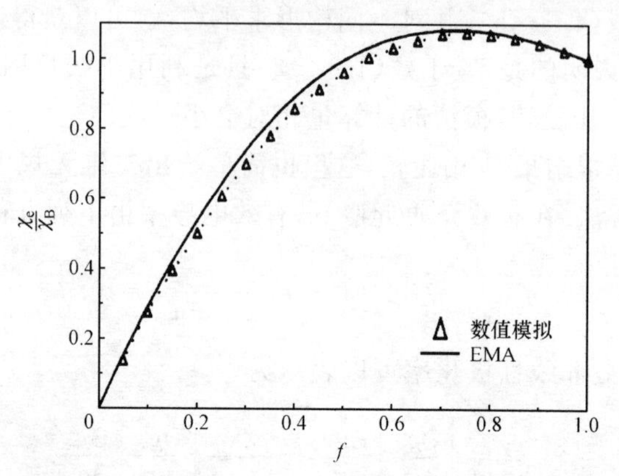

图 4.1-9 $\frac{\chi_e}{\chi_B}$随 f 的变化关系(其中 $g_A=20\ \Omega^{-1}, g_B=10\ \Omega^{-1}, \chi_B=0.1\ \Omega^{-1}\cdot V^{-2}$)[16]

当非线性组元的线性电导 g_B 远远小于线性组元的电导 g_A[即$(g_B/g_A)\ll 1$]时,异质复合材料可以被近似看成非线性正常导体与线性超导体无规混合的复合体系.此时,有效非线性极化率会出现巨大增强,且增强峰大约出现在 $f=0.5$(这是二维平方格子键逾渗的逾渗阈值)处;另外,因为局域电压在逾渗阈值附近空间涨落很大,所以数值计算结果只是定性地和数值模拟结果相符合(如图 4.1-10 所示).

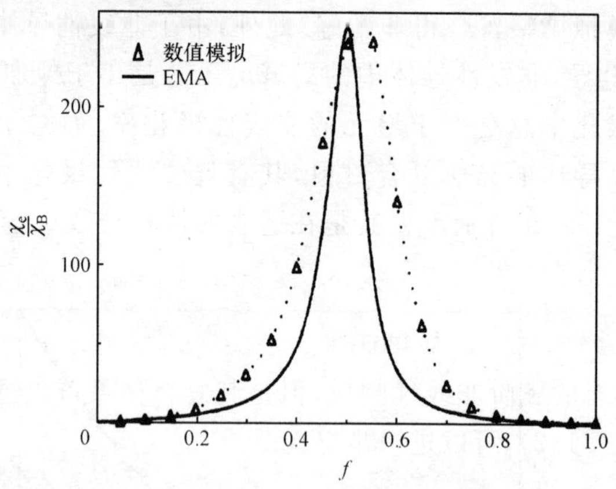

图 4.1-10 $\frac{\chi_e}{\chi_B}$随 f 的变化关系(其中 $g_A=5000\ \Omega^{-1}, g_B=10\ \Omega^{-1}, \chi_B=0.1\ \Omega^{-1}\cdot V^{-2}$)[16]

上述关于无规网络的数值模拟结果仅限于直流情况.事实上,无规网络也可以被用来模拟一定频率下非线性异质复合材料的有效非线性响应.如对于金属-绝缘颗粒复合材料,可以选取金属组元的线性电导为

$$g_A=\frac{1+i\omega RC-\omega^2 LC}{R+i\omega L},$$

而选取绝缘组元的线性电导为 $g_B=i\omega C'$,其中 $R,L,C(C')$分别为电阻、电感和电容.关于这类异质结构复合体系有效非线性响应的数值模拟工作可参见文献[17].

§4.2　弱高阶非线性响应

上一节主要讨论了在组元具有弱三阶非线性响应的情形下，异质复合介质的有效三阶非线性极化率. 实际上，当组元具有三阶非线性响应时，整个异质复合介质不仅展现出有效三阶非线性响应，而且还会诱导产生更高阶的非线性，如五阶非线性响应[18,19]. 尤其是当入射场强增大时，五阶甚至更高阶的非线性响应会变得明显而必须加以考虑. 也正是由于高阶非线性响应项的出现，才导致了各种非线性光学效应的产生. 例如，在具有三阶和五阶非线性响应的材料体系中，可以存在稳定的光学时空孤子[20]. 为了准确描述异质复合介质与电场相关的有效介电常数，需要考虑有效高阶非线性极化率. 另外，当颗粒组元具有任意高阶非线性响应时，即局域电位移矢量 $\boldsymbol{D}$ -电场强度 $\boldsymbol{E}$ 满足更一般非线性的本构关系：$\boldsymbol{D}(\boldsymbol{r})=\varepsilon(\boldsymbol{r})\boldsymbol{E}(\boldsymbol{r})+\chi(\boldsymbol{r})|\boldsymbol{E}(\boldsymbol{r})|^{\beta}\boldsymbol{E}(\boldsymbol{r})$（$\beta=1$ 和 $\beta=2$ 分别对应于二阶和三阶非线性），复合体系的有效高阶非线性响应可以描述为下列的形式[21,22]

$$\tilde{\varepsilon}_{\mathrm{e}}=\varepsilon_{\mathrm{e}}+\chi_{\mathrm{e}}|\boldsymbol{E}_0|^{\beta}+\eta_{\mathrm{e}}|\boldsymbol{E}_0|^{2\beta}, \tag{4.2-1}$$

这里 $\tilde{\varepsilon}_{\mathrm{e}}$ 为与外电场相关的有效介电常数，χ_{e} 定义为异质复合体系的有效 $\beta+1$ 阶非线性极化率，而 η_{e}为有效 $2\beta+1$ 阶非线性极化率.

1. 有效五阶非线性极化率

考虑 d 维的弱非线性两组元异质复合材料，其中组元 1 和组元 2 的体积分数分别为 f 和 $1-f$. 设组元满足的 $\boldsymbol{D}$-$\boldsymbol{E}$ 本构关系为

$$\boldsymbol{D}=\tilde{\varepsilon}_i\boldsymbol{E}_i=(\varepsilon_i+\chi_i|\boldsymbol{E}|_i^2)\boldsymbol{E}_i, \tag{4.2-2}$$

其中 ε_i，χ_i 分别第 $i(i=1,2)$组元的线性介电常数和三阶非线性极化率.

虽然组元仅具有弱三阶非线性响应，但是其复合体系可以展现出高阶非线性相应. 因此类似式(4.1-2)，可以进一步定义[18,19,21]

$$\langle\boldsymbol{D}\rangle=\tilde{\varepsilon}_{\mathrm{e}}\boldsymbol{E}_0=(\varepsilon_{\mathrm{e}}+\chi_{\mathrm{e}}|\boldsymbol{E}_0|^2+\eta_{\mathrm{e}}|\boldsymbol{E}_0|^4)\boldsymbol{E}_0, \tag{4.2-3}$$

其中 η_{e}为异质复合材料的有效五阶非线性极化率.

利用谱表示方法[13]，可以将有效线性介电常数 ε_{e} 表示为

$$\varepsilon_{\mathrm{e}}=\varepsilon_2\left[1-\int_0^1\frac{\mu(x)}{s-x}\mathrm{d}x\right]. \tag{4.2-4}$$

对于非线性复合体系，将与电场相关的有效介电常数 $\tilde{\varepsilon}_{\mathrm{e}}$ 表述为

$$\tilde{\varepsilon}_{\mathrm{e}}=\tilde{\varepsilon}_2\left[1-\int_0^1\frac{\mu(x)}{\tilde{s}-x}\mathrm{d}x\right], \tag{4.2-5}$$

这里 $\tilde{s}=\tilde{\varepsilon}_2/(\tilde{\varepsilon}_2-\tilde{\varepsilon}_1)$，而 $\tilde{\varepsilon}_i=\varepsilon_i+\chi_i|\boldsymbol{E}|_i^2$. 在弱非线性情形，可将 $\chi_i|\boldsymbol{E}|_i^2$ 看做微扰项，并利用泰勒展开将 $\tilde{\varepsilon}_e$ 展开到 χ_i 的二阶项，有[21]

$$\begin{aligned}\tilde{\varepsilon}_e=&\varepsilon_2\left[1-\int_0^1\frac{\mu(x)}{s-x}\mathrm{d}x\right]+\chi_1|\boldsymbol{E}|_1^2\int_0^1\frac{s^2}{(s-x)^2}\mu(x)\mathrm{d}x\\&+\chi_2|\boldsymbol{E}|_2^2\left[1-\int_0^1\frac{s^2-x}{(s-x)^2}\mu(x)\mathrm{d}x\right]\\&-\frac{[s\chi_1|\boldsymbol{E}|_1^2-(s-1)\chi_2|\boldsymbol{E}|_2^2]^2}{\varepsilon_2-\varepsilon_1}\int_0^1\frac{x}{(s-x)^3}\mu(x)\mathrm{d}x.\end{aligned}\tag{4.2-6}$$

从式(4.2-6)可以看出，整个体系的有效介电常数依赖于非线性组元的局域场 $|\boldsymbol{E}|_i^2$. 事实上，在异质复合体系中，通常很难精确求解 $|\boldsymbol{E}|_i^2$. 这里采用平均场近似将 $\tilde{\varepsilon}_i$ 写为 $\tilde{\varepsilon}_i=\varepsilon_i+\chi_i|\boldsymbol{E}|_i^2\approx\varepsilon_i+\chi_i\langle|\boldsymbol{E}|^2\rangle_i$. 应用谱表示方法，将非线性局域场 $\langle|\boldsymbol{E}|^2\rangle_i$ $(i=1,2)$ 写成

$$\langle|\boldsymbol{E}|^2\rangle_1=\frac{|\boldsymbol{E}_0|^2}{f}\int_0^1\left|\frac{\tilde{s}}{\tilde{s}-x}\right|^2\mu(x)\mathrm{d}x,\tag{4.2-7}$$

$$\langle|\boldsymbol{E}|^2\rangle_2=\frac{|\boldsymbol{E}_0|^2}{1-f}\left(1-\int_0^1\frac{|\tilde{s}|^2-x}{|\tilde{s}-x|^2}\mu(x)\mathrm{d}x\right).\tag{4.2-8}$$

同样，可将 $\langle|\boldsymbol{E}|^2\rangle_i$ 展开为[21]

$$\begin{aligned}\langle|\boldsymbol{E}|^2\rangle_1=&\frac{|\boldsymbol{E}_0|^2}{f}\int_0^1\left|\frac{s}{s-x}\right|^2\left\{1+2\mathrm{Re}\left[\frac{\chi_2\langle|\boldsymbol{E}|^2\rangle_2}{(\varepsilon_2-\varepsilon_1)s}\right]\right.\\&\left.-2\mathrm{Re}\left[\frac{x\chi_1\langle|\boldsymbol{E}|^2\rangle_1+(1-x)\chi_2\langle|\boldsymbol{E}|^2\rangle_2}{(\varepsilon_2-\varepsilon_1)(s-x)}\right]\right\}\mu(x)\mathrm{d}x,\end{aligned}\tag{4.2-9}$$

$$\begin{aligned}\langle|\boldsymbol{E}|^2\rangle_2=&\frac{|\boldsymbol{E}_0|^2}{1-f}\left[1-\int_0^1\frac{\mu(x)}{s-x}\mathrm{d}x\right]-\frac{f\varepsilon_1}{(1-f)\varepsilon_2}\left(1+\frac{\chi_1\langle|\boldsymbol{E}|^2\rangle_1}{\varepsilon_1}\right.\\&\left.-\frac{\chi_2\langle|\boldsymbol{E}|^2\rangle_2}{\varepsilon_2}\right)\langle|\boldsymbol{E}|^2\rangle_1-\frac{|\boldsymbol{E}_0|^2}{1-f}\int_0^1\left[\frac{\chi_2\langle|\boldsymbol{E}|^2\rangle_2-\chi_1\langle|\boldsymbol{E}|^2\rangle_1}{\varepsilon_2-\varepsilon_1}\right.\\&\left.-\frac{x\chi_1\langle|\boldsymbol{E}|^2\rangle_1+(1-x)\chi_2\langle|\boldsymbol{E}|^2\rangle_2}{(\varepsilon_2-\varepsilon_1)(s-x)}\right]\frac{\mu(x)}{s-x}\mathrm{d}x.\end{aligned}\tag{4.2-10}$$

利用迭代的方法，将 $\langle|\boldsymbol{E}|^2\rangle_i$ 保留到的 χ_i 一次项，有

$$\langle|\boldsymbol{E}|^2\rangle_1=a|\boldsymbol{E}_0|^2+c|\boldsymbol{E}_0|^4,\quad\langle|\boldsymbol{E}|^2\rangle_2=b|\boldsymbol{E}_0|^2+d|\boldsymbol{E}_0|^4,\tag{4.2-11}$$

其中

$$a=\frac{1}{f}\int_0^1\left|\frac{s}{s-x}\right|^2\mu(x)\mathrm{d}x,\quad b=\frac{1}{1-f}\left[1-\int_0^1\frac{|s|^2-x}{|s-x|^2}\mu(x)\mathrm{d}x\right],$$

$$c=-\frac{2}{f}\int_0^1\left\{a\mathrm{Re}\left[\frac{x\chi_1}{(\varepsilon_2-\varepsilon_1)(s-x)}\right]-b\mathrm{Re}\left[\frac{x\chi_2(s-1)}{\varepsilon_2(s-x)}\right]\right\}\left|\frac{s}{s-x}\right|^2\mu(x)\mathrm{d}x,$$

$$d=\frac{1}{1-f}\left[-\frac{f\varepsilon_1\varepsilon_2 c+\chi_1\varepsilon_2 a^2-\varepsilon_1\chi_2 ab}{\varepsilon_2^2}+\frac{as\chi_1-b(s-1)\chi_2}{\varepsilon_2-\varepsilon_1}\int_0^1\frac{\mu(x)}{(s-x)^2}\mathrm{d}x\right].$$

将式(4.2-11)代入式(4.2-6),并保留至 χ_i 的二次项,有

$$\varepsilon_e=\varepsilon_2\left[1-\int_0^1\frac{\mu(x)}{s-x}\mathrm{d}x\right], \tag{4.2-12}$$

$$\chi_e=\chi_1 a\int_0^1\left(\frac{s}{s-x}\right)^2\mu(x)\mathrm{d}x+\chi_2 b\left[1-\int_0^1\frac{s^2-x}{(s-x)^2}\mu(x)\mathrm{d}x\right], \tag{4.2-13}$$

$$\eta_e=\chi_1 c\int_0^1\left(\frac{s}{s-x}\right)^2\mu(x)\mathrm{d}x+\chi_2 d\left[1-\int_0^1\frac{s^2-x}{(s-x)^2}\mu(x)\mathrm{d}x\right]-\frac{[as\chi_1-b(s-1)\chi_2]^2}{\varepsilon_2-\varepsilon_1}\int_0^1\frac{x}{(s-x)^3}\mu(x)\mathrm{d}x. \tag{4.2-14}$$

式(4.2-12)恰是有效线性介电常数的谱表示形式,式(4.2-13)则是有效三阶非线性极化率的谱表述式,而式(4.2-14)是复合体系有效五阶非线性极化率的谱表示形式.因此,一旦给定了体系的微几何结构,就可以求出相应谱密度函数,从而可以计算出有效三阶和五阶非线性极化率.

2. 不同微结构的五阶非线性极化率

仍然选取 Au-SiO_2 两组元异质复合介质为例,假定两组元的三阶非线性极化率分别为 $\chi_1=8\times10^{-8}$ esu 和 $\chi_2=2\times10^{-12}$ esu[3].分别考虑三种微结构,即 MGA 描述的反对称微结构、EMA 描述的对称微结构和 DEMA 描述的层次微结构.如果给出了谱密度 $\mu(x)$,就可以应用式(4.2-13)和(4.2-14)数值求解有效三阶和五阶非线性极化率.

图 4.2-1 给出了三种微结构构形下的异质复合介质的有效三阶非线性极化率 $|\chi_e|$ 随金属颗粒体积分数的变化.可以发现,在绝大多数体积分数的区域,异质复合体系的有效非线性极化率 $|\chi_e|$ 都比组元的有效非线性极化率 χ_i 要大.例如,在反对称性微结构体系下,$|\chi_e|$ 在 $f\approx0.5$ 时可达到 10^{-3} 数量级.这主要是因为当 $f=0.5$ 时,$\mathrm{Re}s+(1-f)/3=0$,反对称微结构体系中发生表面等离激元共振,从而非线性谱的曲线出现了一个尖锐增强峰.而对于对称微结构和层次微结构,通常大部分金属颗粒会形成颗粒集团,从而导致谱密度函数的展宽,所以在这些微结构体系中形成表面等离激元共振带而不是尖锐的共振峰.值得注意的是:具有对称微结构或层次微结构的异质复合体系的有效三阶非线性极化率,在绝大多数体积分数区域虽然可以出现增强效应,但它们的增强幅度都小于反对称微结构体系在等离激元共振频率下的非线性增强幅度.此外,对于对称微结构和层次微结构的复合体系,它们的有效非线性极化率 $|\chi_e|$ 随 f 的变化也不尽相同.这主要是由于在层次微结构中,金属颗粒集团具有分形的特征.可见,微几何结构构形对有效三阶非线性极化率的增强有很大影响.

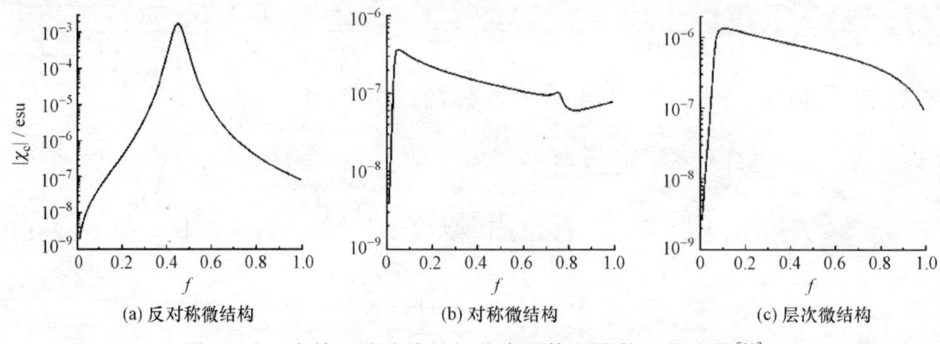

图 4.2-1　有效三阶非线性极化率随体积分数 f 的变化[21]

尽管组元仅具有三阶非线性响应($\chi_i \neq 0$)，而无五阶非线性极化率($\eta_i = 0$)，但是复合体系可具有有效五阶非线性极化率. 如图 4.2-2 所示，有效五阶非线性极化率 η_e 随着 f 的变化类似于 χ_e 随着 f 的变化行为. 很显然，当 $f \to 0$ 和 $f \to 1$，有效五阶非线性极化率都趋近于 0. 另外，$|\eta_e|$ 的幅度比 $|\chi_e|$ 的小几个数量级. 尽管如此，当外电场很强时，$|\eta_e|$ 将对与外场相关的有效介电常数 $\tilde{\varepsilon}_e$ 产生重要影响.

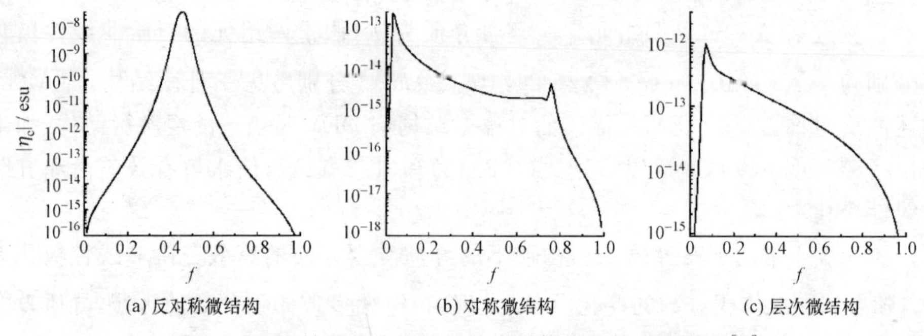

图 4.2-2　有效五阶非线性极化率随体积分数 f 的变化[21]

3. 稀释极限下高阶非线性响应

考虑非线性球形颗粒(组元 1)无规浸入线性基质(组元 2)中组成的异质复合材料. 其中组元 1 满足电位移矢量 $\boldsymbol{D}$ -电场强度 $\boldsymbol{E}$ 本构关系[21~24]

$$\boldsymbol{D} = \varepsilon_1 \boldsymbol{E} + \chi_1 \mid \boldsymbol{E} \mid^{\beta} \boldsymbol{E}, \tag{4.2-15}$$

这里 χ_1 为 $\beta+1$ 阶非线性极化率. 设线性基质的介电常数为 ε_2($\chi_2 = 0$)，在弱非线性条件($\chi_1 |\boldsymbol{E}|^{\beta} \ll \varepsilon_1$)和稀释极限($f \to 0$)下，复合体系与电场相关的有效介电常数 $\tilde{\varepsilon}_e$ 可以近似表示为

$$\tilde{\varepsilon}_e = \varepsilon_2 + 3f\varepsilon_2 \frac{\tilde{\varepsilon}_1 - \varepsilon_2}{\tilde{\varepsilon}_1 + 2\varepsilon_2}, \tag{4.2-16}$$

上式中 $\tilde{\varepsilon}_1$ 是组元 1 与电场相关的介电常数，且 $\tilde{\varepsilon}_1 = \varepsilon_1 + \chi_1 |\boldsymbol{E}|^{\beta}$. 考虑弱非线性的情

形，将式(4.2-16)等号右边展开并保留到$|\boldsymbol{E}|$的2β幂次[23,24]，有

$$\tilde{\varepsilon}_e=\varepsilon_2+3f\varepsilon_2\frac{\varepsilon_1-\varepsilon_2}{\varepsilon_1+2\varepsilon_2}\left(1+\frac{\chi_1|\boldsymbol{E}|^\beta}{\varepsilon_1-\varepsilon_2}\right)\left[1-\frac{\chi_1|\boldsymbol{E}|^\beta}{\varepsilon_1+2\varepsilon_2}+\frac{\chi_1^2|\boldsymbol{E}|^{2\beta}}{(\varepsilon_1+2\varepsilon_2)^2}\right].\tag{4.2-17}$$

在稀释极限下，颗粒之间的相互作用可以忽略，因此可将非线性组元1中的局域场$\boldsymbol{E}$近似写为

$$\boldsymbol{E}=\frac{3\varepsilon_2}{\tilde{\varepsilon}_1+2\varepsilon_2}\boldsymbol{E}_0,\tag{4.2-18}$$

由于$\tilde{\varepsilon}_1$又与$\boldsymbol{E}$有关，因此式(4.2-18)是关于$\boldsymbol{E}$的一个自洽方程. 将$\boldsymbol{E}$保留到χ_1的一次项，有

$$\boldsymbol{E}=\frac{3\varepsilon_2}{\varepsilon_1+2\varepsilon_2}\boldsymbol{E}_0-\frac{\chi_1}{\varepsilon_1+2\varepsilon_2}\left(\frac{3\varepsilon_2}{\varepsilon_1+2\varepsilon_2}\right)\left|\frac{3\varepsilon_2}{\varepsilon_1+2\varepsilon_2}\right|^\beta|\boldsymbol{E}_0|^\beta\boldsymbol{E}_0.\tag{4.2-19}$$

将式(4.2-19)代回式(4.2-17)，可以获得χ_1的零次、一次和二次幂项. 同式(4.2-1)比较，有$\varepsilon_e=\varepsilon_2+3f\varepsilon_2(\varepsilon_1-\varepsilon_2)/(\varepsilon_1+2\varepsilon_2)$，它正是稀释极限下的MGA. 而对于$\beta+1$阶非线性极化率$\chi_e$，保留式(4.2-17)中$\chi_1$的一次幂项，有[23,24]

$$\chi_e=f\left(\frac{3\varepsilon_2}{\varepsilon_1+2\varepsilon_2}\right)^2\left|\frac{3\varepsilon_2}{\varepsilon_1+2\varepsilon_2}\right|^\beta\chi_1.\tag{4.2-20}$$

为了进一步获得$2\beta+1$阶非线性极化率η_e，我们需要考虑式(4.2-17)中χ_1的二次幂项. 它主要包括两方面的贡献：一项来源于$\chi_1^2|\boldsymbol{E}|^{2\beta}$，另一项来源于$\chi_1|\boldsymbol{E}|^\beta$(因为组元1的非线性$\boldsymbol{E}$也依赖于$\chi_1$). 最后我们得到

$$\eta_e=-f\chi_1\left(\frac{3\varepsilon_2}{\varepsilon_1+2\varepsilon_2}\right)^2\left|\frac{3\varepsilon_2}{\varepsilon_1+2\varepsilon_2}\right|^\beta\left\{\frac{\chi_1}{\varepsilon_1+2\varepsilon_2}\left|\frac{3\varepsilon_2}{\varepsilon_1+2\varepsilon_2}\right|^\beta+\beta\mathrm{Re}\left[\frac{\chi_1}{\varepsilon_1+2\varepsilon_2}\left(\frac{3\varepsilon_2}{\varepsilon_1+2\varepsilon_2}\right)^\beta\right]\right\}.\tag{4.2-21}$$

当ε_1，ε_2及χ_1为正实数时，式(4.2-21)可简化为

$$\eta_e=-f\chi_1(1+\beta)\left(\frac{3\varepsilon_2}{\varepsilon_1+2\varepsilon_2}\right)^{2(1+\beta)}\cdot\frac{\chi_1}{\varepsilon_1+2\varepsilon_2}.\tag{4.2-22}$$

式(4.2-22)表明，对于电介质复合材料体系，其$2\beta+1$阶非线性极化率为负值.

4. 高阶非线性响应的谱表示

现在讨论具有$(\beta+1)$阶非线性组元的异质复合体系的有效高阶非线性响应的谱表示. 仍以两组元复合体系为例，假设组元2具有线性的$\boldsymbol{D}$-$\boldsymbol{E}$关系，而组元1为非线性介质，且满足$\boldsymbol{D}=\tilde{\varepsilon}_1\boldsymbol{E}=\varepsilon_1\boldsymbol{E}+\chi_1|\boldsymbol{E}|^\beta\boldsymbol{E}\approx(\varepsilon_1+\chi_1\langle|\boldsymbol{E}|^\beta\rangle_1)\boldsymbol{E}$.

式(4.2-5)可改写为

$$\tilde{\varepsilon}_e=\varepsilon_2\left[1-\int_0^1\frac{\mu(x)}{s-x}\mathrm{d}x\right]+\chi_1\langle|\boldsymbol{E}|^\beta\rangle_1\int_0^1\left(\frac{s}{s-x}\right)^2\mu(x)\mathrm{d}x$$

$$-(\chi_1\langle|\boldsymbol{E}|^\beta\rangle_1)^2\int_0^1\frac{s^2x\mu(x)}{(\varepsilon_2-\varepsilon_1)(s-x)^3}\mathrm{d}x. \quad (4.2\text{-}23)$$

类似于前面的推导过程，有

$$\langle|\boldsymbol{E}|^2\rangle_1=\frac{|\boldsymbol{E}_0|^2}{f}\int_0^1\left\{1-2\mathrm{Re}\left[\frac{x\chi_1\langle|\boldsymbol{E}|^2\rangle_1^{\frac{\beta}{2}}}{(\varepsilon_2-\varepsilon_1)(s-x)}\right]\right\}\left|\frac{s}{s-x}\right|^2\mu(x)\mathrm{d}x. \quad (4.2\text{-}24)$$

在式(4.2-24)中，已经采用了退耦近似$\langle|\boldsymbol{E}|^\beta\rangle_1\approx\langle|\boldsymbol{E}|^2\rangle_1^{\frac{\beta}{2}}$. 通过迭代并保留到$\chi_1$的一次幂项，有

$$\langle|\boldsymbol{E}|^2\rangle_1=\frac{|\boldsymbol{E}_0|^2}{f}\int_0^1\left|\frac{s}{s-x}\right|^2\mu(x)\mathrm{d}x-\frac{2|\boldsymbol{E}_0|^{\beta+2}}{f}\left[\frac{1}{f}\int_0^1\left|\frac{s}{s-x}\right|^2\mu(x)\mathrm{d}x\right]^{\frac{\beta}{2}}$$
$$\cdot\int_0^1\left|\frac{s}{s-x}\right|^2\mathrm{Re}\left[\frac{x\chi_1}{(\varepsilon_2-\varepsilon_1)(s-x)}\right]\mu(x)\mathrm{d}x. \quad (4.2\text{-}25)$$

将式(4.2-25)代回式(4.2-23)，得到

$$\tilde{\varepsilon}_e=\varepsilon_2\left[1-\int_0^1\frac{\mu(x)}{s-x}\mathrm{d}x\right]+\chi_1a^{\frac{\beta}{2}}\int_0^1\frac{s^2}{(s-x)^2}\mu(x)\mathrm{d}x\,|\boldsymbol{E}_0|^\beta$$
$$+\left[\frac{\chi_1\beta c_1}{2}a^{\frac{\beta}{2}-1}\int_0^1\frac{s^2\mu(x)}{(s-x)^2}\mathrm{d}x-\chi_1^2a^\beta\int_0^1\frac{s^2x\mu(x)}{(\varepsilon_2-\varepsilon_1)(s-x)^3}\mathrm{d}x\right]|\boldsymbol{E}_0|^{2\beta}, \quad (4.2\text{-}26)$$

其中 $c_1=-\frac{2}{f}a^{\frac{\beta}{2}}\int_0^1\left|\frac{s}{s-x}\right|^2\mathrm{Re}\left[\frac{x\chi_1}{(\varepsilon_2-\varepsilon_1)(s-x)}\right]\mu(x)\mathrm{d}x$.

将式(4.2-26)与(4.2-1)相比较，我们得到异质复合体系有效$\beta+1$阶和$2\beta+1$阶非线性响应，即

$$\chi_e=\chi_1a^{\beta/2}\int_0^1\frac{s^2}{(s-x)^2}\mu(x)\mathrm{d}x, \quad (4.2\text{-}27)$$

$$\eta_e=\chi_1\frac{\beta}{2}a^{\beta/2-1}c_1\int_0^1\frac{s^2\mu(x)}{(s-x)^2}\mathrm{d}x-\chi_1^2a^\beta\int_0^1\frac{s^2x\mu(x)}{(\varepsilon_2-\varepsilon_1)(s-x)^3}\mathrm{d}x. \quad (4.2\text{-}28)$$

很显然，当$\beta=2$和$\chi_2=0$时，式(4.2-27)和(4.2-28)可回归到式(4.2-13)和(4.2-14). 式(4.2-27)和(4.2-28)给出了χ_e和η_e的谱表示形式，它们显示了微几何结构信息[$\mu(x)$表征]和物理参量$s=\varepsilon_2/(\varepsilon_2-\varepsilon_1)$的分离. 因此，一旦给定了谱密度函数，就可以计算异质复合材料体系的有效高阶非线性极化率.

应用无规电阻网络模型，也可以数值模拟异质复合体系的有效高阶非线性响应χ_e和η_e[22]. 为了和数值模拟的结果相比较，这里首先利用谱表示理论求解χ_e和η_e. 对于二维无规电阻网络，谱密度函数为

$$\mu(x)=(2f-1)\theta\left(f-\frac{1}{2}\right)\delta(x)+\begin{cases}\dfrac{\sqrt{(x-x_1)(x_2-x)}}{\pi x}, & x_1<x<x_2,\\ 0, & \text{其他},\end{cases} \quad (4.2\text{-}29)$$

其中 $x_{1,2}=[1+f\mp\sqrt{f(1-f)}]/2$，将式(4.2-29)代入式(4.2-27)和(4.2-28)，即可数值求得体系的 χ_e 和 η_e.

从图 4.2-3 可以看出有效五阶非线性响应 χ_e 与组元的 χ_1 相比在绝大多数体积分数区域得到增强，而且在 $f=1/2$(组元 1 的逾渗阈值)附近出现峰值. 而对于 η_e，其主要特征表现在：随着体积分数变化，η_e 出现一个谷，而且 η_e 总是为负值. 因此考虑到更高阶非线性响应 η_e，异质复合体系与外场相关的有效响应 $\tilde{\varepsilon}_e$ 将变小. 此外，稀释极限下的式(4.2-20)和(4.2-22)只能定性预测出小体积分数下($f\leqslant 0.1$)的行为，而无法预测 χ_e 和 η_e 对整个体积分数的非线性依赖关系. 对于更高阶非线性系数 β(参见图 4.2-4)，谱表示方法的理论结果同数值模拟之间的差异变得更大，这主要是由于采用了退耦近似 $\langle|\boldsymbol{E}|^{\beta}\rangle_1\approx\langle|\boldsymbol{E}|^2\rangle_1^{\frac{\beta}{2}}$ 的原因(随 β 的增加，退耦近似的效果越差).

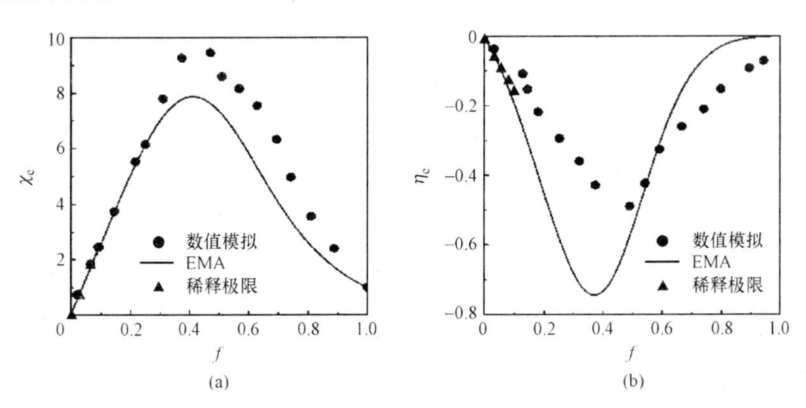

图 4.2-3 $\beta=4$ 时，χ_e 和 η_e 随体积分数 f 变化(物理参数 $\varepsilon_1=100$，$\varepsilon_2=600$ 和 $\chi_1=1$)[22]

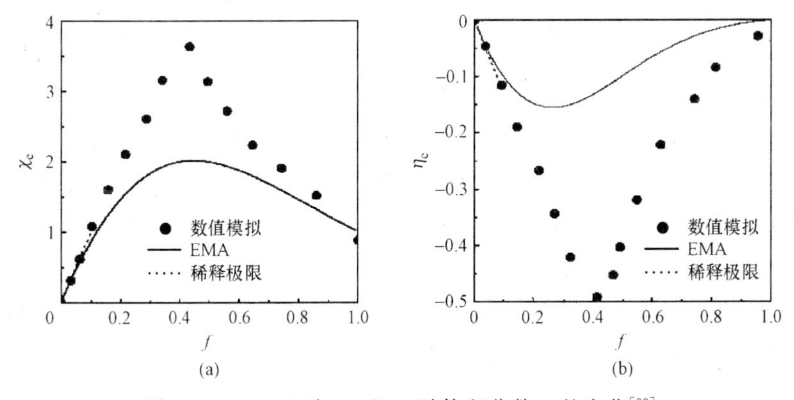

图 4.2-4 $\beta=6$ 时，χ_e 和 η_e 随体积分数 f 的变化[22]

§4.3 线性与非线性响应的渡越

前面我们讨论了异质复合材料的有效非线性介电响应.事实上,在直流条件下,通常需要讨论异质复合材料的非线性电输运与其微结构之间的关系.例如,类似于式(4.1-2),可以定义具备任意阶非线性异质复合材料的电流密度 $\boldsymbol{J}$ -电场强度 $\boldsymbol{E}_0$ 的关系

$$\langle \boldsymbol{J} \rangle = \sigma_e \boldsymbol{E}_0 + \chi_e \mid \boldsymbol{E}_0 \mid^\beta \boldsymbol{E}_0, \tag{4.3-1}$$

这里 σ_e 和 χ_e 分别表示复合体系的有效线性电导率和非线性电极化率.当式(4.3-1)等号右边的线性项和非线性项可以相互比拟时,会发生由线性响应向非线性响应的渡越.此时的电场强度被称为渡越电场强度,其大小可以定义为:$|\boldsymbol{E}_c| = (\sigma_e/\chi_e)^{1/\beta}$;相应的渡越电流密度为 $|\boldsymbol{J}_c| = 2\sigma_e|\boldsymbol{E}_c|$.对于异质复合材料的电输运,人们往往关注在逾渗阈值附近有效线性和非线性物理性质及其临界特性[25,26],主要有两种重要极限情况:① 弱非线性的正常导体N和绝缘体I(其电导率 $\sigma_2=0$)构成的异质复合材料(N-I)[27];② 超导体S($\sigma_2=\infty$)和非线性正常导体N构成的异质复合材料(S-N)[28].在逾渗阈值附近,定义临界指数 t(或 s)来描述N-I(或S-N)异质复合体系中有效线性电导率按 $(f-f_c)$(或 f_c-f)的幂次形式消失(或发散),即 $\sigma_e \sim (f-f_c)^t$[或 $\sigma_e \sim (f_c-f)^{-s}$],其中 f_c 是N-I(或S-N)系统中正常导体(或超导体)的逾渗阈值[27,28].类似地,可以定义新的临界指数来描述有效非线性响应、渡越电场强度和渡越电流密度在逾渗阈值附近的临界行为.本节重点讨论非线性异质复合材料(N-I)的渡越电场和渡越电流密度.

1. 渡越电场强度和渡越电流密度

考虑由体积分数为 f 的正常导体N和体积分数为 $(1-f)$ 的绝缘体I组成的异质复合材料,假设弱非线性正常导体N满足电流密度 $\boldsymbol{J}$-电场强度 $\boldsymbol{E}$ 本构关系

$$\boldsymbol{J} = \sigma_1 \boldsymbol{E} + \chi_1 \mid \boldsymbol{E} \mid^\beta \boldsymbol{E}, \tag{4.3-2}$$

其中 σ_1 和 χ_1 分别是正常导体的线性电导率和非线性极化率,而绝缘体电导率为 $\sigma_2=0$.一般地,总假设弱非线性正常导体满足 $\chi_1|E|^\beta/\sigma_1 \ll 1$.当 $f>f_c$ 时,正常导体将形成一个连通整个体系的导电通路.整个体系的有效非线性响应可通过式(4.3-1)来定义.

当正常导体的体积分数 f 稍大于其逾渗阈值 f_c 时,即 $f-f_c \to 0^+$,其渡越电场强度 $\boldsymbol{E}_c$ 和渡越电流密度 $\boldsymbol{J}_c$ 具有下列关系

$$|\boldsymbol{E}_c| \sim (f-f_c)^{M(\beta)} \quad 和 \quad |\boldsymbol{J}_c| \sim (f-f_c)^{N(\beta)}, \tag{4.3-3}$$

这里 $M(\beta)$ 和 $N(\beta)$ 分别定义为渡越电场强度和渡越电流密度的临界指数或渡越指数,它们应与非线性阶数 β 和维度 d 有关.本节将分别应用EMA、链-节点-滴(LNB)

逾渗模型和电阻(导)涨落方法来确定这些渡越指数,并分析非线性异质复合材料的渡越电场和渡越电流密度的临界特性.

2. 渡越指数 $M(\beta)$和 $N(\beta)$(EMA)

对于具有 $\beta+1$ 阶弱非线性的异质复合材料,其有效高阶非线性极化率 χ_e 可写为[29]

$$\chi_e = f\chi_1 \langle |\boldsymbol{E}|^{\beta+2}\rangle_1 / |\boldsymbol{E}_0|^{\beta+2}, \tag{4.3-4}$$

其中$\langle|\boldsymbol{E}|^{\beta+2}\rangle_1$ 是弱非线性正常导体内的线性电场强度的 $\beta+2$ 次幂的平均. 利用退耦近似[2,3],可将$\langle|\boldsymbol{E}|^{\beta+2}\rangle_1$ 近似为

$$\langle |\boldsymbol{E}(\boldsymbol{r})|^{\beta+2}\rangle_1 \approx \langle |\boldsymbol{E}(\boldsymbol{r})|^{2}\rangle_1^{\frac{\beta+2}{2}}. \tag{4.3-5}$$

如前所述,这个近似建立在($\langle|\boldsymbol{E}(\boldsymbol{r})|^{\beta+2}\rangle_1-\langle|\boldsymbol{E}(\boldsymbol{r})|^{2}\rangle_1^{\frac{\beta+2}{2}})\ll\langle|\boldsymbol{E}(\boldsymbol{r})|^{\beta+2}\rangle_1$ 的基础之上. 当非线性导体的组元内电场强度几乎是均匀时,式(4.3-5)近似程度较好;而在逾渗阈值附近时,由于电场的空间涨落比较大,近似程度则较差.

类似式(4.1-23),可将$\langle|\boldsymbol{E}(\boldsymbol{r})|^{2}\rangle_1$ 写成[2,3]

$$\langle |\boldsymbol{E}(\boldsymbol{r})|^{2}\rangle_1 = \frac{1}{f}\frac{\partial\sigma_e}{\partial\sigma_1}|\boldsymbol{E}_0|^2. \tag{4.3-6}$$

将式(4.3-5)和(4.3-6)代入式(4.3-4),得到

$$\chi_e(\beta) = \frac{\chi_1}{f^{\frac{\beta}{2}}}\left(\frac{\partial\sigma_e}{\partial\sigma_1}\right)^{\frac{\beta+2}{2}}. \tag{4.3-7}$$

根据 EMA,d 维球形颗粒异质复合体系的有效线性电导率满足

$$\sum_i f_i \frac{\sigma_i-\sigma_e}{\sigma_i+(d-1)\sigma_e} = 0, \tag{4.3-8}$$

其中 f_i($f_1=f, f_2=1-f$)是组元 i 的体积分数. 对于 N-I 情况,即 $\sigma_2=0$,从而有

$$\sigma_e = \frac{d}{d-1}\sigma_1\left(f-\frac{1}{d}\right). \tag{4.3-9}$$

将上式代入式(4.3-7),可得

$$\chi_e(\beta) = \frac{\chi_1}{f^{\frac{\beta}{2}}}\left(\frac{d}{d-1}\right)^{\frac{\beta+2}{2}}\left(f-\frac{1}{d}\right)^{\frac{\beta+2}{2}}, \tag{4.3-10}$$

则渡越电场强度和渡越电流密度为

$$|\boldsymbol{E}_c| = \left(\frac{\sigma_e}{\chi_e}\right)^{\frac{1}{\beta}} \sim (f-f_c)^{-\frac{1}{2}} \quad 和 \quad \boldsymbol{J}_c \sim 2\sigma_e|\boldsymbol{E}_c| \sim (f-f_c)^{\frac{1}{2}}. \tag{4.3-11}$$

在 EMA 下体系的逾渗阈值 $f_c=1/d$. 因此,对于任何空间维度 d 和任意非线性阶数β,渡越指数 $M(\beta)=-1/2$ 和 $N(\beta)=1/2$. 换言之,在该近似下,当 f 趋近 f_c 时,渡越电场强度和渡越电流密度的变化并不取决于非线性组元的非线性阶数 β 和体

系的空间维度 d 的数值大小. 式(4.3-11)还表明,对于N-I复合体系,当 $f\to f_c^+$,渡越电流密度消失而渡越电场发散. 也就是说,在该类体系中,我们应该用渡越电流密度而不宜用渡越电场去表征非线性响应到线性响应的渡越. 因为当 $f\to f_c^+$ 时 $|\boldsymbol{E}_c|\to\infty$,这在实验上无法测量.

值得说明的是,由于没有考虑局域电场空间涨落的复杂性,EMA只能定性地而不能定量地描述逾渗阈值附近的临界行为. 例如:它不能给出渡越指数 $M(\beta)$ 和 $N(\beta)$ 随 β 和 d 的变化关系.

3. 逾渗电阻网络模型

对于N-I异质复合体系,其渡越电场强度和渡越电流密度在逾渗阈值附近的临界行为也可以用LNB逾渗模型[30]来近似求解. 这个模型是将异质复合体系简化为一个 d 维晶格网络. 首先,设网格所有的键都是由非线性正常导体构成,系统的线度为 L,晶格常数为 a(为方便起见令 $a\equiv1$). 随着逐渐将导体键替换成绝缘键,导体的体积分数 f 将逐渐减小并接近于逾渗阈值 f_c. 而当 f 稍微大于 f_c,整个网络的电导率仍不为零,但是已经存在许多正常导体连接在一起的不同大小的集团. 这些集团可以用间隔为空间关联长度 ξ 的一系列格点所描绘,其中格点代表某个集团的中心,而彼此邻近的集团由许多非线性正常导体依次串联起来. 通常邻近格点间的导体键数目 N_c 以幂级数形式发散,即[31,32]

$$N_c\sim(f-f_c)^{-[t-\nu_d(d-2)]},\tag{4.3-12}$$

其中 t 为有效线性电导率的临界指数,ν_d 为关联长度 ξ 的临界指数(即 $\xi\sim(f-f_c)^{-\nu_d}$). 正常导体组元电流 i(电流密度 $\boldsymbol{J}$)-电压 v(电场强度 $\boldsymbol{E}$)具有下列的本构关系

$$i=\sigma_1 v+\chi_1 v^{\beta+1},$$

这里 v,i 分别是正常导体键的两端间电压和电流. 在逾渗阈值 f_c 附近,系统的线度 $L\gg\xi$,流过整个系统体积 L^d 的电流 $I(L)$ 和流过一个集团到另一集团的每一路径的电流 $I(\xi)$ 满足下列的关系

$$I(L)=\left(\frac{L}{\xi}\right)^{d-1}I(\xi).\tag{4.3-13}$$

通过集团里的每一个非线性导体的电流为 $i=I(\xi)$,和加在每一导体两端的电压为 $v=\dfrac{\xi V}{LN_c}$,这里 V 是加在整个无规网络上的电压. 根据 i 和 v 间的关系 $i=\sigma_1 v+\chi_1 v^{\beta+1}$ 可以简单地推导出

$$\xi^{d-1}\boldsymbol{J}=\sigma_1\frac{\xi}{N_c}\boldsymbol{E}+\chi_1\left(\frac{\xi}{N_c}\right)^{\beta+1}|\boldsymbol{E}|^{\beta}\boldsymbol{E}.\tag{4.3-14}$$

令方程(4.3-14)等号右边的线性部分与非线性部分相等,我们得到渡越电场强度为

$$|\boldsymbol{E}_{\mathrm{c}}| \sim |\boldsymbol{E}_{\mathrm{c}}^{0}| \frac{N_{\mathrm{c}}}{\xi} \sim |\boldsymbol{E}_{\mathrm{c}}^{0}| (f-f_{\mathrm{c}})^{\nu_{\mathrm{d}}(d-1)-t}, \tag{4.3-15}$$

其中$|\boldsymbol{E}_{\mathrm{c}}^{0}| \equiv \left(\frac{\sigma_1}{\chi_1}\right)^{\frac{1}{\beta}}$是非线性正常导体的渡越电场强度. 相应的渡越电流密度具有下列关系

$$|\boldsymbol{J}_{\mathrm{c}}| = 2\sigma_1 \frac{\xi^{2-d}}{N_{\mathrm{c}}} |\boldsymbol{E}_{\mathrm{c}}| \sim |\boldsymbol{E}_{\mathrm{c}}^{0}| (f-f_{\mathrm{c}})^{\nu_{\mathrm{d}}(d-1)}, \tag{4.3-16}$$

因此,渡越指数 $M(\beta)$和 $N(\beta)$分别为 $M(\beta)=\nu_{\mathrm{d}}(d-1)-t$ 和 $N(\beta)=\nu_{\mathrm{d}}(d-1)$. 在 NLB 图像下,不同维度下的相关渡越指数如表 4.3-1 所示.

表 4.3-1 NLB 图像给出的非线性 N-I 体系在逾渗阈值附近的渡越指数

	$d=2$	$d=3$	$d=6$
ν_{d}	4/3	0.89	0.5
t	1.297	1.985	3.0
$M(\beta)$	0.036	−0.178	−0.5
$N(\beta)$	4/3	1.78	2.5

从表 4.3-1 可以看出,应用 NLB 模型得到渡越指数 $M(\beta)$和 $N(\beta)$也与 β 无关. 这再次表明不论组元的非线性阶数多大,在逾渗阈值附近,渡越电场强度和电流密度均以同样幂级数形式发散和消失.

另外,对所有维度 d 的体系都有 $N(\beta)>0$. 它说明:当 $f\to f_{\mathrm{c}}^{+}$ 时,渡越电流密度$|\boldsymbol{J}_{\mathrm{c}}|$趋于零. 因此,我们可以用$|\boldsymbol{J}_{\mathrm{c}}|$来描述非线性响应与线性响应相互渡越的行为. 而且,体系的维数 d 越大,$N(\beta)$越大;相应地,渡越电流密度就越快速地趋于零. 换句话说,对于大的维度,外加很小的电流强度就可激发出可观的非线性响应. 而维数 d 对渡越电场的影响将更加有趣:对 $d=2$,$M(\beta)=0.036>0$,因此我们也可以引入渡越电场$|\boldsymbol{E}_{\mathrm{c}}|$来表征渡越行为;但是当 $d>2$ 时,用$|\boldsymbol{E}_{\mathrm{c}}|$来描述渡越影响就变得没有意义. 因为当 $f\to f_{\mathrm{c}}^{+}$ 时,$M(\beta)<0$,相应$|\boldsymbol{E}_{\mathrm{c}}|\to\infty$而无法测量.

综上所述,应用 NLB 逾渗模型可以给出维度 d 对渡越物理参量的影响,但仍然不能预测非线性指数 β 对$|\boldsymbol{E}_{\mathrm{c}}|$和$|\boldsymbol{J}_{\mathrm{c}}|$的影响.

4. 电导涨落模型

假设 $\boldsymbol{E}(\boldsymbol{r})$为异质复合体系内在 $\boldsymbol{r}$ 位置处的线性电场,异质复合体系的有效非线性极化率 χ_{e} 可以表述为[参见式(4.1-12)]

$$\chi_{\mathrm{e}}(\beta=2) = \frac{1}{L^d E_0^4}\int \chi(\boldsymbol{r}) |E_1(\boldsymbol{r})|^4 \mathrm{d}V, \tag{4.3-17}$$

其中 L^d 表示复合体系的体积. 对于非线性的 N-I 复合体系,由于仅有正常导体具有三阶非线性项,而绝缘体是线性的(即 $\chi_2=0$),则式(4.3-17)可以简化为

$$\chi_e(\beta=2)=\frac{\chi_1}{L^d E_0^4}\int |E_1(\boldsymbol{r})|^4 dV. \tag{4.3-18}$$

另外，考虑一个线性 N-I 复合体系，其正常导体组元具有涨落的电导率，即 $\sigma_1+\delta\sigma(\boldsymbol{r})$，这里 $\delta\sigma(\boldsymbol{r})$ 表示在位置 $\boldsymbol{r}$ 处的电导率的涨落. 它不仅满足平均值 $\langle\delta\sigma(\boldsymbol{r})\rangle$ 为零，而且其关联函数满足 $\langle\delta\sigma(\boldsymbol{r})\delta\sigma(\boldsymbol{r}')\rangle=a\chi_1\delta(\boldsymbol{r}-\boldsymbol{r}')$，其中 a 为系数. 由于 $\sigma(\boldsymbol{r})$ 存在涨落，所以异质复合体系的有效电导率 σ_e 也有涨落. σ_e 的均方涨落与局域场的四次矩成正比，即

$$\delta\sigma_e^2=\frac{a\chi_1}{L^{2d}E_0^4}\int |E_1(\boldsymbol{r})|^4 dV=\frac{a\chi_e(\beta=2)}{L^d}, \tag{4.3-19}$$

所以有

$$\chi_e(\beta=2)=\frac{L^d}{a}\delta\sigma_e^2\sim L^d\delta\sigma_e^2. \tag{4.3-20}$$

上式可以推广到任意 β，即

$$\chi_e(\beta)\sim L^{d\left(\frac{\beta+2}{2}-1\right)}\langle\delta\sigma_e^{\frac{\beta+2}{2}}\rangle_{cu}, \tag{4.3-21}$$

其中 $\langle\delta\sigma_e^{\frac{\beta+2}{2}}\rangle_{cu}$ 为高阶累积项. 由于 $\langle\delta\sigma_e^{\frac{\beta+2}{2}}\rangle_{cu}$ 同有效线性电导率 $\frac{\beta+2}{2}$ 次方的比值 $\langle\delta\sigma_e^{\frac{\beta+2}{2}}\rangle_{cu}/\sigma_e^{\frac{\beta+2}{2}}$ 可以写为[26,29]

$$\frac{\langle\delta\sigma_e^{\frac{\beta+2}{2}}\rangle_{cu}}{\sigma_e^{\frac{\beta+2}{2}}}\sim L^{-\frac{\beta d}{2}}(f-f_c)^{-k\left(\frac{\beta+2}{2}\right)}, \tag{4.3-22}$$

其中 $k\left(\frac{\beta+2}{2}\right)$ 是临界指数[当 $\beta=2$ 时，即是噪声指数 $k(2)$]，它表征当 $f\to f_c^+$ 时，$\langle\delta\sigma_e^{\frac{\beta+2}{2}}\rangle_{cu}/\sigma_e^{\frac{\beta+2}{2}}$ 的发散行为. 按式(4.3-3)的定义，得到

$$M(\beta)=-\frac{t}{2}+\frac{k\left(\frac{\beta+2}{2}\right)}{\beta} \quad 和 \quad N(\beta)=\frac{t}{2}+\frac{k\left(\frac{\beta+2}{2}\right)}{\beta}. \tag{4.3-23}$$

从式(4.3-23)可以看出，为了获得渡越指数 $M(\beta)$ 和 $N(\beta)$，需要讨论 $k\left(\frac{\beta+2}{2}\right)$.

在有限尺度 L 及 $f=f_c$ 情况下，$\langle\delta\sigma_e^{\frac{\beta+2}{2}}\rangle_{cu}/\sigma_e^{\frac{\beta+2}{2}}$ 仅与 L 有关，且 $(f-f_c)\sim\xi^{-1/\nu_d}\to\infty$. 但是，对于有限尺度的体系，关联长度受到有限尺寸的限制而有 $\xi=L$. 将 $(f-f_c)\sim\xi^{-\frac{1}{\nu_d}}=L^{-\frac{1}{\nu_d}}$ 代入式(4.3-22)，有

$$\frac{\langle\delta\sigma_e^{\frac{\beta+2}{2}}\rangle_{cu}}{\sigma_e^{\frac{\beta+2}{2}}}\sim L^{\left[-\frac{\beta d}{2}+\frac{k\left(\frac{\beta+2}{2}\right)}{\nu_d}\right]}, \tag{4.3-24}$$

同时，$\langle\delta\sigma_e^{\frac{\beta+2}{2}}\rangle_{cu}/\sigma_e^{\frac{\beta+2}{2}}$ 还可以写为[33]

$$\frac{\langle \delta\sigma_e^{\frac{\beta+2}{2}} \rangle_{cu}}{\sigma_e^{\frac{\beta+2}{2}}} \sim L^{\left[\psi\left(\frac{\beta+2}{2}\right)-\frac{\beta+2}{2}\xi_R\right]/\nu_d}, \tag{4.3-25}$$

其中 $\psi\left(\frac{\beta+2}{2}\right) \equiv 1+(\nu_d D_B-1)^{-\frac{\beta}{2}}(\xi_R-1)^{\frac{\beta+2}{2}}$ 表示整个体系的 $\frac{\beta+2}{2}$ 阶累积标度[33,34]，且 $\xi_R \equiv t-(d-2)\nu_d$，$D_B$ 是主干(backbone)的分形维数[35]. 比较式(4.3-24)和(4.3-25)，可以得到

$$k\left(\frac{\beta+2}{2}\right) = \psi\left(\frac{\beta+2}{2}\right) + \frac{\beta}{2}d\nu_d - \left(\frac{\beta+2}{2}\right)\xi_R. \tag{4.3-26}$$

由此得到 $M(\beta)$ 和 $N(\beta)$ 的关系分别为

$$\begin{aligned} M(\beta) &= \frac{d\nu_d - \xi_R - t}{2} + \frac{\psi\left(\frac{\beta+2}{2}\right) - \xi_R}{\beta}, \\ N(\beta) &= \frac{d\nu_d - \xi_R + t}{2} + \frac{\psi\left(\frac{\beta+2}{2}\right) - \xi_R}{\beta}. \end{aligned} \tag{4.3-27}$$

由式(4.3-27)可以发现渡越指数 $M(\beta)$ 和 $N(\beta)$ 不仅与 β 有关，而且还与 d 有关. 图 4.3-1 和图 4.3-2 分别给出二维和三维复合体系的 $N(\beta)$ 和 $M(\beta)$ 随 β 的变化关系.

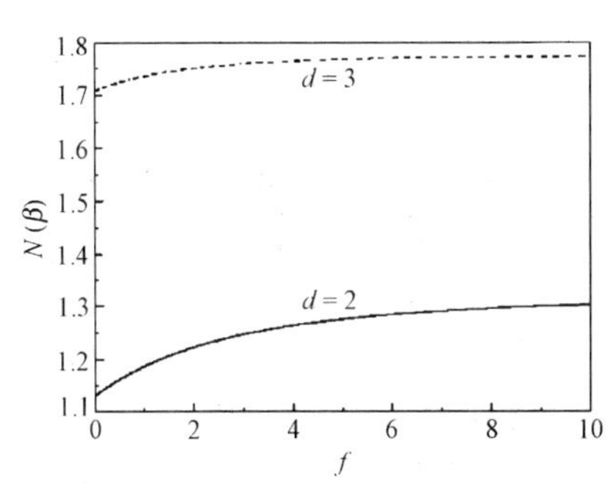

图 4.3-1 渡越电流密度指数 $N(\beta)$ 随非线性阶数 β 的变化[29]

我们首先观测表征渡越电流密度 $|\boldsymbol{J}_c|$ 的临界指数 $N(\beta)$ 的特性(参见图 4.3-1). 对于任意的 β 和 d，$N(\beta)$ 总是大于零，因此当 $f \to f_c^+$ 时，$|\boldsymbol{J}_c| \sim (f-f_c)^{N(\beta)} \to 0$，即渡越电流密度将消失. 相应的物理含义是：复合体系的非线性响应在逾渗阈值附近得到很大增强，注入很小的电流就能导致很强的非线性响应. 由图还可以看出，$N(\beta)$ 是 β 的单调递增函数，β 越大，$N(\beta)$ 也越大，变化趋势变缓，此时渡越电流密度 $|\boldsymbol{J}_c|$ 更小，即非线性指数 β 越大，要产生一个可观的非线性效应所需要的外加电流就越小. 对于 $d=6$，我们也可以预测到 $N(\beta)=5/2$；而有效介质近似得到的是 $N(\beta)=1/2$(对任意的 β 和 d 都成立)，即渡越指数 $N(\beta)$ 是常数；而从 NLB 逾渗模型得到，对于任意的 β 和 d 都有 $N(\beta)>0$，且当 $d=2$,3 和 6 时，相应的 $N(\beta)=4/3$,1.78 和 2.5，但它只与 d

有关，仍与β无关. LNB逾渗模型所预示的结果与电导涨落理论在当$\beta\to\infty$时给出的结果完全一致.

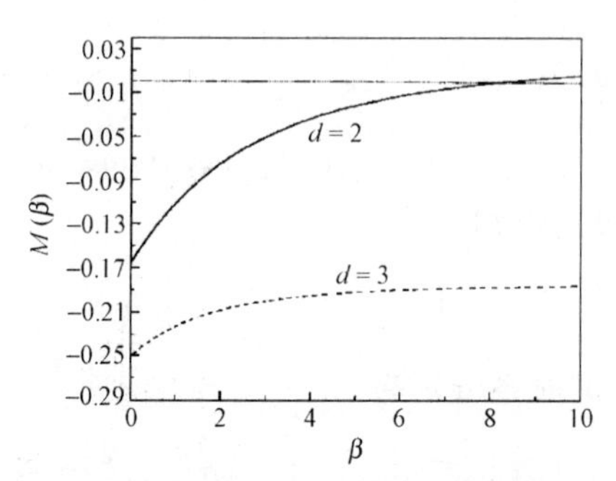

图 4.3-2　渡越电场强度指数$M(\beta)$随非线性阶数β的变化[29]

对于表征$|\boldsymbol{E}_c|$大小的临界指数$M(\beta)$，当空间维度$d>2$时，$M(\beta)$总是负值，如图4.3-2所示. 当$d=6$时，$M(\beta)=-1/2$，该结果与有效介质近似和LNB逾渗模型的结果一致. 在逾渗阈值附近，当$d=2$时，$M(\beta)$具有较为特殊的渡越行为，即$M(\beta)$随β的增加可取正、负或零值，从而其渡越电场$|\boldsymbol{E}_c|$的大小将明显发生改变，即

$$M(\beta)\begin{cases}<0\\=0,\\>0\end{cases}\quad |\boldsymbol{E}_c|\to\begin{cases}\infty\\ \text{常数}, \\ 0\end{cases}\quad \text{若}\ \beta\begin{cases}<\beta_c\\=\beta_c.\\>\beta_c\end{cases}\tag{4.3-28}$$

其中$\beta_c=8.15$是$M(\beta)=0$所对应的临界非线性阶数. 当$\beta<\beta_c=8.15$时，$|\boldsymbol{E}_c|\to\infty$说明渡越电场是发散的，即要获得一个可观的非线性效应，需要一个趋于无穷大的外加电场. 因此，在这种情况下，用渡越电场来描述异质复合体系的渡越行为是没有意义的；而当$\beta>\beta_c=8.15$时，$M(\beta)>0$，从而$|\boldsymbol{E}_c|\to 0$. 在此情况下，随β的增大，渡越电场$|\boldsymbol{E}_c|$将很快消失，所以此时既可以用渡越电场$|\boldsymbol{E}_c|$也可以用渡越电流$|\boldsymbol{J}_c|$来表征复合体系的渡越特性. 对于有效介质近似，$M(\beta)=-1/2$，不随d和β而变化；而对于NLB逾渗图像，虽然得到的$M(\beta)$可以取正取负，但它只随d变化，而不随β变化. 对维度分别为$d=2,3$和6时，其给出的$M(\beta)$值分别为0.036，−0.178和−0.5，而与β无关.

电导涨落模型也可应用于讨论超导体-非线性正常导体(S-N)无规网络的渡越电场和渡越电流密度的临界特性[36,37].

§4.4　强非线性响应

弱非线性是指在外电场作用下，非线性响应的贡献远远小于线性响应的贡献. 因此，在处理弱非线性问题时，通常将非线性部分看做线性响应的微扰项. 但如果对异质复合材料施加很强的外电场，与非线性响应相比较，线性响应部分相对很弱

而可以被忽略,复合体系可能展现出强非线性响应.在这样的情形下,组元的电流密度 $\boldsymbol{J}$-电场强度 $\boldsymbol{E}$ 的本构关系为 $\boldsymbol{J}=\chi|\boldsymbol{E}|^{\beta}\boldsymbol{E}$,这里 β 为非线性指数,χ 为强非线性极化率.在许多陶瓷导体材料中[38],就展现这样的 $\boldsymbol{J}$-$\boldsymbol{E}$ 本构关系.下面以两组元强非线性复合体系为例,分别讨论处理异质复合材料强非线性介电响应的几种常用方法.

1. 变分方法

设两组元的强非线性异质复合材料,其中两个组元均满足强三阶非线性的 $\boldsymbol{J}$-$\boldsymbol{E}$ 本构关系

$$\boldsymbol{J}_i=\chi_i\mid\boldsymbol{E}_i\mid^2\boldsymbol{E}_i\quad(i=1,2).$$

为简单起见,设 χ_i 为实数.

(1) 稀释极限

对于稀释极限情形,异质复合材料可看做是由体积为 Ω_{i} 的颗粒杂质无规地嵌入体积为 $V(\Omega_{\mathrm{i}}\ll V)$ 的基质中而形成的复合体系.由方程 $\nabla\cdot\boldsymbol{J}=0$ 及 $\nabla\times\boldsymbol{E}=0$ 可以得到

$$\nabla\cdot[\chi(\boldsymbol{r})\mid\nabla\phi(\boldsymbol{r})\mid^2\nabla\phi(\boldsymbol{r})]=0,\tag{4.4-1}$$

其中 $\phi(\boldsymbol{r})$ 为电势.结合颗粒表面的边界条件,方程(4.4-1)构成一个静电的边值问题,而通常很难被精确求解.这里,我们考虑能量泛函

$$W[\phi]=\int_V\boldsymbol{J}(\boldsymbol{r})\cdot\boldsymbol{E}(\boldsymbol{r})\mathrm{d}V,\tag{4.4-2}$$

其中 $\boldsymbol{E}(\boldsymbol{r})=-\nabla\phi(\boldsymbol{r})$,变分方法要求对于任意偏离方程(4.4-1)精确解 $\phi(\boldsymbol{r})$ 的 $\delta\phi(\boldsymbol{r})$ 在颗粒边界满足 $\delta\phi(\boldsymbol{r})=0$,$W[\phi]$ 取绝对极小值(即 $\delta W=0$).

设电势 $\tilde{\phi}(\boldsymbol{r})$[电场 $\widetilde{E}(\boldsymbol{r})\equiv-\nabla\tilde{\phi}(\boldsymbol{r})$]满足变分原理 $\delta W=0$ 的解,则复合体系的有效强非线性系数 χ_{e} 为

$$\chi_{\mathrm{e}}E_0^4=\widetilde{W}=\int_V\chi(\boldsymbol{r})\mid\widetilde{E}(\boldsymbol{r})\mid^4\mathrm{d}V,\tag{4.4-3}$$

其中 $\boldsymbol{E}_0$ 为外加电场强度.

为方便起见,考虑具有半径为 a,强非线性极化率为 χ_{i} 的圆柱状($d=2$)或球形($d=3$)的颗粒杂质无规地嵌入非线性极化率为 χ_{m} 的基质中的异质复合材料的强非线性响应.选择具有相同微结构的线性异质复合体系中的电势形式作为试探电势函数[8],即

$$\begin{aligned}\phi_{\mathrm{i}}(r,\theta)&=-(1-b)E_0r\cos\theta,\quad r\leqslant a,\\ \phi_{\mathrm{m}}(r,\theta)&=-E_0[r-ba^dr^{-(d-1)}]\cos\theta,\quad r\geqslant a,\end{aligned}\tag{4.4-4}$$

其中 b 为变分参数.

将式(4.4-4)代回式(4.4-3),有

$$W[b]=[\chi_{\mathrm{m}}+f\chi_{\mathrm{m}}Q_d(b)+f\chi_{\mathrm{i}}(1-b)^4]E_0^4,\tag{4.4-5}$$

其中 f 为颗粒杂质的体积分数. 对于二维圆柱形杂质颗粒($d=2$)[39]

$$Q_2[b]=-1+4b+4b^2+\frac{1}{3}b^4; \tag{4.4-6}$$

对于 $d=3$[8]

$$Q_3[b]=-1+4b+\frac{36}{5}b^2+\frac{8}{5}b^3+\frac{8}{5}b^4. \tag{4.4-7}$$

利用极小值条件 $\delta W=0$,可以求得 b 满足下列方程

$$3(1-y)+3(2+3y)\tilde{b}-9y\tilde{b}^2+(1+3y)\tilde{b}^3=0\,|_{d=2}, \tag{4.4-8}$$

或

$$5(1-y)+3(6+5y)\tilde{b}+3(2-5y)\tilde{b}^2+(8+5y)\tilde{b}^3=0\,|_{d=3}, \tag{4.4-9}$$

其中 $y\equiv\chi_i/\chi_m$.

方程(4.4-8)或(4.4-9)给出了 $\tilde{b}$ 随 y 的变化关系. 利用式(4.4-5),得到复合体系的有效强非线性系数为

$$\chi_e=\chi_m+f\chi_m\left(-1+4\tilde{b}+4\tilde{b}^2+\frac{1}{3}\tilde{b}^4\right)+f\chi_i(1-b)^4\,|_{d=2}, \tag{4.4-10}$$

$$\chi_e=\chi_m+f\chi_m\left(-1+4\tilde{b}+\frac{36}{5}\tilde{b}^2+\frac{8}{5}\tilde{b}^3+\frac{8}{5}\tilde{b}^4\right)+f\chi_i(1-b)^4\,|_{d=3}. \tag{4.4-11}$$

应用式(4.4-11),计算得到的强非线性异质球形颗粒复合体系的有效非线性系数 χ_e/χ_m. 如图 4.4-1 所示,χ_e/χ_m 随 χ_i/χ_m 的增加而单调增加.

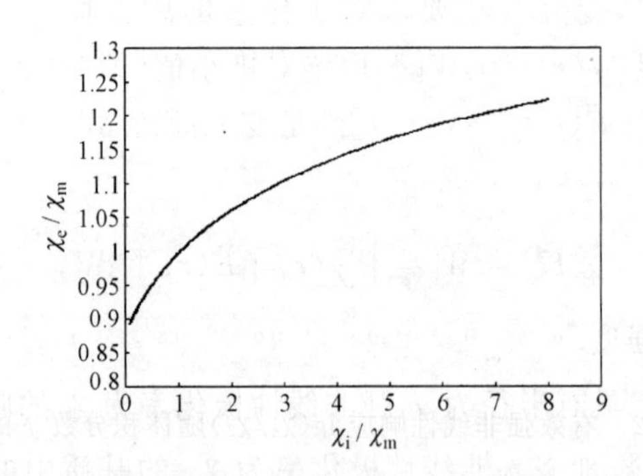

图 4.4-1 球形颗粒异质复合材料的有效强非线性系数 χ_e/χ_m 随 χ_i/χ_m 的变化关系[8] ($f=0.08$)

(2) 对称微结构

对于由两个强非线性组元无规混合而成的复合体系,有效介质近似[40]要求组元颗粒杂质的空间局域场的平均值与外加电场一致,即

$$f_1\langle\boldsymbol{E}_1\rangle+f_2\langle\boldsymbol{E}_2\rangle=\boldsymbol{E}_0, \tag{4.4-12}$$

其中 $f_i(i=1,2)$ 为组元 i 的体积分数($f_1=f, f_2=1-f$). 应用变分原理可以分别

求解组元的空间局域场 $\boldsymbol{E}_i$. 为简单起见,我们考虑半径为 a 的二维圆柱形颗粒,选择相应的试探势函数为[39,40]

$$\phi_i(r,\theta) = -(1-b_i)E_0 r\cos\theta, \quad r \leqslant a,$$
$$\phi_e(r,\theta) = -E_0(r - b_i a^2 r^{-1})\cos\theta, \quad r \geqslant a. \tag{4.4-13}$$

相应能量为

$$W_i = \left[\chi_e + f_i\chi_e\left(-1 + 4\tilde{b}_i + 4\tilde{b}_i^{\,2} + \frac{1}{3}\tilde{b}_i^4\right) + f_i\chi_i(1-\tilde{b}_i)^4\right]E_0^4. \tag{4.4-14}$$

对式(4.4-14)中 $\tilde{b}_i$ 求变分,有

$$3(1-y_i) + 3(2+3y_i)\tilde{b}_i - 9y_i\tilde{b}_i^2 + (1+3y_i)\tilde{b}_i^3 = 0, \tag{4.4-15}$$

其中 $y_i \equiv \chi_i/\chi_e$.

利用式(4.4-15)可以确定 $\tilde{b}_1$ 和 $\tilde{b}_2$. 自洽条件(4.4-12)则可改写为

$$f\tilde{b}_1 + (1-f)\tilde{b}_2 = 0. \tag{4.4-16}$$

将式(4.4-15)代入式(4.4-16),得到关于 χ_e 的一个自洽方程. 给定 χ_1/χ_2,就可以确定 χ_e/χ_2 随 f 的变化关系(参见图 4.4-2).

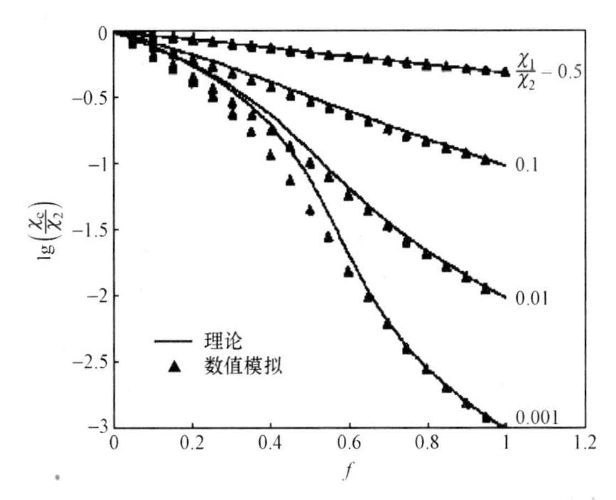

图 4.4-2 有效强非线性响应 $\lg(\chi_e/\chi_2)$ 随体积分数 f 的变化[40]

由于与 χ_1 相比较,χ_2 非线性系数较大,因此 χ_e/χ_2 随体积分数增加而单调减小. 当 χ_1/χ_2 相差不大时,有效介质近似的结果与数值模拟结果符合很好;而当 χ_1 与 χ_2 相差很大时(如 $\chi_1/\chi_2=0.001$,在 $f=0.5$ 附近),有效介质近似预测的理论结果与数值模拟结果只是定性的一致.

(3) Hashin-Shtrikman 微结构

二维 Hashin-Shtrikman 微结构的异质复合体系中,每个核-壳复合圆柱体的核壳体积比为 $a^2/(b^2-a^2)$. 假设一个核-壳圆柱颗粒,浸入一个非线性极化率为 χ_e

的均匀介质中.选用线性问题中的电势函数作为试探势函数

$$\phi^{c}(r,\theta)=-AE_0 r\cos\theta,\quad r\leqslant a,$$
$$\phi^{s}(r,\theta)=-E_0(Br-Ca^2r^{-1})\cos\theta,\quad a\leqslant r\leqslant b,$$
$$\phi^{e}(r,\theta)=-E_0(r-Db^2r^{-1})\cos\theta,\quad r\geqslant b. \tag{4.4-17}$$

其中 A,B,C,D 均为待定的参数.应用电势在核-壳界面及壳-基质界面的连续性条件,有

$$A=B-C\quad 且\quad B-C\frac{a^2}{b^2}=1-D. \tag{4.4-18}$$

复合体系能量密度泛函为

$$W_{\mathrm{i}}=\chi_{\mathrm{e}}+f\chi_{\mathrm{e}}\left(-1+4D+4D^2+\frac{1}{4}D^4\right)+f\chi_{\mathrm{c}}A^4$$
$$+f\chi_{\mathrm{s}}\left[B^4(1-f)+4B^2C^2f(1-f)+\frac{1}{3}C^4f(1-f^3)\right], \tag{4.4-19}$$

其中 $f=a^2/b^2$ 为核-壳复合颗粒中核所占的体积分数,χ_{c} 为核层的三阶非线性系数,而 χ_{s} 为壳层的三阶非线性系数.

由有效介质近似自洽条件,可根据单个核-壳圆柱体颗粒在有效介质中所产生的电极化为 0(即参数 $D=0$)来确定 χ_{e}.为此,先将式(4.4-19)中的 C,D 作为独立变量求变分,再让 $D=0$,有

$$-A^3\chi_{\mathrm{c}}+\chi_{\mathrm{s}}\left[B^3+2BC^2f+2B^2C+\frac{1}{3}(1+f+f^2)\right]=0, \tag{4.4-20}$$

且

$$\chi_e=fA^3\chi_{\mathrm{c}}+\chi_{\mathrm{s}}[B^3(1-f)+2BC^2f(1-f)]. \tag{4.4-21}$$

对于给定 $\chi_{\mathrm{c}},\chi_{\mathrm{s}}$ 和 f,从式(4.4-18)和(4.4-20)可以求出变分参数 A,B,C,从而根据式(4.4-21)确定这种 H-S 微几何结构的异质复合体系有效强非线性系数 χ_{e}[41].

2. 自洽平均场近似

设两组元的强非线性复合材料,其中非线性组元 1 的体积分数为 f,非线性组元 2 的体积分数为 $1-f$,它们均满足三阶强非线性电流密度 $\boldsymbol{J}$ -电场强度 $\boldsymbol{E}$ 的本构关系.

平均场近似指将组元 $i(i=1,2)$的 $\boldsymbol{J}$-$\boldsymbol{E}$ 的本构关系近似表述为

$$\boldsymbol{J}_i(\boldsymbol{r})\approx\chi_i\langle|\boldsymbol{E}|^2\rangle_i\boldsymbol{E}_i\equiv\sigma_i\boldsymbol{E}_i, \tag{4.4-22}$$

这里$\langle|\boldsymbol{E}|^2\rangle_i$ 表示对组元 i 所占据空间的体积平均.对于组元电导率为 $\sigma_i=\chi_i\langle|\boldsymbol{E}|^2\rangle_i$ 的复合材料,其有效电导率为

$$\sigma_{\mathrm{e}}=\sigma_{\mathrm{e}}(\sigma_1,\sigma_2,f). \tag{4.4-23}$$

利用局域场平均$\langle |\boldsymbol{E}|^2\rangle_i$和外场$\boldsymbol{E}_0$关系[2]

$$\langle |\boldsymbol{E}|^2\rangle_1 = \frac{1}{f}\frac{\partial\sigma_e}{\partial\sigma_1}|\boldsymbol{E}_0|^2,\quad \langle |\boldsymbol{E}|^2\rangle_2 = \frac{1}{1-f}\frac{\partial\sigma_e}{\partial\sigma_2}|\boldsymbol{E}_0|^2. \tag{4.4-24}$$

因此,只要给定异质复合体系微结构构形,就可以解析推导出σ_e对组元电导率σ_1,σ_2和f的依赖关系.鉴于$\sigma_i=\chi_i\langle |\boldsymbol{E}|^2\rangle_i$,式(4.4-24)构成关于$\langle |\boldsymbol{E}|^2\rangle_i$的自洽方程组,从而获得体系的有效强非线性系数$\chi_e$.下面利用自洽平均场近似分别讨论稀释极限体系和无规混合的复合体系.

对于稀释极限体系,设体系由很小体积分数f的d维(球形或圆柱形)颗粒无规地浸入基质而组成,其有效电导率可以写为

$$\sigma_e = \sigma_2 + fd\sigma_2\frac{\sigma_1-\sigma_2}{\sigma_1+(d-1)\sigma_2}. \tag{4.4-25}$$

将$\sigma_i=\chi_i\langle |\boldsymbol{E}|^2\rangle_i$及$\sigma_e=\chi_e|\boldsymbol{E}_0|^2$代入式(4.4-25),有

$$\chi_e|\boldsymbol{E}_0|^2 = \chi_2\langle |\boldsymbol{E}|^2\rangle_2 + fd\chi_2\langle |\boldsymbol{E}|^2\rangle_2\frac{\chi_1\langle |\boldsymbol{E}|^2\rangle_1-\chi_2\langle |\boldsymbol{E}|^2\rangle_2}{\chi_1\langle |\boldsymbol{E}|^2\rangle_1+(d-1)\chi_2\langle |\boldsymbol{E}|^2\rangle_2}. \tag{4.4-26}$$

利用式(4.4-24),我们可以获得关于$\langle |\boldsymbol{E}|^2\rangle_1$和$\langle |\boldsymbol{E}|^2\rangle_2$的自洽方程组

$$\frac{\langle |\boldsymbol{E}|^2\rangle_1}{|\boldsymbol{E}_0|^2} = \left(\frac{d\chi_2\langle |\boldsymbol{E}|^2\rangle_2}{\chi_1\langle |\boldsymbol{E}|^2\rangle_1+(d-1)\chi_2\langle |\boldsymbol{E}|^2\rangle_2}\right)^2,$$

$$\frac{\langle |\boldsymbol{E}|^2\rangle_2}{|\boldsymbol{E}_0|^2} = \frac{1}{1-f}\cdot\left\{fd\frac{\chi_1^2\langle |\boldsymbol{E}|^2\rangle_1^2-2\chi_1\chi_2\langle |\boldsymbol{E}|^2\rangle_1\langle |\boldsymbol{E}|^2\rangle_2-(d-1)\chi_2^2\langle |\boldsymbol{E}|^2\rangle_2^2}{[\chi_1\langle |\boldsymbol{E}|^2\rangle_1+(d-1)\chi_2\langle |\boldsymbol{E}|^2\rangle_2]^2}+1\right\}. \tag{4.4-27}$$

对于给定χ_1,χ_2,f,从式(4.4-27)至少可以数值求解$\langle |\boldsymbol{E}|^2\rangle_1$和$\langle |\boldsymbol{E}|^2\rangle_2$,然后将它们代入式(4.4-26),即可求出$\chi_e$对$\chi_1,\chi_2$和$f$的依赖关系[42].

对于两组元无规混合的复合体系,如二维圆柱形颗粒复合体系的有效电导率可以应用 EMA 表述为

$$\sigma_e = \frac{1}{2}\left[(1-2f)(\sigma_2-\sigma_1)+\sqrt{(1-2f)^2(\sigma_2-\sigma_1)^2+4\sigma_1\sigma_2}\right], \tag{4.4-28}$$

同样,将$\sigma_i=\chi_i\langle |\boldsymbol{E}|^2\rangle_i$和$\sigma_e=\chi_e|\boldsymbol{E}_0|^2$代入上式,得到

$$\chi_e|\boldsymbol{E}_0|^2 = \frac{1}{2}\Big[(1-2f)(\chi_2\langle |\boldsymbol{E}|^2\rangle_2-\chi_1\langle |\boldsymbol{E}|^2\rangle_1) + \sqrt{(1-2f)^2(\chi_2\langle |\boldsymbol{E}|^2\rangle_2-\chi_1\langle |\boldsymbol{E}|^2\rangle_1)^2+4\chi_1\chi_2\langle |\boldsymbol{E}|^2\rangle_1\langle |\boldsymbol{E}|^2\rangle_2}\Big], \tag{4.4-29}$$

再利用式(4.4-24),可得

$$\frac{\langle|\boldsymbol{E}|^2\rangle_1}{|\boldsymbol{E}_0|^2}=\frac{1}{2f}\left\{2f-1+\frac{2\chi_2\langle|\boldsymbol{E}|^2\rangle_2-(1-2f)^2(\chi_2\langle|\boldsymbol{E}|^2\rangle_2-\chi_1\langle|\boldsymbol{E}|^2\rangle_1)}{\sqrt{(1-2f)^2(\chi_2\langle|\boldsymbol{E}|^2\rangle_2-\chi_1\langle|\boldsymbol{E}|^2\rangle_1)^2+4\chi_1\chi_2\langle|\boldsymbol{E}|^2\rangle_1\langle|\boldsymbol{E}|^2\rangle_2}}\right\}. \tag{4.4-30}$$

基于对称性,$\langle|\boldsymbol{E}|^2\rangle_2/|\boldsymbol{E}_0|^2$ 可以通过将式(4.4-30)中 χ_1 与 χ_2 互换以及将 f 变成 $1-f$ 而获得. 利用式(4.4-30)及(4.4-29),即可求得复合体系的有效强非线性系数 χ_e[8,9].

利用自洽平均场近似(图中的实线)以及数值模拟方法(图中的点线)研究有效强非线性响应χ_e随体积分数 f 的变化(参见图 4.4-3),可以看出自洽平均场近似的理论结果和数值模拟几乎完全一致. 即使当二组元的非线性系数相差很大时(如 $\chi_1/\chi_2=0.001$),理论和数值模拟的结果仍然很接近.

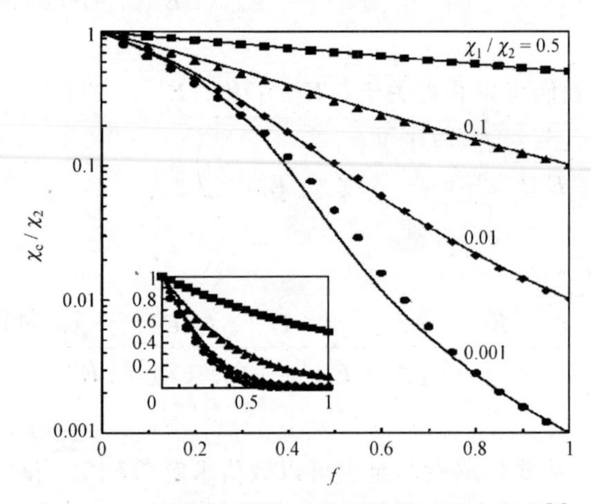

图 4.4-3　有效强非线性响应随体积分数的变化[9]

3. 变分方法和自洽平均场近似的比较

一般地,由于变分方法是基于能量最小原理,它给出了异质复合体系的有效强非线性响应精确解的严格上边界;而自洽平均场近似忽略了局域场的空间涨落,通常给出的是严格下边界,即

$$\chi_e(\text{平均场})\leqslant\chi_e(\text{精确解})\leqslant\chi_e(\text{变分}). \tag{4.4-31}$$

此外,对于强非线性复合体系,不论我们采用自洽平均场近似还是变分的方法,一般只能数值地求解体系的有效非线性响应 χ_e. 而当二组元间的非线性响应相差不大时,即 $\chi_1\approx\chi_2$,也可以得到一些解析解. 为方便起见,令 $\chi_2=1$,$\chi_1=1+x$,其

中 $x\ll 1$. 对于稀释极限情形,变分方法[参见式(4.4-10)和(4.4-11)]给出的有效非线性响应 χ_e 按 x 展开的形式为[43]

$$\chi_e(\text{变分}) = 1 + fx - \frac{2(2+d)fx^2}{d(8+d)} + o[x]^3, \tag{4.4-32}$$

而应用自洽平均场近似公式[参见式(4.4-26)和(4.4-27)]得到

$$\chi_e(\text{平均场}) = 1 + fx - \frac{2(1-f)fx^2}{2+d(1-f)} + o[x]^3. \tag{4.4-33}$$

比较式(4.4-32)和(4.4-33),可以看出应用变分方法和自洽平均场近似,χ_e 的前两项完全一致,但是变分方法给出 χ_e 的第三项比平均场近似给出的第三项要大(或取更小的负值),因此有 $\chi_e(\text{变分}) > \chi_e(\text{平均场})$.

§4.5 光学双稳特性

前面已讨论了外加电场强度较弱时,异质复合体系展现出弱的有效非线性响应;当外加电场进一步增强,非线性项 $\chi|\boldsymbol{E}|^2$ 同线性项 ε 可以相互比拟时,在一定的条件下,异质复合体系可以展现出光学双稳现象:即对于一个给定的外加电场,体系的空间局域场可以出现两个稳定态.根据光学双稳态特性,可望设计出光学双稳元器件,这些元器件在高速光通信、光学图像处理、光存储和光学防辐照等方面都有着重要的应用.如何从理论上处理异质复合材料的非线性光学双稳特性与微结构的关系呢?我们首先给出两种具有简单微结构异质复合体系的光学双稳特性的例子,然后讨论理论处理异质复合体系的光学双稳特性的方法.

1. 光学双稳简例

(1) 非线性球形颗粒形成的异质复合体系

考虑由非线性介电常数为 $\tilde{\varepsilon}_1 = \varepsilon_1 + \chi_1|\boldsymbol{E}|^2$ 的球形杂质颗粒,无规地浸入介电常数为 ε_2 的线性基质中形成的异质复合体系.对于外加电场 $\boldsymbol{E}_0$,在稀释极限下,非线性介质球颗粒的局域电场可以表示为

$$\boldsymbol{E}_1 = \frac{3\boldsymbol{E}_0}{(\tilde{\varepsilon}_1/\varepsilon_2)+2} = \frac{3\varepsilon_2\boldsymbol{E}_0}{\varepsilon_1 + 2\varepsilon_2 + \chi_1|\boldsymbol{E}_1|^2}. \tag{4.5-1}$$

为了方便起见,我们定义 $\tilde{\varepsilon}_1/\varepsilon_2 \equiv \varepsilon + \alpha|\boldsymbol{E}_1|^2$,并不失一般性地设 $\varepsilon(\equiv\varepsilon' + \mathrm{i}\varepsilon'')$ 和 $\alpha(\equiv\chi_1/\varepsilon_2)$ 分别为复数和实数.这样,式(4.5-1)可以改写为

$$\alpha|\boldsymbol{E}_1|^2 = \frac{9\alpha|\boldsymbol{E}_0|^2}{(\varepsilon' + 2 + \alpha|\boldsymbol{E}_1|^2)^2 + \varepsilon''^2}. \tag{4.5-2}$$

进一步定义非线性球形颗粒的约化电场强度 $x \equiv -\alpha|\boldsymbol{E}_1|^2/(\varepsilon'+2)$,入射约化电场强度 $y \equiv -9\alpha|\boldsymbol{E}_0|^2/(\varepsilon'+2)^3$ 和 $\gamma \equiv \varepsilon''/(\varepsilon'+2)$,则式(4.5-2)变为

$$y = x[(1-x)^2 + \gamma^2]. \tag{4.5-3}$$

上式表明,x 发生跃变的位置可由条件 $\mathrm{d}y/\mathrm{d}x=0$ 来决定.对于 $\gamma^2 \ll 1$ 的情形

$$x_1 = \frac{2}{3} - \frac{1}{3}(1-3\gamma^2)^{1/2} \approx \frac{1}{3} + \frac{\gamma^2}{2},$$

$$x_2 = \frac{2}{3} + \frac{1}{3}(1-3\gamma^2)^{1/2} \approx 1 - \frac{\gamma^2}{2}. \tag{4.5-4}$$

相应强度 y 为

$$y_1 \equiv y(x_1) \approx \frac{4}{27} + \frac{\gamma^2}{2}, \quad y_2 \equiv y(x_2) \approx \gamma^2. \tag{4.5-5}$$

经过数值计算,发现临界强度 $y_c \approx 4/27$(参见图 4.5-1)[6].

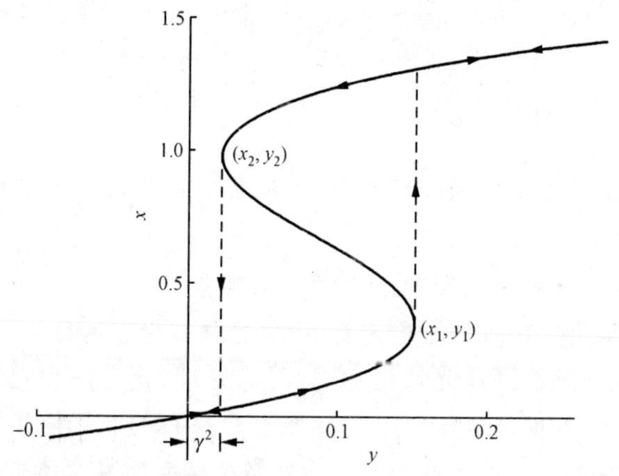

图 4.5-1　非线性球形颗粒的约化电场强度 x 随入射约化电场强度 y 的变化[6]

(2) 层状复合结构的异质复合体系

设平板组元 1 具有线性的 $\boldsymbol{D}$-$\boldsymbol{E}$ 响应,其介电常数为 ε_1;平板组元 2 具有非线性介电响应,其场依赖的介电常数为 $\tilde{\varepsilon}_2 = \varepsilon_2 + \chi_2 |\boldsymbol{E}_2|^2$.设外加电场 $\boldsymbol{E}_0$ 垂直于两个组元平板面,根据 $\boldsymbol{D}$ 垂直分量的连续性条件,有

$$\varepsilon_1 \boldsymbol{E}_1 = (\varepsilon_2 + \chi_2 |\boldsymbol{E}_2|^2)\boldsymbol{E}_2, \tag{4.5-6}$$

且

$$\boldsymbol{E}_0 = f\boldsymbol{E}_1 + (1-f)\boldsymbol{E}_2 = \left[(1-f) + f\frac{\varepsilon_2 + \chi_2 |\boldsymbol{E}_2|^2}{\varepsilon_1}\right]\boldsymbol{E}_2, \tag{4.5-7}$$

这里 f 表示组元 1 的体积分数.式(4.5-7)可以改写为

$$|\boldsymbol{E}_0|^2 = \left|(1-f) + f\frac{\varepsilon_2 + \chi_2 |\boldsymbol{E}_2|^2}{\varepsilon_1}\right|^2 |\boldsymbol{E}_2|^2. \tag{4.5-8}$$

令
$$t \equiv \frac{\chi_2 \mid \boldsymbol{E}_2 \mid^2}{\left| \varepsilon_2 + \dfrac{(1-f)}{f}\varepsilon_1 \right|} > 0,$$

$$\mu \equiv -\operatorname{Re}\left(\varepsilon_2 + \frac{(1-f)}{f}\varepsilon_1\right) \Big/ \left|\varepsilon_2 + \frac{(1-f)}{f}\varepsilon_1\right|, \quad \mid \mu \mid < 1,$$

$$\alpha \equiv \chi_2 \mid \boldsymbol{E}_0 \mid^2 \mid \varepsilon_1 \mid^2 \Big/ \left(f^2 \left|\varepsilon_2 + \frac{(1-f)}{f}\varepsilon_1\right|^3\right) > 0,$$

则方程(4.5-8)可简写为

$$g(t) \equiv t^3 - 2\mu t^2 + t = \alpha. \tag{4.5-9}$$

式(4.5-9)是关于 t 的三次非线性方程,对于给定外加电场强度 $\boldsymbol{E}_0$,它至少有一个正实数解.为了使式(4.5-9)具有更多的(如二个)这样的物理解,μ 和 α 必须满足:$\mu \geqslant \sqrt{3}/2$ 和 $\alpha_+ \leqslant \alpha \leqslant \alpha_-$,其中 $\alpha_\pm = g(t_\pm)$,而 $t_-(t_+)$ 是函数 $g(t)$ 取极小值(极大值)的位置,它们可被表示为

$$t_\pm = \frac{1}{3}\left[2\mu \pm (4\mu^2 - 3)^{1/2}\right] > 0, \tag{4.5-10}$$

即局域电场可有两个稳定的状态[44].

2. 变分方法

如前所述,异质复合体系中静电场的变分原理要求:对满足连续边界条件的实标量势函数 $\phi(\boldsymbol{r})$,其能量泛函

$$W[\phi] = \int \varepsilon(\boldsymbol{r})[\nabla\phi(\boldsymbol{r})]^2 \mathrm{d}V \tag{4.5-11}$$

取绝对极小值.其中 $\phi(\boldsymbol{r})$ 是静电场微分方程 $\nabla \cdot [\varepsilon(\boldsymbol{r})\nabla\phi(\boldsymbol{r})] = 0$ 的解.式(4.5-11)只适用于 $\varepsilon(\boldsymbol{r})$ 为实数,或者标量积 $\boldsymbol{E} \cdot \boldsymbol{D} = \varepsilon(|\boldsymbol{E}|^2)|\boldsymbol{E}|^2$ 为 $|\boldsymbol{E}|^2$ 的增函数[13].当 $\varepsilon(\boldsymbol{r})$ 与电场相关且为复函数时,如 $\varepsilon = \varepsilon' + \mathrm{i}\varepsilon'' + b|\boldsymbol{E}|^2$,式(4.5-11)需要修正.这时,对于任何偏离方程 $\nabla \cdot [\varepsilon(\boldsymbol{r})\nabla\phi] = 0$ 电势解的变化 $\delta\phi$(在异质复合体系的外边界,$\delta\phi = 0$)应当满足[44]

$$\int \boldsymbol{D} \cdot \delta\boldsymbol{E}^* \,\mathrm{d}V = 0, \tag{4.5-12}$$

其中 $\delta\boldsymbol{E} = \nabla\delta\phi$.

下面,应用变分方法讨论两种非线性异质复合介质的光学双稳特性.

(1) 线性金属颗粒-非线性介电基质异质复合体系

考虑一个线性金属球形颗粒浸入非线性介电基质中形成的复合体系.设金属介电常数为 $\varepsilon_1 = \varepsilon_1' + \mathrm{i}\varepsilon_1''$,其中 $\varepsilon_1' < 0$ 而 $\varepsilon_1'' > 0$,且 $\varepsilon_1'' \ll |\varepsilon_1'|$;基质的介电常数 $\tilde{\varepsilon}_2 = \varepsilon_2 + \chi_2|\boldsymbol{E}|^2$,其中 $\varepsilon_2 > 0$,$\chi_2 > 0$.因为基质具有非线性的介电响应,所以无法精确求解复合体系的空间局域场.应用变分方法,选用相应线性复合体系的势函数作为试

探势函数,即

$$\phi(\boldsymbol{r})=\begin{cases}|\boldsymbol{E}_0|(1-B)r\cos\theta, & r\leqslant a,\\ |\boldsymbol{E}_0|r\cos\theta-|\boldsymbol{E}_0|Ba^3\dfrac{\cos\theta}{r^2}, & r\geqslant a,\end{cases}\tag{4.5-13}$$

其中 B 为待定的复变分参数. 将式(4.5-13)代入式(4.5-12),得到关于 B 的非线性方程[44]

$$-(\varepsilon_1-\varepsilon_2)+(\varepsilon_1+2\varepsilon_2)B+\chi_2|\boldsymbol{E}_0|^2\Big(1+2B+\frac{8}{5}\mathrm{Re}B+\frac{2}{5}|B^2|+\frac{4}{5}B\mathrm{Re}B+\frac{8}{5}|B^2|B\Big)=0.\tag{4.5-14}$$

若忽略非线性项(含 $\chi_2|\boldsymbol{E}_0|^2$ 的项),有 $-(\varepsilon_1-\varepsilon_2)+(\varepsilon_1+2\varepsilon_2)B=0$,这是线性异质复合材料中 B 的精确解. 在表面等离共振激元附近,即 $\varepsilon_1+2\varepsilon_2=0$,$B$ 将会很大. 因此,即使 $\chi_2|\boldsymbol{E}_0|^2$ 很弱,式(4.5-14)等号左边中含非线性项通常也不能忽略. 但是,在表面等离共振频率附近,因为 B 很大,所以可采用如下近似

$$0=-(\varepsilon_1-\varepsilon_2)+(\varepsilon_1+2\varepsilon_2)B+\frac{8}{5}\chi_2|\boldsymbol{E}_0|^2|B^2|B.\tag{4.5-15}$$

上式可改写为

$$|\varepsilon_1-\varepsilon_2|^2=\left|\varepsilon_1+2\varepsilon_2+\frac{8}{5}\chi_2|\boldsymbol{E}_0|^2|B^2|\right|^2|B^2|.\tag{4.5-16}$$

令

$$t\equiv|B^2|\frac{8\chi_2|\boldsymbol{E}_0|^2}{5|\varepsilon_1+2\varepsilon_2|}>0,$$

$$\mu\equiv-\frac{\mathrm{Re}(\varepsilon_1+2\varepsilon_2)}{|\varepsilon_1+2\varepsilon_2|},\quad |\mu|<1,$$

$$\alpha\equiv\frac{8}{5}\frac{\chi_2|\boldsymbol{E}_0|^2|\varepsilon_1-\varepsilon_2|^2}{|\varepsilon_1+2\varepsilon_2|^2}>0,$$

也得到 $g(t)\equiv t^3-2\mu t^2+t=\alpha$. 因此,类似双稳特性的分析可以完全参照式(4.5-9)进行.

(2) Hashin-Shtrikman 微结构

设 Hashin-Shtrikman 微结构颗粒是由具有线性响应的金属核和非线性介电壳所构成. 对于这类微结构的线性异质复合介质中,可以精确求解出其空间局域场. 而对于相应的非线性异质复合材料,选择如下的试探势函数[44]

$$\phi(\boldsymbol{r})=\begin{cases}|\boldsymbol{E}_0|A_1r\cos\theta, & r\leqslant a\\ |\boldsymbol{E}_0|A_2r\cos\theta-|\boldsymbol{E}_0|Ba^3\dfrac{\cos\theta}{r^2}, & a\leqslant r\leqslant b,\\ |\boldsymbol{E}_0|r\cos\theta-|\boldsymbol{E}_0|B_3b^3\dfrac{\cos\theta}{r^2}, & r\geqslant b.\end{cases}\tag{4.5-17}$$

在 $r=a$ 和 $r=b$ 的两个分界面，$\phi(\boldsymbol{r})$的连续性要求

$$A_1 = A_2 - B,\quad 1 - B_3 = A_2 - B\frac{a^3}{b^3}. \tag{4.5-18}$$

可见式(4.5-17)中的4个变分参量只有2个是独立变量.另外，在 $r>b$ 的区域，可以将所有其他的带壳颗粒集团看做是介电常数为 $\varepsilon_e(|\boldsymbol{E}_0|)$的均匀介质.这样，核-壳球形复合颗粒的偶极矩在外加电场下应为0，即 $B_3=0$.同样，在应用变分方法时，应先将 B 和 B_3 当做相互独立的变分参数，应用变分方法后让 $B_3=0$.具体结果如下

$$\begin{aligned}0 =& -(\varepsilon_1-\varepsilon_2)+[\varepsilon_1+2\varepsilon_2-f(\varepsilon_1-\varepsilon_2)]B+\chi_2\mid\boldsymbol{E}_0\mid^2\Big\{[1+(2+f)B]\mid 1+fB\mid^2\\&+(\mathrm{Re}B+f\mid B^2\mid)\left[\frac{8}{5}(1+2fB)+\frac{4}{5}(1+f)B\right]+\mid B^2\mid\Big[2f(1+fB)\\&+\frac{2}{5}(1+f)(1+2fB)+\frac{8}{5}(1+f+f^2)B\Big]\Big\},\end{aligned} \tag{4.5-19}$$

$$\begin{aligned}0 =& \varepsilon_e(\mid\boldsymbol{E}_0\mid)-\varepsilon_2-f(\varepsilon_1-\varepsilon_2)+f(1-f)(\varepsilon_1-\varepsilon_2)B\\&+\chi_2\mid\boldsymbol{E}_0\mid^2\Big\{-(1-f)(1+fB)\mid 1+fB\mid^2\\&-f(1-f)\mid B^2\mid\left[2(1+fB)+\frac{2}{5}B(1+f)\right]\\&-\frac{8}{5}f(1-f)B(\mathrm{Re}B+f\mid B^2\mid)\Big\}.\end{aligned} \tag{4.5-20}$$

利用式(4.5-19)，我们可以确定 B 与$|\boldsymbol{E}_0|^2$ 的关系；而式(4.5-20)给出了异质复合体系与外场相关的有效介电常数 $\varepsilon_e(|\boldsymbol{E}_0|)$.如果仅保留式(4.5-19)的非线性项中含有 B 的最高幂次项，则有

$$\begin{aligned}&-(\varepsilon_1-\varepsilon_2)+[\varepsilon_1+2\varepsilon_2-f(\varepsilon_1-\varepsilon_2)]B+\frac{1}{5}(5f^3+52f^2\\&+16f+8)\chi_2\mid\boldsymbol{E}_0\mid^2\mid B^2\mid B=0.\end{aligned} \tag{4.5-21}$$

利用式(4.5-21)，可以讨论 B 随 $\boldsymbol{E}_0$ 的变化关系，从而进一步研究异质复合体系的光学双稳特性.

3. 自洽平均场近似

(1) 非线性金属-电介质颗粒复合体系

设这类复合体系中的二组元均满足非线性 $\boldsymbol{D}$-$\boldsymbol{E}$ 本构关系，即 $\boldsymbol{D}=\varepsilon_i\boldsymbol{E}+\chi_i|\boldsymbol{E}|^2\boldsymbol{E}=(\varepsilon_i+\chi_i|\boldsymbol{E}|^2)\boldsymbol{E}$，组元1的体积分数为 f.采用平均场近似[8,9]，将组元的非线性介电响应表述为 $\tilde{\varepsilon}_i=\varepsilon_i+\chi_i|\boldsymbol{E}|^2\approx\varepsilon_i+\chi_i\langle|\boldsymbol{E}|^2\rangle_i$.此外，将线性空间局域电场平方平均的谱表示(4.1-30)推广到非线性情形[参见式(4.2-7)和(4.2-8)]，即

$$f\langle|\boldsymbol{E}|^2\rangle_1=\int_0^1\frac{|\tilde{s}|^2\mu(x)}{|\tilde{s}-x|^2}\mathrm{d}x\,|\boldsymbol{E}_0|^2,$$

$$(1-f)\langle|\boldsymbol{E}|^2\rangle_2=|\boldsymbol{E}_0|^2\left(1-\int_0^1\frac{|\tilde{s}|^2-x}{|\tilde{s}-x|^2}\mu(x)\mathrm{d}x\right),$$

这里 $\tilde{s}=\tilde{\varepsilon}_2/(\tilde{\varepsilon}_2-\tilde{\varepsilon}_1)$，其中 $\langle|\boldsymbol{E}|^2\rangle_i$ 代表非线性组元空间局域场平方的平均. 因为 $\tilde{s}$ 是 $\langle|\boldsymbol{E}|^2\rangle_1$ 和 $\langle|\boldsymbol{E}|^2\rangle_2$ 的函数，所以对于某给定微结构的复合体系，$\mu(x)$ 也就给定，从而式(4.2-7)和式(4.2-8)构成一个关于 $\langle|\boldsymbol{E}|^2\rangle_1$ 和 $\langle|\boldsymbol{E}|^2\rangle_2$ 的自洽方程组. 理论上讲，至少可以数值求出 $\langle|\boldsymbol{E}|^2\rangle_i$ 随 $|\boldsymbol{E}_0|^2$ 的变化关系，从而得到复合体系的光学双稳特性.

作为实例，我们考虑具有体积分数为 f 的非线性旋转椭球形金属颗粒无规浸入非线性电介质基质中所构成二组元异质复合体系[45]. 所有金属颗粒可以具有不同的尺寸和形状，但为了简化起见，假设它们具有相同的几何形状. 对于旋转椭球，我们不妨用沿 z 轴方向的退极化因子 L_z 来表征椭球颗粒的几何形状(设 z 轴为旋转对称轴). 对于这类微结构复合体系，其谱密度函数 $\mu(x)$ 是两个 δ 函数的叠加，即[45,46]

$$\mu(x)=F_1\delta(x-s_1)+F_2\delta(x-s_2),\tag{4.5-22}$$

其中 $s_{1,2}=[3-2f+3L_z\pm\sqrt{(3-2f+3L_z)^2-72(1-f)(1-L_z)L_z}]/12$，以及 $F_1=\dfrac{f(1+3L_z-6s_1)}{6(s_2-s_1)}$，$F_2=\dfrac{f(1+3L_z-6s_2)}{6(s_1-s_2)}$，很显然 $F_1+F_2=f$.

将式(4.5-22)代入式(4.2-7)和(4.2-8)，有

$$f\langle|\boldsymbol{E}|^2\rangle_1=\left(\frac{|\tilde{s}|^2}{|\tilde{s}-s_1|^2}F_1+\frac{|\tilde{s}|^2}{|\tilde{s}-s_2|^2}F_2\right)|\boldsymbol{E}_0|^2,\tag{4.5-23}$$

$$(1-f)\langle|\boldsymbol{E}|^2\rangle_2=\left(1-\frac{|\tilde{s}|^2-s_1}{|\tilde{s}-s_1|^2}F_1-\frac{|\tilde{s}|^2-s_2}{|\tilde{s}-s_2|^2}F_2\right)|\boldsymbol{E}_0|^2.\tag{4.5-24}$$

利用式(4.5-23)和(4.5-24)可以获得 $\langle|\boldsymbol{E}|^2\rangle_1$ 和 $\langle|\boldsymbol{E}|^2\rangle_2$ 随 $|\boldsymbol{E}_0|^2$ 的变化关系.

选取金属颗粒的线性介电常数为 $\varepsilon_1=-7.1+0.22\,\mathrm{i}$，而电介质材料线性介电常数为 $\varepsilon_2=2.0$，因此 $s=0.22+0.005\,\mathrm{i}$[45]. 为简化起见，只讨论两类非线性复合体系：一类是金属颗粒具有非线性响应而电介质材料具有线性响应，其大小分别取为 $\chi_1=10^{-8}$ esu，$\chi_2=0$；另一类是金属颗粒具有线性响应(即 $\chi_1=0$)，而电介质材料具有非线性响应 $\chi_2=10^{-8}$ esu[47].

图 4.5-2 和图 4.5-3 分别表示这两类非线性异质复合材料，在不同体积分数和不同颗粒形状下，$\sqrt{\langle|\boldsymbol{E}|^2\rangle_1}$ 随 $|\boldsymbol{E}_0|$ 的变化关系.

从两幅图可以看出，双稳曲线强烈依赖于金属颗粒的几何形状(或退极化因子 L_z)，而弱依赖于金属颗粒的体积分数 f. 对于稀释极限 $f=0.01$ 情形，图 4.5-3(a)的双稳曲线与图 4.5-2(a)的曲线行为有显著不同. 例如，当外场 $\boldsymbol{E}_0$ 刚刚大于光学双

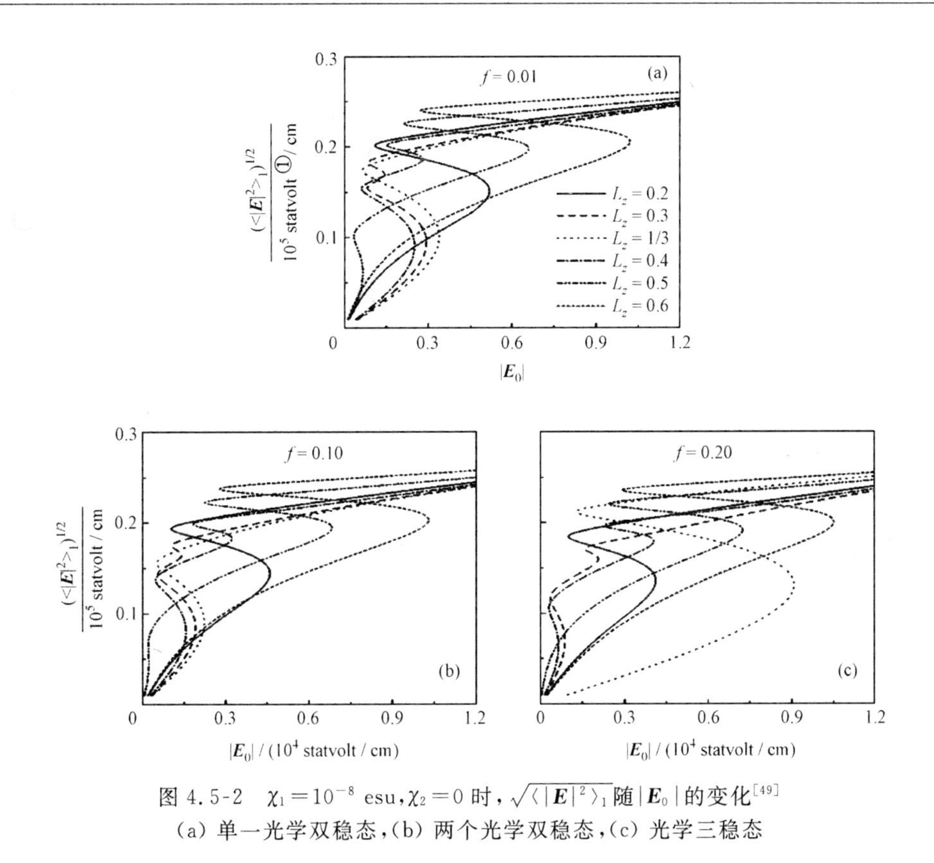

图 4.5-2　$\chi_1=10^{-8}$ esu，$\chi_2=0$ 时，$\sqrt{\langle|\boldsymbol{E}|^2\rangle_1}$随$|\boldsymbol{E}_0|$的变化[49]

(a) 单一光学双稳态，(b) 两个光学双稳态，(c) 光学三稳态

稳区域的电场范围之后，如图 4.5-3(a)所示，$\sqrt{\langle|\boldsymbol{E}|^2\rangle_1}$先减小后增大. 而对于图 4.5-2(a)，$\sqrt{\langle|\boldsymbol{E}|^2\rangle_1}$则是$|\boldsymbol{E}_0|$的单调递增函数. 此外，还可以观测到，$\sqrt{\langle|\boldsymbol{E}|^2\rangle_1}$随$|\boldsymbol{E}_0|$的变化呈现出三种不同的典型行为：单一光学双稳态、两个光学双稳态和光学三稳态，如图 4.5-4 所示.

两个光学双稳态和光学三稳态的特点主要表现在：当外加电场$|\boldsymbol{E}_0|$逐渐增加到第一个上阈值$|\boldsymbol{E}_{0,U_1}|$时，金属颗粒的空间局域场会从低的一支跃迁到中间的一支；随$|\boldsymbol{E}_0|$进一步增加到第二个阈值场$|\boldsymbol{E}_{0,U_2}|$，颗粒中的局域场再次发生从中间支到最上面支的不连续跃迁. 相反，当外加电场从高值(大于$|\boldsymbol{E}_{0,U_2}|$)逐渐减小到阈值场$|\boldsymbol{E}_{0,L_2}|$，$\sqrt{\langle|\boldsymbol{E}|^2\rangle_1}$不再是单调下降，而是跳到中间支；并沿着中间支连续减弱；随外场进一步减小到$|\boldsymbol{E}_{0,L_1}|$时，$\sqrt{\langle|\boldsymbol{E}|^2\rangle_1}$沿着下支单调连续减小. 此外，两个光学双稳态和光学三稳态的区别在于：对于给定外加电场 $\boldsymbol{E}_0$，$\sqrt{\langle|\boldsymbol{E}|^2\rangle_1}$可以在两个电

① CGSM 制单位，静电伏特，1 statvolt$=2.99792\times10^2$ V.

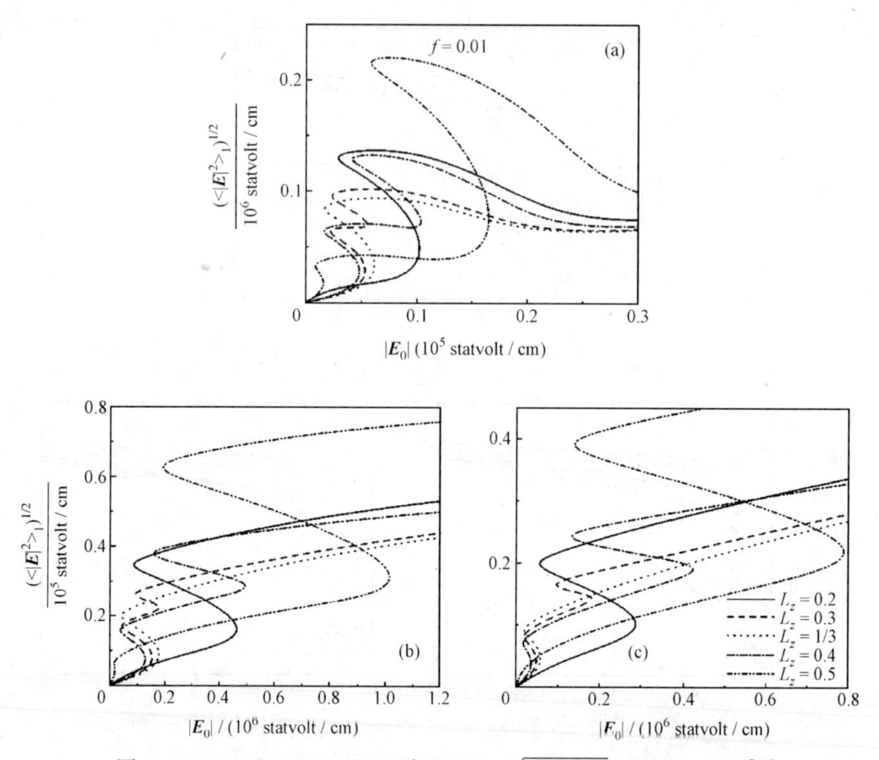

图 4.5-3　$\chi_1=0$ esu,$\chi_2=10^{-8}$ esu 时,$\sqrt{\langle|\boldsymbol{E}|^2\rangle_1}$随$|\boldsymbol{E}_0|$的变化[49]

场区域的范围内,有 3 个实数解,从而对应于两个光学双稳态[参见图 4.5-4(b)];而光学三稳态是指在一个电场区域内$\sqrt{\langle|\boldsymbol{E}|^2\rangle_1}$可有 5 个实数解,其中 3 个解为物理解[参见图 4.5-4(c)].

为了定性解释光学双稳态和光学三稳态产生的原因,我们研究极点 s_1,s_2 和留数 F_1,F_2 随退极化因子 L_z 的变化关系(参见图 4.5-5).当 $f=0.05$ 时,我们发现在 $0<L_z<0.22$ 及 $L_z>0.54$ 范围内,$s_2<\mathrm{Re}s\approx 0.22<s_1$.设金属颗粒具有非线性介电响应,则 $\mathrm{Re}\tilde{s}\approx\mathrm{Re}\left[\dfrac{\varepsilon_2}{(\varepsilon_2-\varepsilon_1-\chi_1\langle|\boldsymbol{E}|^2\rangle_1)}\right]$随外加电场增加而逐渐增加,从而导致 $\mathrm{Re}\tilde{s}$ 更接近 s_1 而远离 s_2.因此,式(4.5-23)中第二项的贡献远小于第一项的贡献而可被忽略掉.从这个意义上说,式(4.5-23)给出关于$\langle|\boldsymbol{E}|^2\rangle_1$ 的三次非线性方程.对于给定 E_0,式(4.5-23)可能有 3 个实数解,也就意味着光学双稳态的出现.而在 $0.24<L_z<0.48$ 范围内 $\mathrm{Re}\tilde{s}<s_2<s_1$,随外加电场强度的增加,$\mathrm{Re}\tilde{s}$ 将逐渐接近 s_2 而出现第一个光学双稳区域;随着 E_0 的进一步增加,$\mathrm{Re}\tilde{s}$ 远离 s_2 而接近 s_1,导致另一个光学双稳区域的出现.但是当 $L_z\approx 1/3$,会有 $s_1\approx s_2$(对于稀释极限情形)或 $F_1\rightarrow 0$(对于高体积分数),所以只会出现一个双稳区域.需要指出的是,当极

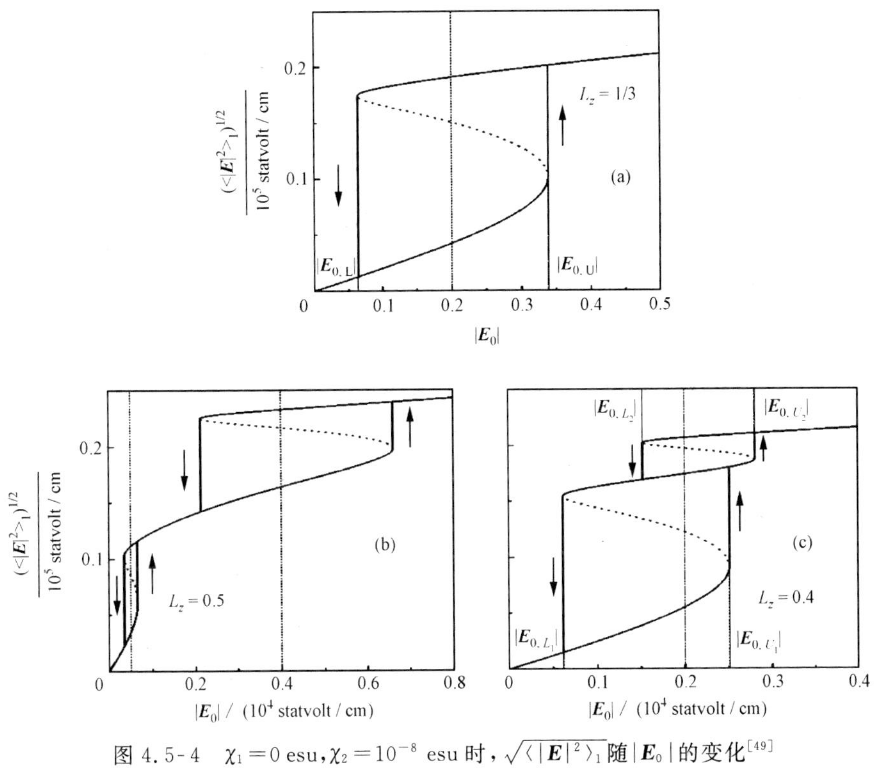

图 4.5-4 $\chi_1=0$ esu, $\chi_2=10^{-8}$ esu 时，$\sqrt{\langle|\boldsymbol{E}|^2\rangle_1}$ 随 $|\boldsymbol{E}_0|$ 的变化[49]

点 s_1 与 s_2 相差既不大又不小，方程(4.5-23)右边两项贡献可相互比较，从而式(4.5-23)是关于 $\langle|\boldsymbol{E}|^2\rangle_1$ 的五次非线性方程.该非线性方程可能存在 5 个实数解，从而对应着光学三稳态的出现.

最后，分析基于谱表示的自洽平均场方法与变分方法在处理异质复合材料光学双稳特性的差异.基于谱表示的自洽平均场方法是通过建立空间平均场的自洽方程组来确定非线性局域场平方的平均 $\langle|\boldsymbol{E}|^2\rangle_i$ 随外场 $\boldsymbol{E}_0^2$ 的变化关系；而变分方法是将相应线性颗粒复合体系的势函数作为试探解，应用变分方法来确定 $\langle|\boldsymbol{E}|\rangle$.以稀释极限下的线性金属颗粒无规浸入非线性电介质组成的异质复合材料体系为例，利用基于谱表示的自洽平均场方法，可预测双稳态区域开始出现的电场强度为 $E_{is}\approx726$ statvolt/cm，相应阈值强度 $I_{is}\approx cE_{is}^2/2\pi\approx1.23\times10^8$ W/cm^2；而用变分方法得到 $I_{is}\approx1.4\times10^6$ W/cm^2[44].由于 $\langle|\boldsymbol{E}|^2\rangle_i$ 总是大于或者等于 $\langle|\boldsymbol{E}|\rangle_i^2$，因此自洽平均场近似得到的阈值强度一般要大于变分方法所给出的理论结果.当然，这两种方法的准确性还有待于相关实验结果的检验.

(2) 多组元异质复合体系

基于谱表示的自洽平均场方法只适用于讨论两组元的颗粒复合体系的光学双

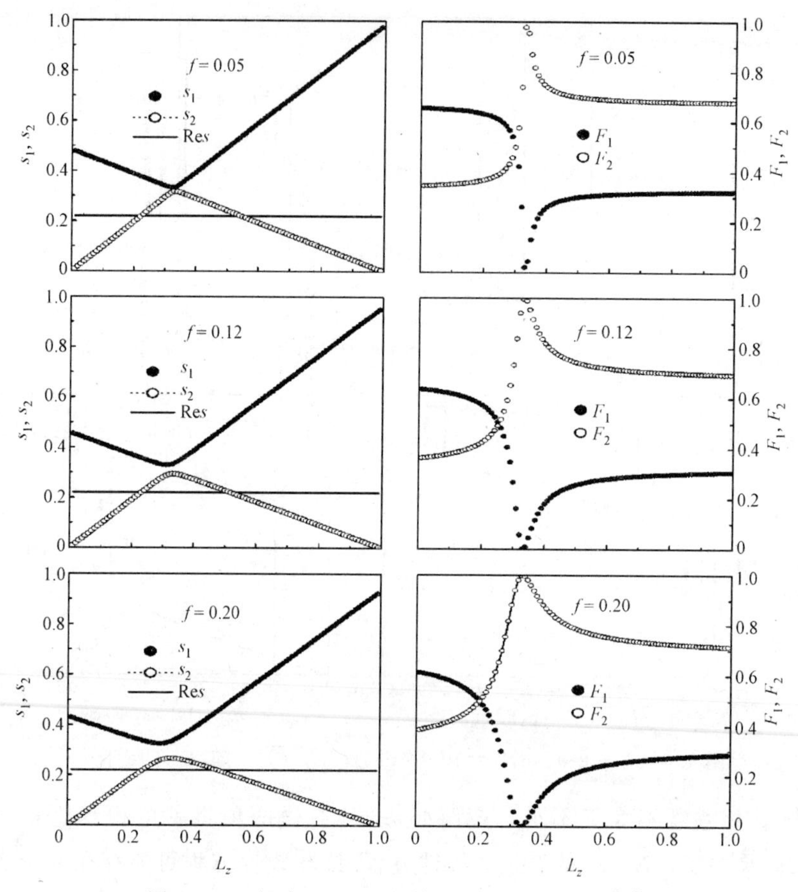

图 4.5-5 极点 s_1, s_2 和留数 F_1, F_2 随 L_z 变化[49]

稳特性.而对于含有非线性的三组元的异质复合体系,谱表示方法不再适用,需直接采用自洽平均场方法处理[48].对于具有 CdS 的非线性核-银金属壳的球形复合颗粒无规浸入线性基质的三组元异质复合材料,实验上也观测到光学双稳特性[49].因为所讨论的核-壳复合颗粒只有核具有非线性介电响应,所以非线性核的空间局域电场可以直接求解.理论计算复合材料的透射光强随入射光强变化的双稳曲线同实验结果较为一致(如图 4.5-6 所示).

现考虑体积分数为 f 的非线性带壳球形颗粒[其中核半径为 r_0,壳外半径为 $R(R>r_0)$]无规地浸入线性基质中而组成的异质复合体系.设基质材料的线性介电常数为 ε_m,而非线性核和非线性壳的介电常数分别为 $\tilde{\varepsilon}_c=\varepsilon_c+\chi_c|\boldsymbol{E}|^2$ 和 $\tilde{\varepsilon}_s=\varepsilon_s+\chi_s|\boldsymbol{E}|^2$.

对于相应的线性异质复合材料,其电势的空间分布为

$$\phi_c=-A\mid\boldsymbol{E}_0\mid r\cos\theta,\quad r\leqslant r_0,$$

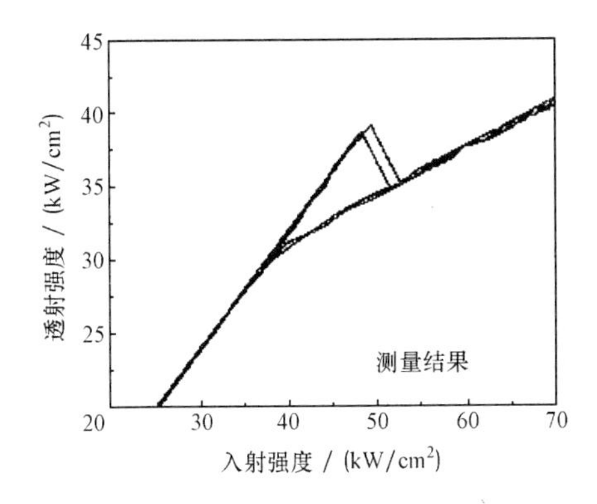

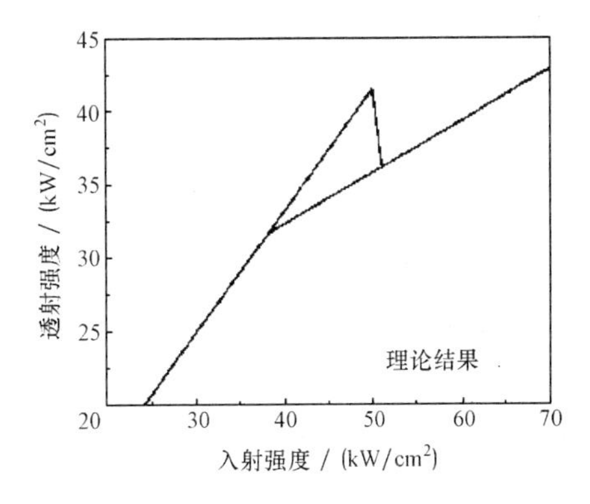

图 4.5-6 三组元异质复合材料的透射光强随入射光强的变化[49]

$$\phi_s = -|\boldsymbol{E}_0|\left(Br - \frac{cr_0^3}{r^2}\right)\cos\theta, \quad r_0 \leqslant r \leqslant R,$$

$$\phi_m = -|\boldsymbol{E}_0|\left(r - \frac{FR^3}{r^2}\right)\cos\theta, \quad r \geqslant R. \tag{4.5-25}$$

其中 $A=\dfrac{9\varepsilon_m\varepsilon_s}{Q}$, $B=\dfrac{3\varepsilon_m(\varepsilon_c+2\varepsilon_s)}{Q}$, $C=\dfrac{3\varepsilon_m(\varepsilon_c-\varepsilon_s)}{Q}$ 和 $F=\dfrac{P}{Q}$，而

$$P = (\varepsilon_c + 2\varepsilon_s)(\varepsilon_s - \varepsilon_m) + \lambda(\varepsilon_c - \varepsilon_s)(2\varepsilon_s + \varepsilon_m),$$

$$Q = (\varepsilon_c + 2\varepsilon_s)(\varepsilon_s + 2\varepsilon_m) + 2\lambda(\varepsilon_c - \varepsilon_s)(\varepsilon_s - \varepsilon_m), \tag{4.5-26}$$

另外，$\lambda \equiv r_0^3/R^3$ 定义为结构参数.

利用式(4.5-26)，可以求出线性核和线性壳内各自局域电场的平均

$$\langle|\boldsymbol{E}|^2\rangle_{c,\text{lin}} = \left|\frac{9\varepsilon_m\varepsilon_s}{Q}\right|^2 |\boldsymbol{E}_0|^2,$$

$$\langle|\boldsymbol{E}|^2\rangle_{s,\text{lin}} = \left(\left|\frac{3\varepsilon_m(\varepsilon_c+2\varepsilon_s)}{Q}\right|^2 + 2\lambda\left|\frac{3\varepsilon_m(\varepsilon_c-\varepsilon_s)}{Q}\right|^2\right)|\boldsymbol{E}_0|^2. \tag{4.5-27}$$

对于相应的非线性三组元复合体系，利用平均场近似可将非线性的核和壳的与电场相关的介电常数分别写为 $\tilde{\varepsilon}_c = \varepsilon_c + \chi_c\langle|\boldsymbol{E}|^2\rangle_c$ 和 $\tilde{\varepsilon}_s = \varepsilon_s + \chi_s\langle|\boldsymbol{E}|^2\rangle_s$. 将式(4.5-27)推广到非线性情形[48]，即

$$\langle|\boldsymbol{E}|^2\rangle_c = \left|\frac{9\varepsilon_m\tilde{\varepsilon}_s}{\widetilde{Q}}\right|^2 |\boldsymbol{E}_0|^2, \tag{4.5-28}$$

$$\langle|\boldsymbol{E}|^2\rangle_s = \left(\left|\frac{3\varepsilon_m(\tilde{\varepsilon}_c+2\tilde{\varepsilon}_s)}{\widetilde{Q}}\right|^2 + 2\lambda\left|\frac{3\varepsilon_m(\tilde{\varepsilon}_c-\tilde{\varepsilon}_s)}{\widetilde{Q}}\right|^2\right)|\boldsymbol{E}_0|^2, \tag{4.5-29}$$

其中 $\widetilde{Q}$ 的表达式可由 Q 改写而成，即将 Q 中的 ε_c 和 ε_s 分别改写成 $\tilde{\varepsilon}_c$ 和 $\tilde{\varepsilon}_s$. 式(4.5-28)和(4.5-29)是关于非线性空间局域场平均 $\langle|\boldsymbol{E}|^2\rangle_c$ 和 $\langle|\boldsymbol{E}|^2\rangle_s$ 的自洽方程组. 对于给定外加电场 $\boldsymbol{E}_0$，$\langle|\boldsymbol{E}|^2\rangle_c$ 和 $\langle|\boldsymbol{E}|^2\rangle_s$ 可以通过式(4.5-28)和(4.5-29)来

自洽求解.作为实例,我们取 $\varepsilon_c=3.0$,$\varepsilon_s=-7.1+0.22\,\mathrm{i}$,以及 $\varepsilon_m=1.772$,$f=0.01$ 这些参数来研究核层和壳层具有不同非线性极化率下的异质复合材料的光学双稳态(如图 4.5-7 所示).

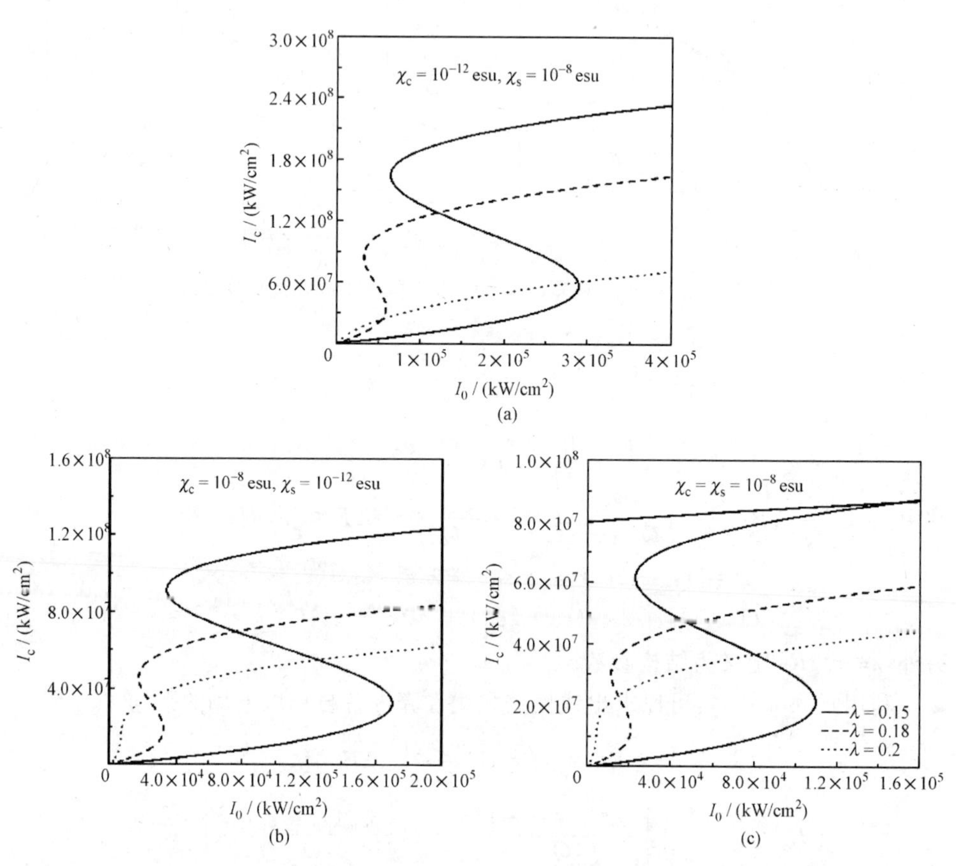

图 4.5-7 非线性核中的平均强度 $I_c(\equiv c\langle|\boldsymbol{E}|^2\rangle_c/2\pi)$ 随入射强度 $I_0(\equiv cE_0^2/2\pi)$ 的变化[48]

从图 4.5-7 可以看出,当结构参数 λ 取值较小时,可以观察到光学双稳特性.而且存在着一个临界值 λ_c,当 $\lambda>\lambda_c$ 时,光学双稳消失.事实上,当 $\lambda=\lambda_c$ 时,带壳颗粒发生表面等离激元共振(λ_c 的大小由 $\mathrm{Re}\widetilde{Q}=0$ 来确定),从而导致非线性局域场的巨大增强.而且,随 λ 的减小,光学双稳阈值强度及双稳态的宽度均增大.因此,通过调节界面参数 λ,有助于降低光学双稳阈值.此外,研究还发现选取大的非线性极化率的核层可能更有助于降低异质复合材料的光学双稳阈值.

本章介绍了异质复合介质的非线性介电和光学性质.为了更深入和全面理解异质复合介质中的电磁场涨落和增强的有效非线性响应,可参考综述性文献[50,51].

参考文献

[1] Stroud D and Hui P M. Nonlinear susceptibilities of granular matter. Phys. Rev. B, 1988, 37: 8719.

[2] Stroud D and Wood V E. Decoupling approximation for the nonlinear optical response of composite media. J. Opt. Soc. Am. B, 1989, 6: 778.

[3] Ma H R, Xiao R F and Sheng P. Third-order optical nonlinearity enhancement through composite microstructures. J. Opt. Soc. Am. B, 1988, 15: 1022.

[4] Zeng X C, Bergman D J, Hui P M and Stroud D. Effective medium theory for weakly nonlinear composites. Phys. Rev. B, 1988, 38: 10970.

[5] Gu G Q and Yu K W. Effective conductivity of nonlinear composites. Phys. Rev. B, 1992, 46: 4502.

[6] Leung K M. Optical bistability in the scattering and absorption of light from nonlinear microparticles. Phys. Rev. A, 1986, 33: 2461.

[7] Blumenfeld R and Bergman D J. Exact calculation to second order of the effective dielectric constant of a strongly nonlinear inhomogeneous composite. Phys. Rev. B, 1989, 40: 1987.

[8] Yu K W and Gu G Q. Variational calculation of strongly nonlinear composites. Phys. Lett. A, 1994, 193: 311.

[9] Wan W M V, Lee H C, Hui P M and Yu K W. Mean-field theory of strongly nonlinear random composites: strong power-law nonlinearity and scaling behavior. Phys. Rev. B, 1996, 54: 3946.

[10] Gao L and Li Z Y. Self-consistent formalism for a strongly nonlinear composite: comparison with variational approach. Phys. Lett. A, 1996, 219: 324.

[11] Bergman D J and Stroud D. Response of composite media made of weakly nonlinear consituents. Topics in Appl. Phys., 2002, 82: 19.

[12] Tanahashi I, Manabe Y, Tohda T, Sasaki S and Nakamura N. Optical nonlinearities of Au/SiO_2 composite thin films prepared by a sputtering method. J. Appl. Phys., 1996, 79: 1244.

[13] Bergman D J and Stroud D. Physical properties of macroscopically inhomogeneous media. Solid State Physics: Advances in Research and Applications, 1992, 46: 147.

[14] Sheng P. Theory for the dielectric function of granular composite media. Phys. Rev. Lett., 1980, 45: 60.

[15] Liao H B, Xiao R F, Fu J S, Yu P, Wong G K L and Sheng P. Large third-order optical nonlinearity in $Au\text{-}SiO_2$ composite films near the percolation threshold. Appl. Phys. Lett., 1997, 70: 1.

[16] Yang C S and Hui P M. Effective nonlinear response in random nonlinear resistor networks: numerical studies. Phys. Rev. B, 1991, 44: 12559.

[17] Zhang X and Stroud D. Numerical studies of the nonlinear properties of composites. Phys. Rev. B, 1994, 49: 944.

[18] Yu K W, Yang C Y, Hui P M and Gu G Q. Effective conductivity of nonlinear composites of spherical particles: a perturbation approach. Phys. Rev. B, 1993, 47: 1782.

[19] Yu K W and Gu G Q. Effective conductivity of nonlinear composites. II. Effective medium approximation. Phys. Rev. B, 1993, 47: 7568.

[20] Mihalache D, Mazilu D, Crasovan L C, Towers I, Buryak A V, Malomed B A and Torner L. Stable spinning optical solitons in three dimensions. Phys. Rev. Lett., 2002, 88: 073902.

[21] Gao L. Spectral representation theory for high-order nonlinear response in random composites. Phys. Lett. A, 2004, 322: 250.

[22] Zhang G M. High order nonlinear response in random resistor networks: numerical studies for arbitrary nonlinearity. Z. Phys. B, 1996, 99: 599.

[23] Hui P M. Effective nonlinear response in dilute nonlinear granular materials. J. Appl. Phys., 1990, 68: 3009.

[24] Hui P M. Higher order nonlinear response in dilute random composites. J. Appl. Phys., 1993, 73: 4072.

[25] Snarskii A A and Buda S I. Critical fields and currents in a weakly nonlinear medium near the percolation threshold. Technical Physics, 1996, 43: 602.

[26] Blumenfeld R and Bergman D J. Comment on "Nonlinear susceptibilities of granular matter". Phys. Rev. B, 1991, 43: 13682.

[27] Yu K W and Hui P M. Percolation effects in two-component nonlinear composites: crossover from linear to nonlinear behavior. Phys. Rev. B, 1994, 50: 13327.

[28] Snarskii A A, Slipchenko K V and Sevryukov V A. Critical behavior of conductivity in two-phase, highly inhomogeneous composites. J. Exp. Theor. Phys., 1999, 89: 788.

[29] Gao L and Li Z Y. Crossover exponents in a superconductor-nonlinear-normal-conductor network below the percolation threshold. J. Phys.: Condens. Matter, 1999, 11: 8727.

[30] Stauffer D and Aharony A. Introduction to Percolation Theory. London: Taylor & Francis Ltd., 1991.

[31] Straley J P. Threshold behavior of random resistor networks: a synthesis of theoretical approaches. J. Phys. C, 1982, 15: 2333.

[32] Snarskii A A, Morozovsky A E, Kolek A and Kusy A. 1/f noise in percolation and percolationlike systems. Phys. Rev. E, 1996, 53: 5596.

[33] Baskin E M. Effective properties for systems with distributed resistances in continuous space. Phys. Rev. B, 1997, 56: 11611.

[34] Blumenfeld R, Meir Y, Aharony A and Harris A B. Resistance fluctuations in randomly dilute networks. Phys. Rev. B, 1987, 35: 3524.

[35] Nakayama T, Yakuo K and Orbach R L. Dynamical properties of fractal networks: scaling,

numerical simulations, and physical realizations. Rev. Mod. Phys., 1994, 66: 381.

[36] Hui P M. Enhancement in nonlinear effects in percolating nonlinear resistor networks. Phys. Rev. B, 1990, 41: 1673.

[37] Hui P M. Crossover electric field in percolating perfect-conductor-nonlinear-normal-metal composites. Phys. Rev. B, 1994, 49: 15344.

[38] Niklasson G A. Applications of inhomogeneous materials: optical and electrical properties. Physica A, 1989, 157: 482.

[39] Gao L and Li Z Y. Nonlinear susceptibility of strongly nonlinear composites. Commun. Theor. Phys., 1997, 27: 403.

[40] Lee H C and Yu K W. Effective medium theory for strongly nonlinear composites: comparison with numerical simulations. Phys. Lett. A, 1995, 197: 341.

[41] Gao L and Li Z Y. Effective nonlinear conductivity of strongly nonlinear composites with H-S microgeometry. Solid State Commun., 1997, 102: 29.

[42] Gao L and Li Z Y. Effective response of a strongly nonlinear composite: comparison with variational approach. Phys. Lett. A, 1996, 222: 207.

[43] Yu K W and Yuen K P. Effective response of strongly nonlinear composites: exact results against approximate methods. Phys. Rev. B, 1997, 56: 10740.

[44] Bergman D J, Levy O and Stroud D. Theory of optical bistability in a weakly nonlinear composite medium. Phys. Rev. B, 1994, 49: 129.

[45] Gao L, Wan J T K, Yu K W and Li Z Y. Effective nonlinear optical properties of metal/dielectric composites of spheroidal particles. J. Phys.: Condens. Mater, 2000, 12: 6825.

[46] Gao L, Gu L P and Li Z Y. Optical bistability and tristability in nonlinear metal/dielectric composite media of nonspherical particles. Phys. Rev. E, 2003, 68: 066601.

[47] Pan T and Li Z Y. Optical bistability in nonlinear composite media. Phys. Stat. Sol. (b), 2000, 218: 591.

[48] Gu L P and Gao L. Optical bistability of a nondilute suspension of nonlinear coated particles. Physica B, 2005, 308: 279.

[49] Neuendorf R, Quinten M and Kreibig U. Optical bistability of small heterogeneous clusters. J. Chem. Phys., 1996, 104: 6348.

[50] Sarychev A K and Shalaev V M. Electromagnetic field fluctuations and optical nonlinearity in metal-dielectric composites. Phys. Rep., 2000, 335: 276.

[51] Huang J P and Yu K W. Enhanced nonlinear optical response of materials: composite effects. Phys. Rep., 2006, 431: 87.

第五章 磁输运性质

材料的电输运与磁场的依赖关系被称为磁输运性质.描述磁输运的一个重要物理量是磁电阻(magnetoresistance,简称为 MR),即外加磁场作用导致的材料电阻的变化.磁场对材料电输运性质的影响因不同的输运机制和微观结构而不同.因此,一方面人们可以通过测量和分析材料的磁电阻效应,获得来自材料内部的各种微观信息,如载流子的浓度、种类和自旋极化率等;另一方面,磁场对电阻的影响也为技术上调控电信号提供了有效手段.特别是自 20 世纪 80 年代末开始,人们不断发现各种具有显著磁电阻效应的异质复合结构,它们的输运性质对外加磁场的高敏感度迅速推动了基于磁电阻效应的各种新型磁感应器与磁存储器的开发与应用,并在此基础上逐渐兴起了自旋电子学等新型学科领域.

与均匀介质相比,异质复合介质的磁输运性质与它的非均匀性有着密切联系.虽然大部分磁电阻效应本质上属于量子效应,但对其宏观行为产生重要甚至决定性影响的非均匀性常常具有介观尺度.实验表明,即使在具有不同微观机制的磁电阻体系中,非均匀性对磁输运产生的影响也具有一定的共性.如在基于自旋极化输运的颗粒复合体系和相变点附近存在相分离的锰氧化物中,都观察到电流路径的逾渗通道结构对磁电阻效应有明显的增强作用.

本章将首先讨论目前已发现的异质复合介质中非均匀性与磁输运行为的主要特征.在这些体系中,磁场主要通过三种方式影响体系的电磁输运行为:自旋极化输运、霍尔效应和相分离.为了理解异质结构中磁电阻效应与各种非均匀性之间的关联,需要根据体系的微结构特征建立合适的输运模型.其次,我们将讨论如何将第三章中的有效介质理论应用于磁输运体系,该理论适用于体系中的电导空间涨落并不十分强烈的情况.对于隧穿机制与霍尔效应下具有强无序特征的磁输运体系,基于网络模型的理论近似与模拟计算是处理此类体系的主要方法.最后我们将从复杂体系的角度讨论相分离锰氧化物的软特性,并介绍如何将复杂网络模型应用于相分离体系.

§5.1 非均匀体系的磁电阻效应

目前已知,在异质复合介质中外磁场主要通过以下三种方式改变或控制材料的电磁输运性质.

1. 自旋极化输运

自旋极化率 P 一般定义为

$$P=\frac{N_{\uparrow}(E)-N_{\downarrow}(E)}{N_{\uparrow}(E)+N_{\downarrow}(E)}, \tag{5.1-1}$$

其中 $N_{\alpha}(E)$ 是能级 E 上自旋为 α 的电子态密度($\alpha=\uparrow,\downarrow$). 费米面 E_F 上的自旋极化率反映了两种不同自旋的载流子间的失衡,即输运载流子的自旋极化程度. 非磁性材料的载流子的自旋极化率为零;磁性材料中,自旋子能带间的交换劈裂导致了电子在费米面上的态密度差异,从而形成有限的自旋极化率(参见图5.1-1). 一般的铁磁金属及其合金的自旋极化率范围在10%~40%之间,但某些特殊的磁性金属间化合物能形成完全的自旋极化率. 在它们的能带结构中,一个自旋子能带在费米面上有传导电子;而在另一个自旋方向相反的子能带中,费米能级恰好落在价带与导带的能隙内. 换而言之,两种自旋子能带分别具有金属性和绝缘性,从而导致在费米能级上电子自旋极化率 $P=100\%$,即所有的传导电子都具有相同的自旋方向. 具有这种能带结构的物质称为"半金属"磁体(half-metallic magnets).

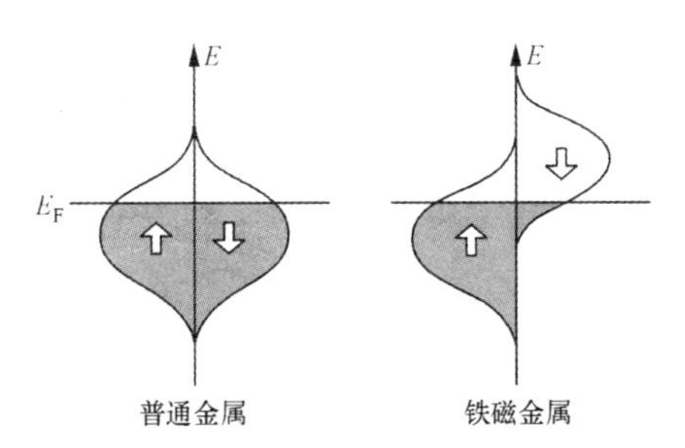

图 5.1-1 能带交换劈裂与自旋极化

需要指出的是,这里(以及书中以后部分)所说的"半金属"(half metal)并非传统意义上的半金属(semi metal). 后者由于导带与价带有少量交叠(负带隙宽度)或导带底与价带顶具有相同能量(零带隙宽度),其宏观输运性质介于典型的金属与半导体之间. 而前者在宏观上通常表现为具有金属性的磁性化合物,但是在晶体结构、键的性质以及较大的交换劈裂等因素的共同影响下,其能隙恰好只在一个自旋方向的子能带(通常为自旋向下子能带)中打开,从而实现了能带结构中金属性与绝缘性的共存.

在具有自旋极化输运机制的磁性材料中,通过形成特定的异质复合结构来引入适当的散射界面或势垒,可导致显著的磁电阻效应. 以铁磁隧道结为例,它由铁磁金属电极-绝缘层-铁磁金属电极构成,如图 5.1-2 所示.

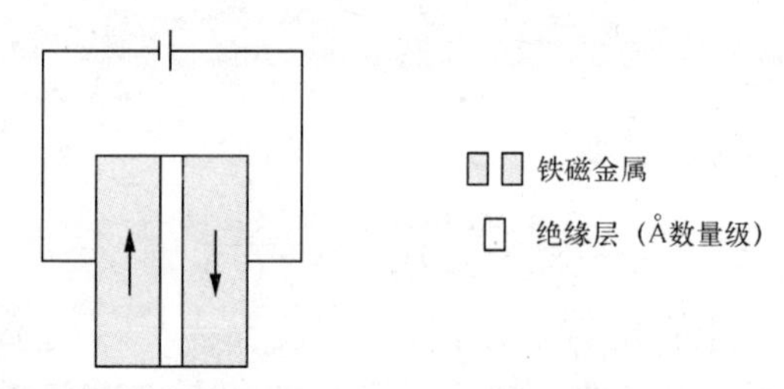

图 5.1-2　铁磁隧道结的示意图（电极的相对磁化方向（箭头）可由外加磁场控制）

当绝缘层的厚度足够小时，铁磁金属中的电子以隧穿方式穿越绝缘层，其隧穿电导正比于左、右电极的联合态密度 $N_{\mathrm{L}}(E_{\mathrm{F}})N_{\mathrm{R}}(E_{\mathrm{F}})$. 由于铁磁金属在费米面上的电子具有自旋极化率，电子的态密度与电子的自旋方向相关. 这里我们称自旋磁矩与电极磁化方向一致的电子为多数载流子，态密度为 N_+；反之，则称其为少数载流子，态密度为 N_-.

在低温下，当体系的非均匀尺度小于载流子自旋扩散长度时，可以假定电子在输运过程中不发生自旋方向的翻转；此时体系的总电导可等价为两个并联的电流通道，每个通道分别对应于具有不同自旋的电子的散射过程. 根据这种双通道模型，多数载流子与少数载流子在散射过程中分别在相互并联的通道中各自保持自旋方向不变，隧穿总电导可视为两并联自旋通道的电导之和

$$G = G_{\uparrow} + G_{\downarrow},$$

其中 $G_{\uparrow}$ 代表电子自旋与左电极磁化方向一致的通道的电导，而 $G_{\downarrow}$ 代表电子自旋与左电极磁化方向相反的通道的电导. 若左、右电极的磁化方向相反，即所谓反平行磁化构型，得到

$$G_{\uparrow} \sim N_+^{\mathrm{L}} N_-^{\mathrm{R}}, \quad G_{\downarrow} \sim N_-^{\mathrm{L}} N_+^{\mathrm{R}},$$

其中 $N_+^{\mathrm{L}}, N_+^{\mathrm{R}}$ 分别为左、右电极中多数载流子的态密度，$N_-^{\mathrm{L}}, N_-^{R}$ 分别为左、右电极中少数载流子的态密度. 将其代入左、右电极的自旋极化率 $P_{\mathrm{L}}, P_{\mathrm{R}}$ 后，双通道总电导 G_{AP} 表示为

$$G_{\mathrm{AP}} \sim N_+^{\mathrm{L}} N_+^{\mathrm{R}} \frac{2(1 - P_{\mathrm{L}} P_{\mathrm{R}})}{(1 + P_{\mathrm{L}})(1 + P_{\mathrm{R}})}. \tag{5.1-2}$$

类似地，当左、右电极的磁化方向一致时，即平行磁化构型，有

$$G_{\uparrow} \sim N_+^{\mathrm{L}} N_+^{\mathrm{R}}, \quad G_{\downarrow} \sim N_-^{\mathrm{L}} N_-^{\mathrm{R}},$$

对应总电导为

$$G_{\mathrm{P}} \sim N_+^{\mathrm{L}} N_+^{\mathrm{R}} \frac{2(1 + P_{\mathrm{L}} P_{\mathrm{R}})}{(1 + P_{\mathrm{L}})(1 + P_{\mathrm{R}})}. \tag{5.1-3}$$

因此，我们可以通过利用外加磁场改变电极的磁化方向来获得磁电阻效应. 当电极的磁化从反平行变为平行构型时，对应的磁电阻 MR 为

$$MR = \frac{G_{P} - G_{AP}}{G_{P}} = \frac{2P_{L}P_{R}}{1 + P_{L}P_{R}}. \tag{5.1-4}$$

这就是 1975 年 Julliere 对铁磁隧道结磁电阻效应做出的理论预言[1].

Julliere 模型的一个重要贡献是从理论上发现可以通过改变两边铁磁电极层中磁化强度的相对取向角度使器件的电阻发生显著变化. 这一效应的根本原因在于自旋通道的失衡,因此并不局限于隧道结结构与隧穿机制. 在基于磁性材料的异质复合结构中,载流子的自旋极化输运为自旋失衡的形成提供了内因,而外加磁场通过控制各磁性区域的磁化取向来改变自旋失衡的程度,进而改变体系的总电导,形成与体系磁化状态密切相关的磁电阻效应. 这类磁电阻效应后来被统称为巨磁电阻(giant magnetoresistance,简称为 GMR). 但是,为了保证两自旋通道的独立性,描述此类结构非均匀尺度的特征长度需远小于载流子的自旋扩散长度(spin diffusion length,nm 数量级). 因此,正如超导现象的发现在人们掌握了低温技术之后,20 世纪 80 年代超薄膜技术的发展才令巨磁电阻效应在实验上得以实现.

首先被发现具有显著磁电阻效应的异质复合介质是由铁磁金属薄膜与非铁磁金属薄膜交替排列构成的超晶格材料[2],此工作因此获得 2007 年诺贝尔物理学奖. 孤立的单层铁磁薄膜置于一个与膜表面平行的静态 Zeeman 场中,膜的上下表面都可以形成表面自旋波. 在长波长极限下,这些表面自旋波被称为 Damon-Eshbach 模. 然而,在磁性超晶格中各个铁磁层的表面自旋波可能发生相互耦合,形成的新模式是整个结构的集体激发,并导致能量在界面间沿着垂直界面的方向传递. 因此,磁性超晶格可以呈现与单层薄膜完全不同的磁性质,如只需要一个较弱的磁场就能引起自旋方向的重新排列. 实验上通过测量磁性超晶格中自旋波对光的散射,人们发现在由 Fe-Cr-Fe 构成的多层膜中,当 Cr 的厚度降到 0.8 nm 时,体系中将会形成由铁磁层间的反铁磁型交换作用导致的表面自旋波耦合. 这意味着,在没有外加磁场时,每个铁磁层内自旋平行排列,而相邻的铁磁层的自旋反平行排列. 在这种多层膜结构中,电子受到的散射与电子自旋和铁磁层磁化的相对取向有关. 无外加磁场时,由于铁磁层的磁矩可以通过非铁磁层在反铁磁耦合作用下反向平行排列,使电子受到的自旋相关散射达到最大值. 随着外加磁场的逐步增大,各铁磁层的磁矩趋向平行排列,自旋相关散射迅速下降直至饱和. 电阻在外加磁场作用下减小的相对值可达 50%,从而为实际的商业应用提供了可能.

图 5.1-3 为实验测得的铁-铬多层膜电阻随外加磁场的变化,其中单层的厚度均在纳米数量级. 图中 H 为外加磁场,$R/R(H=0)$ 为一定 H 下的电阻 R 与 $H=0$ 时的电阻 $R(H=0)$ 的比值,H_{s} 为饱和磁场. 随着 H 的增大,电阻迅速减小,直到铁磁层的磁化方向排列一致后,电阻不再随磁场增加,相应的磁电阻效应达到饱和值;随后,在铁磁隧道结结构中也获得十分类似的磁电阻效应[3],从而验证了

Julliere 模型的理论预言.由于隧道结的磁电阻效应基于隧穿机制,因此也被称为隧穿磁电阻(tunnel magnetoresistance,简称为 TMR),或巨隧穿磁电阻(giant tunnel magnetoresistance,简称为 GTMR).

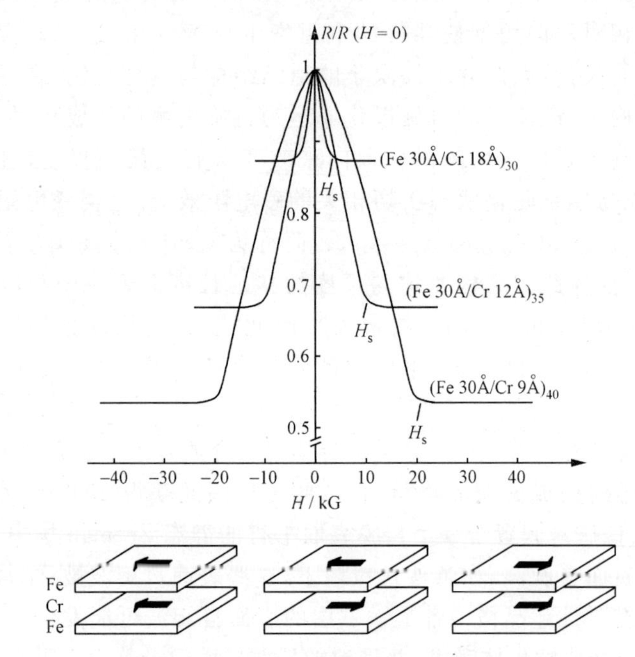

图 5.1-3 典型的铁磁金属-非铁磁金属多层膜中的 GMR 效应[2]

磁性区域的非均匀分布是 GMR 材料的典型结构特征,目前发现的主要有以下三种,如图 5.1-4 所示:① 层状结构,如上述多层膜与隧道结.若体系仅由铁磁-非铁磁-铁磁三层构成,则称为自旋阀结构.② 颗粒复合结构,即将纳米尺寸的铁磁颗粒散布于非磁性基质(绝缘或金属皆可)中形成的异质结构复合材料.该体系中每一对相邻颗粒构成一个自然生成的自旋阀,颗粒间磁化强度夹角随外加磁场而变化,体系的宏观磁电阻则是这些数目众多的微观自旋阀的集体效应.③ 多晶

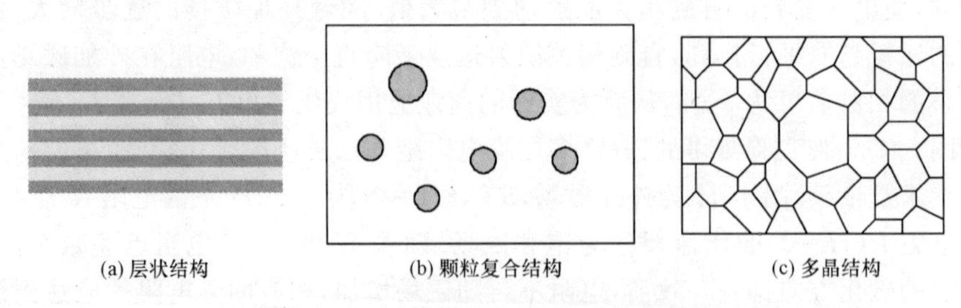

(a) 层状结构 (b) 颗粒复合结构 (c) 多晶结构

图 5.1-4 三种典型的 GMR 非均匀结构

结构，这类结构主要基于具有高自旋极化率的半金属磁性氧化物，如掺杂锰氧化物、二氧化铬等．这些多晶结构中的晶界具有纳米数量级的几何尺度，并呈现明显的晶格无序和磁无序，导致晶界的输运性质和磁性质迥异于颗粒内部的性质，甚至可能成为横亘于金属颗粒间的绝缘势垒，其贡献随着颗粒的形状和大小而变化．因此虽然半金属氧化物多晶中没有额外引入第二相，但晶界的贡献令此类结构与颗粒复合体系的 GMR 效应十分类似，亦被称为晶界磁电阻（grain-boundary magnetoresistance，简称为 GBMR）．

2. 霍尔效应

上述各种磁性非均匀结构中，磁场通过对电子自旋通道的作用产生磁电阻效应．而霍尔效应则是由于磁场对材料中载流子运动轨道形态的影响而产生的磁电阻效应，是在金属和半导体材料中普遍存在的现象．

常见的经典霍尔效应来源于磁场对电子的洛伦兹力．考虑一个均匀的各向同性导电材料，其中传导电子质量为 m，迁移率为 μ，电量为 e，浓度为 n．在稳态条件下，电子从外场（包括电场与磁场）中获得的动量与在散射中失去的动量达到平衡，即

$$\left[\frac{\mathrm{d}\boldsymbol{p}}{\mathrm{d}t}\right]_{\text{scattering}}=\left[\frac{\mathrm{d}\boldsymbol{p}}{\mathrm{d}t}\right]_{\text{field}}.$$

定义动量弛豫时间 τ_{m} 与电子的漂移速度 $\boldsymbol{v}_{\mathrm{d}}$，上式可改写为

$$\frac{m\boldsymbol{v}_{\mathrm{d}}}{\tau_{\mathrm{m}}}=e(\boldsymbol{E}+\boldsymbol{v}_{\mathrm{d}}\times\boldsymbol{B}),$$

由此电流密度 $\boldsymbol{J}=ne\boldsymbol{v}_{\mathrm{d}}$ 可表示为

$$\boldsymbol{J}=\sigma_0\boldsymbol{E}+\mu(\boldsymbol{J}\times\boldsymbol{B}),\qquad(5.1\text{-}5)$$

其中 $\sigma_0=\frac{ne^2\tau_{\mathrm{m}}}{m}$ 和 $\mu=\frac{e\tau_{\mathrm{m}}}{m}$ 分别为无磁场时的欧姆电导率和载流子迁移率．$\boldsymbol{J}$，$\boldsymbol{E}$，$\boldsymbol{B}$ 三者间的关系可用图 5.1-5 表示，图中电流密度 $\boldsymbol{J}$ 与电场 $\boldsymbol{E}$ 方向间的夹角 Φ 称为霍尔角．若考虑以下情形：电流沿 x 轴方向，磁场与电流垂直，则电场的 x 分量 $E_x=E\cos\Phi$．由图 5.1-5 可知 $\cos\Phi=J/\sigma_0E$，故即使在外加磁场中 $J=\sigma_0E_x$ 仍然成立，电场沿电流方向的分量不变，磁场的作用只是产生一个与 $\boldsymbol{J}$ 垂直的霍尔场．

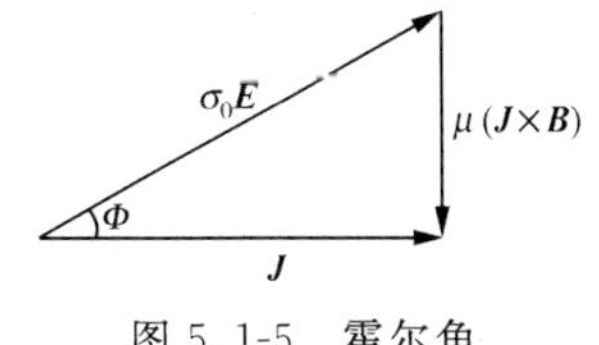

图 5.1-5 霍尔角

若设磁场方向为 z 轴方向，则上式可进一步改写为

$$\begin{bmatrix}E_x\\E_y\\E_z\end{bmatrix}=\begin{bmatrix}\rho_{xx} & \rho_{xy} & 0\\ \rho_{yx} & \rho_{yy} & 0\\ 0 & 0 & \rho_{zz}\end{bmatrix}\begin{bmatrix}J_x\\J_y\\J_z\end{bmatrix}, \tag{5.1-6}$$

其中电阻张量的对角元即其欧姆电阻率 $\rho_{xx}=\rho_{yy}=\rho_{zz}=\sigma_0^{-1}$，而非对角元 $\rho_{yx}=-\rho_{xy}=\mu B/\sigma_0$ 被称为霍尔电阻率. 电阻的张量形式同样表明，磁场虽然会令电流倾向于与电场垂直(表现在霍尔电阻率随磁场的增强而增加)，但并不影响对角元上的欧姆电阻率. 换言之，霍尔效应并不能引发欧姆电阻率随磁场的变化.

上述模型中假定载流子只有一种类型，并忽略了载流子的速度分布. 对于实际的金属或半导体材料，当计入这些因素后，可得到起源于洛伦兹力的磁电阻效应，即所谓"正常磁电阻效应". 普通金属的电阻一般会随着磁场略有增加. 半导体材料则由于载流子的迁移率较高，可以得到相对较大的磁电阻效应. 根据Boltzmann方程得到的非磁性半导体的磁电阻效应取决于回旋频率 ω_c 和散射时间 τ 的乘积[4]

$$\omega_c\tau = eH\tau/(m^* c), \tag{5.1-7}$$

其中 m^* 为载流子的有效质量，H 为磁场强度. 在低磁场下，材料具有正磁电阻比 $MR\sim H^2$；当 $\omega_c\tau>1$ 时，该磁电阻达到饱和或与磁场呈线性关系.

与磁性非均匀结构的巨磁电阻效应相比，这些非磁性的均匀半导体或金属中的磁电阻幅值及对磁场的灵敏度都非常微弱. 然而实验发现，通过掺杂或复合等手段在非磁性半导体中引入特定的非均匀性后，可在室温条件下得到极其显著的磁电阻效应. 为与均匀材料中常见的"正常磁电阻"相区别，这类磁电阻亦被称为超常磁电阻效应(extraordinary magnetoresistance，简称为 EMR).

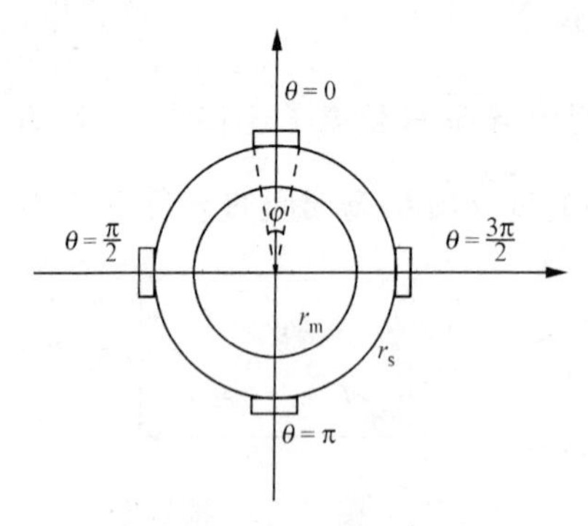

图 5.1-6 复合型范德堡圆盘装置示意图

图 5.1-6 为一种典型的 EMR 异质结构——复合型范德堡圆盘(van der Pauw disk). 该装置是半径为 r_s 的四端子半导体圆盘，其中嵌入半径 r_m 的同心金属圆盘，外加磁场 $\boldsymbol{H}$ 垂直于装置平面. 4 个电极端子均匀地分布于圆盘外缘，电极宽度对圆心张角为 φ，电极中心位置以角度 θ 表示，分别对应于 $\theta=0,\frac{\pi}{2},\pi,\frac{3\pi}{2}$，其中 $\theta=0,\frac{\pi}{2}$ 为电流端，$\theta=\pi,\frac{3\pi}{2}$ 为电压端. 装置的磁电阻定义为

$$MR=\frac{R(H)-R(0)}{R(H)},$$

其中电阻 $R(H)=V/I$ 由在一定外磁场 $\boldsymbol{H}$ 下电压端间的电势差 V 和电流端的输入电流 I 的比值得到. 该体系在三个方面的非均匀性可用 3 个参数加以描述: ① r_m/r_s,即金属圆盘和半导体圆盘的半径比值,描述体系的几何非均匀性; ② μ_s/μ_m,即半导体材料与金属材料的迁移率比值,描述体系中霍尔系数的非均匀性; ③ σ_s/σ_m,即半导体材料与金属材料的电导率比值,描述体系中欧姆电阻的非均匀性.

Solin 等首次在非磁性半导体 InSb 构成的范德堡圆盘中嵌入同心的 Au 圆盘,并在这种人工制成的特殊非均匀结构中测量到显著的正磁电阻效应[5]. 当金属与半导体的比例达到一定数值时,该磁电阻效应达到最优值. 在室温下,外加 0.05T 的磁场可获得 100%的磁电阻;若磁场增强到 4 T,可获得高达 750 000%的磁电阻效应,如图 5.1-7 所示.

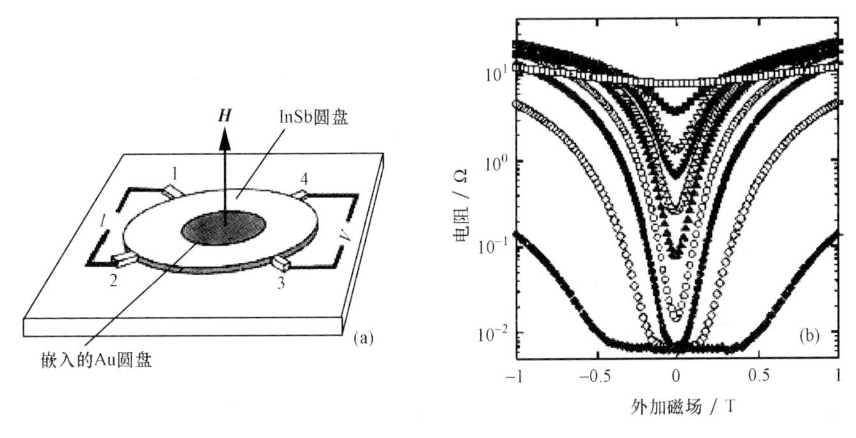

图 5.1-7 (a) 复合型范德堡圆盘的实验装置示意图和(b) 实验结果[5]
(对应参数为 $\alpha'=0$—□,6—■,8—▽,9—▼,10—△,11—▲,12—○,13—●,14—◇,15—◆;其中 $\alpha'/16=r_m/r_s$ 为金属圆盘与半导体圆盘的半径比值)

非均匀半导体中如此显著的磁电阻效应来源于非均匀性导致的电流路径分布与霍尔效应下电流在磁场中发生扭曲这两种效应的共同作用. 图 5.1-8 是复合型范德堡圆盘中电流在不同磁场中的分布状态示意图. 图中 σ_m,σ_s 分别为金属圆盘与外部半导体材料的电导率,$\boldsymbol{E}_{loc}$ 为金属外表面附近的电场,$\boldsymbol{H}_{ext}$ 为外加磁场,β 为霍尔系数. 当无外加磁场时,由于金属成分的存在,电流倾向于向中心金属区域集中;而当外加磁场足够强时,对应着霍尔系数 β 的电阻张量非对角元对电流的走向起到决定性作用,令电流方向与电场方向几乎垂直. 在具有良好导电性的金属界面上,电场方向沿法线方向,因此电流的强烈偏转令磁场下的电流通道具有绕开金属区域的趋势. 磁场在此处的作用犹如控制金属区域的“开关”,令电流分布在金属区域与半导体区域间转换,从而引发显著的磁电阻效应.

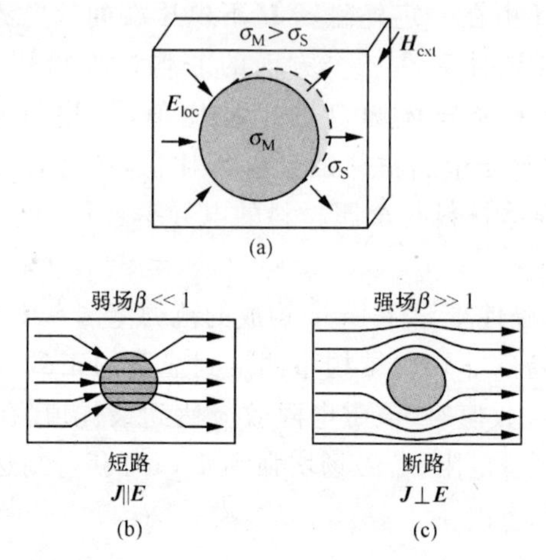

图 5.1-8 磁场对复合型范德堡圆盘中的电流分布的影响[6]

另一类被认为与半导体-金属复合结构的磁电阻有类似起源的磁电阻材料是掺杂的非磁性窄带隙半导体 Ag_2Se, Ag_2Te[7]. 在正常组分下，这些非磁性半导体的电阻随磁场的变化可忽略不计. 然而实验表明，只需对元素成分略加改变，如掺入少量的 Ag，即可获得明显的正磁电阻效应（电阻随磁场增加）. 在室温及 55 kOe①的磁场下，实验测到的 $Ag_{2+\delta}Se/Te$（电导率 $\delta=0.01$）磁电阻达到 200%；且在一定掺杂条件下，电阻与磁场呈现出大范围的线性关系. Parish 等提出了一种特殊的网络模型[8]，即用四端子电阻单元模拟组分的霍尔效应，并引入载流子迁移率的无序性，从而成功地再现了与实验一致的线性非饱和磁电阻关系. 计算表明，迁移率的强烈非均匀性和霍尔效应是导致出现跨越强场与弱场区域的线性磁电阻的根本原因.

由于 EMR 效应出现在非磁性的半导体材料中，由它制成的磁感应器具有低噪声、小尺寸、制备技术成熟的优势. 同时，特殊的强场非饱和性使之成为取代传统强场磁感应器的候选者. 目前常用的强场磁感应器分为两类：测直流磁场的霍尔条(Hall bar)感应器和测脉冲磁场的微线圈感应器. 与之相比，利用非饱和磁电阻效应的感应器在稳定性、精确度和低功耗方面具有明显优势，并可同时适用于直流和脉冲两种情况. 因此，在非磁性半导体中发现的这种异常磁电阻效应有可能会令磁电阻器件在强磁场领域中获得全新的重要应用.

3. 相分离

掺杂钙钛矿锰氧化物主要指分子式具有 $R_{1-x}A_xMnO_3$ 形式的氧化物及其衍生物，其中 R 为三价稀土离子、A 为二价离子（如 Ba, Sr, Ca 等），并具有钙钛矿结

① CGSM 制单位中表示磁场强度 $H=1\ \mathrm{A/m}=4\pi\times10^{-3}$ Oe.

构[参见图 5.1-9(a)]. 早在半个多世纪前,人们对这类材料的基本物理性质与内在物理机制已有了较深入的理解与诠释. 在有关锰氧化物的早期研究中,以 Zener, Anderson, de Gennes[9~11] 等的工作为核心建立的理论体系包含了双交换作用(double exchange interaction)、磁极化子与小极化子理论、Jahn-Teller 效应等重要概念,并成功地对锰氧化物的物理性质作出定性解释.

20 世纪 80 年代期间,掺杂锰氧化物的研究曾一度归于沉寂. 直至 1994 年[12],人们发现掺杂锰氧化物在一定温度下会发生从低温金属态向高温绝缘态的相变,并伴随着铁磁到顺磁的磁性相变,如图 5.1-9(b)所示. 在相变区域,材料的电阻对磁场显示出极高的敏感性,呈现出巨大的磁电阻效应(如温度为 77 K,外加磁场为 6 T 时,La-Ca-Mn-O 体系中可产生高达 127 000%的磁电阻效应). 进一步深入研究发现,锰氧化物作为典型的强关联电子体系,显示出电荷、轨道、自旋这 3 个自由度的共同作用和相互竞争,并由此导致丰富的相图和物理复杂性. 锰氧化物从此再次迅速成

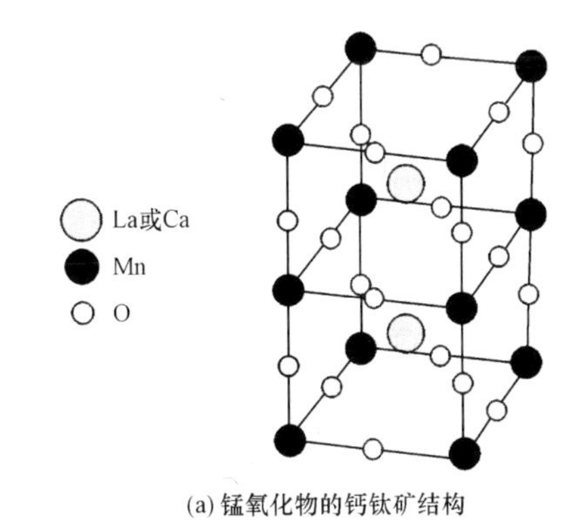

(a) 锰氧化物的钙钛矿结构

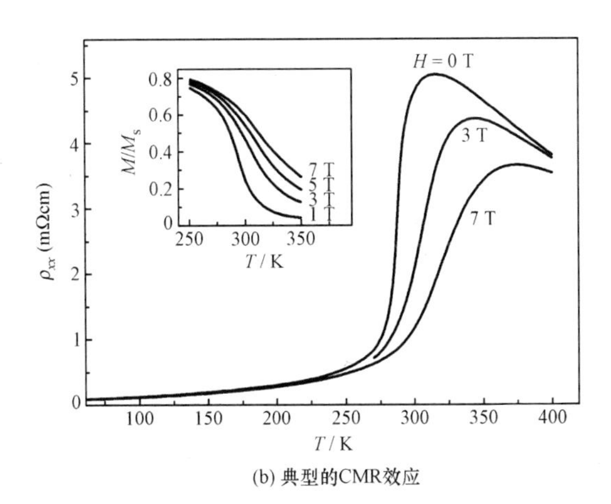

(b) 典型的CMR效应

图 5.1-9　锰氧化物的晶体结构与 CMR 效应[13]
(插图为归一磁化强度在不同外磁场下的温度曲线)

为研究的热点，其磁电阻效应被命名为“庞磁电阻”(colossal mangetoresistance，简称 CMR)，该类材料亦被称为“庞磁电阻锰氧化物”[13].

双交换机制是掺杂钙钛矿锰氧化物中铁磁性的基本起源. Zener 于 1951 年指出[9]，锰氧化物中的电子运动包括同时发生的从 Mn^{3+} 到 O^{2-} 的跃迁以及从 O^{2-} 到 Mn^{4+} 的跃迁两个过程，即双交换模型(参见图 5.1-10). 虽然双交换模型能够定性解释锰氧化物中铁磁性和金属导电性的共存以及庞磁电阻效应，但大量实验现象表明锰氧化物需要更完备的理论. 例如，单独由双交换机制计算所得的电阻率远低于实验值，而居里温度 T_C 的理论值远高于实验值.

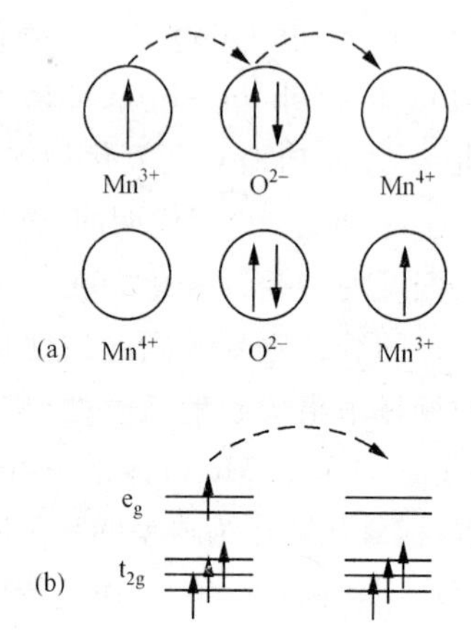

图 5.1-10　双交换作用的示意图

一般认为，锰氧化物的完整哈密顿量应包括以下 5 项：① e_g 电子的动能 H_{Kin}；② e_g 电子和局域 t_{2g} 电子自旋的洪特耦合作用项 H_{Hund}；③ 最近邻 t_{2g} 电子反铁磁 Heisenberg 耦合作用项 H_{AFM}；④ e_g 电子间的库仑作用项 $H_{\mathrm{el\text{-}el}}$；⑤ e_g 电子和声子的耦合项 $H_{\mathrm{el\text{-}ph}}$. 即

$$H = H_{\mathrm{Kin}} + H_{\mathrm{Hund}} + H_{\mathrm{AFM}} + H_{\mathrm{el\text{-}el}} + H_{\mathrm{el\text{-}ph}}. \tag{5.1-8}$$

这样复杂的哈密顿量显然无法完全求解，必须根据需要进行一定的简化.

从简化后的哈密顿量出发，可以计算出掺杂锰氧化物在不同掺杂浓度与温度下的相图. 计算结果表明，在多种相互作用的竞争下，此类锰氧化物在特定的掺杂浓度范围内会自发形成一种十分特殊的内秉非均匀性——电子相分离状态. 与常见的复合材料不同，这种非均匀性并非来自于多种材料的共存，而是表现为单一材料中不同相的共存，其中各个相区域具有不同的磁性质与输运性质；而且在长程库仑作用的限制下，并不会出现如图 5.1-11(a)所示的宏观相分离图案[14]. 这是因为具有不同密度和电荷的两相宏观分离将会需要能量的补给(energy penalty)，因此库

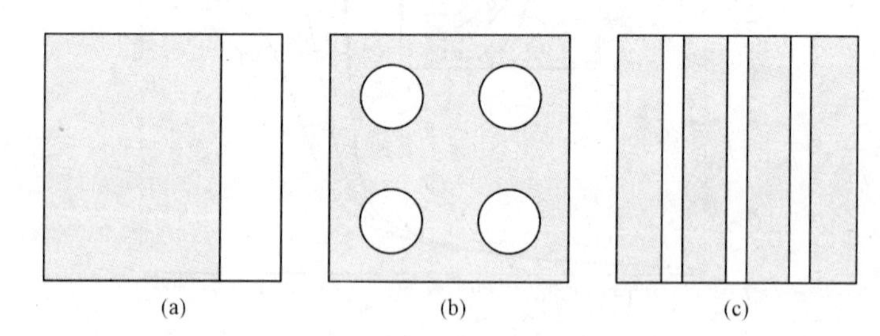

图 5.1-11　(a) 宏观相分离图案；(b) 液滴相；(c) 条状相
(后两者为受长程库仑相互作用限制而形成的相分离图案[14])

仑作用将使两相中的大块区域分裂成更小的碎片，保证电荷更加均匀分布. 通常的结果是，一种相以团簇形式镶嵌在另一种相中，形成有一定规则的相分离图案，如图 5.1-11(b)所示的液滴(droplet)相或图(c)所示的条状(stripe)相. 团簇的形状和大小由双交换相互作用和库仑作用之间的竞争决定，一般在纳米尺度范围内，只涉及几个晶格常数(Mn-Mn 之间的距离为 4 Å).

通过各种实验手段可以观察到此类锰氧化物具有的内秉非均匀性，包括 X 射线吸收、核磁共振、小角中子散射以及中子散射等间接手段，而电子扫描显微镜、扫描隧道显微镜以及磁力显微镜(MFM)等则为锰氧化物中相分离的存在提供了最直接的证据. 图 5.1-12 是采用 MFM 实时观测到的 $La_{0.33}Pr_{0.34}Ca_{0.33}MnO_3$ 薄膜中磁性区域随着温度的变化[15]：图(a)和(c)分别是冷却和升温过程中薄膜的 MFM 图像，MFM 图像中较明亮的区域是铁磁区域，而较暗的区域是顺磁区域；图(b)为相应的电阻率-温度曲线. 可以看到随着温度的降低，铁磁区域不断扩大；而随着温度的升高，顺磁区域不断扩大，相变表现出明显的逾渗行为.

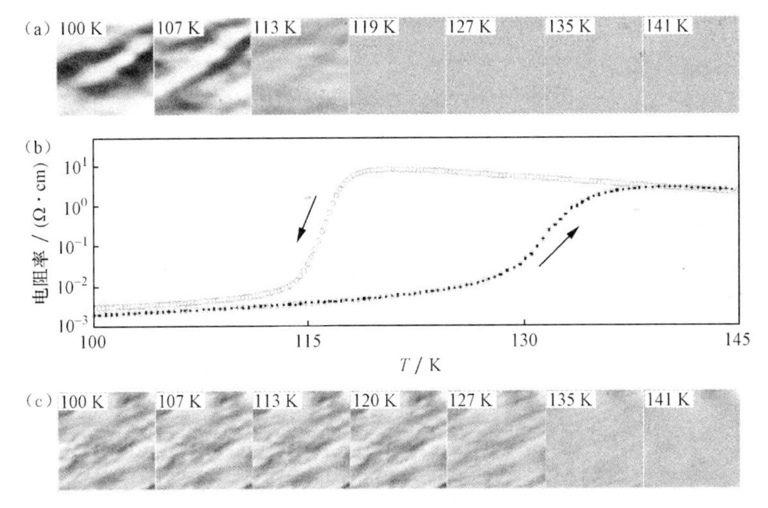

图 5.1-12 采用磁力显微镜(MFM)实时观测 $La_{0.33}Pr_{0.34}Ca_{0.33}MnO_3$ 薄膜中磁性区域随温度的变化[15](箭头表示温度洄线的走向)

然而，实验中观察到的多相共存现象并非理论模型所预测的电子相分离. 在某些样品中，观察到的团簇尺度达到微米量级，远大于理论预测的团簇大小，这表明体系中存在可以驱动这种微米尺度相分离的其他机制. 有一种观点认为，掺杂导致的无序是形成微米尺度相分离的基本原因. 有计算表明，在多相竞争的背景下，非常弱的无序甚至是无穷小的无序，就可以导致非均匀图案的出现. 因此，对于这些体系，无序常常不能作为微扰来处理，相反地它有可能定性地改变材料的物理性质. 这种由无序驱动的微米尺度相分离也被称为结构性相分离.

由于锰氧化物的双交换机制令各相区域内输运性质与磁性质密切相关，因此在相分离状态下，各相的共存与相互竞争决定了体系的宏观输运性质对温度与磁场等外界因素的响应特征. 特别是在发生庞磁电阻的区域，即居里温度 T_C 附近，铁磁金属通道形成跨越整个体系的逾渗通道，外界的微小扰动即可显著改变体系的性质. 相分离状态与体系输运性质间的联系可由图 5.1-13 所示的双通道模型定性描述，其中两个并联的电阻 R_I，R_M^{per} 分别对应绝缘相和形成逾渗通道的金属相，R_M^{per} 随温度的上升而增大. 当 $T>T_C$ 后，由于铁磁金属相的逾渗结构逐步瓦解为相互分离的铁磁团簇，因此 R_M^{per} 逐渐趋于发散；在此温度范围内 $R_I<R_M^{per}$，因此体系内大部分的电输运发生在绝缘区域. 而在低温下，$R_I \gg R_M^{per}$，电流只能从具有逾渗结构的铁磁金属区域通过. 整个体系的电阻被视为由 R_M^{per} 与 R_I 并联而成的有效电阻 R_{eff}. 考虑到 R_I 与 R_M^{per} 分别具有典型的绝缘材料阻温曲线[图(b)中 I 曲线]及金属阻温曲线[图(b)中 M 曲线]的特征后，显然 R_{eff} 会随温度的变化在 T_C 附近出现如实验观察到的电阻峰值. 若进一步考虑到铁磁金属组分比例随温度与磁场的变化，可定性解释实验中观察到的锰氧化物金属-绝缘相变与庞磁电阻效应[16].

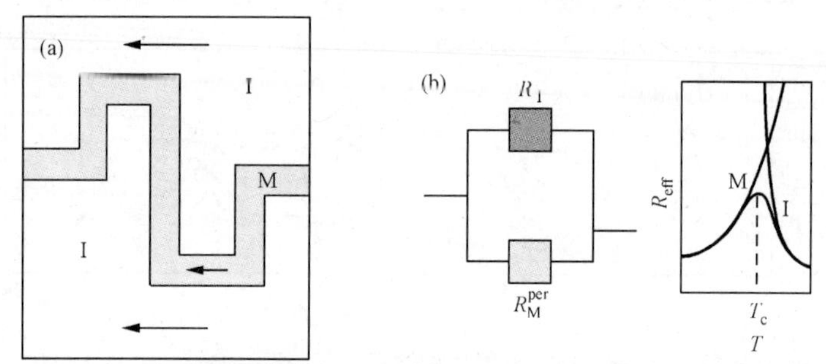

图 5.1-13 (a) 庞磁电阻效应的双通道模型和(b) 简单的两电阻并联模型[16]
(I 为绝缘相，M 为一维金属相通道)

§5.2 磁输运的有效介质近似

通过前面的章节我们已经知道，对于电性质或磁性质具有无序分布的系统，当材料物理参数的非均匀尺度远小于考察问题的特征尺度且空间涨落并不十分显著时，可应用有效介质近似，获得系统的有效物理性质. 本节将进一步讨论有效介质近似在磁输运理论中的应用. 这里以两种典型的磁电阻机制(自旋极化输运和霍尔效应)为例，讨论如何根据不同的磁电阻机制建立起恰当的模型，从而获得材料的有效磁输运性质.

自旋极化输运可分为自旋极化散射和自旋极化隧穿两大类. 由磁性金属颗粒散布在非磁性金属基质中所形成的颗粒复合材料是以自旋极化散射为基本机制的典型 GMR 体系. 当非磁性金属基质为绝缘材料代替时,就形成了以自旋极化隧穿为基本机制的颗粒型 TMR 体系. 两者在材料构型和磁输运性质等方面具有很多相似之处. 这里,我们以前者为例讨论有效介质近似的应用. 下节会给出关于自旋极化隧穿体系的详细讨论.

需要注意的是,如果我们只是讨论系统的电输运性质,那么可将这种由两类金属复合而成的体系简单地视为一个典型的二组元无序系统,其有效电导率 σ_e 取决于两组分(球形颗粒)的电导率 σ_A,σ_B 及相对应的体积分数 f_A,f_B. 根据有效介质近似,σ_e 满足自洽方程

$$f_A \frac{\sigma_e - \sigma_A}{\sigma_A + (d-1)\sigma_e} + f_B \frac{\sigma_e - \sigma_B}{\sigma_B + (d-1)\sigma_e} = 0,$$

其中 d 为体系的维数. 然而,在考察体系的磁输运性质时,由于磁电阻效应主要来源于颗粒界面对电子的自旋极化散射,必须将界面输运引入方程. 此外,外加磁场下颗粒的磁矩分布带来了直接影响体系磁输运性质的非均匀性. 因此,自旋极化输运体系的有效介质近似并非基于与材料组分直接对应的二元无序体系.

为了描述给定磁场作用下所有颗粒界面散射的集体贡献,首先建立由颗粒间电阻构成的无规电阻网络(参见图 5.2-1). 网络中每个格点代表一个磁性颗粒,连接任意两个相邻格点的键代表对应的颗粒间电阻. 为简便起见,假设所有颗粒大小相同,且具有经典的有效磁矩 μ. 每个格点被赋予不同的颗粒磁矩方向 $\{\theta_i, \varphi_i\}$,如箭头所示. 在一定外磁场 H 和温度 T 下,格点的磁矩取向满足玻尔兹曼分布

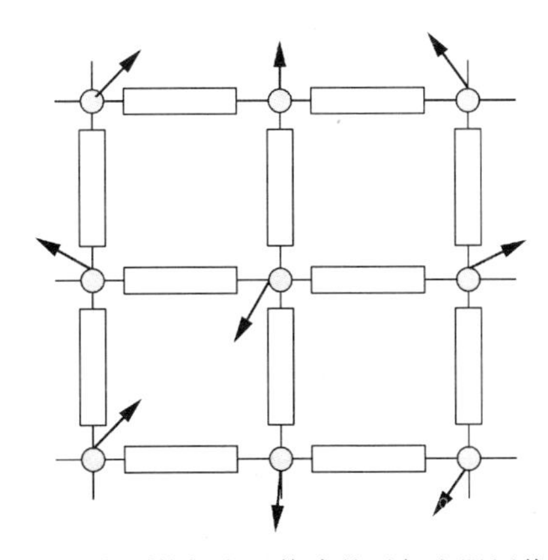

图 5.2-1 由颗粒间电阻构成的无规电阻网络模型

$$\rho(\theta_i, \varphi_i) = \frac{\exp(h\cos\theta_i)}{2\pi\Omega}, \tag{5.2-1}$$

其中

$$\Omega = \int_{-1}^{1} \exp(h\cos\theta)\mathrm{d}\cos\theta = \frac{2}{h}\sinh(h),$$

表达式中约化磁场 $h=\frac{\mu H}{k_B T}+\frac{3T_C M}{TM_s}$,其第二项代表相邻颗粒间磁性耦合的分子场近似,$k_B$ 为玻尔兹曼常数,T_C 为居里温度. 若 $T_C=0$,则系统中颗粒磁矩间相互独立. 归一磁化强度 M/M_s 与磁场和温度的关系满足朗之万(Langevin)方程

$$\frac{M}{M_s} = L(h) = \coth h - 1/h.$$

接下来考虑分别位于格点 i 和 j 上的一对相邻的颗粒. 在电子从颗粒 i 输运到颗粒 j 的过程中,需经历两次界面散射,每次界面散射的强度取决于电子自旋磁矩与颗粒磁矩之间的相对取向. 用电阻 R_1 描述电子的自旋磁矩与颗粒磁矩平行时电子受到的界面散射,电阻 R_2 则对应于电子的自旋磁矩与颗粒磁矩反平行状态下的界面散射. 一般情形下,有 $R_2>R_1$,它们的比值 R_2/R_1 描述了两种不同自旋的输运通道之间的失衡,这正是产生巨磁电阻效应的根本原因.

为了得到颗粒间电导的表达式,可以再次应用自旋极化输运体系的双通道模型:考察一对颗粒 A 与 B,设颗粒 A 中的多子(即自旋磁矩与颗粒 A 的磁化方向一致的电子)在这对颗粒间的散射过程发生在自旋向上通道,少子的散射过程发生在自旋向下通道. 若电子的自旋翻转可忽略,则一对颗粒间的总电阻可等价为对应于上述两种自旋方向的通道电阻的并联电阻. 由于每个通道中包含了两次界面散射,因此单个通道电阻又可视为两个电阻的串联. 以自旋向上通道为例,设两颗粒磁矩方向的夹角为 ϕ. 两颗粒的界面对颗粒 A 的多子的散射可分别等效为电阻

$$R_{sA} = R_1,$$

$$R_{sB} = R_1 \cos^2 \frac{\phi}{2} + R_2 \sin^2 \frac{\phi}{2},$$

整个自旋向上通道的电阻由两者串联而得

$$R_{\uparrow} = R_1 + R_1 \frac{1+\cos\phi}{2} + R_2 \frac{1-\cos\phi}{2}; \tag{5.2-2}$$

类似地,可得到自旋向下通道的电阻

$$R_{\downarrow} = R_2 + R_2 \frac{1+\cos\phi}{2} + R_1 \frac{1-\cos\phi}{2}. \tag{5.2-3}$$

在此双通道模型下,得到网络中键电阻的表达式

$$R(\phi) = R_0\left[1-\left(\frac{r}{2R_0}\right)^2(1+\cos\phi)^2\right], \tag{5.2-4}$$

其中 $R_0=(R_1+R_2)/2, r=(R_1-R_2)/2, \cos\phi$ 满足

$$\cos\phi = \cos\theta_i\cos\theta_j + \sin\theta_i\sin\theta_j\cos(\varphi_i-\varphi_j). \tag{5.2-5}$$

注意:在目前这个问题中,由于电导分布取决于相邻两格点间的磁矩夹角 ϕ,因此该无规网络虽然由键电阻构成,但其无序度却来自于每个格点上磁矩取向的无序.设网络为二维正方格子,若该网络仅具有键无序,则根据§3.10中网络模型的有效介质近似,其有效电阻 R_e 满足自洽方程

$$0=\left\langle\frac{R(\phi)-R_e}{(z/2-1)R(\phi)+R_e}\right\rangle, \tag{5.2-6}$$

其中〈·〉表示对所有颗粒的平均,$z=4$ 是二维正方格子的配位数.但当网络的无序由格点性质决定时,键电导的分布具有一定的关联性,则上式需修正为

$$0=\left\langle\frac{R(\phi)-R_e}{(\tilde{z}/2-1)R(\phi)+R_e}\right\rangle, \tag{5.2-7}$$

其中 $\tilde{z}=\pi/(\pi/2-1)$ 被称为二维格点无序正方格子的有效配位数(详细推导可参阅参考文献[17]).上式可改写为

$$\frac{2}{\tilde{z}R_e}=\left\langle\frac{1}{(\tilde{z}/2-1)R(\phi)+R_e}\right\rangle; \tag{5.2-8}$$

将磁矩分布函数代入上式,得到

$$\frac{2}{\tilde{z}R_e}=\frac{1}{(2\pi\Omega)^2}\int_{-1}^{1}\mathrm{d}\cos\theta_1\int_{-1}^{1}\mathrm{d}\cos\theta_2\int_0^{2\pi}\mathrm{d}\varphi_1\int_0^{2\pi}\mathrm{d}\varphi_2\,\frac{\mathrm{e}^{h(\cos\theta_1+\cos\theta_2)}}{(\tilde{z}/2-1)R(\phi)+R_e}. \tag{5.2-9}$$

引入无量纲参数

$$\begin{aligned} u &= \sqrt{(\tilde{z}/2-1)+R_e/R_0}, \\ v &= r/(2R_0)\sqrt{\tilde{z}/2-1}, \\ \beta &= uv/2, \end{aligned} \tag{5.2-10}$$

及函数

$$\alpha_{\pm}(y)=u^2\pm 2uv+(v^2\pm uv/2)y^2, \tag{5.2-11}$$

式(5.2-9)改写为

$$\begin{aligned} \frac{2}{\tilde{z}R_e} = &\frac{1}{R_0\Omega^2 u\sqrt{\beta}}\int_0^2 \mathrm{d}y\cosh(hy)\left[\arcsin\left(\sqrt{\frac{\beta}{\alpha_+(y)}}(2-y)\right)\right. \\ &\left.+\ln\left(\sqrt{\frac{\beta}{\alpha_-(y)}}(2-y)+\sqrt{1+\frac{\beta}{\alpha_-(y)}(2-y)^2}\right)\right]. \end{aligned} \tag{5.2-12}$$

对此方程作数值解，即得到 R_e 与外加磁场 H、温度 T 等因素的变化关系. 图 5.2-2 给出了磁电阻随约化磁场 h 的变化，即

$$MR(h)=\frac{R_e(h)}{R_e(0)}-1 \tag{5.2-13}$$

我们可以观察到典型的 GMR 行为：弱场下电阻迅速下降，强场下趋于饱和；且当不同自旋通道的失衡因子 R_2/R_1 增大时，磁电阻的幅度也相应显著增强.

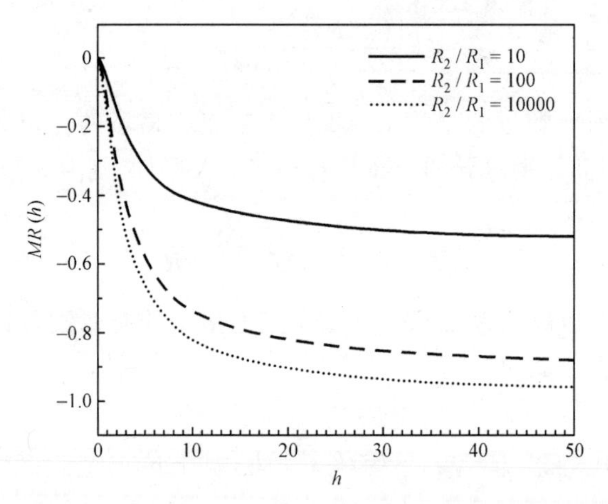

图 5.2-2 磁电阻 $MR(h)=\frac{R_e(h)}{R_e(0)}-1$ 与约化磁场 h 在不同参数$\frac{R_2}{R_1}$下的变化关系[18]

颗粒体系中巨磁电阻的另一个重要特征是磁电阻 MR 与归一磁化强度 M/M_s 的平方关系：$MR\propto(M/M_s)^2$. 从图 5.2-3 可以看出，采用有效介质理论得到的磁电阻与归一磁化强度的关系可按二次函数较好地拟合.

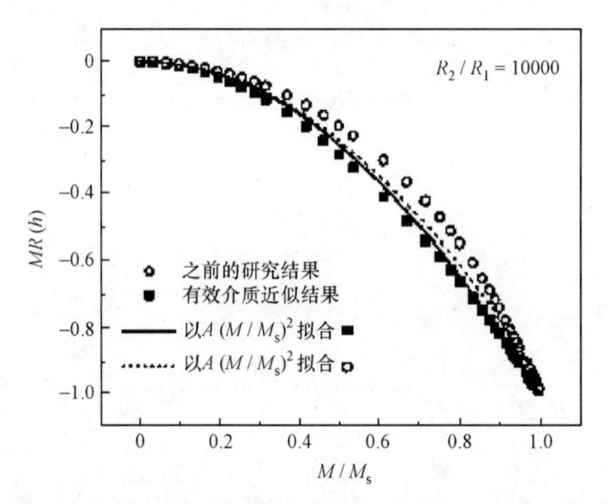

图 5.2-3 磁电阻 MR 随归一磁化强度 M/M_s 的变化[18]

与之相对的是通过直接对电阻求平均得到的结果，即体系电阻表示为

$$\langle R(\phi)\rangle = R_0\left[1-\left(\frac{r}{2R_0}\right)^2\langle(1+\cos\phi)^2\rangle\right]$$
$$= R_0\left[1-2\left(\frac{r}{2R_0}\right)^2\left(1+L^2(h)-\frac{2L(h)}{h}+\frac{3L^2(h)}{h^2}\right)\right]. \quad (5.2\text{-}14)$$

在自旋通道电阻比 $R_2/R_1=10000$ 时，由平均电阻得到的 MR 值随 (M/M_s) 的变化明显偏离实验观察到的平方关系. 这两种不同模型之间的差距说明在自旋通道显著失衡的情况下，体系中网络状的电流构型对宏观磁输运性质有重要的影响. 对电阻直接求平均相当于视各颗粒间电阻为单纯的串联结构，而基于无规电阻网络模型的有效介质近似则充分考虑了电阻间的多重连接性. 一个直接的结果是后者得到的有效电阻普遍低于平均电阻(参见图 5.2-4)，且它们之间的差距随着 R_2/R_1 的增大而增大. 在极端情形 $R_2\to\infty$ 时，即反平行通道完全阻塞时，基于串联结构的平均电阻 $\langle R(\phi)\rangle\to\infty$，而网络模型的有效电阻仍为有限值，致使 $R_e/\langle R(\phi)\rangle\to 0$.

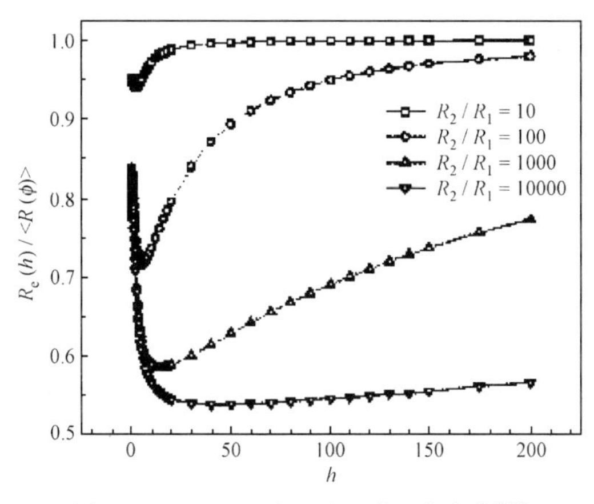

图 5.2-4 $R_e(h)/\langle R(\phi)\rangle$ 随 h 的变化[18]

§5.3 隧穿体系与电流局域化

在以颗粒间隧穿为基本机制的材料中，由于颗粒间隧穿电导与颗粒间隧穿间距和隧穿势垒呈指数关系，电导对材料性质表现出高度敏感性，从而使此类材料中电导的空间分布具有较大涨落. 伴随着电导分布宽度的增加，电流将趋于向具有较大电导的通道集中，形成电流局域化现象. 对于磁输运材料，当颗粒间自旋极化隧穿成为引起磁电阻效应的主要机制时，电流局域化现象将对体系的磁输运行为产生重要影响. 本节主要介绍两种处理电流局域化的基本输运模型，及如何将其应用于以颗粒间自旋极化隧穿为基本输运机制的磁输运体系.

1. 最可几通道近似

对于电导涨落极大的体系，最简单的近似是假定所有电流均集中于最可几通道，即电导最大的通道. 这一近似由 Sheng 等在研究颗粒金属电导的温度效应中提出[19]. 颗粒金属是指金属颗粒分散于绝缘基质内，常见的如 Ni-SiO_2 膜. 通过对 Ni 和 SiO_2 进行双溅射，可得到由镶嵌在非晶 SiO_2 中的 Ni 的小颗粒构成的膜材料，其中颗粒的尺寸和间距往往具有较宽的分布. 实验中，可以观察到这类材料具有特定的阻温关系

$$\sigma \propto \exp(-b/T^{1/2}), \tag{5.3-1}$$

其中 σ 为电导，b 为与温度无关的常数. 该定律也称为 1/2 律.

从输运机制上看，由于颗粒金属中颗粒尺寸的限制，颗粒荷电所需的库仑能 E_C 在输运过程中起着关键性的作用. 在低电场条件 $eV \ll k_B T$ 下，一对相距 s、直径为 d 的颗粒(i 和 j)间的电导 σ_{ij} 由颗粒间的隧穿概率[$\sim\exp(-2\chi s)$]和由热激发产生的带电颗粒数密度[$\sim\exp(-E_s/k_B T)$]共同决定

$$\sigma_{ij} \propto \exp(-2\chi s - E_C/k_B T), \tag{5.3-2}$$

其中 $\chi=(2m\phi/\hbar^2)^{\frac{1}{2}}$，$m$ 是电子的有效质量，e 为电子电量，ϕ 是势垒的高度，$\hbar = h/2\pi$，h 为普朗克常数. 库仑能 E_C 的大小同时取决于 s 和 d

$$E_C = (e^2/s)F(s/d), \tag{5.3-3}$$

函数 F 的形式由颗粒的形状和相对位置决定.

在实际材料中，颗粒直径 d 和颗粒间距 s 都具有较宽的随机分布. 但考虑到颗粒密度在宏观尺度上可以看做是均匀的，可以预见两者的比值 s/d 的涨落不会非常剧烈. 因此我们可以假定 s/d 在颗粒组分一定的区域内保持不变. 由此得到，对于颗粒组分和绝缘基质的介电常数给定的材料，sE_C 亦保持不变. 设 $2\chi sE_C = C$，C 是对应于一定颗粒组分的常数. 将 C 代入式(5.3-2)中，可以看到，对于较大的 s 值(颗粒相距较远)，电子需要穿越较厚的隧穿势垒层，从而具有较小的隧穿概率；而 s 值太小时，由于 s/d 是常数，电子在具有较大 E_C 的小颗粒之间隧穿，对应的带电颗粒数目减少. 当温度 T 一定时，总存在着最可几颗粒间距 $s_m = \frac{(C/k_B T)^{1/2}}{2\chi}$，使颗粒间的电导达到最大值 σ_m，且

$$\sigma_m \propto \exp[-2(C/k_B T)^{1/2}]. \tag{5.3-4}$$

若 s 具有较宽的分布，可以假设整个体系的总电导 σ 主要来自 σ_m 的贡献，因而具有和 σ_m 相同的温度关系

$$\ln\sigma(T) \propto T^{-\frac{1}{2}}, \tag{5.3-5}$$

即实验中观察到的 $\alpha = 1/2$ 律.

虽然以上理论只是一个简化的模型，没有计入除了 s_m 之外其他间距的颗粒的

贡献,也不考虑不同尺寸的颗粒间的隧穿,s/d 为常数这个重要的假设也并没有得到实验上的直接支持,但其结果却能很好地解释颗粒金属的实验数据.原因在于这个模型利用适当的假设获得了体系输运性质与最可几通道之间的联系,抓住了颗粒金属输运机制的主要特征.

2. 颗粒间自旋极化隧穿

上述模型中尚未考虑磁场对电输运的影响.当颗粒间隧穿载流子具有较高的自旋极化率时,体系呈现出明显的磁电阻效应.以 Co-Al-O 膜为代表,铁磁颗粒金属膜在实验上观察到的磁输运行为与铁磁隧道结十分类似.为了解释这一现象,Inoue 和 Maekawa 将铁磁隧道结的 Julliere 模型与上述关于颗粒金属的输运理论结合起来,得到磁输运的最可几通道模型[20].

对一个具有铁磁金属-绝缘体-铁磁金属(FM-I-FM)结构的隧道结,设隧穿电子自旋向上(即与电极的磁化强度方向一致)的态密度为 a,自旋向下的态密度为 $(1-a)$,两电极磁化强度之间的夹角为 θ,则电子在电极间隧穿的电导可以写成

$$\begin{aligned}\sigma_{\mathrm{T}} &\propto \left\{\left[a^2\cos^2\frac{\theta}{2}+a(1-a)\sin^2\frac{\theta}{2}\right]+\left[(1-a)a\sin^2\frac{\theta}{2}\right.\right.\\&\left.\left.\quad+(1-a)^2\cos^2\frac{\theta}{2}\right]\right\}\exp(-2\chi s)\\&\sim(1+P^2\cos\theta)\exp(-2\chi s),\end{aligned}\tag{5.3-6}$$

其中 $P=2a-1$ 是电子的自旋极化率,χ 和 s 的定义与前面相同.上式即为铁磁隧道结中的 Julliere 模型.当隧道结电极的磁化从反平行结构($\theta=\pi$)变为平行结构($\theta=0$),可以得到磁电阻与隧穿电子的自旋极化率之间的关系为

$$MR=\frac{2P^2}{1+P^2}.\tag{5.3-7}$$

若将铁磁颗粒金属体系中的一对颗粒视做一个小的铁磁隧道结,电子在其中的输运电导 σ_{ij} 由式(5.3-6)表示的铁磁隧道结隧穿电导 σ_{T} 和静电能 E_{C} 同时决定

$$\sigma_{ij}\propto(1+P^2\cos\theta)\exp(-2\chi s-E_{\mathrm{C}}/k_{\mathrm{B}}T).\tag{5.3-8}$$

沿用假设 $2\chi sE_{\mathrm{C}}=C$(C 为常数),并将 σ_{ij} 对每对颗粒间的距离 s 和磁矩夹角 θ 求平均,得到体系的总电导

$$\begin{aligned}\sigma&=\sigma_0\int f(s)f(\theta)(1+P^2\cos\theta)\exp(-2\chi s-E_{\mathrm{C}}/k_{\mathrm{B}}T)\,\mathrm{d}s\mathrm{d}\theta\\&=\sigma_0(1+P^2m^2)\exp\left(-2\sqrt{C/k_{\mathrm{B}}T}\right),\end{aligned}\tag{5.3-9}$$

其中 $f(s)$ 与 $f(\theta)$ 分别为颗粒间距 s 和磁矩夹角 θ 的分布函数;m 为整个体系的归一磁化强度,在忽略颗粒磁矩的相互作用时满足 $m^2=\langle\cos\theta\rangle$.

将式(5.3-9)用于计算磁电阻 $MR\equiv\dfrac{\sigma(H)-\sigma(0)}{\sigma(H)}$,可得到磁电阻的表达式

$$MR = \frac{P^2 m^2}{1 + P^2 m^2}. \tag{5.3-10}$$

图 5.3-1 给出了磁电阻随自旋极化率 P、外场 H 与温度 T 的关系. 这个磁电阻效应与铁磁隧道结中的磁电阻类似,在低场(~矫顽场)下迅速达到饱和,与温度只有弱相关,且随颗粒的自旋极化率的上升而上升. 不过,颗粒体系中的最大磁电阻值只有铁磁隧道结中磁电阻值的一半. 这些结论与铁磁颗粒金属膜磁输运性质的实验结果基本吻合.[20]

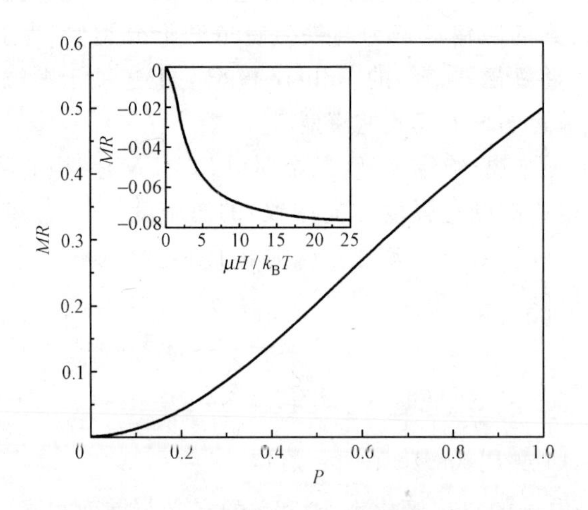

图 5.3-1 由式(5.3-9)计算得到的磁电阻随自旋极化率的变化[20]
(插图中是 MR 随约化外场 $\frac{\mu H}{k_B T}$ 的变化)

3. 磁性能假设

Helman 等在颗粒金属输运理论的基础上引入磁性能 E_m 的概念,从另一个角度解释铁磁颗粒金属膜的磁电阻效应[21]. 考虑两个磁性颗粒 A 和 B 分别具有局域磁矩 $\boldsymbol{S}_1$ 和 $\boldsymbol{S}_2$,磁矩大小均为 S. 当电子的自旋磁矩 $\boldsymbol{S}_e$ 与颗粒 A 的磁矩平行时,除了静电能 E_C,还需要额外的能量 E_m,来完成从颗粒 A 到 B 的隧穿过程. E_m 起源于电子与磁性颗粒的交换作用 J,可以表示为

$$E_m = -J\boldsymbol{S}_e \cdot (\boldsymbol{S}_2 - \boldsymbol{S}_1) \propto J\left(1 - \frac{\langle \boldsymbol{S}_1 \cdot \boldsymbol{S}_2 \rangle}{S^2}\right), \tag{5.3-11}$$

当电子自旋与颗粒 A 的磁矩反平行时,则交换作用的能量增量为 $-E_m$. 颗粒间电导可表达为

$$\sigma(H,T) \propto \exp(-2\chi s)\left[\frac{1+P}{2}\exp\left(-\frac{E_C + E_m}{2k_B T}\right) + \frac{1-P}{2}\exp\left(-\frac{E_C - E_m}{2k_B T}\right)\right], \tag{5.3-12}$$

式中 P 是电子的自旋极化率，$(1+P)/2$ 和 $(1-P)/2$ 分别是电子自旋向上与向下的概率；s 为颗粒间距；E_C 是产生一对带电颗粒的静电能，因而在分母上出现因子 2. 将式(5.3-12)对颗粒间距 s 的分布求平均，得到体系的总电导

$$\sigma(H,T)=\sigma(0,T)\left(\cosh\frac{E_m}{2k_BT}-P\sinh\frac{E_m}{2k_BT}\right),\tag{5.3-13}$$

式中 $\sigma(0,T)$ 是电导中与外场 H 无关的部分，E_m 则与颗粒磁矩间夹角 θ 有关

$$E_m\propto J(1-\langle\cos\theta\rangle).\tag{5.3-14}$$

若设颗粒磁矩的分布相互独立，则 E_m 随外场 H 的变化可以表示为

$$E_m(H)\propto J(1-m^2(H)),\tag{5.3-15}$$

m 是归一的平均磁化强度. 对于超顺磁颗粒体系，有

$$m=\coth\frac{\mu H}{k_BT}-\frac{k_BT}{\mu H},\tag{5.3-16}$$

μ 是颗粒的有效磁矩. 若在求磁电阻时对磁性能 E_m 作一级近似，即只保留 E_m 的线性项，由此得到的磁电阻为

$$MR\equiv\frac{\sigma(H,T)-\sigma(0,T)}{\sigma(H,T)}=\frac{[E_m(0)-E_m(H)]P}{2k_BT}=\frac{Jm^2P}{2k_BT}.\tag{5.3-17}$$

比较式(5.3-17)与(5.3-10)这两个不同的磁电阻公式，可以发现它们实际上代表了颗粒金属中磁输运机制的两种可能性：前者考虑载流子热激发过程中要克服的能量与颗粒磁矩有关，由此产生的磁电阻自然会与温度有明显的依赖关系；后者则将磁性颗粒间的输运过程比拟为铁磁隧道结中的自旋极化隧穿，从而得到一个与温度弱相关，主要由材料的自旋极化程度决定的磁电阻. 显然，若仅仅从理论上讲，这两种模型并非相互排斥. 让我们考虑一对磁化强度夹角为 θ 的磁性颗粒，电子在其中发生隧穿. 以"+"、"−"分别标记隧穿电子与颗粒磁矩平行和反平行的情况，则电子的隧穿概率和相应的磁性能如表 5.3-1 所列.

表　5.3-1

隧穿过程	自旋极化隧穿概率	所需磁性能
$+\to+$	$a^2\cos^2\dfrac{\theta}{2}$	0
$+\to-$	$a(1-a)\sin^2\dfrac{\theta}{2}$	$E_m>0$
$-\to+$	$(1-a)a\sin^2\dfrac{\theta}{2}$	$-E_m<0$
$-\to-$	$(1-a)^2\cos^2\dfrac{\theta}{2}$	0

表中 a 是电极中多子的相对态密度$\left(a=\dfrac{N_\uparrow}{N_\uparrow+N_\downarrow}\right)$. 同时考虑自旋极化隧穿过程

和磁性能对电子输运的影响,可以得到电导的表达式[20]

$$\sigma \propto 1 + 2a(1-a)\left[\cosh\frac{E_{\mathrm{m}}}{k_{\mathrm{B}}T} - 1\right] + \left[P^2 - 2a(1-a)\left(\cosh\frac{E_{\mathrm{m}}}{k_{\mathrm{B}}T} - 1\right)\right]m^2. \tag{5.3-18}$$

当 $E_{\mathrm{m}}=0$ 时,该式回归到式(5.3-9)的结果,即

$$\sigma \propto 1 + P^2 m^2. \tag{5.3-19}$$

将磁性能表达式 $E_{\mathrm{m}}=J(1-\cos\theta)$ 代入式(5.3-18),可以求得磁电阻的饱和值

$$MR \equiv \frac{\sigma(m=1)-\sigma(m=0)}{\sigma(m=1)}.$$

图 5.3-2 给出了对于不同的 $J/(k_{\mathrm{B}}T)$ 值,磁电阻 MR 随自旋极化率 P 的变化. 从中我们可以看出,当磁性能较小时($<10^{-1}$ meV),只对磁电阻带来极其微小的修正;而当磁性能较大时,一个显著的差别是可以观察到正磁电阻效应的出现. 显然,若实验中仅仅显示负磁电阻且磁电阻随温度没有明显变化,即使其中存在着磁性能的影响,这种影响也是微乎其微,可以忽略不计的.

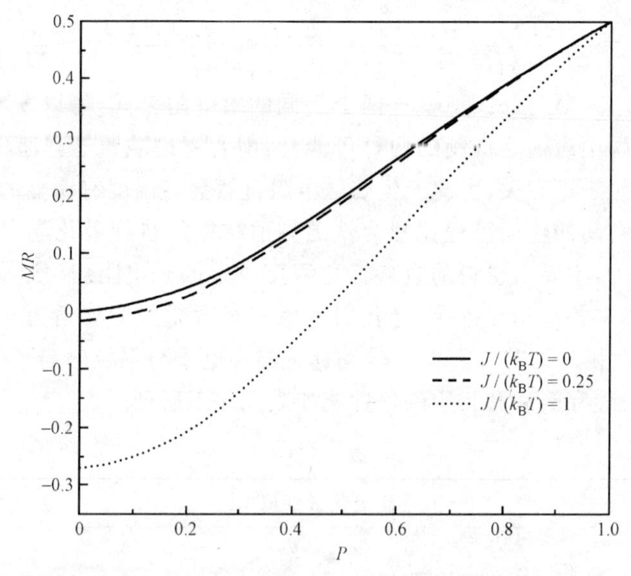

图 5.3-2　同时计及自旋极化隧穿和磁性能效应引起的磁电阻 MR 随自旋极化率 P 的变化

4. 磁场相关的临界路径近似

相对于较为粗糙的最可几通道近似,采用临界路径分析法处理以隧穿为基本机制的颗粒体系,能更好地计入通道的逾渗结构对输运性质的影响.[22]

首先建立自旋极化输运网络,其中每个格点代表一个颗粒,相邻格点间的连接键被赋予颗粒间自旋极化隧穿电导

$$\sigma_{\mathrm{ij}} = \sigma_0(1+P^2\cos\theta_{\mathrm{ij}})\mathrm{e}^{-2\chi s}, \tag{5.3-20}$$

其中 σ_0 为常数，P 为载流子的自旋极化率，θ_{ij} 为颗粒磁化强度取向间的角度，χ 与 s 分别描述隧穿势垒的高度与宽度. 当 χ 与 s 具有强烈涨落时，颗粒间电导形成宽分布. 可以引入一个无量纲的变量 $\phi=2\chi s$，并令 σ_0 为单位电导，式(5.3-20)改写为

$$\sigma_{ij} = (1+P^2\cos\theta)\mathrm{e}^{-\phi}.$$

根据临界路径近似，上述具有连续电导分布的输运网络可简化为一个由“连接键”和“断键”构成的二元网络. 接下来设定一临界电导 σ_c，所有 $\sigma_{ij}\geqslant\sigma_c$ 的键被认为“连接键”，反之认为“断键”. σ_c 的值满足方程

$$\int_{\sigma_{ij}>\sigma_c}\rho(\sigma_{ij})\mathrm{d}\sigma = f_c, \tag{5.3-21}$$

其中 $\rho(\sigma_{ij})$ 是颗粒间电导 σ_{ij} 的概率密度分布函数，f_c 为键逾渗发生的临界阈值（对于三维简立方网络，$f_c=0.2488$）. 上式意味着连接键的比例大到刚好使该二元网络达到逾渗的临界状态，原网络的整体电导正比于此临界电导值 σ_c.

假定在没有外加磁场时，颗粒的磁化强度在各个方向上均匀分布，则电导分布函数为

$$\rho_0(\sigma_{ij}=\sigma) = \langle\delta(\sigma_{ij}(\lambda,\phi)-\sigma)\rangle = \frac{1}{2}\int_{-1}^{1}\mathrm{d}\lambda\int\mathrm{d}\phi f(\phi)\delta[(1+P^2\lambda)\mathrm{e}^{-\phi}-\sigma], \tag{5.3-22}$$

其中 $\lambda=\cos\theta$，$f(\phi)$ 是 ϕ 的概率密度分布函数. 零场时的临界电导 σ_c^0 由式

$$\frac{1}{2}\int_{\sigma>\sigma_c^0}\mathrm{d}\sigma\int_{-1}^{1}\mathrm{d}\lambda\,\frac{f\left(\ln\dfrac{1+P^2\lambda}{\sigma}\right)}{\sigma} = f_c \tag{5.3-23}$$

决定. 当外加磁场令磁化强度达到饱和时，各个颗粒的磁化方向一致，颗粒间电导的分布函数在磁场作用下变化为

$$\rho_h(\sigma_{ij}=\sigma) = \langle\delta(\sigma_{ij}(\lambda=1,\phi)-\sigma)\rangle = \frac{1}{2}\int\mathrm{d}\phi f(\phi)\delta[(1+P^2)\mathrm{e}^{-\phi}-\sigma]. \tag{5.3-24}$$

相应的临界电导 σ_c^h 满足方程

$$\int_{\sigma>\sigma_c^h}\mathrm{d}\sigma\,\frac{f\left(\ln\dfrac{1+P^2}{\sigma}\right)}{\sigma} = f_c. \tag{5.3-25}$$

参数 ϕ 的分布函数取决于体系的非均匀性. 设 ϕ 在$[\phi_1,\phi_2]$之间均匀分布，即

$$f(\phi) = \begin{cases}\dfrac{1}{\Delta_s}, & \phi_1<\phi<\phi_2, \\ 0, & \text{其他},\end{cases} \tag{5.3-26}$$

此处的分布宽度 $\Delta_s=\phi_2-\phi_1$ 即无序强度参数.将式(5.3-26)代入方程(5.3-24)中,得到饱和磁场下的颗粒间电导分布函数的表达式

$$\rho_h(\sigma)=\begin{cases}\dfrac{1}{\Delta_s\sigma}, & (1+P^2)e^{-\phi_2}<\sigma<(1+P^2)e^{-\phi_1},\\ 0, & \text{其他}.\end{cases} \tag{5.3-27}$$

零场结果由式(5.3-22)与(5.3-26)联立而得,但形式上复杂得多.当自旋极化率 P 与无序强度参数 Δ_s 满足 $\ln\dfrac{1+P^2}{1-P^2}<\Delta_s$ 时,零场时的电导分布函数为

$$\rho_0(\sigma)=\begin{cases}\dfrac{e^{\phi_2}}{2\Delta_s P^2}+\dfrac{1}{2\Delta_s g}\left(1-\dfrac{1}{P^2}\right), & \sigma_1<\sigma<\sigma_2,\\ \dfrac{1}{\Delta_s\sigma}, & \sigma_2<\sigma<\sigma_3,\\ -\dfrac{e^{\phi_1}}{2\Delta_s P^2}+\dfrac{1}{2\Delta_s g}\left(1+\dfrac{1}{P^2}\right), & \sigma_3<\sigma<\sigma_4,\\ 0, & \text{其他};\end{cases} \tag{5.3-28}$$

而当 $\ln\dfrac{1+P^2}{1-P^2}>\Delta_s$,有

$$\rho_0(\sigma)=\begin{cases}\dfrac{e^{\phi_2}}{2\Delta_s P^2}+\dfrac{1}{2\Delta_s\sigma}\left(1-\dfrac{1}{P^2}\right), & \sigma_1<\sigma<\sigma_3,\\ \dfrac{e^{\phi_2}-e^{\phi_1}}{2\Delta_s P^2}, & \sigma_3<\sigma<\sigma_2,\\ -\dfrac{e^{\phi_1}}{2\Delta_s P^2}+\dfrac{1}{2\Delta_s\sigma}\left(1+\dfrac{1}{P^2}\right), & \sigma_2<\sigma<\sigma_4,\\ 0, & \text{其他},\end{cases} \tag{5.3-29}$$

式(5.3-28)与(5.3-29)中的 4 个电导参数 $\sigma_1,\sigma_2,\sigma_3$ 与 σ_4 分别定义为

$$\begin{cases}\sigma_1=e^{-\phi_2}(1-P^2),\\ \sigma_2=e^{-\phi_2}(1+P^2),\\ \sigma_3=e^{-\phi_1}(1-P^2),\\ \sigma_4=e^{-\phi_1}(1+P^2).\end{cases}$$

图 5.3-3 给出了由式(5.3-28)与(5.3-29)计算得到的电导分布函数的宽度与形状随磁场的变化.

定义约化电阻 $r_0\equiv\sigma_4/\sigma_c^0$ 及 $r_h\equiv\sigma_4/\sigma_c^h$,整个网络的磁电阻可表示为

$$MR=\frac{\sigma_c^h-\sigma_c^0}{\sigma_c^h}=\frac{r_0-r_h}{r_0}. \tag{5.3-30}$$

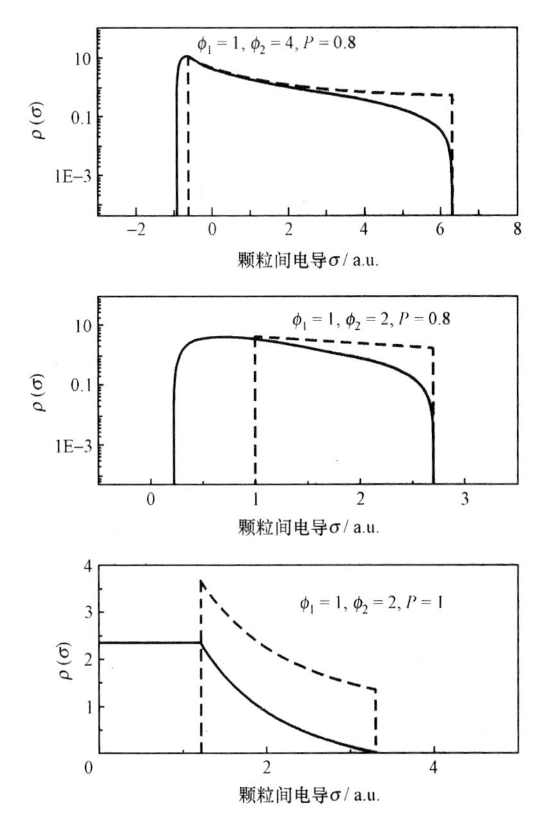

图 5.3-3　零场(虚线)与饱和磁场(实线)下不同的电导分布函数[22]

将式(5.3-27)代入方程(5.3-25),可得到 r_h 的表达式

$$r_h = \exp(f_c\Delta_s). \tag{5.3-31}$$

r_0 的结果取决于自旋极化率 P 与无序强度 Δ_s 的相对大小. 这里关注的是强无序条件 $\Delta_s \gg 1$ 的情况. 对于低自旋极化率系统,可得

$$r_0 = \frac{1+P^2}{1-P^2}e^{-\Delta_s(I_3-f_c)}, \tag{5.3-32}$$

其中 $I_3=\frac{1}{2\Delta_s}(1+P^2)\ln\frac{1+P^2}{1-P^2}-\frac{1}{\Delta_s}$. 相应的磁电阻为

$$MR = 1-\frac{1-P^2}{1+P^2}e^{\Delta_s I_3}, \tag{5.3-33}$$

将上式展开并保留到 P 的平方项,得到具有低自旋极化率的强无序体系中磁电阻的近似结果

$$MR \approx P^2. \tag{5.3-34}$$

而在高自旋极化的极限下,强无序体系中的零场约化电阻可表示为

$$r_0 = \nu \exp\left[W\left(-\frac{1}{\nu}\right)\right], \tag{5.3-35}$$

其中 $W(x)$ 为朗伯(Lambert)函数，$\nu=\exp\left(f_c\Delta_s\frac{2P^2}{1+P^2}+1\right)$. 根据朗伯函数的渐进行为，当 $\Delta_s\to\infty$ 时，$W\left(-\frac{1}{\nu}\right)\approx-\frac{1}{\nu}$，代入后得到半金属体系磁电阻的强无序极限为 $MR=1-\frac{1}{e}\approx 63.2\%$.

对磁输运的临界路径分析可以方便地推广到具有不同的逾渗阈值或不同非均匀分布的其他体系中. 图 5.3-4 中给出了在半金属体系中参数 ϕ 具有高斯分布

$$f(\phi) = \frac{1}{\sqrt{2\pi}\delta}\exp\left[-\frac{(\phi-\phi_0)^2}{2\delta^2}\right] \tag{5.3-36}$$

或具有对数正态分布

$$f(\phi) = \frac{1}{\sqrt{2\pi}\delta\phi}\exp\left[-\frac{(\ln\phi-\ln\phi_0)^2}{2\delta^2}\right] \tag{5.3-37}$$

时，强无序磁电阻的数值结果. 虚线代表由宽分布极限下的均匀分布得到的磁电阻近似值. 数据点中 U_1 代表均匀分布，分布宽度为 10；G_1，G_2，G_3 分别代表标准偏差为 $\delta=5$，平均值 $\phi_0=20,50,30$ 的高斯分布；L_1，L_2，L_3 则分别代表平均值 $\phi_0=20$，偏差 $\delta=0.5,0.8,1.0$ 的对数正态分布. 插图为宽度 $\Delta_s=10$ 的均匀分布下，MR 随逾渗临界阈值 f_c 的变化. 可以发现，在强无序的极限下，体系的非均匀特征对磁输运性质并无显著影响. 这是因为此时体系中的输运通道主要取决于由强无序引起的电流局域，而材料原有的非均匀特征被强烈的电流局域掩盖.

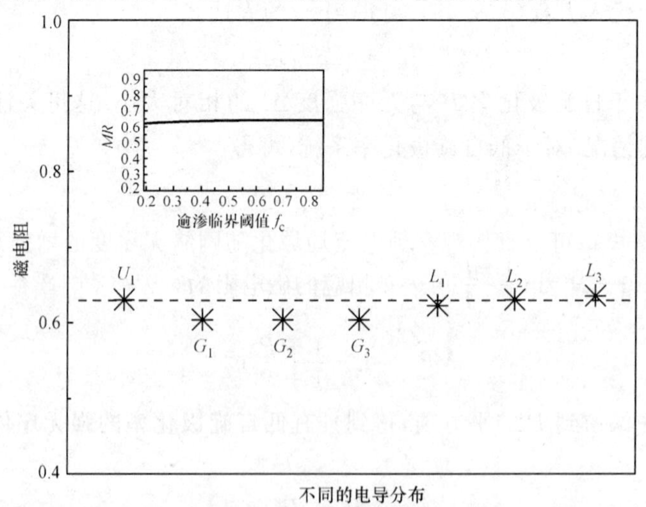

图 5.3-4 不同强无序分布与逾渗阈值下的磁电阻极限[22]

§5.4 磁输运网络模拟

如前节所述，在以颗粒间隧穿或跳跃为基本输运机制的颗粒复合体系中，无序性常常是磁输运性质中不可忽略的因素. 由于隧穿电导对隧穿距离等参数的敏感性，颗粒尺寸、间距及性质的分布（这在实际的样品制备中总是不可避免的）会导致不同颗粒间的电导值产生显著的差异，形成电导在空间的明显涨落. 在极端的电流局域化条件下，可以采用临界路径近似等方法获得此类体系的磁输运行为. 但在更一般的条件下，体系常常偏离理想极限，令各种近似方法失效. 此时针对体系输运特征而建立的各种网络模型可为数值模拟提供良好的计算出发点.

1. 自旋极化隧穿网络

与基于自旋极化散射的 GMR 颗粒体系类似，键无规电导网络模型是研究隧穿型颗粒复合体系中的电磁输运的重要工具. 以基于直接隧穿机制的绝缘性颗粒金属复合体系为例，在建立对应的网络模型时，可将每个金属颗粒设为网络的格点，相邻颗粒间连线构成网络中的键. 每个键被赋予颗粒间隧穿电导

$$\sigma_{ij} \propto \exp(-2\chi s),$$

其中 χ 和 s 分别代表隧穿势垒的高度和宽度，取决于材料的内秉性质和颗粒间距分布. χ 和 s 的无序分布引起颗粒间电导的无序分布，从而形成典型的无序键电导网络.

要注意的是，当对以上网络计及磁场的影响时，每个颗粒的不同磁化状态会在键无规网络中引入额外的格点无序. 以自旋极化隧穿机制为例，键电导可表示为

$$\sigma_{ij} \propto (1 + P^2 \cos\phi_{ij})\exp(-2\chi s), \tag{5.4-1}$$

其中 P 为铁磁性颗粒的自旋极化率；ϕ_{ij} 是第 i 个和第 j 个颗粒的磁矩方向 $\{\theta, \varphi\}$ 间的空间夹角，且满足式(5.2-6). 除非在完全磁化状态（即所有颗粒的磁矩都平行于磁场方向）下，否则每个颗粒会具有不同的磁化方向，因此磁输运网络的键电导包含了格点磁矩的无序分布，并且这种取决于体系磁化状态的无序分布是导致网络总电导随磁场变化的根本原因.

通过网络模拟可以直接观察到电流局域化随网络无序度的增强逐步演化的动态过程. 从键电导的表达式可以看出，描述势垒性质的 χ 和 s 的联合分布在很大程度上决定了电流分布的几何特征. 在实际材料中，取决于颗粒间距的 s 通常具有比 χ 更显著的空间分布. 为简便起见，可假设 χ 为常数，s 在一定范围内均匀分布. 图 5.4-1（参见彩图 5.4-1）中给出了不同 χ 下二维正方网络中键电流在零场（$H=0$）和饱和磁场（$H=H_s$）下的不同分布情况. 颗粒的磁化方向在零场时具有随机分布，在饱和磁场下则完全平行于磁场方向. 电压被施加于电阻网络的左右两侧，键的不同颜色标志着流过此键电流的强（深色）或弱（浅色）.

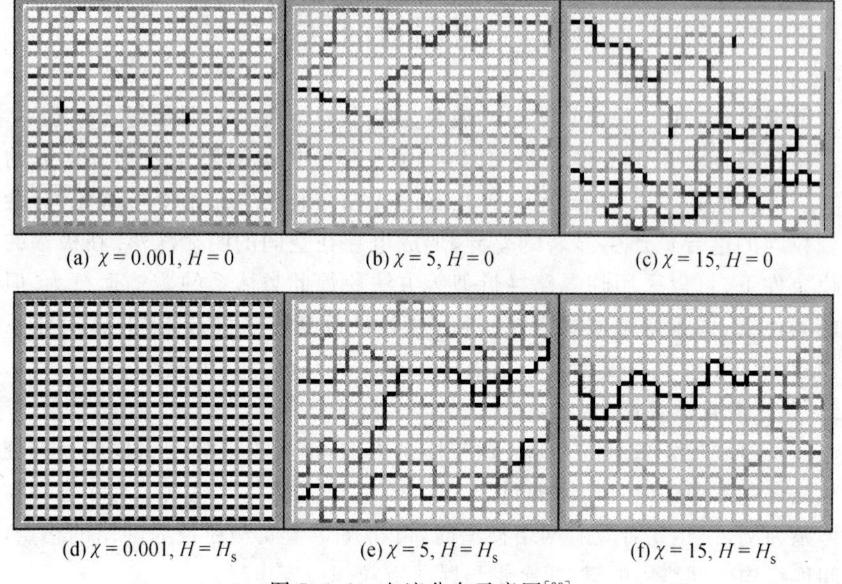
(a) $\chi=0.001, H=0$　(b) $\chi=5, H=0$　(c) $\chi=15, H=0$

(d) $\chi=0.001, H=H_s$　(e) $\chi=5, H=H_s$　(f) $\chi=15, H=H_s$

图 5.4-1　电流分布示意图[23]

从图中可以看出，电流分布状态对 χ 的大小具有明显的依赖关系. 由于此处假设 s 的分布不变，χ 的大小决定了电导表达式中指数上 χs 的联合分布的宽度范围. χ 值越大（即高垒），网络中电导分布得越宽，即无序较强. 因此，χ 除表征势垒高度外，还成为反映无序程度的参量. 随着 χ 的增大，无序程度不断增加，电流的分布出现局域化的趋势，逐渐被局限于几个通道内. 在强无序极限下，系统中将形成准一维电输运通路，即逾渗临界路径，如图 5.4-1(c)所示. 而在施加饱和磁场（$H=H_s$）后，电流的局域化趋势均有所缓解. 其他的输运通道被相继打开，使整个体系再次偏离逾渗区域，如图 5.4-1(f)所示. 而输运性质对逾渗通道的高敏感度，预示着有可能在高无序条件下获得磁电阻的增强效应.

通过计算网络总电导在零场（$H=0$）和饱和磁场（$H=H_s$）下的变化，可以得到此类磁输运网络的饱和磁电阻

$$MR=\frac{G(H_s)-G(0)}{G(H_s)}. \tag{5.4-2}$$

图 5.4-2 中给出了二维正方和三维立方网络中磁电阻的模拟计算结果. 可以观察到，在这两种不同的网络中，体系的磁电阻幅度有明显的差异，但是两者都呈现出随 χ 的显著增强.

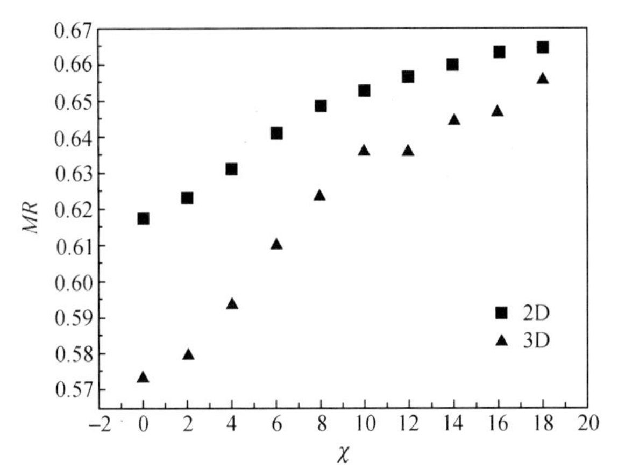

图 5.4-2 二维(30×30)和三维(10×10×10)电阻网络中磁电阻随 χ 的变化[23]

2. 磁各向异性

当构成网络的磁性颗粒具有不可忽略的磁各向异性时,需要在上述基本网络中计入磁各向异性能对磁输运的影响.

设 N 个颗粒被随机放置于二维平方点阵中,颗粒 $i(i=1,\cdots,N)$ 的初始状态由其本身的磁矩 $\boldsymbol{\mu}_i(\sigma_i,\gamma_i)$、磁各向异性轴 $\boldsymbol{n}_i(\theta_i,\varphi_i)$ 以及外场 $\boldsymbol{H}$(沿 z 轴)方向共同确定,如图 5.4-3(a)所示. $\theta_{\max}$是 θ_i 的最大值,反映了颗粒排列的有序度. 当颗粒混乱排列时,$\theta_{\max}=\pi/2$;而完全平行排列时,$\theta_{\max}=0$. 每个颗粒的能量是磁场能、单轴各向异性能以及近邻颗粒的偶极相互作用能之和. 假设颗粒的各向异性能远远大于偶极相互作用能且各向异性轴方向与颗粒的长轴方向一致,哈密顿量可写成

$$E=-k\sum_{i=1}^{N}(\boldsymbol{e}_i\cdot\boldsymbol{n}_i)-h\sum_{i=1}^{N}(\boldsymbol{e}_i\cdot\boldsymbol{e}_h),\tag{5.4-3}$$

其中 $\boldsymbol{e}_i$,$\boldsymbol{n}_i$ 及 $\boldsymbol{e}_h$ 分别为沿颗粒磁矩方向、各向异性轴方向及磁场方向的单位矢量;k 为颗粒的磁各向异性常数;h 为磁矩 $\boldsymbol{\mu}$ 在外加磁场 $\boldsymbol{H}$ 中的磁化能量的最大值($h=\mu H$),h 和 k 的比值描述了各项能量间的竞争程度. 运用 Monte Carlo 模拟方法,可确定在一定的外场、温度和组分浓度下磁矩的具体构型,进而构建电阻网络并进行数值模拟.

图 5.4-3(b)是计算得到的磁化翻转效应和磁电阻效应(低温,$k_{\rm B}T=0.001\,k$). 纵坐标是约化电阻 $R/R_{\rm s}$,其中 $R_{\rm s}$为饱和磁化状态时的总电阻. 各向异性轴分布的不同($\theta_{\max}=\pi/6,\pi/3$ 和 $\pi/2$),标志着阵列中颗粒排列的有序程度. 无论颗粒排列是否有序,均得到了与实验一致的蝴蝶状(butterfly)磁滞回线,总电阻在矫顽场处表现出最大值,暗示着 $\phi_{\rm ij}$ 在矫顽场处分布最为随机. 随着 $\theta_{\max}$ 的减小,矫顽场处的电阻迅速增加,而零场处的电阻迅速下降,使电阻峰变得相当尖锐,从而导致高电阻态和低电阻态之间极其迅速的转变以及显著的低场磁电阻效应,这与实验曲线相当一致.

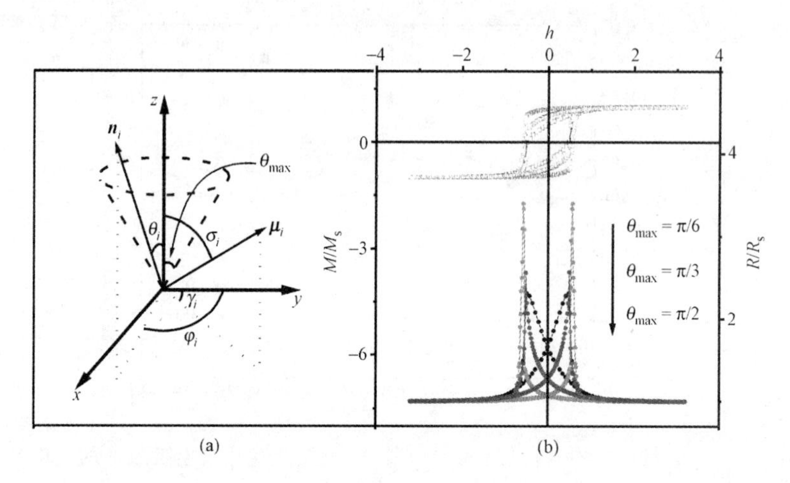

图 5.4-3 (a) 网络中一个磁性颗粒的示意图. 参数 $k_B T$ 和 h 均以各向异性常数 k 为基本能量单位,且 $k=0.5$.(b) 二维半金属颗粒阵列的磁化强度(上图)和电阻(下图)的滞后性质(低温,$k_B T=0.001k$),参数 h 以 $0.01k$ 的步长变化[24]

与无序排列的样品相比,在排列有序的 CrO_2 粉末压缩体中可以观察到优化的翻转效应和增强的磁电阻效应. 通过分析比较两种极端情况的磁电阻效应(磁各向异性轴无规分布 $\theta_{max}=\pi/2$ 和平行排列 $\theta_{max}=0$),可以发现此颗粒阵列中磁电阻效应增强的原因. 以各向异性轴平行排列的二维体系为例,此时退磁化状态的颗粒间隧穿电导 $\sigma_T(\theta=\pi)=0$ 型电阻浓度为 0.5,恰好与二维平方点阵的几何逾渗阈值一致,对应于有效电阻发散,外场的施加则导致体系发生逾渗转变;而当系统处于各向异性轴无规分布的情形时,$\sigma_T(\theta=\pi)=0$ 型电阻的浓度趋于无穷小,意味着退磁状态时依然存在一定的导电通路,即退磁(demagnetization)有效电导 $\sigma_e>0$. 这种退磁状态下电阻分布的差异导致了磁各向异性无序的体系中磁电阻会远低于有序排列的结果. 因此,通过控制磁各向异性轴的分布,可以大幅度地改变阵列的磁输运性质. 外场导致的逾渗转变使二维磁各向异性平行排列的颗粒阵列中低场磁电阻效应显著增强,尤其是当阵列由半金属氧化物材料构成时,磁电阻可能高达 100%,同时出现最优化的开关效应[24].

3. 关联效应

实验上,在相分离的 $La_{1-x}Sr_xCoO_3$ 单晶样品中发现,磁电阻与掺杂浓度 x 密切相关:$x=0.15$ 时,磁电阻高达 70%;当 $x=0.1$ 时,磁电阻甚至达到 90%,如图 5.4-4 所示. 图中空心圈代表磁电阻随外加磁场 H 的变化,磁场方向沿晶轴[111]方向;实线代表约化磁化强度$[M(H)/M(H=90\ \mathrm{kOe})]^2$ 随磁场 H 的变化;插图给出了浓度 x 对磁电阻的影响,虚线位置代表发生金属-绝缘相转变(metal-insulator transition,MIT)的地方. 在某些特定的浓度下可以观察到蝴蝶状的磁电阻曲线.如上文所述,这是一种明显的颗粒间输运特征.类似的实验现象在其他锰氧化物单晶样品中也可观察到.因此,在金属相和绝缘相同时存在的相分离体系中,颗粒间的输运过程对整体磁电阻效应也有相当重要的贡献,这种金属-绝缘-隧穿的混合输运体系可以用关联电阻网络模型(correlated resistor network model,CRNM)[26,27]描述.

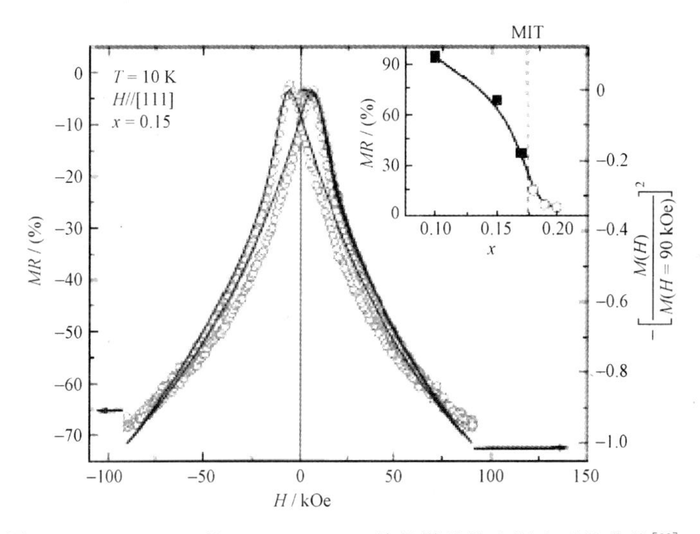

图 5.4-4 $x=0.15$ 的 $La_{1-x}Sr_xCoO_3$ 单晶样品的电阻和磁化曲线[28]

关联电阻网络是指在典型的金属-绝缘两组元无规电阻网络模型(random resistor network model,RRNM)的基础上,用隧穿键替代原无规电阻网络中相邻金属键间的绝缘键.这意味着载流子不仅可以在金属相中自由运动,也可以借助量子力学效应由一个金属区域隧穿至另一个相邻的金属区域.显而易见,新加入的隧穿键将对体系的逾渗行为产生强烈的影响,这是由于无论在位置还是数目上,隧穿键都明显依赖于网络中金属键的分布[参见图 5.4-5(彩图 5.4-5)和表 5.4-1,其中 f 为金属键浓度].

隧穿键的引入使孤立的金属性“小岛”(island)形成更大的团簇,当金属键浓度逐渐趋近 RRNM 的逾渗阈值(仍未达到逾渗阈值)时,隧穿键的加入使整个体系提前发生逾渗转变.在具有这种微观特征的颗粒体系中,隧穿过程并不是随机发生的,而仅局限于被分隔的最近邻铁磁金属颗粒间,成为连接处于“逾渗”前金属性“小岛”的桥梁,形成逾渗通路(percolating path).

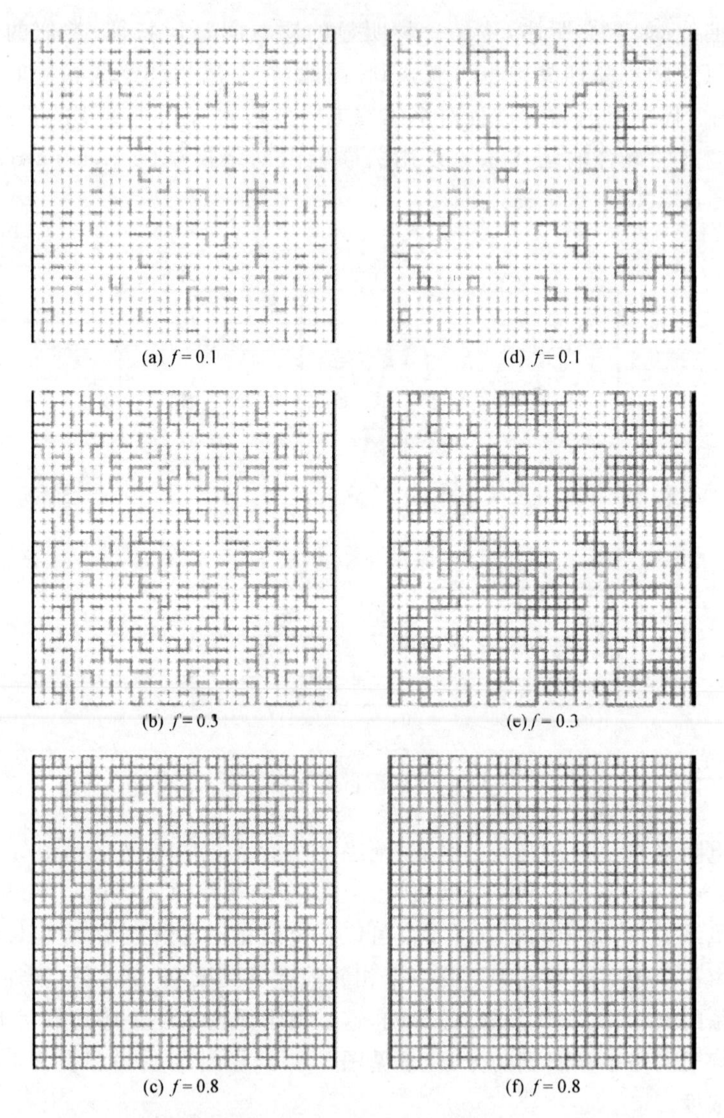

图 5.4-5 (a)～(c)为用计算机产生的 RRNM 示意图;(d)～(f)为 CRNM 示意图[29]
(其中浅色是金属键,虚线是绝缘键,黑色是隧穿键)

表 5.4-1 RRNM 和 CRNM 中各种键的浓度

	RRNM	CRNM
金属键	f	f
绝缘键	$1-f$	$(1-f)^3-f$
隧穿键	0	$1-(1-f)^3$

同时,通过隧穿键引入的自旋极化隧穿机制令磁电阻在逾渗阈值附近表现出明显的增强现象(参见图5.4-6),磁电阻的峰值和形状均与 χs 密切相关,这一计算结果与实验数据(MR-x 曲线)相当吻合.

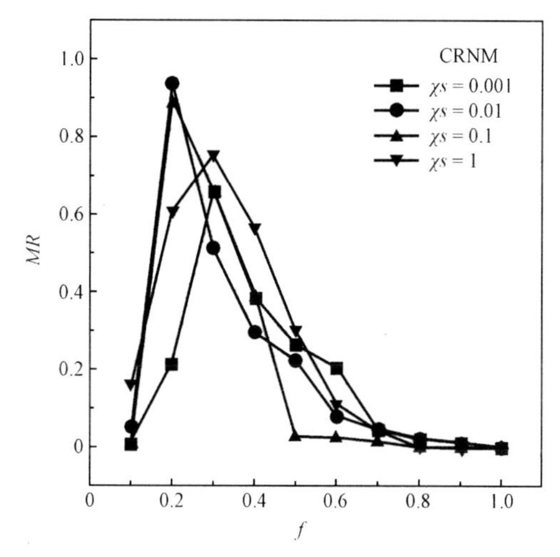

图 5.4-6 基于 CRNM 的 MR 与金属键浓度 f 的关系[27]

§5.5 几何磁电阻

几何磁电阻是半导体材料在特定非均匀结构中产生的特殊磁电阻效应.实验上可以通过不同材料的复合或向半导体中掺杂等手段引入所需的非均匀性,如§5.1中介绍的半导体-金属复合结构和掺杂 AgSe、AgTe 等.这些体系的非均匀性需要用载流子浓度 n 与霍尔迁移率 μ 这两个物理量的空间分布来表征.当材料置于 z 轴方向的磁场(磁场强度 H)中,对应的电阻率张量(假定材料各向同性)具有反对称形式

$$\hat{\boldsymbol{\rho}}(\boldsymbol{r}) = \begin{bmatrix} \rho_0 & \rho_h & 0 \\ -\rho_h & \rho_0 & 0 \\ 0 & 0 & \rho_0 \end{bmatrix},$$

其中对角元(欧姆电阻率)$\rho_0=(ne\mu)^{-1}$ 与非对角元(霍尔电阻率)$\rho_h=\rho_0\mu H$ 的空间涨落可能令电流路径随磁场发生明显变化,导致体系的宏观欧姆电阻在垂直于磁场方向产生磁电阻效应;e 为载流子电量.

数值模拟结果图5.5-1(参见彩图5.5-1)演示了磁场在非均匀性与霍尔效应两个因素的共同作用下对电流的扭曲效应,图中结构为典型的二维霍尔条.图5.5-1(a)和5.5-1(b)中矩形区域内填满具有载流子浓度 n 与霍尔迁移率 μ 的均匀半导体材料;(b)中外加磁场沿垂直平面方向,电流 I_0 从左端输入并在上下边界间形成的霍尔电压下达到稳定状态.由于材料的均匀性,达到稳态后电流的分布与零磁场时一致,左右电极(V_R,V_L)间的电阻 $R=(V_R-V_L)/I_0$ 与磁场无关,即横向磁电阻

$$MR=\frac{R(H)-R(0)}{R(0)}=0.$$

若在圆形区域内引入具有载流子浓度 n_2 与霍尔迁移率 μ_2 的第二相,则构成非均匀半导体.选取 $n_1\mu_1=n_2\mu_2$,即在零场时体系中两相具有相同的电阻率,因此电流均匀分布[参见图 5.5-1(c)].在外加磁场后,电流密度的方向与大小均随磁场显著变化,并伴随沿电流方向的磁电阻效应[参见图 5.5-1(d)].

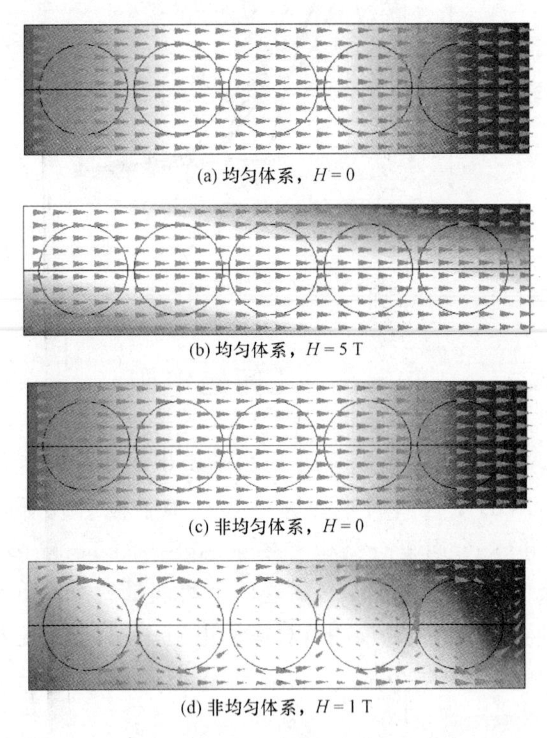

图 5.5-1 电流路径随磁场的扭曲及横向电阻随磁场的变化
(a),(b)为均匀半导体;(c)~(d)为非均匀半导体($n_1/n_2=5$,$\mu_1/\mu_2=0.2$)

当材料具有如图 5.5-1 所示的确定非均匀性时,通常采用有限元模拟等数值计算方法直接得到体系的磁输运性质.在简单结构中,如§5.1 中的复合范德堡圆盘结构,可以通过求解 Laplace 方程得到磁场中电势及电流分布的解析表达式.

对于利用掺杂手段制备的非均匀半导体,迁移率与载流子浓度呈现出无规的空间涨落.下面介绍两种处理材料磁输运问题的方法.第一种方法是利用张量形式有效介质近似来获得此类材料的有效电导率张量.特别对于两相体系,可以通过适

当的变换将张量无序转换为标量无序来简化问题,并获得有效电阻率张量的解析表达式.第二种方法主要针对非均匀半导体的强无序问题.体系性质的强烈涨落令有效介质近似不再适用,但仍可以通过建立特殊的无规电阻网络,用数值模拟的方法求解网络阻抗.

1. 霍尔体系的有效介质近似

为了描述霍尔效应下体系的电导非均匀性对宏观磁输运性质的影响,考虑由两种不同组分 A 和 B 构成的两相无序体系,其组分的零场电阻率具有各向同性,分别为 $\rho_{A,0}$ 和 $\rho_{B,0}$,霍尔电阻率为 $\rho_{A,xy}$ 和 $\rho_{B,xy}$,z 轴方向为外加磁场的方向.考虑到材料的非磁性,两组分的电导张量对角元 $\rho_{A,0}$ 和 $\rho_{B,0}$ 均与磁场无关,即构成这个体系的材料本身除了霍尔效应外没有其他磁电阻效应.体系的非均匀性体现在组分电导率张量在对角元和非对角元上的差异.根据以上设定,该体系的组分电导率张量分别为

$$\hat{\boldsymbol{\sigma}}_A = \begin{bmatrix} \dfrac{\sigma_{A,0}}{1+h^2} & \dfrac{h\sigma_{A,0}}{1+h^2} & 0 \\ \dfrac{h\sigma_{A,0}}{1+h^2} & \dfrac{\sigma_{A,0}}{1+h^2} & 0 \\ 0 & 0 & \sigma_{A,0} \end{bmatrix} \tag{5.5-1a}$$

及

$$\hat{\boldsymbol{\sigma}}_B = \begin{bmatrix} \dfrac{\sigma_{B,0}}{1+(\eta h)^2} & \dfrac{\eta h\sigma_{B,0}}{1+(\eta h)^2} & 0 \\ -\dfrac{\eta h\sigma_{B,0}}{1+(\eta h)^2} & \dfrac{\sigma_{B,0}}{1+(\eta h)^2} & 0 \\ 0 & 0 & \sigma_{B,0} \end{bmatrix}, \tag{5.5-1b}$$

其中 $\sigma_{A,0}$ 及 $\sigma_{B,0}$ 是组分的零场电导率,迁移率比值 $\eta=\mu_B/\mu_A$.无量纲参数 h($h=\omega_A\tau_A=\mu_A H/c$)是由回旋频率 ω_A[$w_A=q_A H/(m_A^* c)$]、弛豫时间 τ_A 和迁移率 μ_A($\mu_A=q_A\tau_A/m_A^*$)决定的约化磁场.q_A 和 m_A^* 分别是载流子在 A 中的电量和有效质量.

对于电导率具有空间涨落 $\hat{\boldsymbol{\sigma}}(\boldsymbol{r})=\hat{\boldsymbol{\sigma}}_0+\delta\hat{\boldsymbol{\sigma}}(\boldsymbol{r})$ 的体系,可采用如下描述的自洽有效介质近似计算体系整体输运性质的有效电导.电导具有张量形式的非均匀体系中,其有效电导率张量 $\hat{\boldsymbol{\sigma}}_e$ 定义为

$$\langle \boldsymbol{J} \rangle \equiv \hat{\boldsymbol{\sigma}}_e \langle \boldsymbol{E} \rangle, \tag{5.5-2}$$

其中$\langle \boldsymbol{E} \rangle$是电场 $\boldsymbol{E}(\boldsymbol{r})$的空间平均,即外加电场 $\boldsymbol{E}_0$.$\langle \boldsymbol{J} \rangle$是电流密度的平均

$$\langle \boldsymbol{J} \rangle = \hat{\boldsymbol{\sigma}}_0 \boldsymbol{E}_0 + \langle \hat{\boldsymbol{\alpha}} \rangle \boldsymbol{E}_0, \tag{5.5-3}$$

这里的 $\hat{\boldsymbol{\alpha}}$ 定义为

$$\hat{\boldsymbol{\alpha}} = \delta\hat{\boldsymbol{\sigma}} + \delta\hat{\boldsymbol{\sigma}}\int \mathrm{d}\boldsymbol{r}' \hat{\boldsymbol{g}}(\boldsymbol{r}-\boldsymbol{r}')\hat{\boldsymbol{\alpha}}(\boldsymbol{r}'), \tag{5.5-4}$$

其中张量 $\hat{\boldsymbol{g}}(\boldsymbol{r}-\boldsymbol{r}')$的矩阵元为格林函数 $G(\boldsymbol{r}-\boldsymbol{r}')$的二阶导数

$$g_{\alpha\beta}(\boldsymbol{r}-\boldsymbol{r}')=\frac{\partial^2 G(\boldsymbol{r}-\boldsymbol{r}')}{\partial \boldsymbol{r}_\alpha \partial \boldsymbol{r}_\beta},\quad \alpha,\beta=x,y,z;$$

而 $G(\boldsymbol{r}-\boldsymbol{r}')$ 定义为

$$\nabla\cdot\hat{\boldsymbol{\sigma}}_0\nabla G(\boldsymbol{r}-\boldsymbol{r}')=-\delta(\boldsymbol{r}-\boldsymbol{r}'),\quad \boldsymbol{r}'\in V\quad (V\text{ 为体系的体积}),\tag{5.5-5a}$$

$$G(\boldsymbol{r}-\boldsymbol{r}')=0,\quad \boldsymbol{r}'\in S\quad (S\text{ 为包围 }V\text{ 的表面}),\tag{5.5-5b}$$

注意，$\hat{\boldsymbol{\alpha}}$ 描述了在外场 $\boldsymbol{E}_0$ 下由于电导非均匀性产生的局域电流涨落. 一般情况下，这种涨落不仅反映在电流密度的幅度上，同时也伴随着电流方向的扭曲，后者是纯霍尔效应体系中产生宏观纵向磁电阻的起源.

当体系由几种不同的组分构成，考虑其中第 i 个颗粒，有

$$\hat{\boldsymbol{\alpha}}(\boldsymbol{r})=\delta\hat{\boldsymbol{\sigma}}_i+\delta\hat{\boldsymbol{\sigma}}_i\int_{V_i}\mathrm{d}\boldsymbol{r}'\hat{\boldsymbol{g}}(\boldsymbol{r}-\boldsymbol{r}')\hat{\boldsymbol{\alpha}}(\boldsymbol{r}')+\delta\hat{\boldsymbol{\sigma}}_i\int_{V-V_i}\mathrm{d}\boldsymbol{r}'\hat{\boldsymbol{g}}(\boldsymbol{r}-\boldsymbol{r}')\hat{\boldsymbol{\alpha}}(\boldsymbol{r}').\tag{5.5-6}$$

采用有效介质近似，设第 i 个颗粒被电导率为 $\hat{\boldsymbol{\sigma}}_e$ 的有效介质包围，并假定颗粒为椭球颗粒，由上式得到

$$\hat{\boldsymbol{\sigma}}_e=\hat{\boldsymbol{\sigma}}_0+\langle(\hat{\boldsymbol{I}}-\hat{\boldsymbol{\Gamma}}\delta\hat{\boldsymbol{\sigma}})^{-1}\rangle^{-1}\langle(\hat{\boldsymbol{I}}-\hat{\boldsymbol{\Gamma}}\delta\hat{\boldsymbol{\sigma}})^{-1}\delta\hat{\boldsymbol{\sigma}}\rangle,\tag{5.5-7}$$

其中 $\delta\hat{\boldsymbol{\sigma}}$ 是组分电导与有效电导的差值；$\hat{\boldsymbol{I}}$ 为单位张量；张量 $\hat{\boldsymbol{\Gamma}}$ 定义为

$$\Gamma_i^{\alpha\beta}=-\oint_{S'}\frac{\partial}{\partial r_\alpha}\hat{\boldsymbol{g}}(\boldsymbol{r}-\boldsymbol{r}')n'_\beta\,\mathrm{d}^2r',\tag{5.5-8}$$

表示对颗粒的椭球表面的积分. 进一步应用自洽条件 $\langle\hat{\boldsymbol{\alpha}}\rangle=0$，得到张量形式的自洽有效介质方程

$$\langle(\hat{\boldsymbol{I}}-\hat{\boldsymbol{\Gamma}}\delta\hat{\boldsymbol{\sigma}})^{-1}\delta\hat{\boldsymbol{\sigma}}\rangle=0.\tag{5.5-9}$$

当颗粒电导率为标量时，上式回归到常用的 EMA 公式.

由 $\hat{\boldsymbol{\sigma}}_A$ 和 $\hat{\boldsymbol{\sigma}}_B$ 的张量结构，可设有效电导张量

$$\hat{\boldsymbol{\sigma}}_e=\begin{bmatrix}\sigma_{e,xx} & \sigma_{e,xy} & 0\\ -\sigma_{e,xy} & \sigma_{e,xx} & 0\\ 0 & 0 & \sigma_{e,zz}\end{bmatrix}.\tag{5.5-10}$$

为简单起见，这里只讨论颗粒为球形的体系. 根据式(5.5-5)，与 $\hat{\boldsymbol{\sigma}}_e$ 对应的格林函数为

$$G(\boldsymbol{r}-\boldsymbol{r}')=+\frac{1}{4\pi\sigma_{e,xx}(\sigma_{e,zz})^{1/2}}\left[\frac{(x-x')^2}{\sigma_{e,xx}}+\frac{(y-y')^2}{\sigma_{e,xx}}+\frac{(z-z')^2}{\sigma_{e,zz}}\right]^{-1/2}.\tag{5.5-11}$$

对球面积分后，得到张量 $\hat{\boldsymbol{\Gamma}}$ 为对角矩阵

$$\Gamma_{xx}=\Gamma_{yy}=-\frac{1}{2}\left(\Gamma_{zz}+\frac{1}{\sqrt{\sigma_{e,xx}\sigma_{e,zz}}}\frac{\sin^{-1}\sqrt{\varepsilon}}{\sqrt{\varepsilon}}\right),\tag{5.5-12a}$$

$$\Gamma_{zz}=-\frac{1}{\sigma_{e,zz}\varepsilon}\left(1-\sqrt{1-\varepsilon}\,\frac{\sin^{-1}\sqrt{\varepsilon}}{\sqrt{\varepsilon}}\right),\tag{5.5-12b}$$

其中 $\varepsilon = 1 - \sigma_{e,xx}/\sigma_{e,zz}$.

设组分的体积分数分别为 f_A 和 f_B，由式(5.5-9)得到

$$\sum_{i=A,B} f_i \delta\hat{\boldsymbol{\sigma}}_i (1 - \hat{\boldsymbol{\Gamma}} \delta\hat{\boldsymbol{\sigma}}_i)^{-1} = 0, \tag{5.5-13}$$

将式(5.5-12)代入式(5.5-13)，后者约化为 3 个关于 $\sigma_{e,xx}$，$\sigma_{e,xy}$，$\sigma_{e,zz}$ 的独立方程. 解此方程组时可以 $\sigma_{A,0}$ 为电导率单位，其他电导率是相对于 $\sigma_{A,0}$ 的无量纲约化值，由此得到外加 z 轴方向磁场时体系在各个方向的有效电阻率. 相应的横向磁电阻 TMR(transverse MR)①、纵向磁电阻 LMR 和有效霍尔系数 $R_{H,e}$ 分别定义为

$$TMR = \frac{\Delta\rho_{e,xx}(h)}{\rho_{e,xx}(0)} = \frac{\rho_{e,xx}(h) - \rho_{e,xx}(0)}{\rho_{e,xx}(0)}, \tag{5.5-14a}$$

$$LMR = \frac{\Delta\rho_{e,zz}(h)}{\rho_{e,zz}(0)} = \frac{\rho_{e,zz}(h) - \rho_{e,zz}(0)}{\rho_{e,zz}(0)}, \tag{5.5-14b}$$

$$R_{H,e}(h) = \frac{\rho_{e,xy}}{h}. \tag{5.5-14c}$$

图 5.5-2(a)表示当组分零场电导率比值 $\xi = \sigma_{B,0}/\sigma_{A,0} = 1$，且迁移率比值 $\eta = \mu_B/\mu_A = -1$ 时，横向磁电阻 TMR 随组分浓度 f_A 的变化关系，可以看到此时 TMR-f_A 曲线在零场电阻率无差异的前提下在 $f_A = 0.5$ 附近出现峰值. 图 5.5-2(b)是峰值对应的浓度附近霍尔电阻率 $\rho_{e,xy}$ 随磁场 h 的变化，表明该峰值的出现与体系宏观霍尔系数 $R_{H,e}$ 的变号同时发生. 这些行为与实验中观察到的一定掺杂条件下窄带隙非磁性半导体材料呈现的异常磁电阻效应定性一致[28]. 插图中给出了实验中测得的 $Ag_{2-\delta}Te$ 在不同压强下的磁电阻效应与霍尔效应. 可以看到，磁电阻在一定压强下出现峰值，并伴随着霍尔电阻率的变号. 这是因为不同压强导致材料的能带结构发生变化，令体系内的电导非均匀分布产生相应改变.

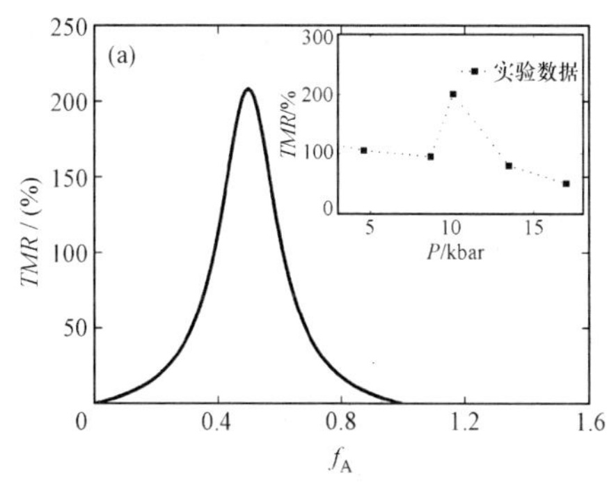

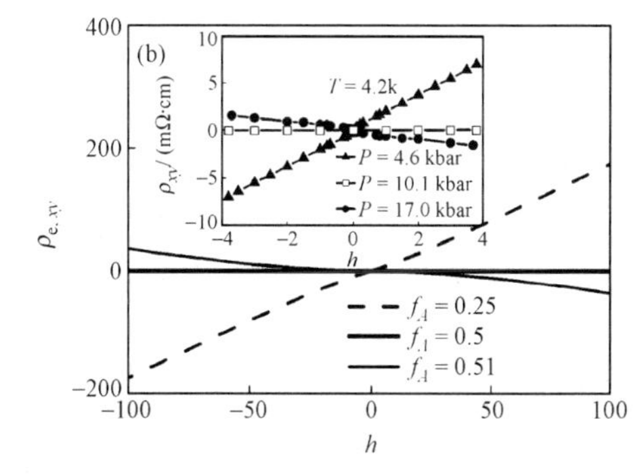

图 5.5-2　有效介质近似下得到的：(a) 非均匀霍尔体系中的磁电阻效应随组分浓度的变化(插图为实验结果)；(b) 霍尔电阻率随磁场的变化(插图为实验[28]中测得非均匀半导体 $Ag_{2-\delta}Te$ 在不同压强下的磁电阻效应与霍尔效应)

① 注意，TMR 在本节中专指横向磁电阻，勿与前文中的隧穿磁电阻(tunneling MR)混淆.

2. 两相无序体系:对偶性

以上方法在应用于霍尔体系的磁电阻计算时,常常因为电导的张量形式导致有效介质近似方程复杂难解.但若体系仅包含两相,我们可以将第二章介绍的对偶性应用于霍尔体系的有效电阻率计算,令张量形式的电导转变为具有特定空间分布的标量电导,从而大大简化计算过程.[29]

首先考虑一个由两种各向同性的导电相构成的二维无序系统,电导率具有空间分布

$$\hat{\boldsymbol{\rho}}(\boldsymbol{r}) = \hat{\boldsymbol{\rho}}_1\theta_1(\boldsymbol{r}) + \hat{\boldsymbol{\rho}}_2\theta_2(\boldsymbol{r}), \tag{5.5-15}$$

其中标示函数

$$\theta_i(\boldsymbol{r}) = \begin{cases} 1, & \boldsymbol{r} \in i, \\ 0, & \boldsymbol{r} \notin i. \end{cases}$$

当体系处在垂直的磁场中,组分 i 的电阻率具有张量形式

$$\hat{\boldsymbol{\rho}}_i = \begin{bmatrix} \alpha_i & \beta_i \\ -\beta_i & \alpha_i \end{bmatrix} = \alpha_i \begin{bmatrix} 1 & H_i \\ -H_i & 1 \end{bmatrix}, \quad i = 1,2. \tag{5.5-16}$$

若已知组分 i 的霍尔迁移率 μ_i,磁场为 $\boldsymbol{B}$,霍尔电阻率与欧姆电阻率的比值 $H_i \equiv \beta_i/\alpha_i = \mu_i|\boldsymbol{B}|$.下文中以 $H_1 \equiv \mu_1|\boldsymbol{B}|$ 作为衡量外加磁场大小的无量纲参量.

体系的有效电阻率 $\hat{\boldsymbol{\rho}}_e$ 定义为

$$\langle \boldsymbol{E} \rangle = \hat{\boldsymbol{\rho}}_e \langle \boldsymbol{J} \rangle, \tag{5.5-17}$$

$\langle \cdot \rangle$代表对空间的平均.若介质具有各向同性的分布,则垂直磁场中体系的有效电阻率具有与组分电阻率相同的形式,即

$$\hat{\boldsymbol{\rho}}_e = \begin{bmatrix} \alpha_e & \beta_e \\ -\beta_e & \alpha_e \end{bmatrix}, \tag{5.5-18}$$

$\hat{\boldsymbol{\rho}}_e$ 的对角元 α_e 与非对角元 β_e 分别代表体系的有效欧姆电阻率和有效霍尔电阻率.

对该体系的电场分布与电流分布作如下变换

$$\boldsymbol{E}'(\boldsymbol{r}) = a\boldsymbol{E}(\boldsymbol{r}) + b\hat{\boldsymbol{R}}\boldsymbol{J}(\boldsymbol{r}), \tag{5.5-19a}$$

$$\boldsymbol{J}'(\boldsymbol{r}) = c\boldsymbol{J}(\boldsymbol{r}) + d\hat{\boldsymbol{R}}\boldsymbol{E}(\boldsymbol{r}), \tag{5.5-19b}$$

变换系数 a,b,c,d 可为任意常数,而矩阵

$$\hat{\boldsymbol{R}} = \begin{bmatrix} 0 & -1 \\ 1 & 0 \end{bmatrix}.$$

令 $\boldsymbol{J}$ 或 $\boldsymbol{E}$ 在体系平面内作 90°旋转,此变换下得到的新的电场 $\boldsymbol{E}'(\boldsymbol{r})$与电流分布 $\boldsymbol{J}'(\boldsymbol{r})$满足

$$\boldsymbol{E}'(\boldsymbol{r}) = \hat{\boldsymbol{\rho}}'(\boldsymbol{r})\boldsymbol{J}'(\boldsymbol{r}), \tag{5.5-20}$$

其中

$$\hat{\boldsymbol{\rho}}'(\boldsymbol{r}) = [a\hat{\boldsymbol{\rho}}(\boldsymbol{r}) + b\hat{\boldsymbol{R}}][c\hat{\boldsymbol{I}} + d\hat{\boldsymbol{R}}\hat{\boldsymbol{\rho}}(\boldsymbol{r})]^{-1}. \tag{5.5-21}$$

式(5.5-20)和(5.5-21)意味着,通过式(5.5-19)的变换得到的 $\boldsymbol{E}'(\boldsymbol{r})$ 和 $\boldsymbol{J}'(\boldsymbol{r})$ 实际上是具有电阻率分布 $\hat{\boldsymbol{\rho}}'(\boldsymbol{r})$ 的另一介质中可实现的电场与电流分布. 为了区分这两种介质,在下文中把变换前的介质[电阻率 $\hat{\boldsymbol{\rho}}(\boldsymbol{r})$]称为"源介质",变换后的介质[电阻率 $\hat{\boldsymbol{\rho}}'(\boldsymbol{r})$]称为"目标介质". 若源介质是具有式(5.5-15)描述的二元无序分布电阻率 $\hat{\boldsymbol{\rho}}(\boldsymbol{r})$,对应的目标介质是拥有相同构型的二元体系,即

$$\hat{\boldsymbol{\rho}}'(\boldsymbol{r}) = \hat{\boldsymbol{\rho}}_1'\theta_1(\boldsymbol{r}) + \hat{\boldsymbol{\rho}}_2'\theta_2(\boldsymbol{r}). \tag{5.5-22}$$

令式(5.5-21)中 $a=d=1$,目标介质的组分电阻率满足

$$\begin{aligned}\hat{\boldsymbol{\rho}}_i' &= \begin{bmatrix} \alpha_i' & \beta_i' \\ -\beta_i' & \alpha_i' \end{bmatrix} \\ &= \frac{1}{(c-\beta_i)^2+\alpha_i^2}\begin{bmatrix} \alpha_i(c+b) & \alpha_i^2-(b+\beta_i)(c-\beta_i) \\ -\alpha_i^2+(b+\beta_i)(c-\beta_i) & \alpha_i(c+b) \end{bmatrix}, \quad i=1,2.\end{aligned} \tag{5.5-23}$$

注意,式(5.5-23)中可选择合适的常数 b 和 c,令目标介质两组分的电阻率非对角元均为零

$$\begin{cases} \alpha_1^2 = (b+\beta_1)(c-\beta_1) = bc+\beta_1(c-b)-\beta_1^2, \\ \alpha_2^2 = (b+\beta_2)(c-\beta_2) = bc+\beta_2(c-b)-\beta_2^2, \end{cases} \tag{5.5-24}$$

即 b,c 满足

$$\begin{cases} bc = (\beta_2\Delta_1-\beta_1\Delta_2)/(\beta_2-\beta_1), \\ c-b = (\Delta_1-\Delta_2)/(\beta_2-\beta_1), \\ \Delta_i^2 = \alpha_i^2+\beta_i^2, \quad i=1,2. \end{cases} \tag{5.5-25}$$

解之,得到两组实数解

$$\begin{aligned} b &= \frac{\Delta_2-\Delta_1 \pm \sqrt{(\Delta_2-\Delta_1)^2+4(\beta_2-\beta_1)(\beta_2\Delta_1-\beta_1\Delta_2)}}{2(\beta_2-\beta_1)}, \\ c &= \frac{\Delta_1-\Delta_2 \pm \sqrt{(\Delta_2-\Delta_1)^2+4(\beta_2-\beta_1)(\beta_2\Delta_1-\beta_1\Delta_2)}}{2(\beta_2-\beta_1)}. \end{aligned} \tag{5.5-26}$$

将 b,c 的表达式代入式(5.5-23),得到目标介质的电阻率具有标量形式

$$\rho_i' = \frac{\alpha_i}{c+\beta_i}. \tag{5.5-27}$$

因此,通过以上变换已经将一个电阻率具有张量形式的两相二维无序体系转化为具有标量电阻率分布

$$\rho'(\boldsymbol{r}) = \frac{\alpha_1}{c+\beta_1}\theta_1(\boldsymbol{r}) + \frac{\alpha_2}{c+\beta_2}\theta_2(\boldsymbol{r}) \tag{5.5-28}$$

的普通无序体系. 根据有效电阻率的定义,源介质和目标介质的有效电阻率满足如下变换关系

$$\hat{\boldsymbol{\rho}}_{e}' = [a\hat{\boldsymbol{\rho}}_{e} + b\hat{\boldsymbol{R}}][c\hat{\boldsymbol{I}} + d\hat{\boldsymbol{R}}\hat{\boldsymbol{\rho}}_{e}]^{-1}. \tag{5.5-29}$$

根据标量形式的有效介质近似，由式(5.5-28)定义的二维两相无序体系的有效电阻率可近似表示为

$$\hat{\boldsymbol{\rho}}_{e}' = \left(\frac{1}{2} - f_1\right)(\rho_2' - \rho_1') + \sqrt{\left(\frac{1}{2} - f_1\right)^2(\rho_2' - \rho_1') + \rho_1'\rho_2'}, \tag{5.5-30}$$

其中 f_1 与 f_2 分别代表两组分所占的比例. 当 $f_1 = f_2 = 0.5$ 时，目标介质的有效电阻率有严格结果

$$\rho_e' = \sqrt{\rho_1'\rho_2'}. \tag{5.5-31}$$

通过求解目标介质的有效电阻率 ρ_e'(在各向同性分布下同样为标量形式)，可同时得到源介质中欧姆电阻率和霍尔电阻率的有效表达式

$$\alpha_e = \frac{b + c}{1 + \rho_e'^2}\rho_e', \tag{5.5-32a}$$

$$\beta_e = \frac{b - c\rho_e'^2}{1 + \rho_e'^2}. \tag{5.5-32b}$$

显然，相对于直接采用张量形式的有效介质近似获得源介质的有效电阻率，采用如上变换方法在很大程度上简化了计算.

从 α_e 与 β_e 的表达式，可以得到强场极限下体系的磁输运行为随无序分布的变化. 对于等组分体系($f_1 = f_2 = 0.5$)，α_e 与 β_e 在 $H_1 \gg 1$ 的极限下趋近于

$$\alpha_e \cong \alpha_1 \frac{\sqrt{\tau}}{1 + \tau} |1 - \omega\tau||H| = \frac{\sqrt{\alpha_1\alpha_2}}{\alpha_1 + \alpha_2}|\beta_1 - \beta_2|, \tag{5.5-33a}$$

$$\beta_e \cong \alpha_1 \frac{\tau}{1 + \tau}(1 + \omega)H = \frac{\alpha_1\alpha_2}{\alpha_1 + \alpha_2}(H_1 + H_2), \tag{5.5-33b}$$

其中 $H \equiv H_1$，$\omega = H_2/H_1$ 与 $\tau = \alpha_2/\alpha_1$ 分别描述了两组分的霍尔系数与欧姆电阻率的差异. 对于 $f_1 \neq f_2$ 的体系，从式(5.5-30)和(5.5-32)得到强场条件 $(f_1 - 1/2)^2H^2 \gg 1$ 下，有效欧姆电阻率与霍尔电阻率分别为

$$\alpha_e = \begin{cases} \dfrac{\alpha_1}{2\left(f_1 - \dfrac{1}{2}\right)}, & f_1 > \dfrac{1}{2}, \\[2ex] \dfrac{\alpha_2}{2\left(f_1 - \dfrac{1}{2}\right)}, & f_1 < \dfrac{1}{2}, \end{cases} \tag{5.5-34}$$

及

$$\beta_e = \begin{cases} \beta_1 = \alpha_1 H_1, & f_1 > \dfrac{1}{2}, \\[2ex] \beta_2 = \alpha_2 H_2, & f_1 < \dfrac{1}{2}. \end{cases} \tag{5.5-35}$$

比较式(5.5-33)与式(5.5-34),(5.5-35),可以发现体系宏观磁电阻效应的强场行为在两种体系中发生显著的变化[29]:

(1) 等组分体系在强场下呈现出线性的非饱和磁电阻比,而当组分浓度与1/2偏离后,有效欧姆电阻率在强场下趋于饱和. 伴随组分浓度偏离程度的增加,α_e的饱和速度增快而饱和值下降.

(2) 若两组分具有不同类型的载流子(迁移率符号相反),有效霍尔电阻率在f_1跨越1/2时发生符号翻转. 等组分体系的霍尔系数符号取决于两相迁移率的大小差异. 若$H_1=-H_2$(即$\mu_1=-\mu_2$,两组分的载流子类型不同但迁移率大小相等),等组分条件下有效霍尔电阻率$\beta_e=0$. 此时体系虽然由两种具有霍尔效应的材料构成,但宏观霍尔系数消失.

(3) 等组分体系中,若$|\omega|,\tau\gg1$,得到$\alpha_e\approx|\beta_2|\sqrt{\tau}$及$\beta_e\approx\beta_2/\tau$;反之,若$|\omega|,\tau\ll1$,得到$\alpha_e\approx|\beta_1|\sqrt{\tau}$及$\beta_e\approx\beta_1\tau$. 这意味着,当某一组分的欧姆即霍尔电阻率占主导地位时,强场下有效电阻率的各矩阵元均与主要成分的霍尔电阻率成正比. 而当组分偏离1/2后,强场下有效电阻率的各矩阵元只取决占有较大比例的组分的欧姆电阻率.

3. 强无序体系:圆盘网络模型

作为一种平均场理论,有效介质近似在电阻率的空间涨落十分显著时失效. 在处理强无序体系时,通过建立合适的网络模型进行数值计算可直接观察到电阻率的强无序如何引发电流的局域化并影响体系的宏观输运行为. §5.4介绍了如何针对隧穿电导引发的电导空间涨落建立合适的无规电阻网络模型. 然而,当需要考虑具有张量形式的电阻率分布时,由于电流与平行及垂直电流方向的电场均有关联,以二端子电阻[参见图5.5-3(a)]为基本构成单元的传统电阻网络显然已无法描述此类体系的输运行为. 因此有必要建立一种新的网络模型——以均匀的四端子导电圆盘为基本电阻单元[图5.5-3(b)],可以作为具有霍尔效应的二维无序体系的离散模型.

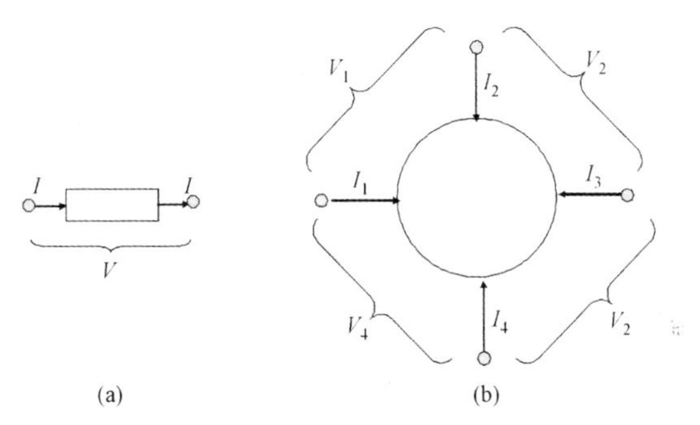

图5.5-3 (a) 以二端子电阻为基本单元的传统电阻网络和
(b) 以四端子导电圆盘为基本单元的圆盘电阻网络

图 5.5-3 所示导电圆盘的端间电压 V_1, V_2, V_3, V_4 与四端子电流 I_1, I_2, I_3, I_4 之间以 4×4 阻抗张量 $\hat{\boldsymbol{Z}}$ 联系，即

$$V_i = \sum_j Z_{ij} I_j, \quad i,j = 1,\cdots,4. \tag{5.5-36}$$

当四端子沿圆盘边界均匀分布时，由对称性易知 $\hat{\boldsymbol{Z}}$ 具有如下形式

$$\hat{\boldsymbol{Z}} = \begin{bmatrix} a & b & c & d \\ b & c & d & a \\ c & d & a & b \\ d & a & b & c \end{bmatrix}, \tag{5.5-37}$$

$\hat{\boldsymbol{Z}}$ 中矩阵元的具体表达式可通过求解电势方程得到. 设圆盘半径为 R，由载流子浓度为 n、迁移率为 μ 的均匀导电材料构成. 在垂直圆盘平面的磁场 H 中，圆盘电导率张量具有反对称形式

$$\hat{\boldsymbol{\sigma}} = \begin{bmatrix} \sigma_s & -\sigma_a \\ \sigma_a & \sigma_s \end{bmatrix}, \tag{5.5-38}$$

其对角元与非对角元分别表示为

$$\sigma_s = \frac{\rho_0^{-1}}{1+\beta^2}, \quad \sigma_a = \frac{\rho_0^{-1}\beta}{1+\beta^2}, \tag{5.5-39}$$

其中欧姆电阻率 $\rho_0 = ne|\mu|$，霍尔系数 $\beta - \mu H$，e 为载流了电荷. 圆盘上电势分布 $U(\boldsymbol{r})(|\boldsymbol{r}|<R)$ 满足方程

$$\nabla \cdot (\hat{\boldsymbol{\sigma}} \nabla U) = 0,$$

对于反对称形式的均匀电导率，上式退化为一般的 Laplace 方程. 在极坐标 (r,θ) 体系中展开 $U(r,\theta)$，并考虑到 $U(r,\theta)$ 在 $r\to 0$ 处的有限性，方程的通解形式可表示为

$$U(r,\theta) = \sum_{n=1} r^n (A_n \cos n\theta + B_n \sin n\theta). \tag{5.5-40}$$

由此，得到电流密度 $\boldsymbol{J} = -\hat{\boldsymbol{\sigma}} \nabla U$ 在圆盘边界 $r=R$ 处的径向分量

$$J_r(\theta) = -\sigma_s \sum_{n=1} nR^{n-1} [(A_n + \beta B_n)\cos n\theta + (B_n - \beta A_n)\sin n\theta]. \tag{5.5-41}$$

为简化问题，设边界中 4 个端子的角宽度 φ 足够小，令电流在端子内均匀分布. 若圆盘厚度为 t，第 i 个端口内沿径向输入的电流密度为

$$J_i = \frac{I_i}{R\varphi t}, \quad i = 1,\cdots,4. \tag{5.5-42}$$

沿圆周的径向电流分布函数满足边界条件

$$J_r(\theta) = \begin{cases} J_i, & \theta \in \left[\theta_i - \dfrac{\varphi}{2}, \theta_i + \dfrac{\varphi}{2}\right], \\ 0, & \text{其他}, \end{cases} \tag{5.5-43}$$

其中 $\theta_1 = 0, \theta_2 = \pi/2, \theta_3 = \pi, \theta_4 = 3\pi/2$ 分别为各端口中心的角位置.

将式(5.5-43)做傅里叶展开,得到

$$J_r(\theta)=\frac{1}{\pi R\varphi t}\sum_n\left(S\frac{\cos n\theta}{n}+T\frac{\sin n\theta}{n}\right),\tag{5.5-44}$$

其中参数 S 与 T 分别定义为

$$\begin{aligned}S=&2I_1\sin(n\varphi/2)+I_2[\sin(n\pi/2+n\varphi/2)-\sin(n\pi/2-n\varphi/2)]\\&+I_3[\sin(n\pi+n\varphi/2)-\sin(n\pi-n\varphi/2)]\\&+I_4[\sin(3n\pi/2+n\varphi/2)-\sin(3n\pi/2-n\varphi/2)],\end{aligned}\tag{5.5-45a}$$

$$\begin{aligned}T=&I_2[\cos(n\pi/2-n\varphi/2)-\cos(n\pi/2+n\varphi/2)]\\&+I_4[\cos(3n\pi/2-n\varphi/2)-\cos(3n\pi/2+n\varphi/2)].\end{aligned}\tag{5.5-45b}$$

对比式(5.5-41)与(5.5-44),得到

$$\begin{cases}A_n=-\dfrac{\rho_0}{\pi\varphi t}\left(\dfrac{S-\beta T}{n^2R^n}\right),\\ B_n=-\dfrac{\rho_0}{\pi\varphi t}\left(\dfrac{\beta S+T}{n^2R^n}\right).\end{cases}\tag{5.5-46}$$

代入 $U(r,\theta)$ 的表达式,得到圆盘边界处的电势分布

$$U(R,\theta)=-\frac{\rho}{\pi\varphi t}\sum_{n=1}^{\infty}\frac{1}{n^2}[(S-\beta T)\cos(n\theta)+(T+\beta S)\sin(n\theta)],\tag{5.5-47}$$

由此可得端间电压 $V_i=U(R,\theta_{i+1}-\theta_i)$ 与端口电流之间的关系.

图 5.5-4 为 $N\times M$ 个导电圆盘构成的电阻网络,其中第 i 个圆盘具有欧姆电阻率 ρ_i 和迁移率 μ_i. 求解网络总电阻时,可设左边界接地,右边界所有电极施加电压 U,上下边界无电流流出. 采用基尔霍夫方程组求解网络中电势与电流分布后,可得网络总电阻

$$R_{NM}(H)=\frac{U}{\sum_{i=1}^{N}I_i^{\mathrm{R}}},\tag{5.5-48}$$

其中 I_i^{R} 为流出右边界各支的电流.

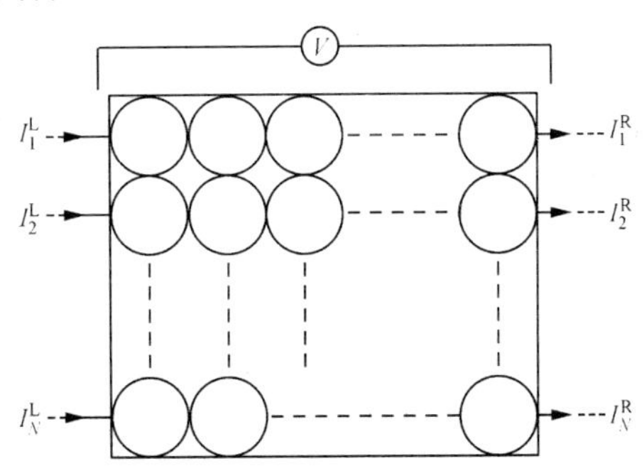

图 5.5-4 以四端子导电圆盘为基本单位的电阻网络[30]

上述模型由 Parish 与 Littlewood 首先应用于无序电阻张量体系的磁输运运算[30]. 通过设定不同的迁移率分布和欧姆电阻率分布,他们从模拟结果中发现此类体系从弱无序向强无序的转换主要取决于迁移率的分布宽度. 对于具有高斯分布的迁移率,伴随着分布宽度与平均值的比值 $\Delta\mu/\mu$ 的增大,磁电阻比 $\Delta R/R(0)$ 随 H 的变化在某临界磁场处发生从平方关系向线性关系的过渡. 对于弱无序体系,$\Delta\mu/\langle\mu\rangle\ll 1$,临界磁场 H_c 与磁电阻比的幅值均与 $\langle\mu\rangle$ 相关;而对于强无序体系,$\Delta\mu/\langle\mu\rangle\gg 1$,迁移率分布宽度 $\Delta\mu$ 代替平均值 $\langle\mu\rangle$ 成为决定体系磁输运行为的重要参量

$$\Delta R/R(0)\propto\Delta\mu,\quad H_c\propto\Delta\mu^{-1}. \tag{5.5-49}$$

因此,在强无序体系中易观察到延伸到低场范围的线性磁电阻行为,这种特殊的磁电阻效应在掺杂银硫化物中已经观察到.

§5.6 复杂网络模型

1. 锰氧化物的复杂性

锰氧化物的复杂性是近年来伴随着对庞磁电阻效应的深入研究而逐步兴起的一个有趣问题. 本节将讨论如何以一种典型的复杂网络——自组织的小世界网络为平台,运用蒙特卡罗模拟和有效尺寸标度理论,考察“意外事件”——随机的长程作用对锰氧化物性质的影响.

作为一种典型的“内禀的多尺度系统”,在纳米尺度甚至微米尺度上的非均匀性成为锰氧化物最主要的微观特征. 由于共存的多相之间存在激烈的竞争,导致锰氧化物的相平衡非常脆弱,外界一点小小的微扰(磁场、压力、应力和电场等)就可以打破暂时的平衡,使系统的性质产生巨大的变化,庞磁电阻效应即是微弱的外加磁场所导致的电输运性质的突变. 在此意义上,可以认为具有相分离性质的锰氧化物材料是一种特殊的软物质. 这里的“软”不是指宏观上的“软”或“硬”,而是指电子成分近简并构型的多样性,是多个同时活跃的自由度(电荷、自旋、轨道和晶格)导致的锰氧化物材料对外界微扰的巨大响应. 这正是 Vicsek 对复杂性的描述:“……随机性和确定性都与系统的行为密切相关. 复杂系统总是处于噪声的边缘——它们可以表现出几乎规则的性质,但某些外界条件微小改变可以让它们的性质迅速而又随机地改变.”[31]

相分离锰氧化物具有复杂系统的典型特征,包括:

(1) 自组织现象

在多个因素(自由度)的共同驱动下,复杂系统会自发地形成各种结构,且这些结构在大小和尺度上会有相当大的差别,这就是自组织现象. 传统的软物质介于简单流体和规则固态晶体之间,它的一个特征是:一组原子会像固体一样形成规则的

图案;但当几组的原子集合在一起时,便出现复杂流体的行为.典型的例子是聚合物,每个大分子都由原子规则排列而成,但多个分子的集合呈现出流体的特征.锰氧化物中也存在这种现象,即单元的个体性质无法预言的整体的丰富行为.略高于居里温度时,锰氧化物中散布着由晶格扰动而导致的 Jahn-Teller 序的小区域,它们表现出非金属性和非磁性;而此时在整个系统中,这些 Jahn-Teller 序的小区域与众多的磁性团簇同时存在,并使整体表现出不同于单个团簇的集体行为,而恰好在此温度范围内,可以观察到庞磁电阻效应(CMR).

(2) 随机性和确定性

由于复杂性,复杂系统将会同时表现出随机性和确定性,且两者之间又相互联系.锰氧化物的研究结果也显示出这一特征.强关联锰氧化物的每一种电子组分都可能导致一种独特的多相共存状态,在不同材料以及不同外界条件下,相的自组织方式都可能有所差异.在某些情形时可能是条纹相,而在其他情形时又可能是液滴相;某些相分离发生在纳米尺度,而另外一些类型的相分离则可能发生在微米尺度.没有详尽的实验结果作基础,描述多相之间激烈的竞争以及进一步预测不同(纳米和微米)尺度上所形成图案的精确形状是相当困难的,但是这些图案的存在以及对外界微扰的巨大响应是可以预测的.

2. 小世界网络

之前的章节已经介绍了如何针对非均匀磁输运材料的特征建立特定的网络模型.当不必计入体系的复杂性时,磁输运网络模型通常基于具有平移对称性的点阵,其中任何一个格点的近邻数目都相同,这就是所谓的"规则网络".

随机网络是与规则网络恰好相反的网络类型.在随机网络中,两节(格)点间的"键"以一定概率存在,因此每个节点的配位数不再固定,而是一个随机变量.例如,设网络内节点的总数为 n,任意两节点间键的产生概率为 p,则每个节点的配位数为 k 的概率为 $C_{n-1}^{k}p^{k}(1-p)^{n-1-k}$.网络中配位数的概率分布又被称为度分布.当 $p\ll n$ 时,随机网络的度分布趋近于泊松分布

$$\Pr(k)=\frac{(np)^{k}e^{-np}}{k!}.$$

与之相比,规则网络中所有节点都具有相同的配位数(或称度值),因此度分布表现为 δ 函数.这种显著的差别令度分布成为区分随机网络与规则网络的重要性质之一.

除了度分布之外,规则网络与随机网络还具有完全不同的平均最短路程与团簇系数.对于任意两个节点 i 和 j,连接它们的最短路程中包含的键的数目被称为它们的最短路程 l_{ij}.平均最短路程被定义为 l_{ij} 对整个网络的平均值:$L=\langle l_{ij}\rangle$,又称为网络的平均距离.某个节点的团簇系数则定义为其近邻节点中的实际连接对数与可能连接对数之比,它的网络平均值即平均团簇系数 C,反映了网络集团化的程度.通过对网络的统计分析可以发现,规则网络具有平均团簇系数高、平均距离长

的特征；而随机网络则正好相反，平均集聚程度低且平均距离短.

通过在规则网络上做随机性的改动，可以得到一种介于规则网络与随机网络之间的网络模型——小世界网络，它的一个重要特征是同时具有高团簇系数及短的平均距离. 构建小世界网络的基本步骤为：① 建立一个规则网络；② 对于规则网络的每条边，以一定的概率 p 断开一个端点并重新连接，与之连接的新端点从网络中的其他节点重新选择；③ 若新生成的边已经存在，则重新随机选择其他节点连接. 在此步骤下生成的网络特征取决于 p 的大小：$p=0$ 时生成规则网络；$p=1$ 时为随机网络；而对于 $0<p<1$，存在一个较宽的区域，在此范围内生成的网络同时拥有较高团簇系数和较短平均距离. 通过这种方法构建的小世界网络又被称为 Watts-Strogate 模型(简称为 W-S 模型). 图 5.6-1(b)中所示的 W-S 网络是在图(a)的规则网络基础上通过边的重新连接得到的.

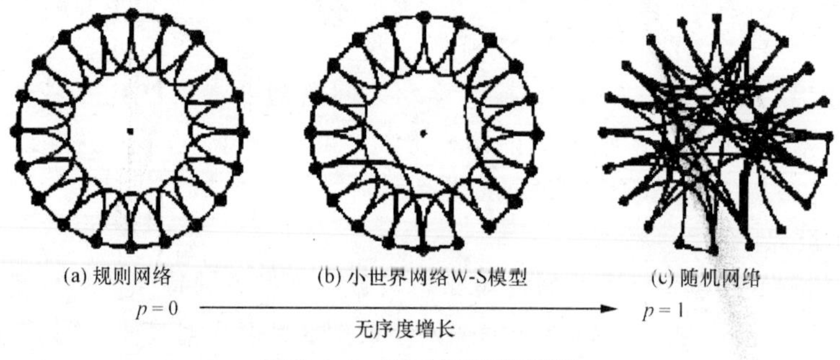

图 5.6-1 W-S 网络模型[32]

图 5.6-2 给出计算得到的 W-S 网络中约化平均团簇系数 $C(p)/C(0)$ 与约化平均距离 $L(p)/L(0)$ 随 p 的变化. 可以观察到大聚集程度而小最短距离(高团簇、短距离)这一几何特征在 p 略大于 0 到小于 1 的很大范围内存在.

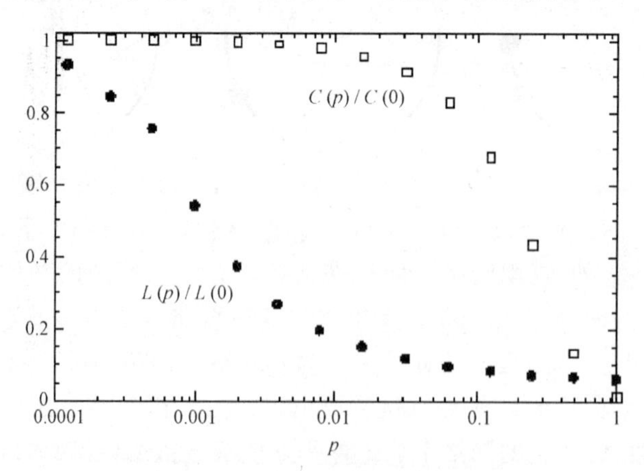

图 5.6-2 W-S 网络模型的几何性质[32]

除了 W-S 模型外,也可以通过其他方式构建小世界网络.例如,可以在规则网络中直接以概率 p 添加新键,得到被称为 Newmann-Watts 模型的小世界网络[33].虽然构建方式不同,但这些小世界网络都具有高团簇、短距离的特征.同时,由于键的引入方式介于完全的规则网络与完全的随机网络之间,令小世界网络的构建同时包含了随机性与确定性,并具有自组织的网络拓扑结构.因此,相较于规则网络和随机网络,小世界网络更适合作为研究锰氧化物复杂性的出发点.

3. 锰氧化物相分离的小世界网络模型

在研究锰氧化物的磁性质以及磁输运性质时,可以建立适当的小世界网络模型,将短程和长程相互作用同时纳入,即由双交换机制贡献短程的局域相互作用,而由于电子跃迁的随机性以及原子掺杂的偶然性,长程关联可以看做是"意外事件".对应的哈密顿量为

$$H=-J_1\sum_{\langle i,j\rangle}S_iS_j-J_2\sum_{\langle i,k\rangle}S_iS_k-h\sum_{i}S_i, \tag{5.6-1}$$

其中$\langle i,j\rangle$表示最近邻 Mn 离子间的相互作用,而$\langle i,k\rangle$表示非最近邻 Mn 离子间可能存在的相互作用,且假设 $J_1=J_2$,h 是外加磁场.二维小世界网络的构建方法如下:对二维规则网络中的每个节点,以一定的概率 p 随机添加新的长程连接;同时对每个节点,"新"的连接最多只能有一条.

以一维情形为例说明这样定义的小世界网络模型中长程关联的添加方式(参见图 5.6-3):在节点数目为 N 的环上依次考察每个节点,以给定概率 p 随机选择一个非最近邻的新节点与其连接,同时每个节点至多只能有一个这样的额外连接($k=1$).

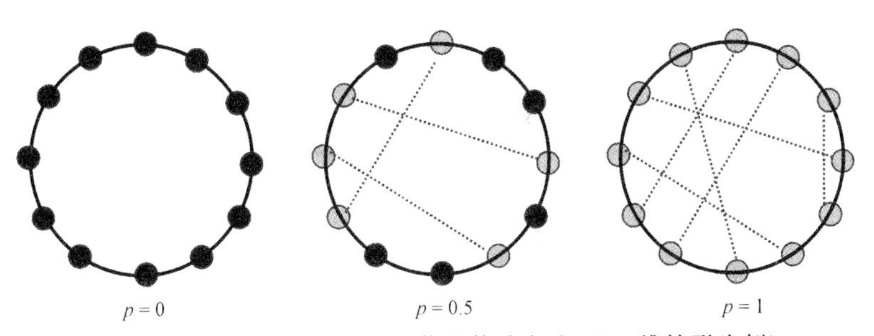

图 5.6-3 锰氧化物小世界网络的构造方法(以一维情形为例)

基于以上模型,通过 Monte Carlo 模拟方法计算各热力学量随温度和外场的变化,磁性相变和逾渗转变的相变性质可采用有效尺寸标度理论分析,详细过程可参见参考文献[34].

通过以上小世界网络模型进行计算,可以直接观察到纤维状电流输运网络如何在相分离锰氧化物中形成.不同 p 时的自旋实空间构型随外场和温度的演化如图 5.6-4(参见彩图 5.6-4)所示.其中图(a)中自旋向上相(深色)和自旋向下相(浅

色)可看做两种共存且互相竞争的相:从左到右温度依次为 $0.85T_C$,$0.90T_C$,$0.97T_C$,和 $1.0T_C$;从上到下的小世界浓度 p 依次为 0,0.001,0.01,0.1,0.3,和 0.7. 随着长程连接浓度的增加,可以发现系统从较大的液滴相(large droplet phase)渡越到薄雾相(finer mist phase). 图(a)中的最右栏显著标出居里温度 T_C 时自旋向上相的最大集团,其分形维数的计算结果表明长程连接数目的增多导致分形维数的逐渐减小,并远远偏离实空间维度 $d=2$. 这种微观结构的变化与很多实验观察及理论计算结果一致,即锰氧化物中某个单相的维度总低于空间维度,例如液体状的液滴相(liquidlike droplet)、甘蓝菜状的二维图案(red cabbage, 2D sheet)、一维丝状相(1D filament)等等. 基于双交换机制,只有当两相邻 Mn 离子的局域自旋方向相互平行时,e_g 电子的输运通道才会打开,逐渐减小的分形维数 d_f 说明,此时锰氧化物中的电输运网络越来越接近准一维线形通路. 而铁磁态锰氧化物的磁电阻效应与输运通路的微观结构密切相关,当电流逐渐被局域到一维通路上时,可以预期得到最显著的 CMR 效应. 计算得到的分枝状的(ramified)逾渗集团还表明锰氧化物的电流输运路径呈纤维状,并非规则网络,这也与近年来 Tokunaga 等的实验结果[36]相一致:他们在 $(La_{0.3}Pr_{0.3})_{0.7}Ca_{0.3}MnO_3$ 样品中观察到增强的 CMR 效应,并利用磁光影像技术观察到样品中电流在复杂网络中输运.

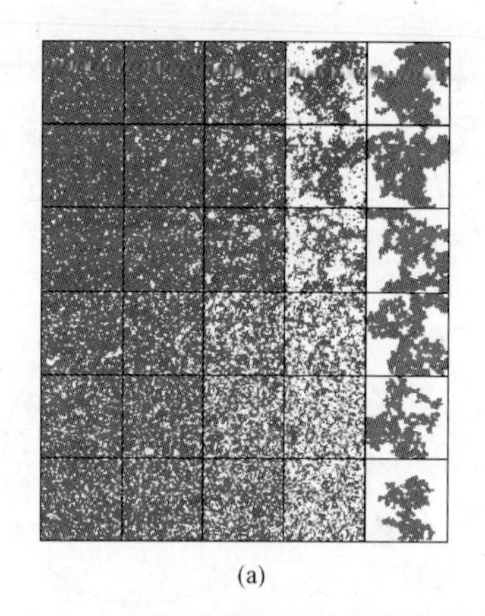
(a)

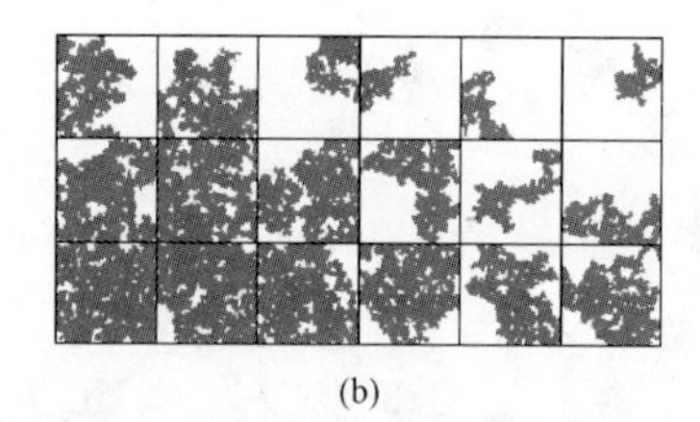
(b)

图 5.6-4 (a) 100^2 网络的实空间自旋构型;(b) 1.1 T_C 最大团簇随外场的演化[34]

在此小世界模型中,"意外事件"——长程关联作用对锰氧化物宏观性质的影响导致体系呈现出尖锐的金属-绝缘体转变. 当温度在居里温度附近或略高于居里温度时,外加磁场使铁磁金属性团簇逐渐长大而导致 CMR 效应. 图 5.6-4(b)所示的是自旋向上相的最大集团在外场下的演化过程:从左到右小世界浓度 p 依次是 0,0.001,0.01,0.1,0.3,和 0.7;从上到下外场 h 分别为 0,0.01,和 0.02(以交换作用常数 J 为单位). 很明显,当 $p\neq 0$ 且 $h/J=0$ 时,系统中无跨越集团. 图(b)清晰地表明场致逾渗是此 CMR 效应最本质的机制. 由于 Ising 模型中自旋方向的对称性，平方规则点阵中某种自旋方向（例如自旋向上相）的逾渗阈值恰好为 $p_c=0.5$[35]，这意味着在居里温度附近，外加磁场无法使自旋向上相发生逾渗转变，因此基于这样的模型是无法观测到明显的CMR效应. 对比不同 p 时的计算结果可以发现，随机长程作用的加入使 $p=0$ 时存在的逾渗集团消失，从而可能导致更加明显的场致逾渗转变过程.

参 考 文 献

[1] Julliere M. Tunneling between ferromagnetic films. Phys. Lett., 1975, 54A(3): 225

[2] Baibich M N, Broto J M, Fert A, et al. Magnetoresistance of (001)Fe/(001)Cr magnetic superlattices. Phys. Rev. Lett., 1988, 61(21): 2472;
Binasch G, Grünberg P, Saurenbach F, and Zinn W. Enhanced magnetoresistance in layered magnetic structures with antiferromagnetic interlayer exchange. Phys. Rev. B, 1988, 39(7): 4828

[3] Moodera J S, Kinder L R, Wong T M, et al. Large magnetoresistance at room temperature in ferromagnetic thin film tunnel junctions. Phys. Rev. Lett., 1995, 74(16): 3273

[4] Dalven R, Gill R. Energy gap in β-Ag_2Se. Phys Rev., 1967, 159(3): 645

[5] Solin S A, Thio T, Hines D R, Heremans J J. Enhanced room-temperature geometric magnetoresistance in inhomogeneous narrow-gap semiconductors. Science, 2000, 289(5484): 1530

[6] Moussa J, Ram-Mohan L R, Sullivan J, Zhou T, Hines D R, and Solin S A. Finite-element modeling of extraordinary magnetoresistance in thin film semiconductors with metallic inclusions. Phys. Rev. B, 2001, 64(18): 184410

[7] Xu R, Husmann A, Rosenbaum T F, Saboungi M L, Enderby J E, Littlewood P B. Large magnetoresistance in non-magnetic silver chalcogenides. Nature, 1997, 390(6655): 57

[8] Parish M M and Littlewood P B. Classical magnetotransport of inhomogeneous conductors. Phys. Rev. B, 2005, 72(9): 094417

[9] Zener C. Interaction between the d shells in the transition metals. Phys. Rev., 1951, 81(3): 440

[10] Anderson P W and Hasegawa H. Considerations on double exchange. Phys. Rev., 1955, 100(2): 675

[11] de Gennes P G. Effects of double exchange in magnetic crystals. Phys. Rev., 1960, 118(1): 141

[12] Jin S, Tiefel T, McCormack M, Fastnacht R, et al. Thousandfold change in resistivity in magnetoresistive La-Ca-Mn-O films. Science, 1994, 264(5157): 413

[13] Salamon M B and Jaime M. The physics of manganites: structure and transport. Rev. Mod. Phys., 2001, 73(3): 583

[14] Moreo A, Yunoki S, Dagotto E. Phase separation scenario for manganese oxides. Science,

1999, 283(5410): 2034

[15] Zhang L W, Israel C, Biswas A, et al. Direct observation of percolation in a manganite thin film. Science, 2002, 298(5594): 805

[16] Mayr M, Moreo A J, Verges A, et al. Resistivity of mixed-phase manganites. Phys. Rev. Lett., 2001, 86(1): 135

[17] Watson B P and Leath P L. Conductivity in the two-dimensional-site percolation problem. Phys. Rev. B, 1974, 9(11): 4893

[18] Yin W G and Tao R. Effective-medium theory of the giant magnetoresistance in magnetic granular samples and doped $LaMnO_3$ perovskites. Phys. Rev. B, 2000, 62(1): 550

[19] Sheng P, Abeles B, and Arie Y. Hopping conductivity in granular metals. Phys. Rev. Lett., 1973, 31(1): 44

[20] Inoue J and Maekawa S. Theory of tunneling magnetoresistance in granular magnetic films. Phys. Rev. B, 1996, 53(18): R11927

[21] Helman J S and Abeles B. Tunneling of spin-polarized electrons and magnetoresistance in granular Ni films. Phys. Rev. lett., 1976, 37(21): 1429

[22] Sun H, Wu J C and Li Z Y. Grain boundary magnetoresistance in the strong-disorder limit: A field-dependent critical path analysis. Phys. Rev. B, 2006, 74(17): 174425

[23] Ju S, Cai T Y, and Li Z Y. Current localization and enhanced percolative low-field magnetoresistance in disordered half metals. Appl. Phys. Lett., 2005, 87(17): 172504

[24] Cai T Y, Ju S, Li Z Y. Field-induced percolation transition and 100% low-field magnetoresistance in aligned half-metallic nanoparticle arrays. Appl. Phys. Lett., 2006, 88(19): 192503

[25] Wu J, Lynn J E, Glinka C J, et al. Intergranular giant magnetoresistance in a spontaneously phase separated perovskite oxide. Phys. Rev. Lett., 2005, 94(3): 037201

[26] Sen A K and Kar G A. Frequency-dependent conduction in disordered composites: a percolative study. Phys. Rev. B, 1999, 59(14): 9167

[27] Ju S, Cai T Y and Li Z Y. Percolative magnetotransport and enhanced intergranular magnetoresistance in a correlated resistor network. Phys. Rev. B, 2005, 72(18): 184413

[28] Lee M, Rosenbaum T F, Saboungi M L and Schnyders H S. Band-gap tuning and linear magnetoresistance in the silver chalcogenides. Phys. Rev. Lett., 2002, 88(6): 066602

[29] Magier R and Bergman D J. Strong-field magnetotransport of two-phase disordered media in two and three dimensions: Exact and approximate results. Phys. Rev. B, 2006, 74(9): 094423

[30] Parish M M, Littlewood P B. Non-saturating magnetoresistance in heavily disordered semiconductors. Nature, 2003, 426(6963): 162

[31] Vicsek T. Complexity: The bigger picture. Nature, 2002, 418(6894): 131

[32] Watts D J and Strogatz S H. Collective dynamics of small-world networks. Nature, 1998, 393(6684): 440

[33] Newman M E J, Watts D J. Renormalization group analysis of the small-world network model. Phys. Lett. A, 1999, 263(4-6): 341

[34] Ju S, Cai T Y, Guo G Y, et al. Percolation transition and colossal magnetoresistive effects in a complex network. Appl. Phys. Lett., 2006, 89(8): 82506

[35] Conigliot A, Nappi C R, Peruggi F, et al. Percolation points and critical point in the ising model. J. Phys. A: Math. Gen., 1977, 10(2): 205

[36] Tokunaga M, Tokunaga Y, and Tamegai T. Imaging of Percolative Conduction Paths and Their Breakdown in Phase-Separated $(La_{1-y}Pr_y)_{0.7}Ca_{0.3}MnO_3$ with y=0.7. Phys. Rev. Lett., 2004, 93(3): 037203

附录A 超构材料

伴随着纳米材料技术的迅速发展，一种新型异质复合材料——超构材料(metamaterial)正在引起人们越来越多的关注.这种材料是利用人工手段对材料关键物理尺度上的结构进行有序设计，令其部分物理性质可超越自然材料的固有禀性，乃至突破某些表观自然规律的限制.以目前该领域中占主要地位的电磁超构材料为例，它们的微结构尺度远小于在其中传播的电磁波的波长，因此材料的介电常数与磁导率的有效值不再仅由组分的固有性质决定，而主要取决于它的微结构特征.这意味着人们开始有能力按照一定的参数方案制备出具有特殊介电常数与磁导率的材料，实现诸如双负、光子带隙、电磁隐形、超电磁性等前所未有的新颖性质.

与传统复合介质相比，超构材料在材料的制备、设计、性能、物理机制等方面均有显著的突破.超构材料的一个重要特征是突破自然材料的性质局限，实现自然界中“不可能”的性质与现象.因此，异质复合是制备超构材料的必要手段，对亚波长尺度(对于光学器件即是微纳尺度)的人工微结构进行高精度控制是实现超构材料的技术保证，面向特殊功能的微结构设计是超构材料的理论基础.这意味着无论是技术方面、还是理论方面，超构材料必须突破常规的复合介质模式，才可能获得超常的物理性质.

在传统的复合介质中，整体性质虽然同样受到微结构的影响，但基本的物理机制通常来源于底层(组分)材料的内禀性质.原子尺度的微观物理机制经由介观微结构的传递来影响宏观性质，微结构的不同特征导致了宏观性质的差异；而超构材料通常在人工微结构所在的尺度上引入特定的物理机制.例如利用金属开口环作为结构基本单元，每个开口环类似于一个 LC 电路，其共振频率由开口环的几何尺寸决定.这一微结构的共振效应可超越原子尺度上的磁响应，令整体的宏观磁性取决于微结构参数，从而得到可人工设计的磁导率参数.因此，对于超构材料而言，介于原子尺度及宏观尺度之间的微结构不再是单纯地作为从微观机制到宏观性质的传递者；相反地，微结构本身就是物理机制的始作俑者，且由微结构引发的物理效应可以强大到足以掩盖材料在原子尺度上发生的内禀效应.这也是为什么超构材料的基本单元有时被称为“人工原子”的原因.

由于超构材料在性质与结构上的特殊性，传统复合介质的相关理论已不足以对这种新型介质进行深入研究，人们对超构材料的实验与理论研究仍在发展中.这里介绍目前超构材料研究领域中的两种典型材料：双负材料和变换介质.前者通过制备亚波长尺度的人工异质复合结构,并利用结构单元的共振效应同时获得了负介电常数与负磁导率,且产生负折射、完美透镜等奇特效应;后者则通过利用类似的人工异质复合结构得到了具有特定各向异性及非均匀分布的有效介电常数及有效磁导率,令材料对电磁波传播的影响等价于对空间的变换,从而使诸如隐形斗篷等前所未有的光学器件的实现成为可能.

§ A.1 双负介质

关于双负介质(其介质常数和磁导率同时为负)的相关实验研究,最早是由Smith研究小组提出[1].他们采用了由细长金属导线(wires)阵列和开口环形谐振器(split-ring resonators,SRR)阵列结合而成的人工异质复合材料,如图A.1-1所示.在这种异质复合体系中,细长金属导线阵列提供了类似等离子体性质的介电常数,因此只要入射波频率低于体电共振频率,材料的介电常数就为负值.另外,两个开口环谐振器的电容与自感形成共振回路,而发生磁共振.多个SRR组成周期阵列并互相耦合,从而实现材料的负磁导率.当电共振频段与磁共振频段有所交叠时,该异质复合体系的介电常数和磁导率可以同时为负数.

介电常数和磁导率是描述均匀介质中电磁场性质的最基本的两个物理量.在常规的电介质材料中,介电常数和磁导率均为正值.根据麦克斯韦方程,可知电场、磁场和波矢三者构成右手关系,故这样材料被称为右手材料.而对于双负介质,由于其介质常数和磁导率同时为负,从而导致电场、磁场和波矢之间构成左手关系,所以双负介质又称左手介质.双负介质同传统电介质材料不同,电磁波在双负介质中的行为表现为负折射、负的切连科夫效应、反多普勒效应等.

图A.1-1 双负人工异质复合材料的样品图[1]

Smith等将这种人工的异质复合材料做成棱镜,再用微波波束进行照射,通过测量其散射角θ和有效折射率n_{eff},首次在微波波段观测到负折射现象,从而在实验上证明了构造具备负折射率的双负材料是可行的.

在图 A.1-2 中,图(a)显示被测样品(棱镜)置于两块圆形铝板之间,粗黑箭头表示微波入射和折射方向,检测器为微波功率测量装置;图(b)是当入射波频率 f 为 10.5 GHz 时归一化的接收功率与散射角度的关系.结果表明,对于常规塑料,如聚四氟乙烯(teflon)样品(虚线),峰值出现在 27°附近,相对应折射率为 $n=1.4\pm0.1$;而对于负折射材料(LHM)体系(实线),峰值发生在−61°处,相对应 $n=-2.7\pm0.1$.

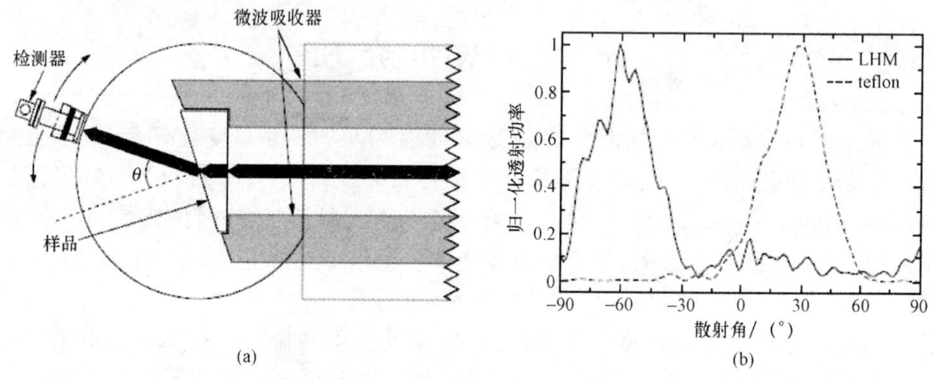

图 A.1-2　实验装置图和实验结果[1]

随着实验上成功证实双负材料的存在,对双负材料的理论研究也愈来愈多.考虑到上述实现负折射的频率范围是在微波波段,所以人们也试图将负折射率频段拓展到光学频段,从而为双负材料提供更广阔的应用空间,如制造聚焦性能优异的光驱读写头、具有高分辨率的扁平光学透镜、存储容量比现有 DVD 高几个数量级的新型光学存储系统以及电磁波隐身等等.但是要在近红外和可见光频段实现负折射率,就必须将材料结构的尺寸做得更小,因此如何通过异质颗粒复合来实现负折射率也引起了学者们的广泛关注.

1. 磁介电颗粒异质复合体系的负折射

Lewin 研究了介电常数 ε_2 和磁导率 μ_2 的磁介电球形颗粒周期性分布在介电常数 ε_1 和磁导率 μ_1 基质中的异质复合体系(如图 A.1-3 所示)的电磁波散射特性[2].

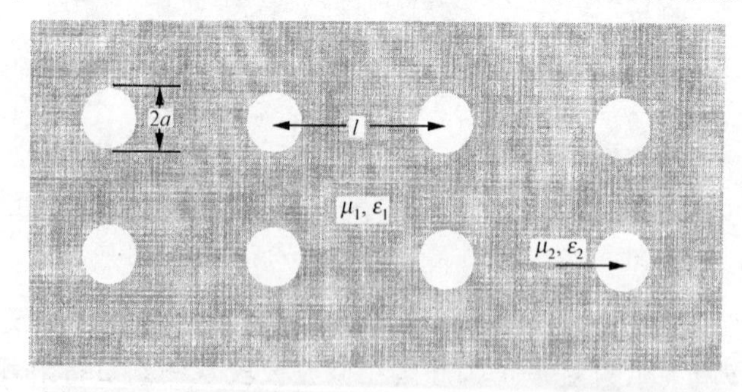

图 A.1-3　包含磁介电颗粒的异质复合体系的微结构[2]

在准静态近似下,体系的有效介电常数 $\varepsilon_{\mathrm{eff}}$ 和有效磁导率 μ_{eff} 可以表述为[2,3]

$$\varepsilon_{\mathrm{eff}}=\varepsilon_1\left(1+\frac{3f}{\dfrac{F(\theta)+2b_{\mathrm{e}}}{F(\theta)-b_{\mathrm{e}}}-f}\right),\quad \mu_{\mathrm{eff}}=\mu_1\left(1+\frac{3f}{\dfrac{F(\theta)+2b_{\mathrm{m}}}{F(\theta)-b_{\mathrm{m}}}-f}\right),\tag{A.1-1}$$

其中 $b_{\mathrm{e}}=\varepsilon_1/\varepsilon_2$ 和 $b_{\mathrm{m}}=\mu_1/\mu_2$ 分别为介电常数和磁导率比值,$f(\equiv 4\pi a^3/(3l^3))$ 为球形颗粒的体积分数(a 和 l 分别是球形颗粒的半径和颗粒间距),而 $F(\theta)=\dfrac{2(\sin\theta-\theta\cos\theta)}{(\theta^2-1)\sin\theta+\theta\cos\theta}$ $\left(\text{式中 } \theta=k_0a\sqrt{\varepsilon_2\mu_2},\text{而 } k_0=\dfrac{2\pi}{\lambda}\text{为真空中波数}\right)$.

利用式(A.1-1)数值研究异质复合材料的有效介电常数和磁导率随磁介电颗粒尺度 k_0a 的变化,如图 A.1-4 所示.结果表明,在 $0<k_0a<0.1$ 范围内,存在两个 $\varepsilon_{\mathrm{eff}}$ 和 μ_{eff} 同时为负值的区域,即在这些区域中,异质复合材料展现出负折射特性.事实上,当 $b_{\mathrm{e}}=b_{\mathrm{m}}$ 时,负 $\varepsilon_{\mathrm{eff}}$ 和负 μ_{eff} 所在的尺度区域完全一致;而且随着体积分数的减少,具有负折射率的区域会变窄[3].此外,如果考虑到球形颗粒的介电损耗(定义 $\tan\delta=\mathrm{Im}\,\varepsilon_2/\mathrm{Re}\,\varepsilon_2$ 和 $\mathrm{Im}\,\varepsilon_1=\mathrm{Im}\,\mu_1=\mathrm{Im}\,\mu_2=0$),则当介电损耗不太大时($\tan\delta<0.04$),有效介电常数的实部 $\mathrm{Re}\,\varepsilon_{\mathrm{eff}}$ 仍为负值;但是如果损耗较大($\tan\delta\geqslant 0.04$),则 $\mathrm{Re}\,\varepsilon_{\mathrm{eff}}$ 为正(参见图 A.1-5).因此,当球形颗粒的介电损耗很大时,这类异质复合材料无法展现负折射特性.

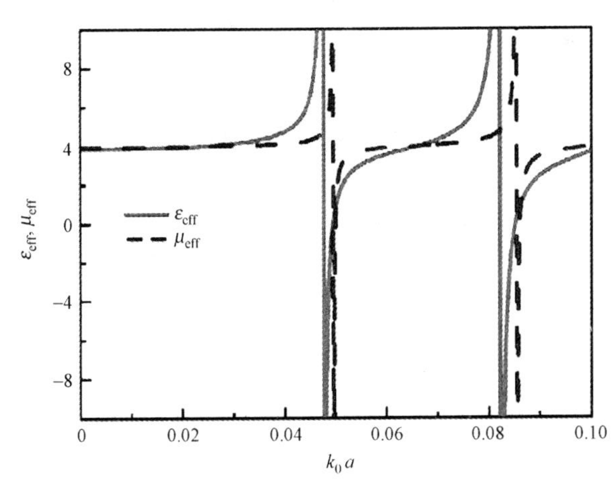

图 A.1-4 异质复合材料的 $\varepsilon_{\mathrm{eff}}$ 和 μ_{eff} 随颗粒归一化尺寸 k_0a 的变化[3]
(相关参数为 $f=0.5,\varepsilon_1=\mu_1=1,\varepsilon_2=40,\mu_2=200$)

在 Lewin 模型中,假定磁介电颗粒同时具有较大的介电常数和磁导率.但是,由于传统材料的磁性通常很弱,所以在实验上很难获得既具有较大介电常数又具有较大磁导率的磁介电颗粒.例如在红外和可见光频率范围内,金属性材料往往具有较大的负介电常数,但是其磁导率为 1.因此要实现双负材料,关键是寻找具有

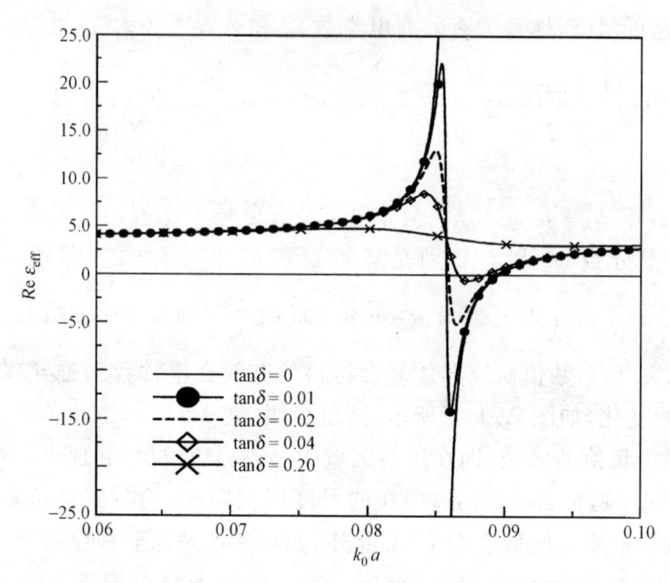

图 A.1-5 具有介电损耗的异质复合材料的有效介电常数的实部 Reε_{eff}随 $k_0 a$ 的变化[3]
(相关参数为 $f=0.5, \varepsilon_1=\mu_1=1, \varepsilon_2=40+(40\tan\delta)\mathrm{i}, \mu_2=200$)

负磁导率的材料.在长波极限下,利用弥(Mie)散射的共振特性,可在非磁性颗粒异质复合材料中实现负的磁导率和负的折射率.

当球形颗粒的尺度与波长可比拟时,发生的散射为 Mie 散射[4].此时,散射体应考虑为由许多聚集在一起的复杂分子所构成,它们在入射电磁波作用下,出现多极振荡,多极子辐射的电磁波相互叠加,形成散射波.而且颗粒的尺度同入射电磁波的波长可相互比拟,导致入射电磁波的相位在颗粒上的不均匀,从而造成不同子波在空间和时间上的相位差.在子波组合产生散射波的地方,将出现相位差造成的干涉,这些干涉取决于入射的波长、颗粒尺度大小、颗粒的介电常数和磁导率,以及散射角.Mie 散射理论公式所涉及的问题可陈述如下:设给定一单色平面波入射到一个球面上,球面内外介质的光学性质于球面处有一突变,所产生的电磁场满足麦克斯韦方程.为了求解空间电磁场的分布,引入球坐标系,并将所求场表示成为横电波和横磁波之和,其中横电波是指径向电场为零的解,而横磁波是指径向磁场为零的解.在球坐标系下,将麦克斯韦方程以及边界条件的横电和横磁波的场矢分量分开成一组普通标量的微分方程,然后以无穷级数形式解之而求出上述两个分场,其中散射场中的横电和横磁波表述式中系数称为 Mie 散射系数.Mie 散射理论具有很大的实际价值,并可应用到各种各样的问题:它除去解释金属悬浮体所展现的缤纷色彩外,还被用来研究大气尘埃、星际粒子或胶体悬浮物、日冕、云雾对电磁波传输的影响等等.我们将应用 Mie 散射理论研究非磁性颗粒异质复合体系的负折射特性.

2. 非磁性颗粒异质复合体系的负折射

考虑具有介电常数 ε_2 和磁导率 μ_2 的球形颗粒周期性排列在介电常数 ε_1 和磁导率 μ_1 基质中的异质复合体系. 设 N 为球颗粒的体密度，而球颗粒的半径为 a，则球颗粒体积分数为 $f=4\pi Na^3/3$. 考虑到球颗粒间的相互作用，在长波极限下（$a\ll\lambda$，λ 为入射波在真空中的波长）推广 MGA 可将异质复合体系的有效介电常数和磁导率分别写作[5,6]

$$\varepsilon_{\mathrm{eff}}=\varepsilon_1\frac{k_0^3+\mathrm{i}4\pi NA_1}{k_0^3-\mathrm{i}2\pi NA_1},\quad \mu_{\mathrm{eff}}=\mu_1\frac{k_0^3+\mathrm{i}4\pi NB_1}{k_0^3-\mathrm{i}2\pi NB_1},\tag{A.1-2}$$

其中 $k_0(\equiv\omega/c$，ω 为入射波圆频率，c 为真空中的光速）为基质中波数，而 A_1 和 B_1 分别为单个球颗粒的 Mie 散射系数中的电偶极和磁偶极系数. 一般说来，Mie 散射系数（$m=1,2,\cdots$）可以表示为[7]

$$A_m=\left[\frac{n_1\psi_m'(n_2k_0a)\psi_m(n_1k_0a)-n_2\psi_m'(n_1k_0a)\psi_m(n_2k_0a)}{n_1\psi_m'(n_2k_0a)\xi_m(n_1k_0a)-n_2\xi_m'(n_1k_0a)\psi_m(n_2k_0a)}\right],\tag{A.1-3}$$

$$B_m=\left[\frac{n_2\psi_m'(n_2k_0a)\psi_m(n_1k_0a)-n_1\psi_m'(n_1k_0a)\psi_m(n_2k_0a)}{n_2\psi_m'(n_2k_0a)\xi_m(n_1k_0a)-n_1\xi_m'(n_1k_0a)\psi_m(n_2k_0a)}\right],\tag{A.1-4}$$

其中 $n_i\equiv\sqrt{\varepsilon_i}\sqrt{\mu_i}\,(i=1,2)$，$\psi_m(x)\equiv xj_m(x)$，$\xi_m(x)\equiv xh_m^1(x)$，$j_m(x)$ 和 $h_m^1(x)$ 分别为球形贝塞尔和一阶汉克尔函数.

在低频近似下（$n_ik_0a\ll1$），A_1，B_1 可以分别简化为

$$A_1=-\frac{2}{3}\mathrm{i}(k_0a)^3\frac{\varepsilon_2-\varepsilon_1}{\varepsilon_2+2\varepsilon_1},\quad B_1=-\frac{2}{3}\mathrm{i}(k_0a)^3\frac{\mu_2-\mu_1}{\mu_2+2\mu_1}.$$

将它们代入式(A.1-2)，即可得到传统的 MGA.

现假设极化激元性非磁性颗粒球体周期性排列成面心立方结构的三维光子晶体作为非磁性颗粒复合体系（$\mu_2=\mu_1=1$）的一个例子，其中颗粒球体的介电常数为

$$\varepsilon_2(\omega)=\varepsilon_\infty\left(1+\frac{\omega_{\mathrm{L}}^2-\omega_{\mathrm{T}}^2}{\omega_{\mathrm{T}}^2-\omega^2-\mathrm{i}\omega\gamma_1}\right),\tag{A.1-5}$$

这里 ε_∞ 为高频介电常数，γ_1 是耗散因子，ω_{T} 和 ω_{L} 分别是光学支声子横波和纵波频率. 对于 $LiTaO_3$ 极化激元型材料，相关参数为 $\omega_{\mathrm{T}}=26.7\times10^{12}$ rad/s，$\omega_{\mathrm{L}}=46.9\times10^{12}$ rad/s，$\varepsilon_\infty=13.4$，$\mu_2=1$，而基质的相关参数为：$\varepsilon_1=1$，$\mu_1=1$. 设球颗粒半径和体积分数为 $a=2.8\ \mu$m 和 $f=0.736$. 如图 A.1-6(a)所示，由式(A.1-2)得到的这个异质复合体系的有效磁导率 μ_{eff} 的实部在两个频域（$\omega/\omega_{\mathrm{T}}=0.900\sim0.948$ 和 $0.978\sim0.982$）呈现负值. 负的有效磁导率实部主要来源于 Mie 共振特性. 具体地说，在这些 Mie 共振区域，每个介电球体内的位移电流增强可导致该区域磁性的产生，从而使整个复合体系在相应频域表现出宏观磁化. 但是，遗憾的是在这些频域内复合体系的有效介电常数 $\varepsilon_{\mathrm{eff}}$ 的实部并不为负，所以整个异质复合体系无法实现负折射.

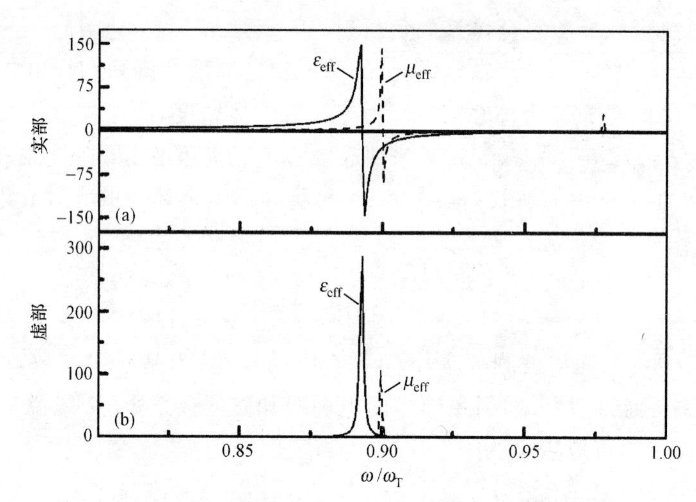

图 A.1-6 含有 $LiTaO_3$ 球形颗粒的三维光子晶体复合体系的 $\mu_{\rm eff}$ 及含有 Ge 颗粒球体的三维光子晶体的 $\varepsilon_{\rm eff}$ 随入射频率的变化[5]

为了获得负介电常数,考虑含有半导体型的颗粒球体周期性排列构成的三维光子晶体,其中颗粒的相对介电常数具有 Drude 形式,即

$$\varepsilon_2(\omega)=\varepsilon_0\left(1-\frac{\omega_{\rm p}^2}{\omega^2+{\rm i}\omega\gamma_2}\right), \tag{A.1-6}$$

其中 $\omega_{\rm p}$ 是半导体颗粒的等离子体频率,γ_2 为耗散因子,ε_0 为静态介电常数.对于 N 型 Ge 颗粒,有 $\varepsilon_0=15.8$.此外,颗粒半径和体积分数分别取 $a=2.25\ \mu{\rm m}$ 和 $f=0.38$.理论计算结果表明,在频域 $\omega/\omega_{\rm T}=0.894\sim0.977$ 区域,这个异质复合体系的 ${\rm Re}\varepsilon_{\rm eff}$可以呈现负值,如图 A.1-6(a)所示.

由图 A.1-6 可以发现存在一个共同的频率区域,使材料的有效磁导率和有效介电常数同时为负.事实上,图 A.1-6 给我们提供了一条利用非磁性颗粒异质复合体系实现负折射的思路:即可以将含有 $LiTaO_3$ 球颗粒 A 和含有 N 型 Ge 球颗粒 B 周期性交替排列在介电常数 ε_1 和磁导率 μ_1 的基质中,其结构如图 A.1-7(a)所示.利用推广的有效介质近似[5,6],该异质复合颗粒体系的有效介电常数和有效磁导率可以表述为

$$f_{\rm A}\frac{\varepsilon_1-\varepsilon_{\rm eff}+\dfrac{3{\rm i}}{2x^3}A_{1,{\rm A}}f_{\rm AB}(2\varepsilon_1+\varepsilon_{\rm eff})}{\varepsilon_1+2\varepsilon_{\rm eff}+\dfrac{3{\rm i}}{x^3}A_{1,{\rm A}}f_{\rm AB}(\varepsilon_1-\varepsilon_{\rm eff})}+f_{\rm B}\frac{\varepsilon_1-\varepsilon_{\rm eff}+\dfrac{3{\rm i}}{2x^3}A_{1,{\rm B}}f_{\rm AB}(2\varepsilon_1+\varepsilon_{\rm eff})}{\varepsilon_1+2\varepsilon_{\rm eff}-\dfrac{3{\rm i}}{x^3}A_{1,{\rm B}}f_{\rm AB}(\varepsilon_1-\varepsilon_{\rm eff})}=0,$$

$$f_{\rm A}\frac{\mu_1-\mu_{\rm eff}+\dfrac{3{\rm i}}{2x^3}B_{1,{\rm A}}f_{\rm AB}(2\mu_1+\mu_{\rm eff})}{\mu_1+2\mu_{\rm eff}+\dfrac{3{\rm i}}{x^3}B_{1,{\rm A}}f_{\rm AB}(\mu_1-\mu_{\rm eff})}+f_{\rm B}\frac{\mu_1-\mu_{\rm eff}+\dfrac{3{\rm i}}{2x^3}B_{1,{\rm B}}f_{\rm AB}(2\mu_1+\mu_{\rm eff})}{\mu_1+2\mu_{\rm eff}+\dfrac{3{\rm i}}{x^3}B_{1,{\rm B}}f_{\rm AB}(\mu_1-\mu_{\rm eff})}=0,$$

(A.1-7)

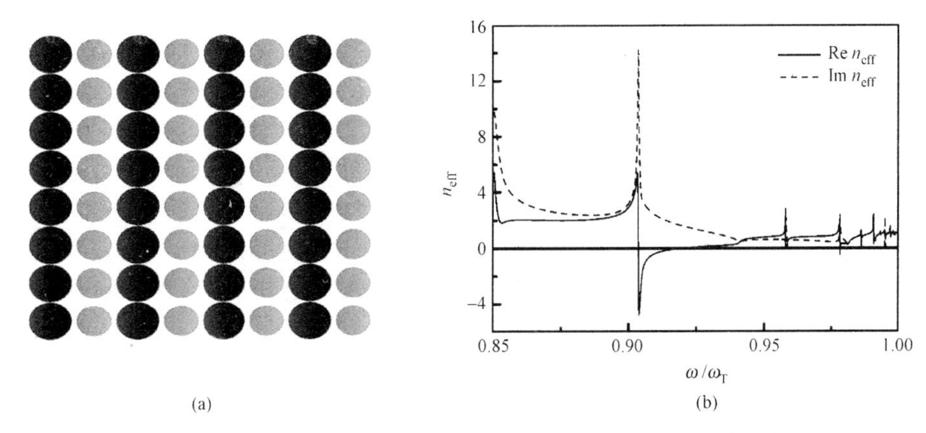

图 A.1-7 (a) $LiTaO_3$ 和 Ge 相同大小的球形颗粒交替排列组成的异质复合材料的构形和 (b) 复合材料在 $\omega/\omega_{\text{T}}=0.9038\sim0.906$ 频率区域具有负折射率[6]

其中 f_{AB}是所有球颗粒占整个体系的体积分数，f_{A}($f_{\text{B}}=1-f_{\text{A}}$)是 A 型(B 型)颗粒占整个球形颗粒的体积分数，$A_{1,\text{A}}$和 $A_{1,\text{B}}$分别表示颗粒 A 和颗粒 B 在基质中 Mie 散射系数的电偶极项，而 $B_{1,\text{A}}$和 $B_{1,\text{B}}$分别表示颗粒 A 和颗粒 B 在基质中 Mie 散射系数的磁偶极项. 结果显示，当 $f_{\text{AB}}=0.56$，$f_{\text{A}}=f_{\text{B}}=0.5$ 时，在频率区域 $\omega/\omega_{\text{T}}=0.9038\sim0.906$ 可以实现负折射率，如图 A.1-7(b)所示.

3. 非磁性核-壳球颗粒复合体系的负折射

这里讨论的模型是非磁性核-壳复合球颗粒在空气基质中而构成的异质复合体系，如图 A.1-8 所示：其中核由具有高介电常数的极性材料如铁电材料($\mu_2=1$)所组成，而壳层为半导体材料 GeAs($\mu_1=1$)所组成. 壳层的介电常数具有 Drude 模型[参见式(A.1-6)]的形式.

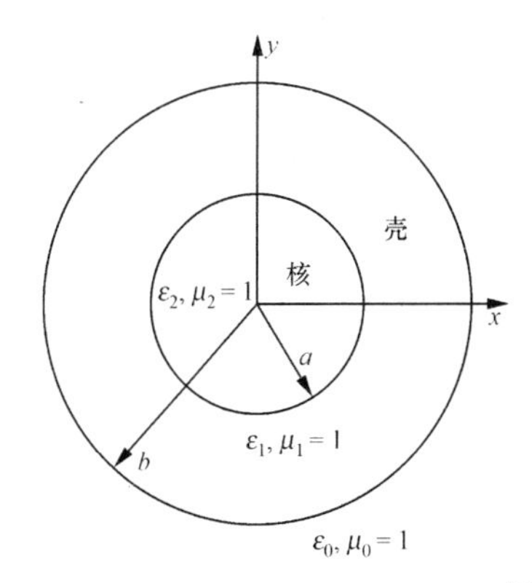

图 A.1-8 核-壳球形颗粒的模型[8]

根据 Mie 散射理论,可得核-壳球体颗粒的散射场的系数($m=1,2,\cdots$)为[7,8]

$$a_m=\frac{\psi_m(y)[\psi_m'(n_s y)-A_m\chi_m'(n_s y)]-n_s\psi_m'(y)[\psi_m(n_s y)-A_m\chi_m(n_s y)]}{\xi_m(y)[\psi_m'(n_s y)-A_m\chi_m'(n_s y)]-n_s\xi_m'(y)[\psi_m(n_s y)-A_m\chi_m(n_s y)]},$$

$$b_m=\frac{n_s\psi_m(y)[\psi_m'(n_s y)-B_m\chi_m'(n_s y)]-\psi_m'(y)[\psi_m(n_s y)-B_m\chi_m(n_s y)]}{n_s\xi_m(y)[\psi_m'(n_s y)-B_m\chi_m'(n_s y)]-\xi_m'(y)[\psi_m(n_s y)-B_m\chi_m(n_s y)]},$$

$$A_m=\frac{n_s\psi_m(n_s x)\psi_m'(nx)-n\psi_m'(n_s x)\psi_m(nx)}{n_s\chi_m(n_s x)\psi_m'(nx)-n\chi_m'(n_s x)\psi_m(nx)},$$

$$B_m=\frac{n_s\psi_m(nx)\psi_m'(n_s x)-n\psi_m'(nx)\psi_m(n_s x)}{n_s\psi_m(nx)\chi_m'(n_s x)-n\psi_m'(nx)\chi_m(n_s x)}, \tag{A.1-8}$$

其中 $x=k_0a$,$y=k_0b$,壳和核的折射率分别为 $n_s=\sqrt{\varepsilon_1}$ 和 $n=\sqrt{\varepsilon_2}$,$\psi_m(z)$ 和 $\chi_m(z)$ 分别是第一类和第二类 Ricatti-Bessel 函数. 在偶极近似下,核-壳颗粒复合体系的 ε_{eff} 和 μ_{eff} 与散射系数 a_1 和 b_1 的关系可以表述为类似式(A.1-2)的形式,即

$$\varepsilon_{\text{eff}}=\frac{k_0^3+\mathrm{i}4\pi Na_1}{k_0^3-\mathrm{i}2\pi Na_1},\quad \mu_{\text{eff}}=\frac{k_0^3+\mathrm{i}4\pi Nb_1}{k_0^3-\mathrm{i}2\pi Nb_1}, \tag{A.1-9}$$

其中 N 为核壳半径分别为 a 与 b 的核-壳球的体密度,核-壳球的填充体积分数 $f=4\pi Nb^3/3$.

我们发现,当核的介电常数 ε_2 较小时[参见图 A.1-9(a)],存在两个有效介电常数为负的共振频域,而在此频域内,有效磁导率始终为正[参见图 A.1-9(b)];随着 ε_2 的增大,有效介电常数为负的共振频域从两个变为一个,而有效磁导率依然为正[参见图 A.1-9(c),(d)];当 ε_2 增大到 240 时,出现 Mie 共振,在该共振频率附近有效磁导率呈现负值[参见图 A.1-9(f)]. 值得注意的是,此时电和磁的共振频率开始接近,但还不在同一个频域中. 如果继续增大 ε_2,则电和磁的共振频率将有可能出现在同一个频域中,即实现有效介电常数和磁导率同时为负,从而实现异质复合材料的负折射特性[9].

这里考虑的是非磁性核-壳复合球颗粒浸在空气中的复合体系,而对于非磁性核-壳复合球颗粒浸入液晶中的复合体系,可以实现电调控的负折射特性[9].

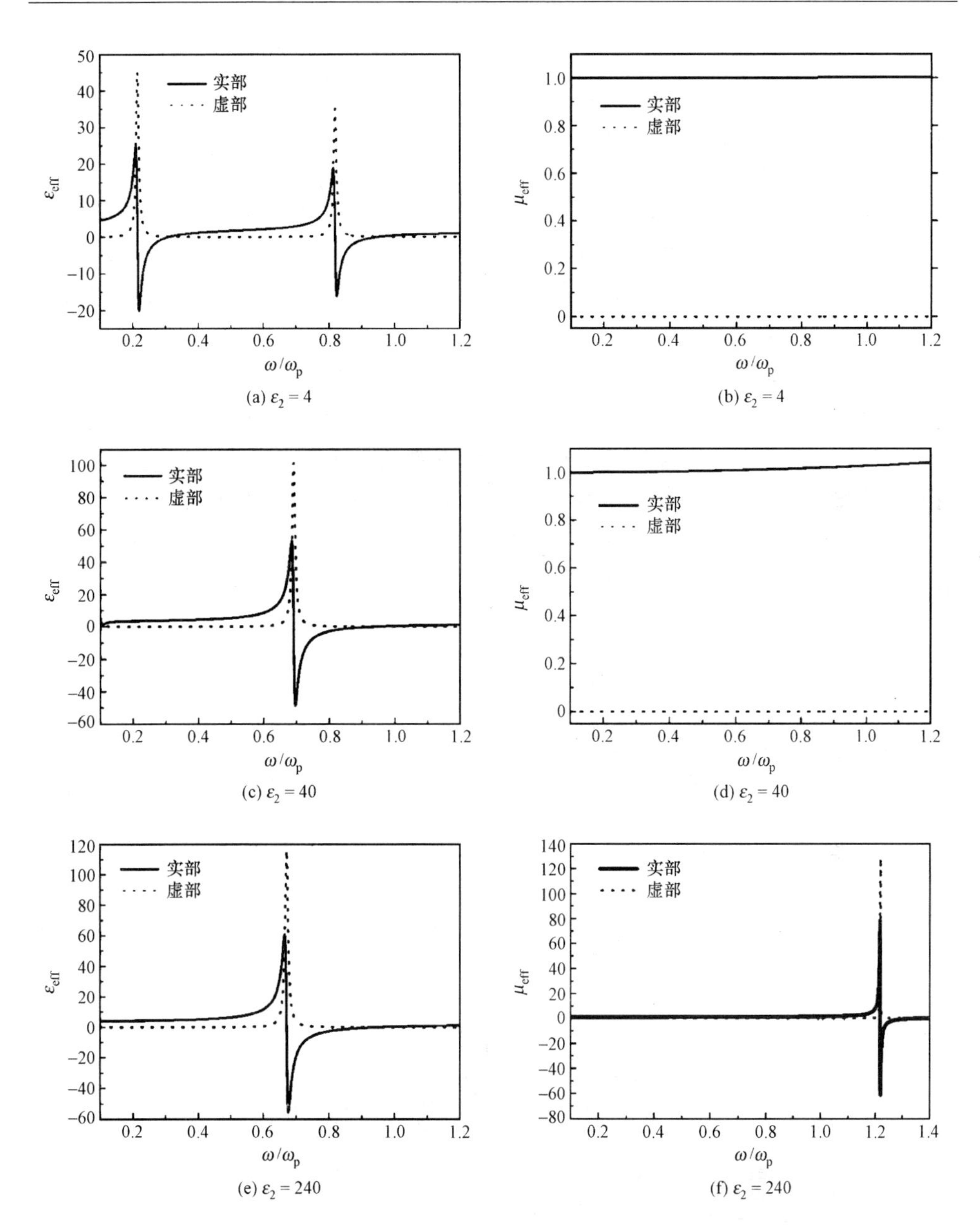

图 A.1-9 核-壳复合非磁性颗粒体系的有效介电常数和磁导率随频率的变化[8]
（相关参数为 $b=2\ \mu\mathrm{m}$，$a=1.6\ \mu\mathrm{m}$，$\omega_p=30$ THz，体积分数 $f=0.5$，耗散因子 $\gamma=0.01$）

§A.2 变换介质

变换介质的设计基于电磁介质的变换理论.这种理论的新颖与优势在于,它利用 Maxwell 方程的不变性,将器件功能、空间变换与介质设计这三方面有效地结合在一起,在设计之初就形成以最终功能为目的的方案.这里我们将介绍变换理论的基本原理,并以隐形斗篷为例阐述如何将基于变换理论的介质设计应用于新型光学器件的实际制备.

1. 空间变换

在进行变换介质的设计时,首先可将电磁场所在的空间想象成一个能被任意进行压缩、拉伸、旋转、扭曲等操作的弹性体,电磁场与介质的分布也随之发生相应的变化.对此空间施加的操作可用空间坐标的变换关系描述:设进行操作后,点的坐标从原来的(x,y,z)变化到新的位置(x',y',z'),新旧坐标之间的变换关系表示为

$$\begin{cases} x' = f_1(x,y,z), \\ y' = f_2(x,y,z), \\ z' = f_3(x,y,z). \end{cases} \tag{A.2-1}$$

若用算符 $\hat{\boldsymbol{\Theta}}$ 表示这个操作,矢量 $\boldsymbol{r}$ 与 $\boldsymbol{r}'$ 表示点在操作前后的不同位置,则上式可简写为

$$\boldsymbol{r}' = \hat{\boldsymbol{\Theta}} \boldsymbol{r}.$$

一些常见的基本操作有:

(1) 平移.将整个空间平移矢量 $\boldsymbol{l}$

$$\boldsymbol{r}' = \boldsymbol{r} + \boldsymbol{l}; \tag{A.2-2}$$

(2) 旋转.将整个空间绕 z 轴旋转角度 θ

$$\boldsymbol{r}' = \hat{\boldsymbol{R}}_\theta \boldsymbol{r}, \tag{A.2-3}$$

其中

$$\hat{\boldsymbol{R}}_\theta = \begin{bmatrix} \cos\theta & -\sin\theta & 0 \\ \sin\theta & \cos\theta & 0 \\ 0 & 0 & 1 \end{bmatrix};$$

(3) 伸缩.整个空间各向同性地扩张或收缩 α 倍

$$\boldsymbol{r}' = \alpha \boldsymbol{r}. \tag{A.2-4}$$

以上列举的三种基本操作:平移、旋转、伸缩中,与之对应的算符 Θ 都是线性算符,即若矢量 $\boldsymbol{r}_1$,$\boldsymbol{r}_1'$ 和 $\boldsymbol{r}_2$,$\boldsymbol{r}_2'$ 分别满足

$$\boldsymbol{r}_1' = \hat{\boldsymbol{\Theta}} \boldsymbol{r}_1$$

和

$$\boldsymbol{r}_2' = \hat{\boldsymbol{\Theta}}\boldsymbol{r}_2,$$

则其线性组合 $\boldsymbol{r}_3 = c_1\boldsymbol{r}_1 + c_2\boldsymbol{r}_2$ 与 $\boldsymbol{r}_3' = c_1\boldsymbol{r}_1' + c_2\boldsymbol{r}_2'$ 必满足

$$\boldsymbol{r}_3' = \hat{\boldsymbol{\Theta}}\boldsymbol{r}_3,$$

但更一般意义的空间变换可以是非线性的.不仅如此,空间变换还可以具有非均匀性和各向异性,例如空间中各点可以随位置不同而具有不同的伸缩率,也可以沿着不同的方向有不同的伸缩率,甚至两者兼而有之.

假定式(A.2-1)中新旧坐标的各分量之间的变换函数 $f_i(x,y,z)$ 为单值连续可微函数,变换 $\boldsymbol{r}' = \hat{\boldsymbol{\Theta}}\boldsymbol{r}$ 的逆形式 $\boldsymbol{r} = \hat{\boldsymbol{\Theta}}^{-1}\boldsymbol{r}'$ 表示为

$$\begin{cases} x = g_1(x',y',z'), \\ y = g_2(x',y',z'), \\ z = g_3(x',y',z'). \end{cases} \tag{A.2-5}$$

我们可以对式(A.2-1)与(A.2-5)分别定义两个雅可比矩阵.在矢量分析中,雅可比矩阵定义为矢量函数中各分量的一阶偏导构成的矩阵.对于式(A.2-1),定义

$$\hat{\boldsymbol{J}}(x,y,z) = \begin{bmatrix} \dfrac{\partial x'}{\partial x} & \dfrac{\partial x'}{\partial y} & \dfrac{\partial x'}{\partial z} \\ \dfrac{\partial y'}{\partial x} & \dfrac{\partial y'}{\partial y} & \dfrac{\partial y'}{\partial z} \\ \dfrac{\partial z'}{\partial x} & \dfrac{\partial z'}{\partial y} & \dfrac{\partial z'}{\partial z} \end{bmatrix}, \tag{A.2-6a}$$

类似地,式(A.2-5)对应的雅可比矩阵为

$$\hat{\boldsymbol{J}}'(x',y',z') = \begin{bmatrix} \dfrac{\partial x}{\partial x'} & \dfrac{\partial x}{\partial y'} & \dfrac{\partial x}{\partial z'} \\ \dfrac{\partial y}{\partial x'} & \dfrac{\partial y}{\partial y'} & \dfrac{\partial y}{\partial z'} \\ \dfrac{\partial z}{\partial x'} & \dfrac{\partial z}{\partial y'} & \dfrac{\partial z}{\partial z'} \end{bmatrix}. \tag{A.2-6b}$$

由于式(A.2-1)与(A.2-5)互为逆变换,可证它们的雅可比矩阵亦互为逆矩阵,即

$$\hat{\boldsymbol{J}}'(\boldsymbol{r}') = \hat{\boldsymbol{J}}(\boldsymbol{r})^{-1}. \tag{A.2-7}$$

空间变换的雅可比矩阵包含着该变换的重要特征.例如,空间中某处的线元矢量 $\mathrm{d}\boldsymbol{l}$ 满足变换关系

$$\mathrm{d}\boldsymbol{l}' = \hat{\boldsymbol{J}}(\boldsymbol{r})\mathrm{d}\boldsymbol{l}, \tag{A.2-8}$$

其中 $\mathrm{d}\boldsymbol{l}$ 和 $\mathrm{d}\boldsymbol{l}'$ 分别是变换前后以列向量表示的线元矢量

$$\mathrm{d}\boldsymbol{l} = \begin{bmatrix} \mathrm{d}x \\ \mathrm{d}y \\ \mathrm{d}z \end{bmatrix}, \quad \mathrm{d}\boldsymbol{l}' = \begin{bmatrix} \mathrm{d}x' \\ \mathrm{d}y' \\ \mathrm{d}z' \end{bmatrix}.$$

$\hat{\boldsymbol{J}}(\boldsymbol{r})$是在 d$\boldsymbol{l}$ 所在位置处(即线元变换前的位置)的雅可比矩阵. 式(A. 2- 8)意味着,如果我们假想在空间中的某个位置 $\boldsymbol{r}$ 上安置一个随空间一起变换的短线,在进行变换操作后,不仅短线的位置可能发生移动,它的长度和方向也可能随之改变,而 $\boldsymbol{r}$ 处的雅可比矩阵则直接反映了这个短线在此操作下所发生的变化.

除了线元矢量外,其他一些定义在空间上的矢量也具有类似式(A. 2- 8)的变换关系. 例如速度 $\boldsymbol{v}=\mathrm{d}\boldsymbol{r}/\mathrm{d}t$,其中位移元 d$\boldsymbol{r}$ 显然具有与线元矢量 d$\boldsymbol{l}$ 一致的变换关系. 因此在时间坐标不变的前提下,空间坐标的变换导致的速度变换同样由雅可比矩阵 $\hat{\boldsymbol{J}}$ 描述

$$\boldsymbol{v}(\boldsymbol{r}')=\hat{\boldsymbol{J}}(\boldsymbol{r})\,\boldsymbol{v}(\boldsymbol{r}).$$

然而也存在一些矢量,它们在空间变换(A. 2-1)下的变化由其逆变换(A. 2-5)的雅可比矩阵 $\hat{\boldsymbol{J}}'$ 决定,一个典型的例子是梯度矢量. 设空间中存在一族函数 $F(x,y,z)$ 的等值面:$F(x,y,z)=C$,C 为常数. 坐标变换后,曲面的形状与位置都伴随着空间的伸缩扭曲而变化. 由式(A. 2-1)得到坐标(x',y',z')满足的新的曲面方程

$$F'(x',y',z')=F(g_1(x',y',z'),g_2(x',y',z'),g_3(x',y',z'))=C. \tag{A. 2- 9}$$

考察变换前曲面上的点 $\boldsymbol{r}(x,y,z)$,函数 $F(x,y,z)$ 在该处的梯度为

$$\boldsymbol{\nabla}F=\left(\frac{\partial F}{\partial x},\frac{\partial F}{\partial y},\frac{\partial F}{\partial z}\right)^{\mathrm{T}},$$

上标 T 表示对向量的转置. 变换后该点的位置移动到 $\boldsymbol{r}'(x',y',z')$,曲面在此处的梯度为

$$\begin{aligned}\boldsymbol{\nabla}'F'&=\left(\frac{\partial F'}{\partial x'},\frac{\partial F'}{\partial y'},\frac{\partial F'}{\partial z'}\right)^{\mathrm{T}}\\&=\begin{bmatrix}\dfrac{\partial F}{\partial x}\dfrac{\partial x}{\partial x'}+\dfrac{\partial F}{\partial y}\dfrac{\partial y}{\partial x'}+\dfrac{\partial F}{\partial z}\dfrac{\partial z}{\partial x'}\\\dfrac{\partial F}{\partial x}\dfrac{\partial x}{\partial y'}+\dfrac{\partial F}{\partial y}\dfrac{\partial y}{\partial y'}+\dfrac{\partial F}{\partial z}\dfrac{\partial z}{\partial y'}\\\dfrac{\partial F}{\partial x}\dfrac{\partial x}{\partial z'}+\dfrac{\partial F}{\partial y}\dfrac{\partial y}{\partial z'}+\dfrac{\partial F}{\partial z}\dfrac{\partial z}{\partial z'}\end{bmatrix}=\begin{bmatrix}\dfrac{\partial x}{\partial x'},\dfrac{\partial y}{\partial x'},\dfrac{\partial z}{\partial x'}\\\dfrac{\partial x}{\partial y'},\dfrac{\partial y}{\partial y'},\dfrac{\partial z}{\partial y'}\\\dfrac{\partial x}{\partial z'},\dfrac{\partial y}{\partial z'},\dfrac{\partial z}{\partial z'}\end{bmatrix}\begin{bmatrix}\dfrac{\partial F}{\partial x}\\\dfrac{\partial F}{\partial y}\\\dfrac{\partial F}{\partial z}\end{bmatrix}.\end{aligned}$$

将上式与式(A. 2- 6b)比较,得到

$$\boldsymbol{\nabla}'F'=(\hat{\boldsymbol{J}}')^{\mathrm{T}}(\boldsymbol{r}')\,\boldsymbol{\nabla}F, \tag{A. 2-10}$$

其中$(\hat{\boldsymbol{J}}')^{\mathrm{T}}(\boldsymbol{r}')$代表 $\hat{\boldsymbol{J}}'(\boldsymbol{r}')$的转置矩阵. 比较式(A. 2- 8)与(A. 2-10),可以看到在同一个空间变换下,线元矢量与梯度矢量满足两种不同的变换关系. 如图 A. 2-1 所示,整个空间被各向同性地均匀压缩后:$\boldsymbol{r}'=\boldsymbol{r}/2$,沿径向的线元与空间同步收缩. 而函数

$F=x^2+y^2+z^2$ 的梯度矢量虽然同样沿着径向，其长度 $\mathrm{d}F/\mathrm{d}r$ 却伴随着空间的收缩而增加.

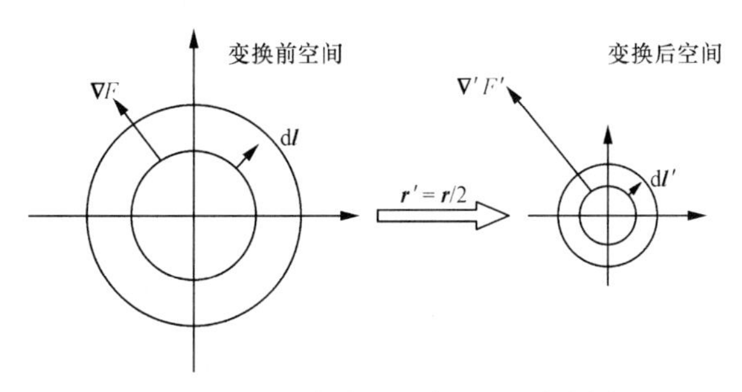

图 A.2-1 空间变换前后的线元矢量与梯度矢量

和线元矢量一样与空间变换同步变化的矢量被称为逆变矢量(contravariant vector)，而和梯度矢量类似与空间变化相反的矢量被称为协变矢量(covariant vector). 这里所谓的"逆"与"协"，实际上是针对空间中的基矢变换而言. 前文中将空间坐标的变换式(A.2-1)描述为直接施加于空间各点位置的操作，而基矢变换是变换式(A.2-1)的另一种等价描述方式. 仍以图 A.2-1 中的空间压缩为例，可以认为此操作对应的坐标变换 $\boldsymbol{r}'=\boldsymbol{r}/2$ 来自于将空间中的所有基矢 $\boldsymbol{e}_x,\boldsymbol{e}_y,\boldsymbol{e}_z$ 拉伸 2 倍：$\boldsymbol{e}'_\alpha=2\boldsymbol{e}_\alpha(\alpha=x,y,z)$. 显然，这两种等价描述中施加于基矢上的操作和直接施加于空间的操作是相反的，因此，逆变矢量的变换关系与基矢变换相反，而协变矢量的变换关系与基矢的变换一致.

雅可比矩阵的行列式 $|\hat{\boldsymbol{J}}|$ 反映了体积元在空间变换下的伸缩比. 考虑如图 A.2-2 所示的一个位于 $\boldsymbol{r}$ 的体积元 $\mathrm{d}V=\mathrm{d}\boldsymbol{l}_1\cdot(\mathrm{d}\boldsymbol{l}_2\times\mathrm{d}\boldsymbol{l}_3)$.

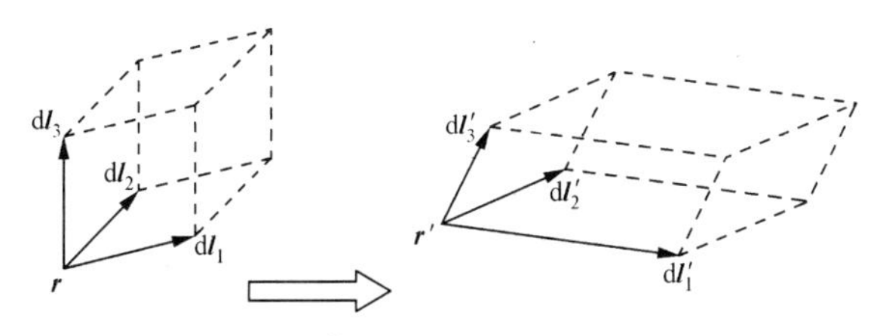

图 A.2-2 体积元在空间变换下的变化

该体积元进行空间变换后，根据线元矢量的变换公式，得到新的体积元为

$$\mathrm{d}V'=\hat{\boldsymbol{J}}\mathrm{d}\boldsymbol{l}_1\cdot(\hat{\boldsymbol{J}}\mathrm{d}\boldsymbol{l}_2\times\hat{\boldsymbol{J}}\mathrm{d}\boldsymbol{l}_3).$$

利用矢量公式

$$(\hat{\boldsymbol{A}}^{\mathrm{T}}\boldsymbol{a})\times(\hat{\boldsymbol{A}}^{\mathrm{T}}\boldsymbol{b})=|\hat{\boldsymbol{A}}|\hat{\boldsymbol{A}}^{-1}(\boldsymbol{a}\times\boldsymbol{b}), \qquad \text{(A.2-11a)}$$

$$(\hat{\boldsymbol{A}}\boldsymbol{a})\cdot[(\hat{\boldsymbol{A}}^{\mathrm{T}})^{-1}\boldsymbol{b}]=\boldsymbol{a}\cdot\boldsymbol{b}, \qquad \text{(A.2-11b)}$$

得到

$$\mathrm{d}V' = |\hat{\boldsymbol{J}}^{\mathrm{T}}|\hat{\boldsymbol{J}}\mathrm{d}\boldsymbol{l}_1 \cdot (\hat{\boldsymbol{J}}^{\mathrm{T}})^{-1}(\mathrm{d}\boldsymbol{l}_2 \times \mathrm{d}\boldsymbol{l}_3) = |\hat{\boldsymbol{J}}|\mathrm{d}V. \tag{A.2-12}$$

因此雅可比行列式$|\hat{\boldsymbol{J}}| = \mathrm{d}V'/\mathrm{d}V$是变换后的体积元与变换前的体积元的比值.

2. Maxwell 方程的不变性

变换理论基于 Maxwell 方程在空间变换下的不变性. 可以证明,在空间变换 $\boldsymbol{r}' = \hat{\boldsymbol{\Theta}}\boldsymbol{r}$ 下,若电磁场矢量 $\boldsymbol{E},\boldsymbol{H},\boldsymbol{D},\boldsymbol{B}$ 满足变换关系

$$\begin{cases} \boldsymbol{E}'(\boldsymbol{r}') = [\hat{\boldsymbol{J}}^{\mathrm{T}}(\boldsymbol{r})]^{-1}\boldsymbol{E}(\boldsymbol{r}), \\ \boldsymbol{H}'(\boldsymbol{r}') = [\hat{\boldsymbol{J}}^{\mathrm{T}}(\boldsymbol{r})]^{-1}\boldsymbol{H}(\boldsymbol{r}), \\ \boldsymbol{D}'(\boldsymbol{r}') = |\hat{\boldsymbol{J}}(\boldsymbol{r})|^{-1}\hat{\boldsymbol{J}}(\boldsymbol{r})\boldsymbol{D}(\boldsymbol{r}), \\ \boldsymbol{B}'(\boldsymbol{r}') = |\hat{\boldsymbol{J}}(\boldsymbol{r})|^{-1}\hat{\boldsymbol{J}}(\boldsymbol{r})\boldsymbol{B}(\boldsymbol{r}), \end{cases} \tag{A.2-13}$$

Maxwell 方程的形式不变[10]. 上式中$[\hat{\boldsymbol{J}}^{\mathrm{T}}(\boldsymbol{r})]$与$|\hat{\boldsymbol{J}}(\boldsymbol{r})|$分别代表此空间变换的雅可比矩阵的转置矩阵与行列式. 假定空间中没有自由电荷与电流分布,$\boldsymbol{E},\boldsymbol{H},\boldsymbol{D},\boldsymbol{B}$ 满足方程

$$\begin{cases} \nabla \times \boldsymbol{E} = -\dfrac{\partial \boldsymbol{B}}{\partial t}, \\ \nabla \times \boldsymbol{H} = \dfrac{\partial \boldsymbol{D}}{\partial t}, \\ \nabla \cdot \boldsymbol{D} = 0, \\ \nabla \cdot \boldsymbol{B} = 0; \end{cases} \tag{A.2-14}$$

则 $\boldsymbol{E}',\boldsymbol{H}',\boldsymbol{D}',\boldsymbol{B}'$ 必满足

$$\begin{cases} \nabla' \times \boldsymbol{E}' = -\dfrac{\partial \boldsymbol{B}'}{\partial t}, \\ \nabla' \times \boldsymbol{H}' = \dfrac{\partial \boldsymbol{D}'}{\partial t}, \\ \nabla' \cdot \boldsymbol{D}' = 0, \\ \nabla' \cdot \boldsymbol{B}' = 0, \end{cases} \tag{A.2-15}$$

其中 ∇' 表示对 r' 的微分算符. 对此性质的完整证明可以从广义相对论的时空理论得到[11]. 为简单起见,这里只以电场旋度公式为例说明此变换下方程的不变性. 设

$$\nabla \times \boldsymbol{E} = -\frac{\partial \boldsymbol{B}}{\partial t}$$

成立,并注意到空间变换下的旋度算符的变换满足 $\nabla' = (\hat{\boldsymbol{J}}^{\mathrm{T}})^{-1}\nabla$,则变换后的电场旋度满足

$$\nabla' \times \boldsymbol{E}' = [(\hat{\boldsymbol{J}}^{\mathrm{T}})^{-1}\nabla] \times [(\hat{\boldsymbol{J}}^{\mathrm{T}})^{-1}\boldsymbol{E}].$$

利用矢量公式(A.2-11a),得到

$$\nabla' \times \boldsymbol{E}' = |\hat{\boldsymbol{J}}|^{-1}\hat{\boldsymbol{J}}(\nabla \times \boldsymbol{E}) = -\frac{\partial}{\partial t}(|\hat{\boldsymbol{J}}|^{-1}\hat{\boldsymbol{J}}\boldsymbol{B}) = -\frac{\partial \boldsymbol{B}'}{\partial t},$$

即变换后的电场旋度与磁场变化率的关系仍然成立.

3. 材料参数的变换公式

式(A.2-13)所描述的电磁场变换关系有两种等价的图像.

一种是从空间变换出发.若考察空间中位于 $\boldsymbol{r}$ 处的电磁场矢量,在施加操作 $\boldsymbol{r}'=\hat{\boldsymbol{\Theta}}\boldsymbol{r}$ 后,原先的电磁场矢量 $\boldsymbol{E},\boldsymbol{H},\boldsymbol{D},\boldsymbol{B}$ 随之移动到新的位置 $\boldsymbol{r}'$ 处,且各矢量的方向与大小也发生了如式(A.2-13)所述的变化.注意到这 4 个矢量中 $\boldsymbol{E},\boldsymbol{H}$ 与 $\boldsymbol{D},\boldsymbol{B}$ 分别满足两种不同的变换关系:前者皆为协变矢量,而后者则类似逆变矢量,但相差一个因子 $|\hat{\boldsymbol{J}}(\boldsymbol{r})|^{-1}$.与 $\boldsymbol{D},\boldsymbol{B}$ 具有相同变换关系的另一个重要的物理量是坡印廷矢量 $\boldsymbol{S}=\boldsymbol{E}\times\boldsymbol{H}$.同样,利用式(A.2-11a)可以证明

$$\boldsymbol{S}'=\boldsymbol{E}'\times\boldsymbol{H}'=[(\hat{\boldsymbol{J}}^{\mathrm{T}})^{-1}\boldsymbol{E}]\times[(\hat{\boldsymbol{J}}^{\mathrm{T}})^{-1}\boldsymbol{H}]=|\hat{\boldsymbol{J}}|^{-1}\hat{\boldsymbol{J}}(\boldsymbol{E}\times\boldsymbol{H})=|\hat{\boldsymbol{J}}|^{-1}\boldsymbol{J}\boldsymbol{S}. \tag{A.2-16}$$

$\boldsymbol{D},\boldsymbol{B}$ 与 $\boldsymbol{S}$ 的这种变换特性表明,它们在方向上的变化与同一空间变换下线元矢量的变化一致.

另一种等价图像是,由于变换后的 $\boldsymbol{E}',\boldsymbol{H}',\boldsymbol{D}',\boldsymbol{B}'$ 仍然满足 Maxwell 方程,因此它们不仅存在于想象中的空间变换,也是可以在介质中成立的实际电磁场.若变换前的电磁场在介电常数 $\boldsymbol{\varepsilon}$ 和磁导率 $\boldsymbol{\mu}$ 中传播,满足本构关系

$$\begin{cases}\boldsymbol{D}(\boldsymbol{r})=\hat{\boldsymbol{\varepsilon}}(\boldsymbol{r})\boldsymbol{E}(\boldsymbol{r}),\\ \boldsymbol{B}(\boldsymbol{r})=\hat{\boldsymbol{\mu}}(\boldsymbol{r})\boldsymbol{H}(\boldsymbol{r}),\end{cases} \tag{A.2-17}$$

则根据场的变换关系得到变换后的本构关系为

$$\begin{cases}\boldsymbol{D}'(\boldsymbol{r}')=|\hat{\boldsymbol{J}}(\boldsymbol{r})|^{-1}\hat{\boldsymbol{J}}(\boldsymbol{r})\hat{\boldsymbol{\varepsilon}}(\boldsymbol{r})\hat{\boldsymbol{J}}^{\mathrm{T}}(\boldsymbol{r})\boldsymbol{E}'(\boldsymbol{r}'),\\ \boldsymbol{B}'(\boldsymbol{r}')=|\hat{\boldsymbol{J}}(\boldsymbol{r})|^{-1}\hat{\boldsymbol{J}}(\boldsymbol{r})\hat{\boldsymbol{\mu}}(\boldsymbol{r})\hat{\boldsymbol{J}}^{\mathrm{T}}(\boldsymbol{r})\boldsymbol{H}'(\boldsymbol{r}').\end{cases} \tag{A.2-18}$$

因此,$\boldsymbol{E}',\boldsymbol{H}',\boldsymbol{D}',\boldsymbol{B}'$ 可以存在于介电常数与磁导率分别为 $\hat{\boldsymbol{\varepsilon}}'(\boldsymbol{r}')$ 和 $\hat{\boldsymbol{\mu}}'(\boldsymbol{r}')$ 的介质中,$\hat{\boldsymbol{\varepsilon}}'(\boldsymbol{r}')$ 和 $\hat{\boldsymbol{\mu}}'(\boldsymbol{r}')$ 满足

$$\begin{cases}\hat{\boldsymbol{\varepsilon}}'(\boldsymbol{r}')=|\hat{\boldsymbol{J}}'(\boldsymbol{r}')|(\hat{\boldsymbol{J}}')^{-1}(\boldsymbol{r}')\hat{\boldsymbol{\varepsilon}}(\hat{\boldsymbol{\Theta}}^{-1}\boldsymbol{r}')[(\hat{\boldsymbol{J}}')^{\mathrm{T}}]^{-1}(\boldsymbol{r}'),\\ \hat{\boldsymbol{\mu}}'(\boldsymbol{r}')=|\hat{\boldsymbol{J}}'(\boldsymbol{r}')|(\hat{\boldsymbol{J}}')^{-1}(\boldsymbol{r}')\hat{\boldsymbol{\mu}}(\hat{\boldsymbol{\Theta}}^{-1}\boldsymbol{r}')[(\hat{\boldsymbol{J}}')^{\mathrm{T}}]^{-1}(\boldsymbol{r}'),\end{cases} \tag{A.2-19}$$

其中 $\hat{\boldsymbol{J}}'(\boldsymbol{r}')$ 是如式(A.2-6b)定义的逆变换 $\hat{\boldsymbol{\Theta}}^{-1}$ 的雅可比矩阵.

介质参数与空间变换的这种等价关系对不同频率、不同偏振的电磁场都普遍适用.若要实现对静电场(或静磁场)的空间变换,则只需介电常数(或磁导率)满足式(A.2-19).例如,真空背景下的点电荷电场

$$\boldsymbol{E}(\boldsymbol{r})=\frac{q}{4\pi\varepsilon_0 r^2}\boldsymbol{e}_r$$

对其施加空间变换 $\boldsymbol{r}'=2\boldsymbol{r}$,雅可比矩阵为 3×3 的对角矩阵 $\hat{\boldsymbol{J}}=2\hat{\boldsymbol{I}}$($\hat{\boldsymbol{I}}$ 定义为单位矩阵),行列式 $|\hat{\boldsymbol{J}}|=8$.作为协变矢量的电场,在其变换后仍沿径向,长度减半,即

$$\boldsymbol{E}'(\boldsymbol{r}')=\frac{1}{2}\frac{q}{4\pi\varepsilon_0 r'^2}\boldsymbol{e}_r=\frac{q}{2\pi\varepsilon_0 r'^2}\boldsymbol{e}_r,$$

显然,能够实现此变换的材料具有介电常数 $\varepsilon=\varepsilon_0/2$,该结果满足式(A.2-19).

按照式(A. 2-19)设计的介质被称为变换介质. 基本的设计思路是:① 首先考察一个具有介电常数 ε_0 与磁导率 μ_0 的背景介质,已知其中的电磁场分布为 $\boldsymbol{E},\boldsymbol{H},\boldsymbol{D},\boldsymbol{B}$;② 将背景介质所在空间假想为一个可以任意伸缩扭曲的弹性体,电磁场相应地按式(A. 2-13)变换. 根据设计目的找到能够与需要的电磁场控制相对应的空间变换;③ 将所选取的空间变换代入式(A. 2-19),即得到能实现此空间变换的介质参数. 因此,如果能够制备出具有该式定义的介电常数与磁导率的材料,就相当于对电磁场进行了相应的空间变换.

4. 边界条件

虽然式(A. 2-18)中的电磁场满足变换介质中的 Maxwell 方程,但它显然不是该方程的唯一解. 这是设计变换介质时的一个重要问题. 要令电磁场的空间变换在相应的变换介质中真正成立,还需施加恰当的边界条件. 由于实际应用中的变换介质只可能占据空间中的有限体积,它对应的空间变换亦是局域的. 因此,变换介质的边界条件对应于空间变换在边界处的连续性.

现用一个简单的例子来说明边界条件对变换场是否成立的重要性. 考虑真空背景下沿 x 轴传播的单色平面电磁波

$$\begin{cases}\boldsymbol{E}=\boldsymbol{e}_z E_0\exp(\mathrm{i}kx-\mathrm{i}\omega t),\\ \boldsymbol{H}=-\boldsymbol{e}_y H_0\exp(\mathrm{i}kx-\mathrm{i}\omega t),\end{cases}\tag{A. 2-20}$$

要令电磁场在区域 Ω: $|\boldsymbol{r}|<a$ 的范围内发生绕 z 轴 $90°$ 旋转. 根据式(A. 2-18),此变换相应于在此区域内对空间施加旋转,即 $\boldsymbol{r}'=\hat{\boldsymbol{R}}(\pi/2)\boldsymbol{r}$,其中

$$\hat{\boldsymbol{R}}(\theta)=\begin{bmatrix}\cos\theta & -\sin\theta & 0\\ \sin\theta & \cos\theta & 0\\ 0 & 0 & 1\end{bmatrix}.$$

但由式(A. 2-19)得到的与该变换对应的介质参数仍为 $\varepsilon'=\varepsilon_0$, $\mu'=\mu_0$. 因此,直接采用此“变换介质”相当于保持原空间中的参数不变,也不会对电磁场产生任何影响.

旋转场之所以无法在上述变换介质中实现,关键在于空间变换在边界 $\partial\Omega$: $|\boldsymbol{r}|=a$ 处的不连续[图 A. 2-3(a),(c)]. 可引入一个连续旋转的过渡层来消弭界面处的不连续性[图 A. 2-3(b),(d)],即令整体的空间变换分为 3 个部分进行

$$\boldsymbol{r}'=\hat{\boldsymbol{R}}(\alpha)\boldsymbol{r},\quad 其中\ \alpha=\begin{cases}0, & |\boldsymbol{r}|>b(区域\ 1),\\ \dfrac{\pi}{2}\left(\dfrac{b-|\boldsymbol{r}|}{b-a}\right), & a<|\boldsymbol{r}|<b(区域\ 2),\\ \dfrac{\pi}{2}, & |\boldsymbol{r}|<a(区域\ 3).\end{cases}\tag{A. 2-21}$$

根据式(A. 2- 9),此变换下的介质在区域 1 与 3 中均为真空,在区域 2 内的介质参

数则需要满足特定的非均匀分布与各向异性.

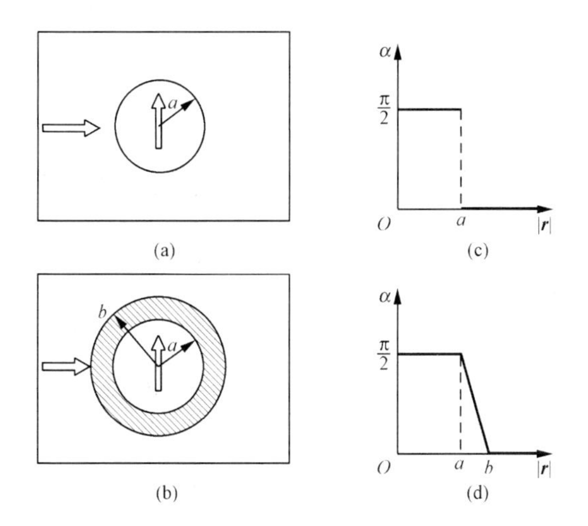

图 A.2-3 (a) 在区域$|\boldsymbol{r}|<a$内直接实施旋转变换,导致空间变换边界$|\boldsymbol{r}|=a$处的突变;(b) 引入连续旋转的过渡层$a<|\boldsymbol{r}|<b$,使边界处的空间变换连续;(c) 图(a)中旋转角度α随$|\boldsymbol{r}|$的变换;(d) 图(b)中旋转角度α随$|\boldsymbol{r}|$的变换

为简单起见,这里在二维空间中讨论此变换.柱坐标下,该区域的空间变换可表示为

$$\begin{cases} r' = r, \\ \theta' = \theta + \dfrac{\pi}{2}\left(\dfrac{b-r}{b-a}\right), \\ z' = z. \end{cases} \tag{A.2-22}$$

柱坐标下的雅可比矩阵为

$$\hat{\boldsymbol{J}} = \begin{bmatrix} \dfrac{\partial r'}{\partial r} & \dfrac{1}{r}\dfrac{\partial r'}{\partial \theta} & \dfrac{\partial r'}{\partial z} \\ r'\dfrac{\partial \theta'}{\partial r} & \dfrac{r'}{r}\dfrac{\partial \theta'}{\partial \theta} & r'\dfrac{\partial \theta'}{\partial z} \\ \dfrac{\partial z'}{\partial r} & \dfrac{1}{r}\dfrac{\partial z'}{\partial \theta} & \dfrac{\partial z'}{\partial z} \end{bmatrix} = \begin{bmatrix} 1 & 0 & 0 \\ -\dfrac{\pi}{2}\left(\dfrac{r}{b-a}\right) & 1 & 0 \\ 0 & 0 & 1 \end{bmatrix}. \tag{A.2-23}$$

相应的变换介质的介电常数与磁导率在柱坐标中的张量表达式为

$$\frac{\hat{\boldsymbol{\varepsilon}}(r')}{\varepsilon_0} = \frac{\hat{\boldsymbol{\mu}}(r')}{\mu_0} = \begin{bmatrix} 1 & -\dfrac{\pi}{2}\left(\dfrac{r}{b-a}\right) & 0 \\ -\dfrac{\pi}{2}\left(\dfrac{r}{b-a}\right) & \dfrac{\pi^2}{4}\left(\dfrac{r}{b-a}\right)^2 + 1 & 0 \\ 0 & 0 & 1 \end{bmatrix}. \tag{A.2-24}$$

图 A.2-4 中给出了如式(A.2-20)所描述的电磁波入射到由此变换介质构成的内

外半径分别为 a 和 b 柱形壳层后得到的电场分布. 入射电磁波无反射地进入壳层空腔(真空),经过壳层区域中变换介质对电磁波施加的连续旋转后,在空腔内部电磁场发生了 $90°$ 的旋转.

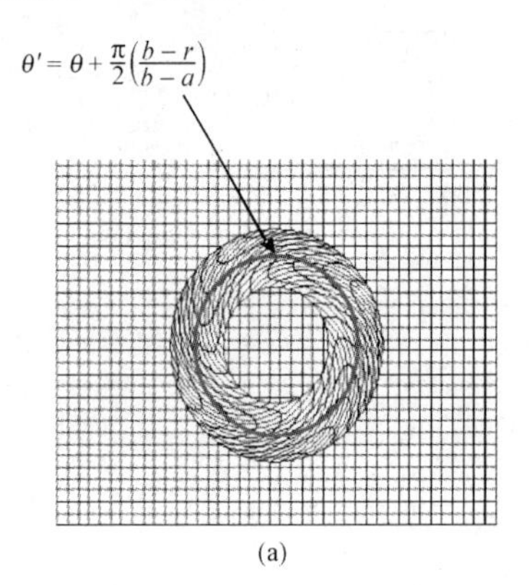

(a)

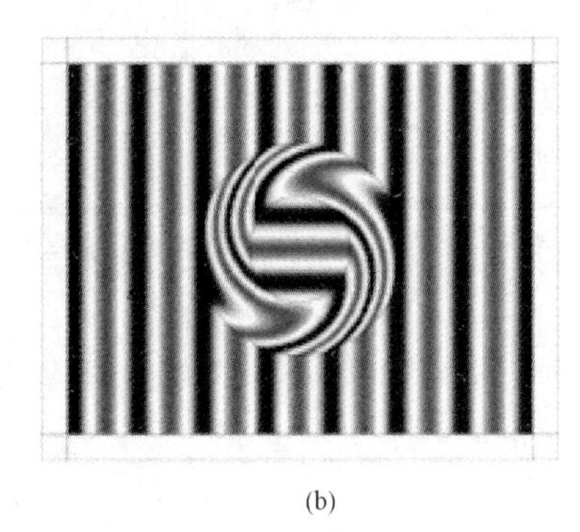

(b)

图 A.2-4　(a) 式(A.2-23)描述的介质构成的壳层对应的空间变换;(b) 电磁波入射到此壳层上得到的电场分布

5. 变换介质的实现

介质的变换理论表明,通过选择合适的空间变换,并利用变换公式(A.2-19)得到相应的介质参数,人们就能够以一种简洁精确的方式实现对电磁场的控制. 空间变换的选择需要从控制目标出发,同时必须兼顾变换介质与背景介质的边界条件是否能保证变换场的成立. 然而,由式(A.2-19)得到的介质参数通常具有复杂的非均匀性与各向异性,且此类介质必须具有相同的相对介电常数与相对磁导率. 利用传统的制备技术和自然材料,这些参数方案实现的可能性几乎为零.

变换介质的理论设计与超构材料制备技术的结合令变换理论具有了实际意义,并推动了对基于此理论的新型光学器件设计的大量研究,逐渐形成新的学科领域——变换光学(transformation optics)[12]. 对于这样一个还在不断发展的领域,我们选择其中最著名同时也是最早被实验验证的一个变换介质设计方案——隐形斗篷(invisibility cloak)[10]. 通过了解隐形斗篷从理论设计到实验实现的过程,就可以看到在变换介质的实现过程中需要面临的主要问题及解决途径.

(1) 理论设计

理想的隐形斗篷是一个变换介质构成的球形壳层. 当将这个壳层置于背景介质中时,它可以令任何从外部入射的电磁波绕过壳层空腔,且不发生任何散射. 因此,无论壳层的空腔内隐藏了什么物体,外部的观察者总是既看不到壳层,也看不到壳层内的物体,即整个装置是“隐形”的.

隐形斗篷之所以具有以上功能,是因为构成隐形斗篷的变换介质对空间实施了一个特殊的变换:将壳层空腔的体积压缩到壳层区域. 球坐标体系中此空间变换

的表达式为

$$\begin{cases} r' = a + \dfrac{b-a}{b} r, \\ \theta' = \theta, \\ \varphi' = \varphi, \end{cases} \tag{A.2-25}$$

其中 a,b 分别为壳层的内、外半径. 此变换下壳层区域发生的空间压缩与扭曲如图 A.2-5 所示.

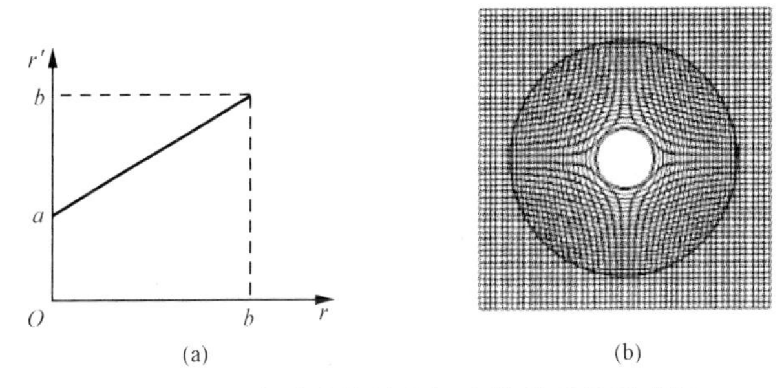

图 A.2-5　隐形斗篷的空间变换关系及示意图

球坐标下的雅可比矩阵定义为

$$\hat{\boldsymbol{J}} = \begin{bmatrix} \dfrac{\partial r'}{\partial r} & \dfrac{1}{r}\dfrac{\partial r'}{\partial \theta} & \dfrac{1}{r}\dfrac{\partial r'}{\partial \varphi} \\ r'\dfrac{\partial \theta'}{\partial r} & \dfrac{r'}{r}\dfrac{\partial \theta'}{\partial \theta} & \dfrac{r'}{r}\dfrac{\partial \theta'}{\partial \varphi} \\ r'\dfrac{\partial \varphi'}{\partial r} & \dfrac{r'}{r}\dfrac{\partial \varphi'}{\partial \theta} & \dfrac{r'}{r}\dfrac{\partial \varphi'}{\partial \varphi} \end{bmatrix}, \tag{A.2-26}$$

将其代入式(A.2-19)后，得到变换介质在球坐标下的介电常数张量与磁导率张量

$$\frac{\hat{\boldsymbol{\varepsilon}}(\boldsymbol{r}')}{\varepsilon} = \frac{\hat{\boldsymbol{\mu}}(\boldsymbol{r}')}{\mu} = \begin{bmatrix} \dfrac{b}{b-a}\dfrac{(r'-a)^2}{r'^2} & 0 & 0 \\ 0 & \dfrac{b}{b-a} & 0 \\ 0 & 0 & \dfrac{b}{b-a} \end{bmatrix}, \tag{A.2-27}$$

这里已经假定背景介质均匀且各向同性，介电常数与磁导率分别为 ε 和 μ.

在参数如式(A.2-27)所述的变换介质中，电磁场的变换可由式(A.2-13)得到. 注意到，在此电磁场变换下，电磁波的坡印廷矢量变换由式(A.2-16)决定，即电磁波的能流方向与空间中线元矢量的方向变化一致. 因此，我们可以从式(A.2-25)定义的空间变换直接得到一个重要的结论：如果此介质中变换场成立的话，任何入射到该隐形斗篷的电磁波都将绕开空腔区域传播.

变换场在介质中成立需要满足的边界条件是：

1) 在壳层外边界 $r'=b$ 处

$$
\begin{cases}
\boldsymbol{n}' \times \boldsymbol{E}'(b) = \boldsymbol{n} \times \boldsymbol{E}(b), \\
\boldsymbol{n}' \times \boldsymbol{H}'(b) = \boldsymbol{n} \times \boldsymbol{H}(b), \\
\boldsymbol{n}' \cdot \boldsymbol{D}'(b) = \boldsymbol{n} \cdot \boldsymbol{D}(b), \\
\boldsymbol{n}' \cdot \boldsymbol{B}'(b) = \boldsymbol{n} \cdot \boldsymbol{B}(b),
\end{cases}
\tag{A.2-28}
$$

其中 $\boldsymbol{n}$ 及 $\boldsymbol{n}'$ 分别为边界变换前、后的法向单位矢量. 这里的 $\boldsymbol{E}'$, $\boldsymbol{H}'$, $\boldsymbol{D}'$, $\boldsymbol{B}'$ 与 $\boldsymbol{E}$, $\boldsymbol{H}$, $\boldsymbol{D}$, $\boldsymbol{B}$ 分别为变换前后的电磁场,此边界条件保证隐形斗篷的存在不会对外界电磁场产生任何影响,仅对壳层区域的电磁场实施了变换.

注意到,在外边界处的空间变换为 $\boldsymbol{r}'=\boldsymbol{r}$,即 $r'=b$ 的球面上各点为变换式(A.2-25)的不动点. 在此条件下,可以证明式(A.2-28)必然成立.

2) 在壳层内边界 $r'=a$ 处

$$
\begin{cases}
\boldsymbol{n}' \times \boldsymbol{E}'(a) = 0, \\
\boldsymbol{n}' \times \boldsymbol{H}'(a) = 0, \\
\boldsymbol{n}' \cdot \boldsymbol{D}'(a) = 0, \\
\boldsymbol{n}' \cdot \boldsymbol{B}'(a) = 0,
\end{cases}
\tag{A.2-29}
$$

此边界条件保证壳层内空腔中的电磁场为零,且空腔内的介质不会对壳层区域的变换场或斗篷外部空间的电磁场产生任何影响.

考察空间变换(A.2-25),可以发现壳层内边界上的变换十分特殊. $r'=a$ 的球面上各点都对应球心 $r=0$,坐标变换在此处是一个多值函数. 因此,雅可比矩阵 $\hat{\boldsymbol{J}}(\boldsymbol{r})$ 在 $r=0$ 处实际上并无定义,但式(A.2-25)的逆变换在内边界 $r'=a$ 处可定义雅可比矩阵 $\hat{\boldsymbol{J}}'(\boldsymbol{r}')$,其行列式为零. 这种从点到面的特殊映射关系保证了边界条件(A.2-29)的成立.

图 A.2-6(参见彩图 A.2-6)给出了计算得到的电磁波在隐形斗篷中的能流

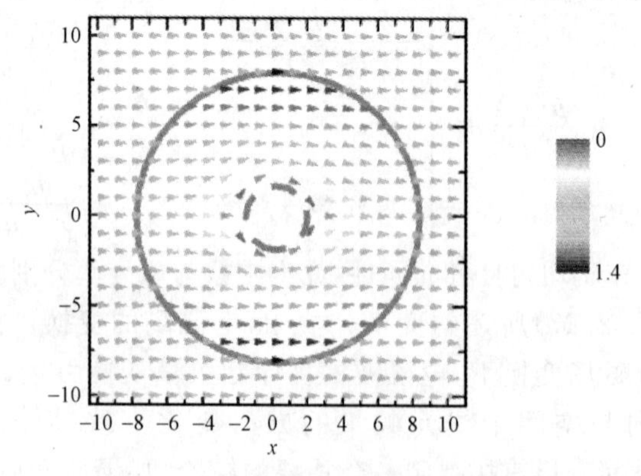

图 A.2-6 隐形斗篷的坡印廷矢量分布图

图中箭头方向为坡印廷矢量方向,箭头的颜色代表坡印廷矢量的大小分布.平面波沿 x 方向入射到隐形斗篷,能流绕开斗篷围绕的空腔,且不发生散射.而在趋近内边界处,坡印廷矢量的方向沿内边界切向,且大小趋向于零.这正是变换理论对变换介质中电磁场分布的预言.应用散射理论,可进一步验证隐形斗篷对入射电磁波的散射在内边界极限下趋近于零.

(2) 实验方案

尽管超构材料的制备在最近几年迅速发展,但目前的实验技术仍不能实现具有式(A.2-27)中理想参数的隐形斗篷.然而,通过简化设计方案,仍可以在已有的技术水平上部分地实现变换理论所预言的隐形效果.这里简要地介绍2006年隐形斗篷的首次实验[13].

实验方案中的第一个简化措施是采用二维隐形斗篷.该斗篷是一个由变换介质构成的柱状壳层.设壳层的内、外半径分别为 a 和 b,变换介质对应的空间变换在柱坐标体系中的表达式为

$$\begin{cases} r' = a + \dfrac{b-a}{b} r, \\ \theta' = \theta, \\ z' = z, \end{cases} \tag{A.2-30}$$

其中 z 轴沿柱体中心轴方向.显然,此变换是球状隐形斗篷的空间变换(A.2-25)的二维版本.在此变换下,壳层的外边界不动,而内边界由柱体的中心轴映射而来.柱内空腔被完全压缩到壳层区域.

根据变换理论,变换(A.2-30)所对应的介质参数在柱坐标体系中具有张量形式

$$\frac{\hat{\boldsymbol{\varepsilon}}(r')}{\varepsilon} = \frac{\hat{\boldsymbol{\mu}}(r')}{\mu} = \begin{bmatrix} \dfrac{r'-a}{r'} & 0 & 0 \\ 0 & \dfrac{r'}{r'-a} & 0 \\ 0 & 0 & \left(\dfrac{b}{b-a}\right)^2 \dfrac{r'-a}{r'} \end{bmatrix}, \tag{A.2-31}$$

同样假定壳层外部的背景介质是介电常数和磁导率分别为 ε 和 μ 的均匀各向同性材料.

比较柱形斗篷与球形斗篷的介质参数可以发现,前者在内边界 $r'=a$ 处发散,而后者在内边界处张量的部分元素趋于零.这意味着柱形斗篷的内边界参数在物理上无法实现.计算表明,当装置的实际内边界 $r'=a+\delta$ 与理论设定值 $r'=a$ 有微小的偏差时,装置对外界的入射波会形成微弱的散射,并有少量电磁波渗透入空腔内.内边界的不完美引起的散射效果在 $\delta \to 0$ 的极限下消失[14].

实验采取的第二个简化措施是尽可能地降低介质参数的非均匀性与各向异

性.为此,实验中只采用了电场偏振方向沿着柱形斗篷轴向的单色时谐平面电磁波

$$\begin{cases} \boldsymbol{E} = E(r,\theta)\boldsymbol{e}_z, \\ \boldsymbol{H} = H_r(r,\theta)\boldsymbol{e}_r + H_\theta(r,\theta)\boldsymbol{e}_\theta. \end{cases} \tag{A.2-32}$$

注意,从上式开始,为方便起见省略了电磁场、介质参数及空间坐标上的撇号.由电场的旋度方程 $\nabla\times\boldsymbol{E}=\mathrm{i}\omega\boldsymbol{B}$,并考虑到变换介质的磁导率在柱坐标体系中为对角张量,易得到磁场沿 $\boldsymbol{e}_r$ 与 $\boldsymbol{e}_\theta$ 的分量为

$$H_r = \frac{1}{\mathrm{i}\omega\mu_r r}\frac{\partial E}{\partial\varphi}, \tag{A.2-33a}$$

$$H_\theta = -\frac{1}{\mathrm{i}\omega\mu_\theta}\frac{\partial E}{\partial r}. \tag{A.2-33b}$$

类似地,从磁场的旋度方程 $\nabla\times\boldsymbol{H}=-\mathrm{i}\omega\boldsymbol{D}$ 及介电常数在柱坐标体系中的对角性得到

$$\frac{1}{r}\frac{\partial}{\partial r}(rH_\theta) - \frac{1}{r}\frac{\partial H_r}{\partial\theta} = -i\omega\varepsilon_z E. \tag{A.2-34}$$

式(A.2-33)与(A.2-34)中的 $\mu_r,\mu_\theta,\varepsilon_z$ 为变换介质的磁导率或介电常数张量在 $\boldsymbol{e}_r$,$\boldsymbol{e}_\theta$,$\boldsymbol{e}_\varphi$ 方向的对角元.

将式(A.2-33)代入式(A.2-34),并忽略磁导率随空间的变化,得到关于电场 z 分量的方程

$$\frac{1}{\mu_\theta\varepsilon_z}\frac{1}{r}\frac{\partial}{\partial r}\left(r\frac{\partial E}{\partial r}\right) + \frac{1}{\mu_r\varepsilon_z}\frac{1}{r^2}\frac{\partial^2 E}{\partial\varphi^2} + \omega^2 E = 0. \tag{A.2-35}$$

上式意味着:若介质的磁导率与介电常数在柱坐标中具有对角形式,则对于电场沿 z 轴方向的电磁波,电场方程仅取决于介质的磁导率分量与介电常数分量的两个乘积 $\mu_\theta\varepsilon_z$ 和 $\mu_r\varepsilon_z$.据此,我们可以选择一个十分简单的介质来替代复杂的变换介质,它的介电常数与磁导率张量分别为

$$\frac{\hat{\boldsymbol{\varepsilon}}}{\varepsilon} = \begin{bmatrix} 1 & 0 & 0 \\ 0 & 1 & 0 \\ 0 & 0 & \left(\dfrac{b}{b-a}\right)^2 \end{bmatrix}, \quad \frac{\hat{\boldsymbol{\mu}}}{\mu} = \begin{bmatrix} \left(\dfrac{r-a}{r}\right)^2 & 0 & 0 \\ 0 & 1 & 0 \\ 0 & 0 & 1 \end{bmatrix}. \tag{A.2-36}$$

与理想的柱形斗篷参数(A.2-27)相比,此介质中只有 z 轴方向的介电常数分量与 r 方向的磁导率分量需要在实验中利用超构材料加以实现,且只有 μ_r 具有非均匀性.

采用式(A.2-36)作为介质参数,带来的第一个问题是:即使只考虑电场沿 z 轴方向的电磁波,该介质和理想的柱形斗篷也并不具有相同的电场方程.式(A.2-35)是在忽略磁导率随空间变换的前提下得到的,而理想的变换介质显然并不符合这一条件.

介质参数简化后带来的第二个问题是:由该介质制成的柱形壳层在内外边界处无法满足隐形效果需要的边界条件(A.2-28)和(A.2-29).这意味着它一定会对

入射电磁波产生散射,也一定会有电磁波渗入空腔内部.

尽管具有以上种种问题,按照式(A.2-36)制成的柱形斗篷仍然在实验中展示了很好的削弱散射效果.实验中制备了内外半径分别为 $a=27.1\,\mathrm{mm}$ 与 $b=58.9\,\mathrm{mm}$ 的柱形壳层结构,壳层区域由如图 A.2-7 所示的超构材料构成.该超构材料的基本单元与早期的双负材料类似,采用了常用的矩形开口环共振器(split ring resonator,简称 SRR),阵列中元胞在 $\boldsymbol{e}_r,\boldsymbol{e}_\theta,\boldsymbol{e}_\varphi$ 方向上的尺寸分别为 $a_\theta=a_z=10/3\,\mathrm{mm}$,$a_r=10/\pi\mathrm{mm}$.磁导率分量 μ_z.通过调节每个 SRR 的开口缝隙长度 s 与倒角半径 r,得到式(A.2-36)中的介电常数与磁导率[参见图 A.2-7(a)的插图].整个装置由 10 层沿柱面排列的 SRR 构成.

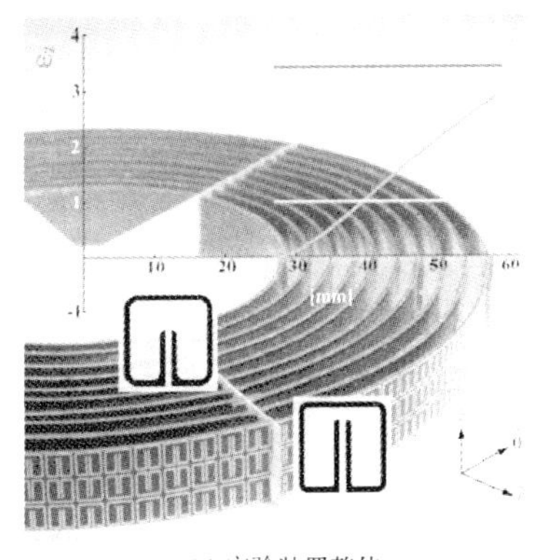

(a) 实验装置整体

(b) 其中的一个 SRR 单元结构

图 A.2-7 实验制备的柱形隐形斗篷[13]

由于该超构材料的微结构尺度在毫米级,它只能对微波段的电磁波呈现有效性质.因此实验中选取频率为 8.5 GHz 的入射波,并测量了一个半径为 25 mm 的铜圆柱的散射.图 A.2-8 对比该圆柱裸露在入射波下的散射和将所制柱形壳层包围了金属圆柱后得到的散射结果.在没有柱形壳层的保护时,金属圆柱对入射波产生了强烈的反射与阴影,如图 A.2-8(a)所示;而在被柱形壳层包围后,金属圆柱的反射被显著削弱,阴影区域也有良好的复原,如图 A.2-8(b)所示.在壳层区域内,波前发生的弯曲与理想隐形斗篷中由于与空间变换对应的波前弯曲(参见图 A.2-9)[15]亦十分相似.

这意味着,尽管实验中采取了多个简化措施,但变换理论预言的隐形效果仍然在实验中得到了明显的体现.实验也从另一个方面显示了变换理论确实可以作为超构材料设计的强大工具.现在,变换理论已被应用于各种新型光学器件的设计,并被推广至对声波、热传导、物质波等各种类型的物理场的控制.更多相关理论可进一步参阅文献[12].

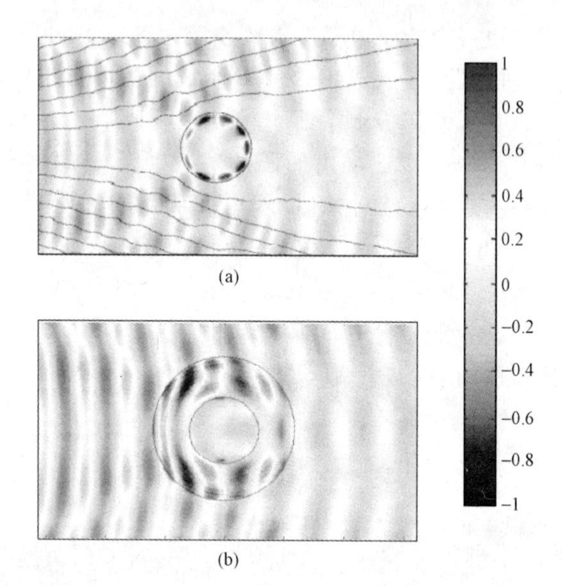

图 A.2-8 实验测量得到的金属圆柱对入射波散射导致电场 z 分量的分布[13]
(a) 金属圆柱裸露在入射波中;(b) 金属圆柱被柱形隐形斗篷包围

图 A.2-9 计算得到的理想柱形隐形斗篷散射下电场 z 分量的分布[15]

参考文献

[1] Shelby R A, Smith D R and Schultz S. Experimental verification of a negative index of refraction. Science, 2001, 292: 77

[2] Lewin L. The electrical constants of a material loaded with spherical particles. Proc. Inst. Elect. Eng., 1947, 94: 65

[3] Holloway C L, Kuester E F, Jarvis J B and Kabos P. A double negative composite medium composed of magnetodielectric spherical particles embedded in a matrix. IEEE Trans. An-

tennas Propagt., 2003, 51: 2596

[4] Mie G. Beiträge zur optik trüber medien, speziell kolloidaler metallösungen. Ann. d. Physik, 1908, 25: 377

[5] Yannopapas V. Negative refraction in random photonic alloys of polaritonic and plasmonic microspheres. Phys. Rev. B, 2007, 75: 035112

[6] Yannopapas V and Moroz A. Negative refractive index metamaterials from inherently non-magnetic materials for deep infrared to terahertz frequency ranges. J. Phys.: Condens. Matter, 2005, 17: 3717

[7] Bohren C F and Huffman D R. Absorption and scattering of light by small particles. New York: John Wiley & Sons, Inc., 1998

[8] Qiu C W and Gao L. Resonant light scattering by small coated nonmagnetic spheres: magnetic resonances, negative refraction, and prediction. J. Opt. Soc. Am. B, 2008, 25: 1728

[9] Khoo L C, Werner D H, Liang X, Diaz A and Weiner B. Nanosphere dispersed liquid crystals for tunable negative-zero-positive index of refraction in the optical and terahertz regimes. Opt. Lett., 2006, 31: 2592

[10] Pendry J B, Schurig D and Smith D R. Controlling electromagnetic fields. Science, 2006, 312(5781): 1780

[11] Leonhardt U and Philbin T G. General relativity in electrical engineering. New J. Phys., 2006, 8(10): 247

[12] Leonhardt U and Philbin T G. Transformation optics and the geometry of light. Prog. Opt., 2009, 53: 69

[13] Schurig D, Mock J J, Justice B J, et al. Metamaterial electromagnetic cloak at microwave frequencies. Science, 2006, 314(5801): 977

[14] Ruan Z, Yan M, Neff C W, et al. Ideal cylindrical cloak: perfect but sensitive to tiny perturbations. Phys. Rev. Lett., 2007, 99(11): 113903

[15] Cummer S A, Popa B, Schurig D, et al. Full-wave simulations of electromagnetic cloaking structures. Phys. Rev. E, 2006, 74(3): 036621

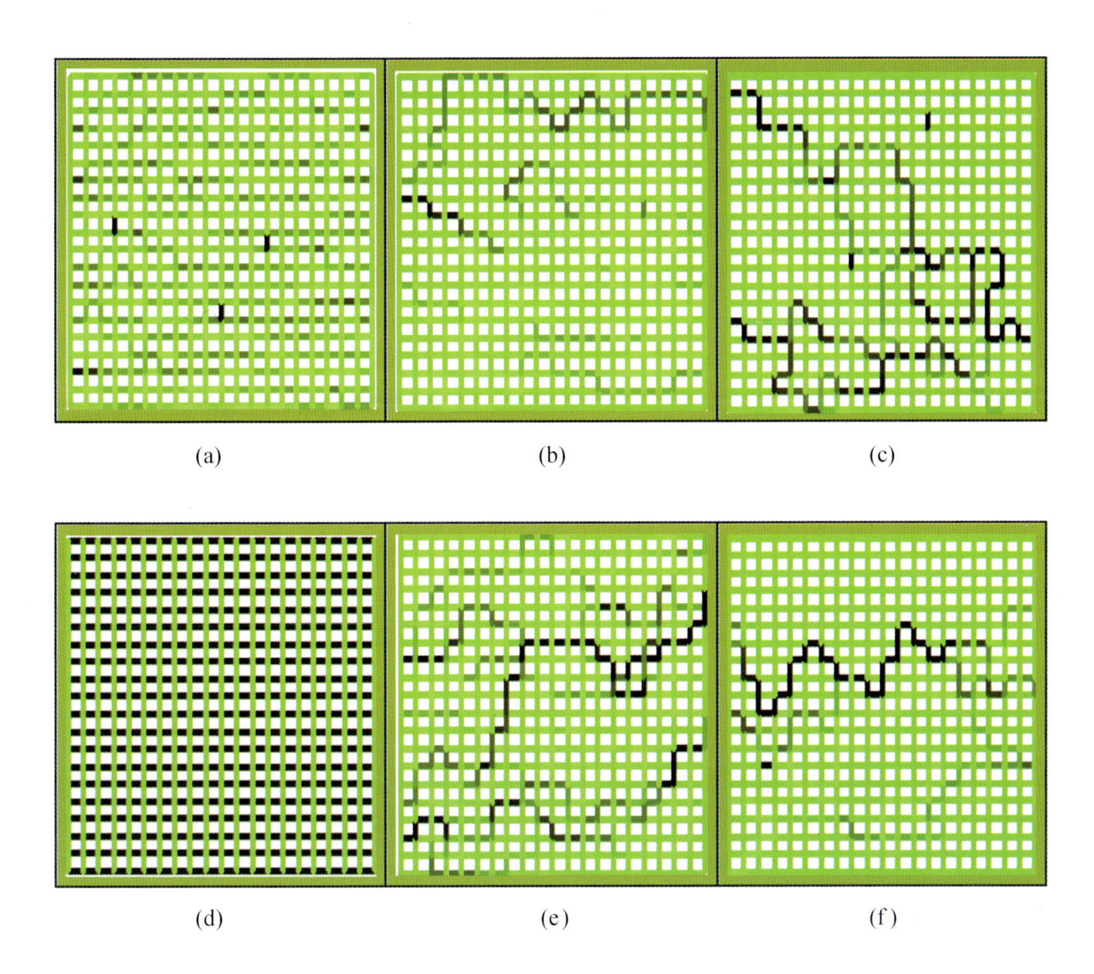

彩图 5.4-1

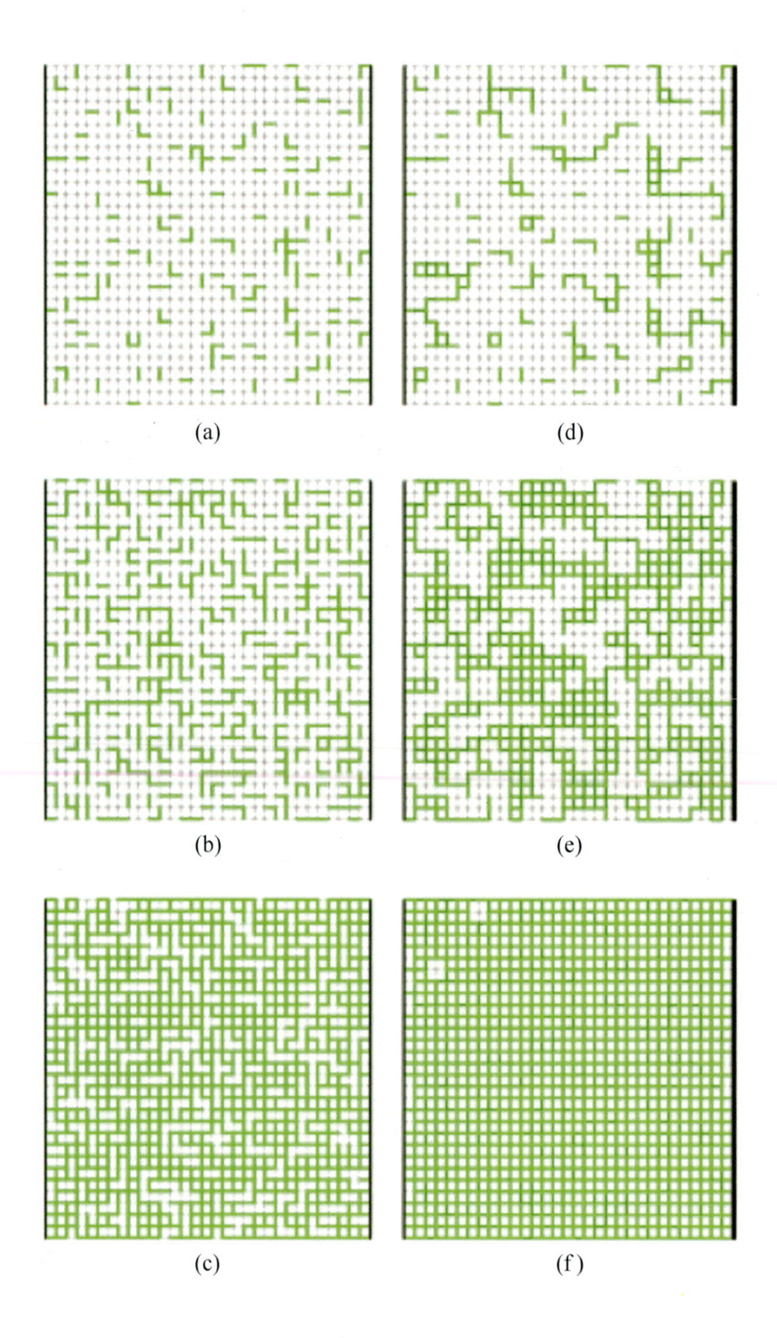

彩图 5.4-5

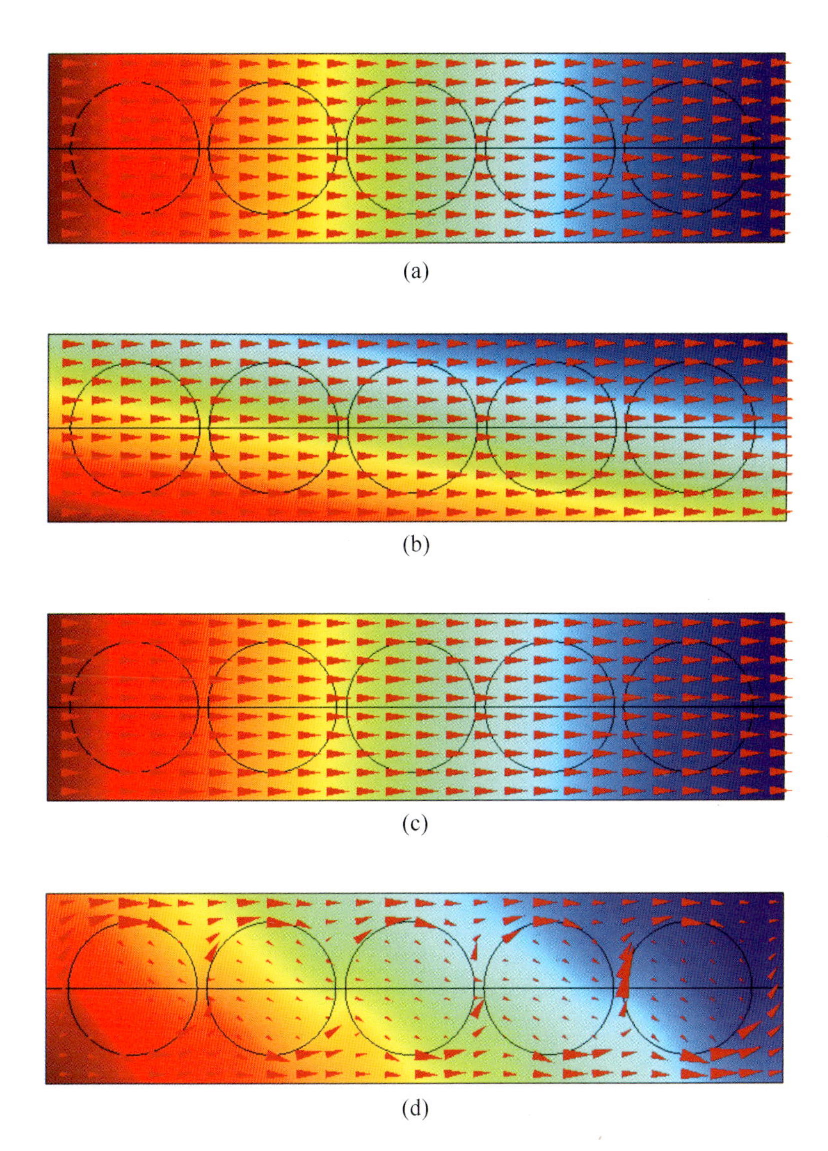

彩图 5.5-1

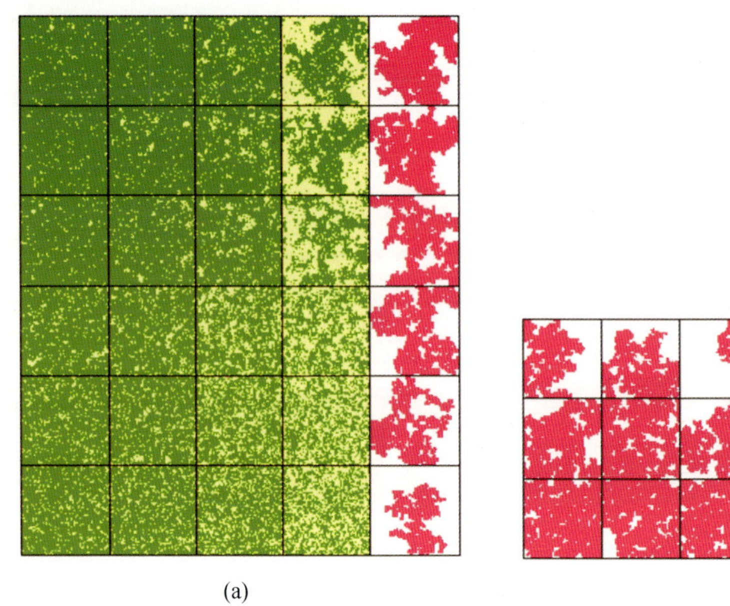
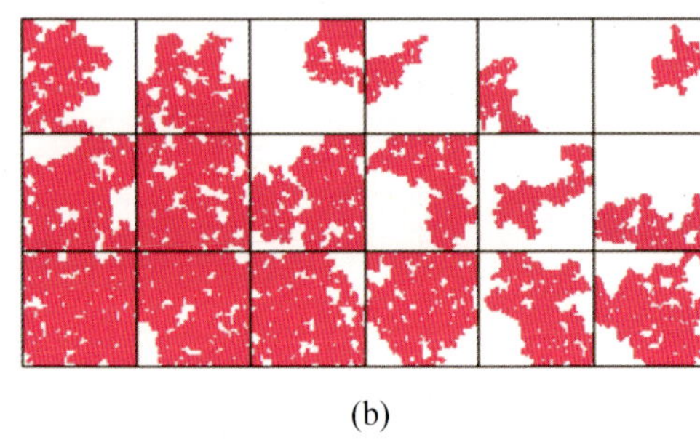

(a) (b)

彩图 5.6-4

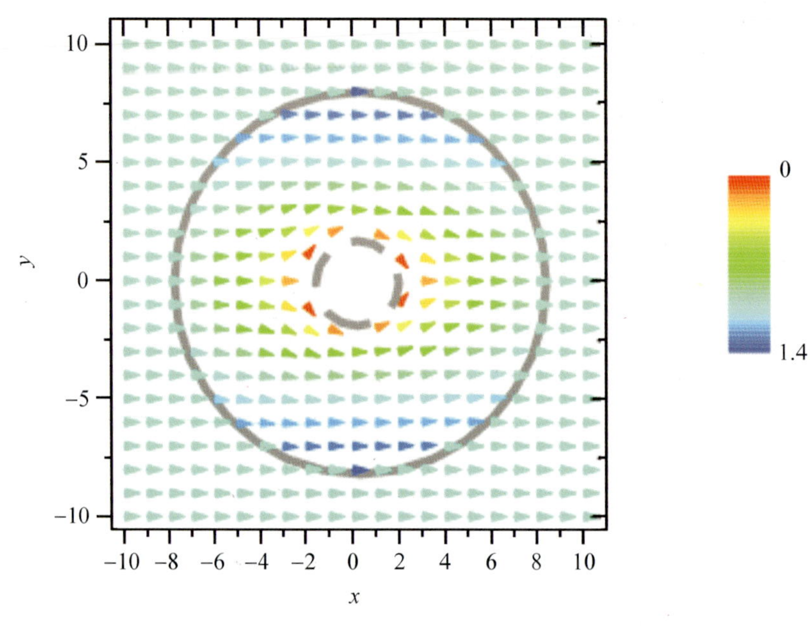

彩图 A.2-6